L'ÉNERGIE ÉLECTRIQUE AU SÉNÉGAL de 1887 à 1985

Transfert de technologie, appropriation et enjeu politique d'un patrimoine industriel naissant

Salif Diédhiou

L'ÉNERGIE ÉLECTRIQUE AU SÉNÉGAL de 1887 à 1985

Transfert de technologie, appropriation et enjeu politique d'un patrimoine industriel naissant

L'Harmattan Sénégal

10 VDN, Sicap Amitié 3, Lotissement Cité Police, DAKAR

http://www.harmattansenegal.com
senharmattan@gmail.com
senlibrairie@gmail.com

ISBN : 978-2-343-22227-1
EAN : 9782343222271

À mon épouse Rama Coly Diédhiou
À mon fils Ousmane
Sept ans que je vous manque.

Je rends un vibrant hommage à une grande militante de l'Afrique et amie personnelle, Madame Joëlle FODOR, membre fondateur d'ACSED.INNOV.
Elle nous a quitté ce mois d'avril alors qu'elle était en mission au Burkina Faso.
Française, elle repose dans ce pays d'Afrique qu'elle aime tant.

REMERCIEMENTS

La thèse de doctorat d'histoire, mention « Histoire, textes, documents » (HTD), *L'énergie électrique au Sénégal de 1887 à 1985. Transfert de technologie, appropriation et enjeu politique d'un patrimoine industriel naissant.*, que j'ai la joie de présenter, à l'École Pratique des Hautes Études, à Paris, devant mes pairs et mes ami(e)s, est le fruit d'années de recherches, de nombre de soutiens directs et indirects également que je souhaite ici saluer. À tous et à toutes, je voudrais témoigner de ma profonde gratitude. Ce travail de recherche est le résultat d'apports féconds, de nuits de questionnements, de rencontres et d'échanges entre professeurs, collègues et amis, de pistes abandonnées, pour y revenir une fois ces recherches abouties, d'errances fructueuses et érudites de bibliothèques en fonds d'archives et de terrain, en France et au Sénégal, de concrétisations surement, d'espoirs enfin.

Je tiens à remercier très sincèrement Monsieur Jean-François Belhoste, Directeur d'Étude à l'École Pratique des Hautes Études (EPHE), d'avoir accepté de diriger mon travail de recherche de doctorat en histoire. Sa méthode, ses conseils avisés, son égale belle humeur, et sa bienveillance m'ont permis d'achever le travail. J'associe Madame Isabelle Parizet, Maître de conférences à l'École Pratique des Hautes Études, Section des sciences historiques et philologiques, membre référant du comité de thèse, pour son écoute et ses conseils.

Je remercie Monsieur Vincent Goossaert, directeur de l'école doctorale ED 472 de l'École Pratique des Hautes Études (EPHE), mention « Histoire, textes, documents » (HTD), ainsi que l'équipe d'accueil EA 4116, *Savoirs et Pratiques du Moyen Âge au XIXe siècle* (SAPRAT), pour le financement de la venue de Dakar à Paris, l'accueil et l'hébergement de Monsieur Mbaye Thiam, Professeur d'archivistique de l'École des Bibliothécaires Archivistes et Documentalistes (EBAD) de *l'Université Cheik Anta Diop de Dakar* (Sénégal), dont la présence au jury apporte le soutien de mon pays d'origine, soutenant ainsi mon ancrage, mes valeurs, mon parcours et le devenir de ces travaux au

Sénégal. Je remercie également Madame Sylvie Magnin, en charge des doctorants, gestionnaire du doctorat « Histoire, textes, documents » (HTD), pour son écoute.

Je remercie Madame Brigitte Mondrain responsable de l'équipe d'accueil EA 4116, *Savoirs et Pratiques du Moyen Âge au XIX*^e^ *siècle* (SAPRAT) de l'école doctorale ED 472 de l'École Pratique des Hautes Études (EPHE), mention « Histoire, textes, documents » (HTD), pour le soutien institutionnel scientifique au sein du laboratoire SAPRAT, et également logistique les travaux d'impression de la thèse. Je remercie également Madame Amira de Kochko pour son toujours excellent accueil au laboratoire.

Je remercie la Fondation EDF et le *Comité pour l'histoire de l'électricité et de l'énergie* qui ont accordé un soutien financier pour la recherche en France. Je remercie la Région Île-de-France qui a accordé un soutien financier dans le cadre de la recherche au niveau international. *L'Aide régionale à la mobilité internationale des étudiants Mobi-Doc* a ainsi permis les recherches documentaires et en archives tant en France qu'au Sénégal.

Je remercie Monsieur Malayni Coly, mon cousin, cadre supérieur à la direction centrale de l'entreprise SUNEOR, à Dakar, qui m'a mis en relation avec la Direction régionale de l'entreprise à Ziguinchor. C'est sur instruction du directeur régional de SUNEOR, que j'ai eu l'opportunité de rencontrer Monsieur Pape Ndaw, chef du service qualité de l'usine qui m'a introduit auprès des techniciens. La visite de l'usine a eu lieu le 10 novembre 2014, avec Monsieur Arona Tine, chef de l'atelier mécanique générale, jeune technicien chez qui passe tout appareil et machine qui présentent des défaillances. Les 11 et 12 novembre, le nouveau chef de l'atelier énergie Monsieur Ndounakassa Raymond Manka, m'a permis de comprendre en détail l'atelier. Enfin Monsieur Aly Guèye, en poste de 1985 à 2014, et pendant plus de quinze ans chef d'atelier énergie, aujourd'hui à la retraite, a été appelé à la rescousse pour expliquer en détail le fonctionnement de l'ancien système de l'atelier énergie. Pour SENELEC, la direction a accepté la consultation des archives. Madame Fabèye Ndiaye, archiviste de SENELEC, me faisant parvenir des photos des différentes centrales, qui sont insérées dans les développements de la thèse. Un grand merci donc pour toutes ces énergies déployées pour participer de mes investigations.

Je remercie Madame Anne-Françoise Garçon, rapporteur de cette thèse, Professeure d'histoire des techniques à l'Université de Paris 1

Panthéon-Sorbonne et directrice du centre d'histoire des techniques et coordinatrice du Master *Erasmus Mundus Techniques, Patrimoines, Territoires de l'Industrie : Histoire, Valorisation, Didactique (TPTI)* des Universités de Paris 1 Panthéon-Sorbonne, d'Évora (Portugal), de Padoue (Italie), pour m'avoir accueillie en France, dans ce programme interuniversitaire, d'avoir ainsi guidé mes premiers pas en histoire avec ses collègues, Madame Anna Cardoso de Matos, du *Centro Interdisciplinar de Historia, Culturas e Societades, e Departamento de Historia da Universitade de Évora* (Portugal), directrice du programme Gestion et Valorisation du Patrimoine historique et culturel (TPTI - Erasmus Mundus) et Monsieur Giovanni Luigi Fontana, du *département d'histoire, géographie et antiquité de l'Università degli Studi de Padova* (Italie) et directeur du programme Conservation et didactique du patrimoine industriel (TPTI- Erasmus Mundus).

Je remercie Madame Anne-Sophie Rieth (Centre d'histoire des techniques, Paris I Panthéon Sorbonne), pour son aide au montage du document et depuis le début de la rédaction de la thèse. Nos différentes discussions tout au long de mon parcours en Master *Erasmus Mundus* et la thèse venue, nos échanges cordiaux, sa présence fidèle, m'ont aidé à trouver la bonne orientation. J'y associe Madame Evelyne Berrebi pour son humour toujours réconfortant.

Je tiens à remercier Mesdames Martine Mille (doctorante, SAPRAT-EPHE) et Laure Ciccione (doctorante, Université Paris I Panthéon Sorbonne), dont le soutien, entre échanges, analyses et relectures attentives, a été déterminant, en toute fin de travail. Elles ont fait preuve de disponibilité, de nuit comme de jour, pour apporter leur touche à ce travail, ainsi dûment parachevé. Je suis marqué par les dernières nuits où nous avons travaillé, *via* Internet entre Lille et Paris, jusqu'au lendemain sans relâche pour parvenir à boucler le document. Je remercie également Madame Juliette Mille *(Master Sustainability Science & Policy, Maastricht University, Netherlands),* de son soutien, preuve également que l'Europe n'est pas un vain mot, pour les *abstracts*, qui lanceront cette thèse sur le Sénégal, à l'international. Mes remerciements vont également à Madame Valérie Burgos, ingénieure CNRS au Cermes 3, doctorante EHESS au Centre Alexandre Koyré et membre du Comité d'histoire de la Société d'encouragement pour l'industrie nationale, pour avoir facilité l'accès au réseau universitaire de recherches documentaires.

Ces soutiens me furent précieux.

C'est avec émotion et tendresse que mes pensées vont à mes proches et ma famille, qui auraient souhaité être ici à Paris : mon épouse Coly et mon fils Ousmane, mes sœurs Fatou, Oulimata et Maïmouna et mes frères Oumar, Ababacar et Abdoulaye, qui, tenus éloignés par la distance depuis ces années, ont souffert de nos mutuelles absences.

Je remercie mes amis du *Groupe des étudiants très solidaires originaires d'Afrique* qui m'ont tous apporté leur soutien à toute épreuve et l'aide dans le cadre de la thèse et plus particulièrement de Madame Ndèye Sagne, Messieurs Guy Awono Zinga, Manga Makharana, Aimé Kantoussan, Aimé Kaina et Innocent Diézou Koffi.

Je remercie tous mes parents de *l'Association pour le Développement de Baïla en France* (UDBF) pour leur soutien moral et matériel.

Je remercie mes amis et frères de *Sénégal 2 Bouts* (S2B), avec qui j'ai aussi partagé des moments de réflexion sur le devenir du Sénégal.

Je remercie Monsieur Roland Mendy, mon patron et toute l'équipe de *Mendy Patron Sécurité Professionnelle* (MPSP) qui m'ont permis d'allier recherche et travail en m'accordant plus de flexibilité dans le planning.

Je remercie particulièrement Madame Rokhaya Daba Ndiaye de *l'Association pour les Migrants* (APMIG) pour son soutien et sa franche collaboration dans la vie associative.

Je remercie tous ces éminents professeurs qui composent aujourd'hui, le jury de la thèse de doctorat en Histoire, Madame Anne-Françoise Garçon, Professeure d'histoire des techniques à l'Université de Paris 1 Panthéon-Sorbonne et Monsieur Alain Beltran, Directeur de recherches au Centre national de la Recherche scientifique (CNRS), tous deux rapporteurs, Monsieur Mbaye Thiam, Professeur à l'École des Bibliothécaires Archivistes et Documentalistes (EBAD) de l'Université Cheik Anta Diop de Dakar (Sénégal), Monsieur Paul Smith, Chargé de Mission au ministère de la Culture et de la Communication, Monsieur Jean-François Belhoste, Directeur d'Études, Section des sciences historiques et philologiques, *Histoire de la Culture technique et scientifique en Europe*, au laboratoire *Savoirs et Pratiques du Moyen Âge au XIXe siècle* (SAPRAT) de l'École Pratique des Hautes Études (EPHE).

Je forme ce vœu de vous présenter *in situ*, réhabilitée selon les normes du TICCIH, patrimoine industriel d'un enjeu politique majeur, la Centrale de SUNEOR de Ziguinchor au Sénégal.

Un grand merci à toutes et à tous.

PRÉFACE

Le présent ouvrage est extrait de la thèse de doctorat soutenu par Salif DIÉDHIOU le samedi 25 Juin 2016, à l'Ecole Pratique des Hautes Etudes (EPHE) de Paris. La thèse était intitulée **« L'énergie électrique au Sénégal de 1887 à 1985 ; transfert de technologie, appropriation et enjeu politique d'un patrimoine industriel naissant ».**

Nous avons eu l'honneur de faire partie du jury d'évaluation de cette importante contribution scientifique à une perspective de recherche historique encore en gestation dans l'historiographie de notre pays, à savoir « l'archéologie industrielle ». Comme déjà il m'avait fait l'insigne honneur de me recommander aux autorités académiques de son laboratoire de recherche, Salif DIÉDHIOU revient encore me solliciter pour préfacer l'ouvrage qu'il a tiré de sa recherche académique que le jury avait positivement appréciée. Outre qu'il respecte une recommandation unanime des membres de son jury pour une publication de vulgarisation de sa thèse, Salif conforte encore la qualité des relations humaines qu'il a tissées, à force de volonté , avec moi, depuis qu'au début des années 2000, je l'ai inclus dans la promotion de « cobayes » que j'avais créée, en lançant le programme d'enseignement à distance diplômant en science de l'information à l'Ecole de Bibliothécaire archivistes et documentalistes (EBAD) de l'université Cheikh Anta Diop de Dakar (UCAD). Alors responsable de la bibliothèque de Matam, au nord-est du Sénégal, Salif fera partie des premières cohortes d'étudiants qui, au même titre que les enseignants et l'institution EBAD elle-même, avaient nourri la prétention de prouver au monde qu'il était possible en Afrique, au Sénégal, d'enseigner et d'apprendre à distance, via l'internet qui en était à ses balbutiements. L'engagement et le désir de réussir exhibés par Salif DIEDHIOU dans cette formation en sciences de l'information l'ont conduit à continuer son parcours académique en France pour entreprendre des études doctorales dont l'épilogue, au-delà de la thèse brillamment soutenue, ont produit cette publication importante à plus d'un titre. Elle offre en effet une ouverture pionnière sur une histoire jusque-là marginalisée dans les recherches historiques au Sénégal.

L'ouvrage de DIEDHIOU porte en effet, sur une histoire de l'électricité au Sénégal. Il enjambe les périodes coloniales (1885-1960) et post coloniale (1960-1985). L'axe de cette problématique est à ce titre assez novateur. En effet l'historiographie récente du Sénégal ne comporte que peu d'études sur une période aussi longue et une problématique aussi essentielle dans la consolidation du système colonial français au Sénégal associée à la prise en charge des objectifs de développement intégré de la jeune république du Sénégal née en 1960. L'apparition de l'électricité, variable énergétique essentielle dans toute politique de développement depuis la révolution industrielle, apparait, dans le livre de Salif Diedhiou comme un élément de transition dans le projet colonial français au Sénégal, d'une part et d'autre part, comme un maillon capital dans la lutte pour l'industrialisation comme soubassement du programme de développement économique et social. La maitrise de l'électricité est considérée en effet comme un outil et un paradigme porteur de transformations sociales de portée sociétale. Par ailleurs en consacrant une bonne partie de son ouvrage sur la constitution d'un patrimoine industriel, à partir de l'exemple de l'usine «SUNEOR» de Ziguinchor, Salif DIEDHIOU suggère d'investiguer une perspective de recherche assez originale au Sénégal. Il jette en effet les bases d'une « archéologie industrielle » en déclinant une perspicacité et une originalité dans les questions historiques. L'ouvrage offre au lecteur l'avantage d'explorer la problématique du processus de transfert des techniques et technologies du centre impérial vers la périphérie coloniale. Cette dynamique interpelle le besoin et ou la nécessité de s'approprier un produit d'origine coloniale pour le recycler à des fins de développement endogène. Dans le contexte de regroupement sous régional des états de l'Afrique de l'ouest pour des pôles énergétiques d'appui au développement (Organisation pour la mise en valeur du fleuve Sénégal, OMVS ; organisation pour la mise en valeur du fleuve Gambie, OMVG), cet ouvrage constitue un apport certain. Enfin la conclusion esquisse des ouvertures vers des problématiques en rapport avec les exigences contemporaines au Sénégal et en Afrique de l'ouest : les questions énergétiques et le développement durable. Les urgences du développement ne sauraient occulter, selon l'auteur, les questions d'environnement qui commandent de préserver l'environnement tout en assurant les besoins en ressources énergétiques. Toutes ces observations plaident en faveur des qualités réelles reconnues à son livre. Elles sont confortées par l'engagement social de Salif DIEDHIOU. Le militantisme de l'auteur dans les organisations de la société civile de sa Casamance originelle, est en effet un acquis de poids dans son parcours scientifique et professionnel. L'apport des sciences et techniques de bibliothéconomie et de documentation qui constituent sa discipline de base, ont servi largement dans la réalisation de ce travail de science sociale, parce que d'histoire.

Nous lui souhaitons, du haut de la chaire du maitre et de l'ami qu'il a gagné à la force de ses qualités humaines et sociales, de vivre assez longtemps pour participer qualitativement à la production et à la promotion des ressources scientifiques et culturelles d'encadrement de notre société.

Pr Mbaye THIAM

EBAD/UCAD

SIGLES ET ABRÉVIATIONS

AEF :	Afrique Équatoriale française
AIE :	Agence internationale de l'énergie
AFORS :	Association pour la Formation au Sénégal
AHEF :	Association pour l'Histoire de l'Électricité en France
ANOM :	Archives nationales d'Outre-mer
ANF :	Archives nationales de France
ANS :	Archives nationales du Sénégal
AOF :	Afrique-Occidentale Française
BB :	Brown Bovery
BIT :	Bureau international du Travail
BREDA :	Bureau régional d'Éducation pour l'Afrique
CA :	Conseil d'Administration
CAE :	Compagnie africaine d'Électricité
CARAN :	Centre d'accueil et de recherche des Archives nationales
CES :	Compagnie d'Électricité du Sénégal
CETAP :	Centre Études Auxiliaires Pédagogiques
CHST :	Centre d'Histoire des Sciences et Techniques
COMES :	Commissariat à l'énergie solaire
Cop21 :	vingt et unième Conférence des Parties
CSS :	Compagnie sucrière sénégalaise
DSL :	Dakar–Saint-Louis
EBAD :	École des Bibliothécaires Archivistes et Documentalistes de l'Université Cheik Anta Diop de Dakar
EDF :	Électricité de France
EDS :	Électricité du Sénégal
EECI :	Énergie électrique de Côte d'Ivoire
EEOA :	Électricité et Eau Ouest Africaine
ENSUT :	École nationale Supérieure Universitaire de Technologie
FIE :	Forum International de l'Énergie
FIDES :	Fonds d'investissement pour le développement économique et social
FOM :	France d'Outre-mer

HLM :	Habitat à Loyer modéré
HMT :	Haute et Moyenne Tension
HT :	Haute Tension
IGUFE :	Union française et l'Étranger
IPM :	Institut de Physique Météorologique
IUT :	Institut Universitaire de Technologie
KWH :	kilowattheure
KVA :	kilo voltampère
MADIA :	ministère du Développement industriel et de l'Artisanat
OMVG :	Organisation pour la Mise en Valeur du fleuve Gambie
OMVS :	Organisation pour la mise en Valeur du fleuve Sénégal
SAFELEC :	Société africaine de l'Électricité
SAP :	Société africaine de Pétrole
SAR :	Société africaine de Raffinage
SCB :	Société de Construction les Batignolles
SEIB :	Société électrique et industrielle du Baol
SEIC :	Société électrique et industrielle de la Casamance
SENELEC :	Société Nationale d'Électricité du Sénégal
SINAES :	Société Industrielle des Applications de l'Énergie solaire
SCIOM :	Société commerciale et industrielle d'Outre-mer
SNCF :	Société Nationale du Chemin de fer
SODEVA :	Société de Développement et de Vulgarisation agricole
SODIZI :	Société Nationale du Domaine industriel de Ziguinchor
SOFRETES :	Société française d'études thermiques et d'énergie solaire
SOMIVAC :	Société de Mise en Valeur agricole de la Casamance
SONACOS :	Société Nationale de Commercialisation des Oléagineux du Sénégal
SONEAU :	Société nationale des Eaux
SONEES :	Société nationale des Eaux et Électricité du Sénégal
SUPELEC :	École Supérieure d'Électricité
TICCIH :	Comité international pour la conservation du patrimoine industriel
TP :	Travaux publics
TPTI :	Technique, Patrimoine et Territoire de l'Industrie,
UPDEA :	Union des Producteurs et Distributeurs d'Énergie électrique en Afrique

LISTE DES ILLUSTRATIONS

LISTE DES TABLEAUX

LISTE DES CARTES

LISTE DES FIGURES

LISTE DES ANNEXES

INTRODUCTION

Présentation du sujet

Cette thèse sur *L'énergie électrique au Sénégal de 1887 à 1985. Transfert de technologie, appropriation et enjeu politique d'un patrimoine industriel naissant,* se bâti au moment où se tient à Paris, le sommet de la vingt et unième Conférence des Parties (COP 21) sur le réchauffement climatique. Coïncidence ou pas, comment parler de l'énergie électrique au Sénégal sans pour autant s'interroger sur la prégnance de l'énergie sur les questions de géostratégie mondiale ? Question légitime quand on se réfère au nombre d'états qui prennent part à cette rencontre : puisque ce sont déjà 195 états, dont quelque 151 chefs d'État sont effectivement présents, mobilisés, en ordre de marche, pour parler de la lancinante question du dérèglement climatique qui n'épargne aucun coin de cette planète Terre. En toile de fond de ces discussions se trouve la problématique des conséquences de la production de l'énergie sur l'environnement, ce bien commun qui appartient à toute l'humanité.

Elle constitue, dans mon cas, l'ultime étape d'un parcours dédié depuis quelque dix années au patrimoine industriel. En effet, si l'histoire de l'électrification au Sénégal et de ses liens avec la Métropole fait, entre autres, référence à l'histoire économique, celle-ci croise et complète l'histoire des techniques dont les perspectives – celles de l'analyse de l'objet technique – permet de construire la réflexion à partir des enjeux sous-tendus par la technique ; elle permet notamment de s'interroger sur les enjeux, les conditions historiques de la mise en place de l'appareil de production industrielle de la technique tout en éclairant de manière différente son introduction et l'impact qu'elle a pu avoir sur le plan social notamment. C'est parce que l'apport de l'histoire des techniques, sur le plan de l'analyse de l'usine d'une part, des processus de transferts de technologie et des logiques concernant le patrimoine industriel que nous avons souhaité poursuivre ces recherches aujourd'hui parvenue à un terme mais également, nous le savons déjà, prémices d'autres travaux dès notre retour au Sénégal, en lien des archives inédites que nous espérions découvrir et aborder au cours de notre thèse, travail sous la direction du Professeur Jean-François Belhoste. Cette thèse de doctorat de l'École pratique des Hautes Études, mention « Histoire, Textes et Documents » (HTD), vient renforcer l'expertise acquise au cours du parcours TPTI (Technique, Patrimoine et Territoire de l'Industrie), sous la tutelle des Professeures Anne Françoise Garçon (Université Paris 1 Panthéon-Sorbonne) et Ana Cardoso de Matos (Université d'Évora, Portugal) et du Professeur Giovanni Luigi Fontana (Université de Padoue, Italie), pour ne citer que ceux-là. Ce Master dont la focale s'est délibérément tournée vers l'international et qui fait une large place aux travaux de jeunes chercheurs du continent africain, et nous a permis de mieux appréhender l'histoire des techniques et ses outils, et de s'interroger sur les transferts techniques et de technologies, sur la notion même de complexe technique qui envisage l'activité industrielle dans sa réalité globale. Le patrimoine industriel est également envisagé lors de l'expérience « TPTI », et découvert lors d'échanges et des visites de sites, de séjours dans différentes universités européennes, pour découvrir « en réel » différents lieux du patrimoine industriel, comme l'ancienne centrale électrique à Lisbonne au Portugal. Cette formation universitaire nous entraînant sur le terrain de différents types d'expériences patrimoniales en cours, actuellement en Europe. C'est donc naturellement que le Master II en histoire des techniques que j'ai présenté en 2011, avec une *Recherche sur l'identité technique et sociale des ouvriers des ateliers ferroviaires du Dakar-Niger à Thiès au Sénégal de 1930 à 1960*, me destinait à aborder le patrimoine au Sénégal et celui de l'électrification. Ce parcours européen est rendu possible grâce à la Formation à distance (Fadis) que nous avions suivie en 2005 à l'École des Bibliothécaires, Archivistes et Documentalistes (EBAD) au sein de l'Université de Dakar. Cette formation est née des coopérations bilatérales comme avec la France ou multilatérales comme la Banque mondiale et l'Agence universitaire de la Francophonie, afin de réfléchir aux moyens d'utiliser les technologies de l'information et de la communication (TIC), Internet, pour dynamiser le secteur de l'éducation en Afrique[1]. L'action du ministère français des Affaires étrangères a été déterminante, entre 1996 et 1998, pour favoriser l'expertise en matière de TIC, dans les pays en développement, en créant un Réseau africain de Formation à Distance (RESAFAD) – dont ne fait pas partie le Sénégal – ; puis, par la mise en place « d'une politique de soutien à la production de contenus produits par les pays du Sud et favorisant le dialogue des cultures »[2]. Ce qui a permis à l'EBAD, alors dirigée par Monsieur le Professeur Mbaye Thiam[3], de mettre en place un diplôme de Maîtrise en science de l'information documentaire, avec la Fadis, grâce aux Formations continues en informations informatisées en réseau (FORCIIR). En effet, constatant la perte progressive de la vocation régionale de son établissement, de moins en moins d'étudiants étrangers s'y inscrivant, il avait lancé cette phrase choc : *« si les étudiants ne peuvent plus venir à l'EBAD, pourquoi l'EBAD n'irait-elle pas vers les étudiants ? »* Cet appel ne fut pas vain, qui devait déterminer la suite de mon parcours. Puisqu'en effet, l'EBAD est finalement venue nous trouver à plus de 650 km de Dakar, à Matam, dans le Fuuta, et donc à des milliers de kms pour les étudiants étrangers, pour nous dispenser cette formation diplômante via le Net. Cette formation qui encourage : l'apprenant à rechercher de l'information en ligne, utiliser l'outil informatique pour le traitement des documents, réaliser un produit d'information sous forme électronique, évaluer les performances du site Web de la structure d'accueil et proposer d'en améliorer les points faibles[4]. Par ailleurs, le Diplôme supérieur en Science de l'Information documentaire, a été déterminant, qui m'a permis de présenter ma candidature à Paris Dauphine puis TPTI avec Paris1 et ses partenaires d'Évora et Padoue. Sans ce projet considéré comme un modèle réussi de transfert de technologie de la France vers *l'Université Cheikh Anta Diop de Dakar-Sénégal*, aux prémices des campus numériques depuis implantés

---

[1] LOIRET P.-J., « La formation ouverte et à distance à l'École des bibliothécaires, archivistes et documentalistes (EBAD) de Dakar : une « bonne pratique » reproductible ? E-learning at the EBAD of Dakar : a reproductible good practice » ?, 2011, p. 52, disponible à l'adresse : [http://www.frantice.net/docannexe.php?id=409], consulté le 02 février 2016.

[2] *Ibid.*

[3] Issu de l'EBAD, j'en mesure aujourd'hui pleinement les enjeux et l'importance, et souhaite tout simplement formuler mes plus vifs remerciements à Monsieur le Professeur Mbaye Thiam.

[4] *Ibid.*

dans les régions du Sénégal, nous ne serions pas ici, à Paris, à présenter ces travaux de doctorat devant nos pairs et en particulier devant Mme Anne-Françoise Garçon qui nous a accueillie dans cette université. Notre parcours professionnel au Sénégal nous a par ailleurs forgé une solide expérience auprès du ministère de la Culture et de la Communication[5], heureusement soutenue par un parcours universitaire en Europe depuis 2007, dédié à affermir mon socle de connaissances dans le domaine du patrimoine industriel (auprès des universités d'Évora (Portugal), Padoue (Italie), Paris Sorbonne (France).

Notre thèse sur *L'énergie électrique au Sénégal de 1887 à 1985. Transfert de technologie, appropriation et enjeu politique d'un patrimoine industriel naissant*, trouve donc des résonnances jusque dans le projet porté par Jean-Louis Borloo : *Énergies pour l'Afrique*[6]. À ce jour, ce sont quelques 215 751 soutiens qui se mobilisent partout dans le monde pour que l'Afrique s'électrifie. Un constat à cette initiative de grande ampleur : celui que plus de dix millions de plus d'Africains n'ont pas accès à l'électricité. Cela au moment où le continent africain est en fort développement, que l'énergie est un préalable à tout développement et le constat se pose de plus de 650 millions-personnes vivant aujourd'hui sans accès à l'électricité. Des prévisions également : l'Afrique forte de quelques 1,2 milliard

---

[5] En qualité de Directeur adjoint du Centre culturel régional de Diourbel au Sénégal (2002), (Conception, administration, gestion de projets, de programmes culturels et gestion de la bibliothèque publique régionale), puis de 2002 à 2009, de Directeur du Centre Culturel régional de Matam puis de Ziguinchor (Conception, administration et gestion de projets et programmes culturels). Issu de l'École des Arts du Sénégal, avec un Diplôme supérieur d'Animation culturelle (1993) et un cursus à l'École des Bibliothécaires Archivistes et Documentalistes (EBAD) au sein de *l'Université Cheikh Anta Diop de Dakar-Sénégal* jusqu'en 2005 ; ma formation dédiée au patrimoine industriel, s'est tournée depuis presque dix ans vers l'Europe : à l'Université Paris Dauphine-France, par une formation en Économie et Financement de la Culture (2007). Un double cursus entre l'Espagne et la France en 2009 : à *l'Université Polytechnique de Catalunya de Barcelone* (Espagne), avec un Diplôme universitaire en Patrimoine scientifique, technique et industriel et l'Université Paris1 Panthéon- Sorbonne-France, avec une Maitrise en Histoire des Sciences et des Techniques. L'Université Évora- Portugal, m'accueille en 2010, où je présente un Master II en Management et Gestion du patrimoine culturel et historique, enfin, l'Université de Padoue-Italie, avec un Master II en Conservation et Management du patrimoine industriel obtenu en 2010, enfin le Master II soutenu en 2011 au Centre d'histoire des techniques Paris I Panthéon Sorbonne.

[6] Le projet *Énergies pour l'Afrique* est disponible à l'adresse : [http://www.energiespourlafrique.org/], consulté le 16 avril 2016.

d'habitants devra nourrir, former, loger, guérir, d'ici trente ans un milliard de nouveaux habitants, au moment où un quart de la population active mondiale sera Africaine. Un atout et un défi somme toute, puisqu'entre 1950 et 2050, la population subsaharienne aura été multipliée par dix, de 180 à 2 milliards d'habitants. Une population la plus jeune au monde également. Au regard de ce constat, *Énergies pour l'Afrique* plaide pour la création d'une structure panafricaine dédiée à l'électrification du continent, sous forme *d'Agence pour l'Électrification de l'Afrique*, qui aura vocation à recevoir toutes les initiatives et investissements internationaux, en répondant aux besoins techniques, institutionnels, juridiques et financiers. Il s'agira d'accompagner les actions d'intérêt général pour favoriser l'accès des habitants du continent africain à l'énergie et notamment à l'électricité. *Énergies pour l'Afrique* est soutenue par les dirigeants africains qui prévoient un plan d'action, concerté et organisé, sur dix ans. Pour ce faire, l'association a rencontré sur place les différents interlocuteurs politiques et acteurs énergétiques du continent africain, les chefs d'État en place dans leur capitale, les investisseurs publics ou privés, et enfin les partenaires indispensables européens tel que la Commission européenne, le Parlement européen, mais également l'administration étatsunienne, autour du Président Obama ou les membres des parlements de ces deux sphères d'influence majeures en raison de leurs passés avec l'Afrique. Concrètement, *l'Agence pour l'Électrification de l'Afrique* mettra à la disposition des pays, les techniques de l'ingénierie administrative et publique pour résoudre sur place les difficultés rencontrées pour l'accès à l'électricité. Déjà des résultats ressortent de la mobilisation des équipes *Énergies pour l'Afrique*, réunies par l'homme politique, volontairement en retrait, Jean-Louis Borloo : ainsi le 15 juin 2015, lors du Sommet de l'Union africaine, ce sont 54 chefs d'État qui ont adoptés une position unanime, de même au Parlement panafricain, organe consultatif de l'Union africaine, le 7 octobre 2015. Lors du sommet Chine-Afrique du 4 décembre 2015, 33 présidents formulaient leur accord, alors qu'au même moment le gouvernement français soutenait le projet « Lumière et électricité pour tous », avec le vote de l'Assemblée et du Sénat français le 22 octobre 2015. Enfin, preuve était faite de la cohérence de cette action, puisque le texte final de la Cop21 inscrivait « l'électricité pour tous » comme besoin universel et la nécessité de promouvoir l'énergie durable en Afrique.

C'est dans ce contexte donc que, par une heureuse synergie et avec cohérence, notre travail à la fois historique, mais également technique, et culturel, de valorisation de l'électrification dans une zone (le Sénégal) de ce continent africain visé par Énergies pour l'Afrique intervient, et trouve vocation à s'employer comme un juste retour des choses : rendre au continent, l'expertise qui est portée et démontrée par cette thèse de doctorat et valoriser ce patrimoine matériel et immatériel, laissé par la colonisation française, au titre de l'humanité. Un constat, un challenge, un atout, un défi, là encore.

Mais qu'est-ce donc que l'énergie ?

Il faut attendre la fin du XVIIIe siècle pour voir se préciser la notion d'énergie. Son émergence est favorisée par « les recherches sur le thème de calorimétrie (par exemple, la première voiture automobile à vapeur réalisée en 1770 par Joseph Cugnot) pourrait symboliser l'équivalence entre chaleur et énergie mécanique[7]. » La propension inventive de l'homme l'a portée vers des outils et des machines de plus en plus performants. Celles-ci effectuent des tâches auxquelles s'adonnait l'homme, avec des coûts d'entretien moindres que ceux d'un contingent d'esclaves. Ces machines inventées nécessitent l'utilisation de sources énergétiques nouvelles pour leur mise en marche. Les énergies, il y en a plusieurs sortes et en particulier, celles qui peuvent « fournir du travail ou de la chaleur[8]. » Ce sont notamment les énergies fossiles (charbon, pétrole, gaz), les énergies renouvelables (hydraulique, solaire, éolienne, biomasse, géothermale, des déchets), l'énergie nucléaire et en fin l'énergie électrique.

Les énergies renouvelables d'un accès facile et moins polluant, comme « la force humaine et animale, le bois de feu, le soleil, le vent, l'eau des ruisseaux, des rivières et des fleuves[9] », ont satisfait les besoins de l'homme jusque vers les années 1820 quand sa population tournait autour de 1 milliard d'habitants sur la planète. Aujourd'hui la question énergétique est au centre de toutes les préoccupations. Comment en est-on arrivé là ? Serait-on pris brusquement de manière inattendue dans une spirale énergétique qui vient de s'emparer de l'humanité ? Autrement dit, est-on entré dans une relation de dépendance avec un phénomène qui est le principe même du

[7] NAUDET G., REUSS P., *Énergie, électricité et nucléaire. Les Ulis (France)* : EDP Sciences, 2008, p. 32.

[8] NGÔ G., L'Énergie: Ressources, technologies et environnement. Paris : Dunod, 2004, p. 1.

[9] CHEVALIER J-M., *Les 100 mots de l'énergie.* Paris : PUF, 2008, p. 10.

développement de l'humanité tout entière ? En tout état de cause, si l'on considère la trajectoire de l'humanité, on doit admettre que « *le destin de l'homme s'est façonné dans sa relation à l'énergie*[10] ». Dans les discours, les stratégies politiques « des grands et des petits de ce monde », le ton est donné, partout le même : celui de l'efficacité énergétique, de la transition énergétique, de la mixte énergétique... En effet, l'humanité se trouve confrontée à une double problématique : l'épuisement annoncé des ressources énergétiques et la dégradation du climat, conséquence de l'émission du dioxyde de carbone dans l'atmosphère à partir des combustions émises. Notre planète Terre a subi, depuis la nuit des temps, la pratique énergétique exercée par l'homme ; pratique plurimillénaire intuitive, assurant ainsi à l'homme une ascendance sur la nature dont il s'est érigé en maître. Il a fallu attendre le XIXe siècle marqué par la révolution industrielle pour voir une place importante accordée à la théorie énergétique avec la conceptualisation de la notion d'énergie.

Les catastrophes naturelles enregistrées chaque année ont de plus en plus de conséquences fâcheuses pour l'économie mondiale et par conséquent pour l'humanité. La COP 21 n'est que la 21e messe mondiale – en réalité organisée chaque année – sur les changements climatiques, depuis la signature, par quelques 195 États, de la Convention-cadre des Nations Unies sur le climat, en 1979, année de la première conférence sur la question. Depuis lors, le débat n'est pas épuisé compte tenu de l'enjeu énorme de la question de l'énergie qui constitue le point focal. Car le monde est rattrapé par ses pratiques énergétiques des siècles précédents, marqués par l'amorce de l'industrialisation. Le pari de la transition énergétique est au cœur des débats. Il s'agit d'amener tout le monde à passer de l'énergie dite « sale », à celle propre. Après vingt et une rencontres sans résultats probants, le principal défi sera de donner pour l'avenir un coup d'accélérateur pour une nouvelle pratique énergétique qui laisse plus de place aux énergies renouvelables au détriment des fossiles, notamment le charbon. Les concepts d'« énergie renouvelable » et d'« énergie verte » prennent alors tout leur sens et vont inéluctablement impliquer le développement de nouvelles technologies pour leur usage. La question qui se pose alors avec acuité est de savoir comment

---

10 NICOLAS A., *Énergie : une pénurie au secours du climat* ? Paris : Belin, 2011, p. 15.

ce nouveau virage tant souhaité, par les « grands de ce monde », sera réellement appliqué sur l'ensemble de la planète ?

L'application générale de cette nouvelle orientation implique en effet d'être soutenue financièrement dans les pays en développement qui n'ont pas les atouts nécessaires pour produire les technologies appropriées. Il va falloir penser au financement du transfert de technologie, pour éviter de laisser ces pays en développement en dehors de l'enjeu qui se dessine. Les cent milliards de dollars prévus chaque année pour le financement du transfert de technologie vers les pays en développement suffiront-ils à atteindre les objectifs ? Il est important de souligner que jusqu'ici les trois meilleurs élèves du monde en matière d'utilisation d'énergies renouvelables sont issus de ces pays dits « en développement » : le Costa Rica (pour l'Amérique du Sud), le Maroc et l'Éthiopie (pour l'Afrique). Le débat s'annonce d'ores et déjà très animé et pour longtemps, d'autant que les pays en voie de développement, notamment ceux d'Afrique, s'interrogent avec raison sur le retard à combler. Eux qui jusqu'ici ont des taux de production mondiale de l'ordre de 12,4 % pour le pétrole, 7 % pour le gaz et 4,3 % pour le charbon[11], dans des proportions très éloignées pour couvrir leur besoin en énergie. Ces taux dissimulent bien d'autres inégalités énergétiques d'une Afrique où les productions et les consommations d'énergies fossiles restent polarisées entre le Nord et le Sud du continent.

Quels sont les atouts dont dispose l'Afrique en matière d'énergie verte afin de répondre aux recommandations de la COP 21 ? Évoquant la question de l'éolienne, seuls le Cap-Vert, la Tunisie et l'Afrique du Sud disposent d'un potentiel intéressant. L'inconvénient de l'utilisation de cette énergie est qu'il convient d'avoir, à côté, une énergie de substitution, pour pallier aux périodes sans vents.

Concernant l'énergie hydraulique, l'Afrique possède le potentiel non exploité le plus important du monde (12 % du potentiel mondial dont seulement 5 % utilisés). Sur cette question, des disparités existent entre l'Afrique centrale et le reste du continent[12]. Autant d'inégalités

---

[11] AGENCE FRANÇAISE DE DÉVELOPPEMENT ET BANQUE AFRICAINE DE DÉVELOPPEMENT, FAVENNEC J.-P., (dir.), *L'Énergie en Afrique à l'horizon 2050*, 2009, 84 p., disponible [en ligne] à l'adresse : [http://www.energy-for-africa.fr/files/file/study/l-energie-en-afrique-a-l-horizon-2050.pdf], consulté le 18 août 2015.

[12] *Ibid.*

qui vont certainement peser à plus ou moins long terme sur l'usage qui pourra être fait de cette énergie à plus grande échelle.

Le plus grand atout de l'Afrique réside dans l'énergie solaire dont le potentiel ne fait l'ombre d'aucun doute. Le blocage majeur à l'utilisation de cette source d'énergie est le développement de la technologie *ad hoc* qui actuellement ne permet pas au continent de tirer le meilleur profit du solaire. C'est le principal défi que la COP 21 se propose de résoudre, par un transfert de technologie dûment financé.

Plus globalement, la problématique posée par la COP21 est celle de l'utilisation de toutes ces énergies primaires, utiles à la production d'énergie électrique. L'électricité, cette innovation scientifique et technique majeure de l'humanité, est au cœur de notre projet de recherche. Cette énergie, devenue indispensable à l'homme, a réellement pris son envol durant la seconde moitié du XIXe siècle et ne cesse depuis lors de diversifier ses applications, dans tous ses compartiments sociaux et économiques, pour procurer une vie plus agréable.

Selon Arnaud Berthonnet, dans le *Guide du chercheur en histoire de l'électricité* (2009) : « tout ou presque fonctionne à l'électricité. Elle constitue le socle, le centre névralgique, le cœur véritable de nos économies développées et la compagne cachée de notre existence, surtout citadine[13]. » Comprendre ce lien électricité-société permet d'appréhender pourquoi les questions énergétiques, notamment l'énergie électrique, sont au cœur du débat politique qui anime la société sénégalaise depuis ces dix dernières années. Cela intervient notamment, à la suite des difficultés de l'État à satisfaire une demande sociale, certes majeure, mais dont la pression ne cesse de croitre, cela d'autant plus que le pays s'inscrit dans une phase de développement économique accélérée accompagnée d'une forte consommation en électricité. Une situation difficile qui ne manque pas de créer des soubresauts dans la population qui conduisent à ce que la presse, nationale et internationale, appelle « les émeutes de l'électricité » au Sénégal. De 2011 à 2012, les titres rivalisent sur la crise de l'électricité au Sénégal. « *Sénégal : Dakar et sa banlieue s'enflamment contre les délestages* [14]» ; « *Dakar, la bataille de l'électricité : Du fait des*

[13] BERHONNET A., *Guide du chercheur en histoire de l'électricité*, Paris : éd. La Mandragore, 2009, p. 9.

[14] COUREAU L., « Sénégal : Dakar et sa banlieue s'enflamment contre les délestages 14», publié sur le site de RFI le 28 juin 2011, disponible à l'adresse : [http://www.rfi.fr/afrique/20110628-senegal-dakar-banlieue-s-enflamment-contre-delestages/], consulté le 02 août 2015. Voir Annexe N° 3.

coupures de courant récurrentes, des émeutes de l'énergie embrasent le Sénégal[15] » ; « *Violentes manifestations à Dakar contre les coupures d'électricité*[16] » ; « *Sénégal : les derniers jours du président Wade ?*[17] » ; « *Des émeutes de l'électricité en vue : Les délestages, comme sous Wade !*[18] ». Derrière cette avalanche de manchettes et cette vague médiatique sans précédent, représentatives d'un climat social délétère, transparait une simple question : comment on en est-on arrivé là ? Au-delà de la place de l'électricité dans la vie quotidienne des Sénégalais, cette situation pose également la question de savoir comment a été conduite la politique du transfert de cette technologie de la Métropole vers le Sénégal depuis le début de l'électrification dans la seconde moitié du XIXe siècle.

Ce rapport entre la situation actuelle et l'histoire de l'électrification du Sénégal est, par sa nature « historicisante », une question ouverte aux historiens dont ils doivent se saisir. En effet, la colère sociale mise en exergue par la presse pose en lame de fond la question du potentiel en ressources énergétiques et techniques dont dispose le pays pour faire face aux exigences qui sont les siennes. Il s'agit de comprendre les aspects de ces questions du point de vue des techniciens et d'acquérir simultanément la compréhension globale des origines de cette situation en « historicisant » le propos. La presse elle-même semble poser le problème sur le plan économique, technique et

---

[15] KHADY LO N., « Dakar, la bataille de l'électricité : Du fait des coupures de *Courant* récurrentes, des émeutes de l'énergie embrasent le Sénégal » publié sur le site *slateafrique.com*, mis à jour le 2 février 2011, disponible à l'adresse : [http://www.slateafrique.com/209/senegal-dakar-electricite-coupures-protestations], consulté le 2 août 2015. Voir Annexe N° 3.

[16] « Violentes manifestations à Dakar contre les coupures d'électricité », article non signé publié le 18 juin 2011 sur le site de France24, disponible à l'adresse : [http://www.france24.com/fr/20110628-senegalais-manifestent-contre-coupures-*Courants*-senegal-wade-manifestation-services-publics-senelec-dakar], consulté le 2 août 2015. Voir Annexe N° 3.

[17] HOLZBAUER C., « Sénégal : les derniers jours du président Wade? », publié le 28 juin 2001, disponible à l'adresse :[http://www.lexpress.fr/actualite/monde/afrique/senegal-les-derniers-jours-du-president wade_1007227.html], consulté le 2 août 2015. Voir Annexe N° 3.

[18] « Des émeutes de l'électricité en vue : Les délestages, comme sous Wade ! », article non signé, publié le 4 novembre 2012, disponible à l'adresse : [http://www.seneweb.com/news/Societe/des-emeutes-de-l-rsquo-electricite-en-vue-les-delestages-comme-sous-wade_n_80328.html], consulté le 2 août 2015. Voir Annexe N° 3.

structurel lorsque France24.com[19], par exemple pointe les difficultés rencontrées par la Société d'Électricité du Sénégal : « *déjà confrontée à des difficultés financières pour s'approvisionner en carburant et entretenir un matériel souvent vieux, elle précise avoir enregistré des pannes sur plusieurs machines vétustes* ». Peut-on y voir une simple allusion à l'histoire ou un procès à charge ? En tout état de cause, la fourniture en énergie électrique au Sénégal a toujours dépendu de la disponibilité de l'énergie primaire pour l'alimentation des centrales. Tel fut le cas avec le charbon depuis la fin du XIXe siècle, et ce jusqu'aux produits pétroliers contemporains. Déjà, en 1980, aux premières années de la nationalisation du secteur de l'électricité, le ministre du Développement industriel et de l'Artisanat, d'alors, Cheikh Amidou Kane, tirait la sonnette d'alarme lors d'une allocution dédiée à la sensibilisation sur l'économie d'énergie. En sept ans, la facture pétrolière du Sénégal avait alors été multipliée par dix, passant de 5 milliards CFA (7 622 450,862 EUR) à 50 milliards de francs (76 224 508, 619 EUR), menaçant sérieusement l'avenir du secteur de l'électricité[20]. Alors que le sous-sol sénégalais n'avait pas révélé le potentiel énergétique caché dans ses profondeurs, puisque des énergies fossiles ont été détectées en 2014 avec d'importants gisements de pétrole et gaz. À l'image des autres pays de l'Afrique subsaharienne, le Sénégal a sensiblement vu sa population augmenter, entraînant une amélioration du niveau de vie, et conséquemment une augmentation des besoins en énergie[21]. Dans le même temps, l'effort sur le secteur des énergies renouvelables s'est porté notamment sur le solaire, l'éolien et l'hydraulique. Si le pays dispose naturellement d'un fort ensoleillement, l'état actuel de la technologie ne permet cependant pas d'envisager une production permettant de satisfaire aux besoins de l'industrie et des particuliers, notamment en ville. Or, les foyers de tensions sociales qui ont déclenché les émeutes se situent dans les zones urbaines. Secteur « aidé », le solaire se développe, quant à lui,

---

[19] « Violentes manifestations à Dakar contre les coupures d'électricité », article non signé mis à jour le 28 juin 2011, disponible à l'adresse : [http://www.france24.com /fr/20110628-senegalais-manifestent-contre-coupures-*Courants*-senegal-wade-manifestation-services-publics-senelec-dakar], consulté le 3 août 2015. Voir Annexe N° 3.

[20] ANS, *Courants*, n°17/2e trimestre, 1980, p.17.

[21] Le Sénégal a une population en 2015 de 13 975 834 habitants, contre 2 750 000 habitants en 1950, avec une densité de 71.2 habitants au km2, selon les sources statistiques, disponibles à l'adresse : [http://www.statistiques-mondiales.com/ senegal.htm], consultée le 10 avril 2016.

par un programme d'électrification rurale initié par l'État avec le soutien de partenaires extérieurs, avec l'implication de compagnies françaises, canadiennes, suisses, allemandes ou suédoises.

De même, le Sénégal ne figure pas parmi les pays africains à fort potentiel éolien. Cette énergie, certes intéressante, ne peut être considérée comme une alternative fiable aux énergies fossiles dont le coût d'acquisition important entrave la production de l'électricité au Sénégal. De toutes ces énergies renouvelables, seule, celle hydraulique – avec à titre d'exemple le barrage de Manantali qui fournit l'électricité au Mali, Sénégal et Mauritanie –, représente depuis 2002, année de son introduction dans le pays, un apport important dans le fonctionnement du réseau électrique national interconnecté. Cependant, cela ne semble pas suffire à assurer la satisfaction des besoins en énergie électrique. En envisageant la situation ainsi, il est tout à fait aisé de comprendre l'origine des difficultés que traverse l'industrie de l'électricité au Sénégal, difficultés telles qu'un mouvement social d'ampleur a divisé le pays, les foyers de protestations étant disséminés sur l'ensemble du territoire national. S'y ajoute la vétusté du matériel et des installations du réseau, datant pour la plupart de la précédente concession, dont l'État a pris le relai en 1972. Que dire de l'état de ces installations qui n'ont pas fait l'objet d'investissements ? On ne peut que s'interroger sur la politique d'électrification du pays telle qu'elle a été menée depuis l'époque coloniale et sur celles qui ont succédées depuis lors, de la nationalisation à la privatisation puis re-nationalisation, si on considère l'état actuel de l'appareil industriel de production d'électricité ? En effet, le processus de nationalisation entamé en 1972 s'est achevé en 1983 avec la loi n° 83-72 du 05/07/1983 créant la Société Nationale d'Électricité (SENELEC)[22]. Le retour à la gestion privée du secteur de l'électricité intervient en 1999 sous le contrôle du consortium Hydro-Québec Elyo qui met en service une turbine à gaz de 32 MW à Bel-Air. Enfin en 2000, l'entreprise est à nouveau nationalisée à la suite du changement de régime politique qui conduit à la rupture du partenariat avec le consortium par une décision de l'État du Sénégal.

La perspective historique semble se dégager dès lors. Mais le débat sur la crise de l'électricité au Sénégal n'en reste pas moins biaisé et

---

[22] Archives Électricité de France (AEDF), dossier 37967-boîte 925978. Assistance Technique, Sénégal, Société Sénégalaise de distribution d'énergie électrique (SENELEC).

continue d'occulter son épaisseur historique, aussi bien dans les médias, les milieux professionnels que dans la représentation parlementaire. L'analyse historique peut néanmoins apporter un éclairage nouveau au débat et s'avérer être une force de propositions pour des décideurs en recherche de solutions fiables et appropriées.

Pris entre deux mythes : Le Sénégal et l'Électricité

Le sujet de l'électrification du Sénégal peut être saisi au filtre de deux mythes : celui de l'Afrique et du Sénégal, qui a frappé l'imaginaire au moment des expositions universelles[23], et celui de l'électricité, qui éclairait les populations. En effet, ces expositions ont profondément marqué l'histoire du monde occidental et l'engouement dont elles sont l'objet ne se dément pas de la part du grand public jusque dans la première moitié du XXe siècle, ainsi que le souligne Christiane Demeulenaère-Douyère, en 2010, alors commissaire des *Exotiques Expositions. Les expositions universelles et les cultures extraeuropéennes, France, 1855-1937*, aux Archives nationales (31 mars-28 juin 2010)[24]. D'abord nationales, elles deviennent internationales en 1851, puis universelles à partir de 1855. Elles se succèdent. Paris accueille cinq de ces manifestations entre 1855 et 1900 et reçoit des expositions internationales de 1925 (arts décoratifs et industriels), enfin coloniale (1931). Outre l'attrait commercial misant sur le spectaculaire et la nouveauté, elles sont de formidables fenêtres vers tous ces *ailleurs* possibles du monde, invitant au dépaysement, entraînant l'imaginaire des visiteurs à la découverte d'autres horizons et d'autres peuples. Car c'est bien une invitation au voyage que proposent les stands et pavillons étrangers. L'exotisme est au rendez-vous et le succès des expositions dites « coloniales » en signale l'engouement. On évoquera alors les *Rues des nations* (1878 ou 1900), tout comme les pavillons de *l'Histoire de l'habitation* de Charles Garnier en 1889, qui donnent l'illusion de pouvoir parcourir

---

[23] EXPOSITION UNIVERSELLE ET INTERNATIONALE DE BRUXELLES, 1931. *Section française : groupe16, électricité et électromagnétisme*, Rapport de M.-A. Antoine, 1936, 136 p.

[24] DEMEULENAÈRE-DOUYÈRE, C. (dir.), *Exotiques Expositions… Les expositions universelles et les cultures extraeuropéennes, 1855-1937*, Paris : Archives nationales, Somogy Éditions d'art, 2010 ; HOLLENGREEN L., PEARCE C., ROUSE R., SCHWEITZER B., *Meet me at the fair. A world's fair Reader,* Carregie Mellon University : ETC Presse, 2014.

le monde, en présentant mis en situation, les peuples du globe, dans un sensationnel qui étonne, mais également entraîne la France dans une relation mythique avec le Sénégal, entre autres[25]. La magie ne cessera plus dès lors d'opérer… il n'ait que d'évoquer la *Vénus africaine* du sculpteur Charles Cordier (1851), dont le buste est présenté à l'exposition de 1855 et qui connaît un grand succès, témoignant de l'intérêt du sculpteur pour l'anthropologie naissante, et dont une série de bustes sera déposée à la galerie d'anthropologie du Muséum d'histoire naturelle de Paris[26]. Le monde colonial est très présent dans les expositions, les colonies françaises tout comme celles des autres puissances européennes. En effet, entre 1867 et 1914, on assiste à une poussée coloniale qui impressionne : l'empire français passe d'un million de km^2 et cinq millions d'habitants à onze millions de km^2 et cinquante millions d'habitants. Et de fait, la présentation des territoires lointains, souvent enjolivée, sans peu de rapport avec la réalité locale, vise à rallier l'opinion publique à cette politique coloniale impopulaire. Des expositions ont lieu à Londres (*Colonial and Indian Exhibition*, 1886) ou à Marseille en 1906 et enfin Paris en 1931, où l'Afrique Occidentale française est implantée avec un village lacustre ou une rue de Djenné, entre autres. On peut également évoquer la leçon d'histoire naturelle de l'exposition du Crystal Palace à Sydenham (1854-1866), où les populations découvrent les peuples venus de l'Empire britannique, ainsi que le précise Fanny Robles (2014), à propos de l'un des instigateurs de la section ethnologique, le

---

[25] ROBLES F., « Blanche et Noir, by Louise Faure Fabier : « When France falls in love with Senegal at the Paris Exposition Universelle of 1900 », in : HOLLENGREEN L., PEARCE C., ROUSE R., SCHWEITZER B., *Meet me at the fair. A world's fair Reader*, Carregie Mellon University : ETC Presse, 2014, p. 53-60.

[26] Charles Cordier va par la suite fonder sa propre Galerie anthropologique et ethnographique pour servir l'histoire des races. Il s'agit d'un vaste mouvement académique et scientifique : la chaire d'anthropologie au Muséum est créée en 1855 ; la Société d'Ethnographie orientale et américaine est fondée par le médecin Paul Broca en 1858-1859. Le Musée d'ethnographie du Trocadéro est installé quant à lui en 1879. L'étude des races humaines connait un vif succès, qui gagne le grand public, qui est convié à des spectacles ou à des attractions, qui conduisent à une surenchère douteuse, transgressant les limites de la dignité humaine. Ces spectacles à visée ethnographiques, mais surtout mercantiles, présentent des figurants indigènes, pris dans une monstration malsaine, entre cirque et caravanes sérail de « villages exotiques », comme ceux de Carl Hagenbeck. Dans ce mouvement ce sont plus de 30 000 personnes qui seront exhibées dans toute l'Europe entre 1874 et 1934. Ces exhibitions sont bien évidemment choquantes.

docteur Robert Gordon Latham qui indique sa manière de présenter des spécimens humains en tableaux vivants des cinq continents[27].

> « *The plan, however, of the group under notice, is different from that of ordinary museums, and, at the same time, which is, now, for the first time attempted. The trees, the plants, animals, and human occupants of the different portions of the earth's surface are grouped together – so that the allied sciences of botany, zoology, and ethonology illustrate each other. Hence, the arrangement is géographical*[28]. »

L'Afrique a donc été de tout temps le territoire des légendes qui entretenait l'intérêt des explorateurs dans la recherche de *Terrae Incognitae,* mais également toujours présente dans nos mémoires – la mythique course Paris-Dakar s'inscrivant jusqu'il y a encore dix ans dans ce sillage.

Présentons le Sénégal : ce pays est situé entre 12 8 et 16 41 de latitude nord et 11 21 et 17 32 de longitude Ouest[29]. Sa pointe ouest est la plus occidentale de toute l'Afrique Continentale. Sa superficie est de 196192 km2, représentant plus d'1/3 de la France, ce qui en fait un minuscule territoire à côté de ses voisins que sont le Mali et la Mauritanie. Le Sénégal est un pays plat, à l'exception des deux collines des Mamelles à Dakar, et celles du Fouta Djalon à la frontière avec la Guinée Conakry.

Du point de vue historique, une bonne partie du Sénégal faisait déjà partie de l'empire du Ghana, fondé au Ve siècle. Il a connu au XIe siècle le début de l'islamisation avec les Almoravides qui ont mis fin à l'hégémonie de l'empire du Ghana. Au XIIIe siècle il était sous le joug de l'empire du Mali, avant de voir l'émergence d'empires internes du Djolof, du Sine et du Saloum et la naissance au nord du

---

[27] ROBLES F., « When « the Present European Family » contemplates « The Phases of Human Existence » : The Court of Natural History at the Crystal Palace, Syndenham, 1854-1866 », in : HOLLENGREEN L., PEARCE C., ROUSE R., SCHWEITZER B., *Meet me at the fair. A world's fair Reader*, Carregie Mellon University : ETC Presse, 2014, p. 17-29.

[28] *Ibid.*, p. 19.

[29] Ces données géographiques sont restituées à l'adresse : [http://www.planete-senegal.com/senegal/geographie_senegal.php].

Voir également le dossier de cartes en Annexe 1 : Carte de l'Afrique françoise ou du Sénégal (1726), et les cartes des colonies françaises en Afrique (1898).

royaume du Fouta Toro[30]. L'occupation européenne commence avec les Portugais entre 1444 et 1580, avant que les Anglais ne commencent à fréquenter les côtes de Guinée à partie de 1580. Le commerce des esclaves transportés vers les Amériques et la lutte entre Européens pour le contrôle du comptoir dure dans la zone du XVIIe au XIXe siècle. Les marchands d'esclaves hollandais reprennent Gorée en 1627, alors que les Français créent un comptoir à Saint-Louis en 1638. Les Français finissent par prendre le contrôle total des postes stratégiques du Sénégal en 1677, après quelques apparitions anglaises. Après l'Almay Cheik Omar TALL en 1864, les Français arrivent au bout du dernier résistant sénégalais Lat Dior Diop en 1886.

Sources : Carte des contrées entre Sénégal et Niger, *(s, n.), 1888, Bibliothèque nationale de France, GED-621. Carte à l'échelle 1/10 000 000*

[30] Concernant les données historiques, voir les éléments disponibles à l'adresse : [http://www.au-senegal.com/une-breve-histoire-du-senegal,3604.html]. Voir Annexe n° 2, le détail sur le fleuve Sénégal, d'après un globe de Jacques Baradelle (1723).

Blaise Diagne est le premier député noir élu à l'Assemblée nationale française en 1914. Léopold Sédar Senghor premier agrégé africain en 1933 est élu à son tour député à l'Assemblée nationale française en 1945, puis premier président de la République du Sénégal indépendant en 1960. Il cède le pouvoir à Abdou Diouf en 1980. Abdoulaye Wade est élu président du Sénégal en 2000. Il quitte le pouvoir en 2012 à la suite d'élections, au profit de Macky Sall, son ancien premier ministre, actuel président du Sénégal.

Il conviendrait dans ce contexte propre à l'histoire et aux penseurs importants du Sénégal, de préciser l'influence de l'historien Ceikh Anta Diop, également anthropologue, égyptologue et homme politique sénégalais[31]. Il devient en 1981 professeur à l'Université de Dakar, (depuis rebaptisée université Cheikh-Anta-Diop, UCAD). Mais dès 1966, il crée au sein de cette université de Dakar le premier laboratoire africain de datation des fossiles archéologiques au radiocarbone, en collaboration avec celui du Commissariat français à l'énergie atomique (CEA) de Gif-sur-Yvette.

L'autre mythe qui entoure notre sujet est celui de l'Électricité.

Rappelons ainsi la célèbre exposition de Paris sur l'électricité de 1881 s'est tenue dans un contexte où l'électricité n'est alors qu'un simple objet de curiosité. À la question « *qu'est-ce que l'électricité* ? », l'abbé Nollet, maître électricien du XVIIIe siècle, répond :

> « *Attirer et repousser des corps légers qui sont à une distance convenable ; faire sentir sur la peau une impression semblable à peu près à celle d'une toile d'araignée qu'on rencontrerait flottante en l'air ; répandre une odeur qu'on peut comparer à celle du phosphore d'urine ou de l'ail ; lancer des aigrettes d'une matière enflammée ; étinceler avec éclat ; piquer très sensiblement le doigt ou toute autre partie du corps qu'on présente de près ; mettre le feu aux liqueurs ou vapeurs alcooliques, enfin, communiquer à d'autres corps la faculté de produire ces mêmes effets pendant un certain temps, voilà les signes les plus ordinaires, d'après lesquelles on a coutume de juger si un corps est électrique*[32].

[31] Il est né le 29 décembre 1923 dans le village de Caytou situé dans la région de Diourbel. Lorsqu'il obtient son doctorat en 1960, il revient au Sénégal enseigner comme maître de conférences à l'université de Dakar qui prendra ensuite son nom.
[32] BLONDEL C., *Histoire de l'électricité,* Paris : Pocket, 1994, p. 9.

Sources : Henry LETOREY, Je vous offre la santé, la gaieté, le bien-être, je suis la fée Électricité, *Senlis : Impr. Réunies, 1923, BnF, département Sciences et techniques, 8 – V-45246, gravure*

On perçoit bien, par la littérature et l'historiographie, les effets surprenants et merveilleux, l'impact du spectacle d'une science encore à découvrir, de ces expériences menées, à partir de simples filaments, objet de curiosité. Il n'est que de revenir vers les représentations et les allégories qui ont porté la Fée Électricité auprès des populations, qu'on devait rassurer devant le merveilleux encore incontrôlable de cette énergie. Néanmoins savoir ce que cette découverte pouvait simplement apporter au monde, sans qu'on puisse imaginer les développements ultérieurs de l'électricité, ne paraissait pas aussi dénué de sens qu'on pourrait croire. Cela d'autant qu'avec les feux, les électrocutions, les expériences sur les animaux, cette fée ne paraissait pas aussi séduisante qu'il y paraissait au premier abord. Ainsi la belle évocation par Henry Letorey (1923) de la *Fée Électricité, d'essence divine et magnanime* qui apporte *Santé, Gaieté, Économie et Bien-Être*, "qu'aucun élément de la Nature, *impénétrable et fière*, ne peut rivaliser avec elle[33]", déjà la représentation fait entrer le spectateur dans l'ère de la consommation, et des objets techniques du quotidien : les lampes, le tramway[34]...

Ainsi de la représentation donnée par Raoul Dufy pour l'Exposition internationale de 1937, du mur courbe du hall du *Palais de la Lumière et de l'Électricité*, édifié par Robert Mallet-Stevens sur le Champ-de-Mars[35]. La *Compagnie parisienne de distribution d'électricité* lui demande de raconter *La Fée Électricité* : il livre une composition de 600 m^2 mètres qui déploie, sur deux registres principaux, l'histoire de l'électricité et de ses applications, depuis les premières observations jusqu'aux réalisations techniques les plus modernes, avec représentés en registre inférieur, quelques cent dix savants et inventeurs ayant contribué au développement de l'électricité[36]. Donnée par Électricité

---

[33] LETOREY H., Je vous offre la santé, la gaieté, le bien-être, je suis la fée Électricité, Senlis : Impr. Réunies, 1923, p. 1 et suivantes, disponible à l'adresse : [http://gallica.bnf.fr/ark:/12148/bpt6k5496070z], et en particulier la gravure de la première de couverture de l'ouvrage jointe ici en en illustration. Voir également : BELTRAN A., CARRÉ P. La Fée et la Servante. La société française face à l'électricité (XIXe-XXe siècle), Paris : Belin, 1991, 350 p ; BELTRAN A., « Du luxe au cœur du système. Électricité et société dans la région parisienne (1880-1939) », Annales Économies Sociétés Civilisation, n°5, septembre-octobre 1989, p. 1113-1136.

[34] Voir à propos de l'électrification de Paris et des transports : BELTRAN A., *« Comment électrifier Paris ? Aux origines des conventions de 1889/90 », Bulletin de l'association pour l'histoire de l'électricité en France,* N°3, juin 1984, p. 47-51 *;* BELTRAN A., *« La difficile conquête d'une capitale. L'énergie électrique à Paris entre 1878 et 1907. », Histoire, Économie, Société,* N°3, septembre1985, p. 369-395 ; BELTRAN A., « Création et développement du réseau électrique parisien 1878/1939 », *dans, Paris et ses réseaux, Naissance d'un mode de vie urbain (XIXe-XXe siècle), dans* F. CARON, J. DÉRENS, L. PASSION, P. CEBRON DE LISLE (dir.), Paris : Belin, 1990, p. 240-257.

[35] BELTRAN A., « La Fée Électricité, reine et servante (l'Exposition universelle de 1937) », *XXe* siècle, octobre-décembre, 1987, n° 16.

[36] Mêlant la mythologie et les allégories à l'exactitude historique et à la description technologique, Dufy joue sur l'opposition des contraires. Au centre, les dieux de l'Olympe et les générateurs de la centrale électrique reliés par la foudre de Zeus ; la nature primordiale et les architectures ; les travaux, les jours et les machines modernes. Immédiatement à gauche du centre, Iris, messagère des dieux, fille d'Électra, vole dans la lumière, au-dessus d'un orchestre et des capitales du monde diffusant toutes les

de France, cette décoration monumentale est installée au Musée d'Art moderne de la ville de Paris en 1964. Alain Beltran (1989) n'a pas manqué de faire sienne cette allégorie joyeuse et rassurante de l'électricité[37]. Les "inventeurs" s'y retrouvent dans un halo de lumière évidemment bleutée, marquant les grandes étapes de cette fabuleuse révélation : Isaac Newton qui à la *Royal Society* de Londres, en novembre 1703, révèle au monde cette merveilleuse lumière bleutée de l'électricité qui apparaît comme vivante dans la sphère vidée de son air ; Humphry Davy qui présente, en 1802, la batterie électrique la plus puissante au monde, dans la cave de la *Royal Institution de Londres*. Avec elle, Davy a créé la première lumière incandescente en faisant passer un courant à travers une mince bande de platine. Benjamin Franklin (1752) qui veut domestiquer la foudre, par l'expérience dans le jardin de Marly, avec Buffon et Faraday installant une longue tige métallique, qui se réapproprie une bouteille de Leyde, la belle étincelle à odeur de soufre, découvrant l'électricité venue de la Nature, frappant la tige par un orage de mai 1752[38]. Et de fait, la Nature était quelque part "domestiquée", la colère des dieux pouvant être captée.

---

teintes du prisme. Des aplats de couleurs rouges, bleus, jaunes ou verts indépendants du dessin très souple, organisent et dynamisent cette composition virtuose. La technique même est innovante, puisque Dufy s'adresse à un chimiste, Jacques Moroger, qui met au point une un médium qui perdu le rendu de l'aquarelle, par cette peinture transparente.

[37] *Ibid.*

[38] LAMONT-BROWN, R., *Humphry Davy, Life Beyond the Lamp*, Stroud: Sutton Publishing, 2004.

Sources : Raoul Dufy, La Fée Électricité, 1937,
Musée d'Art moderne de la Ville de Paris

Que ce soit le défi de Luigi Galvani (1786) (tenant de l'électricité animale) opposé à Alessandro Volta (1790) (tenant de l'électricité métallique), ou encore à la fin XIXe siècle – début XXe siècle, la guerre dite *des courants* qui opposa Thomas Edison à Nikola Tesla, cristallisant les défis autour du courant continu pour le premier, de celui, alternatif, pour le second, un de ses ingénieurs, afin éclairer New York, au-delà de Wall Street, cela dans des enjeux qu'on imagine déjà capitalistiques. Les aventures autour de cette énergie mêlent le merveilleux, l'expérimentation, la lutte fratricide entre savants, les querelles d'école, tout comme les enjeux capitalistes, dont le public est pour longtemps le témoin.

Selon Alain Beltran (1995), dans sa thèse de doctorat d'État :

> *« le XXe siècle fut bien celui de l'électricité et celui qui s'annonce (le XXIe siècle) le sera également, non par les quantités consommées (quoique deux milliards d'hommes ne connaissent pas encore les bienfaits du kilowattheure) mais par son mariage avec l'électronique. » […] Contrairement au charbon, au pétrole et à toute autre énergie fossile, l'énergie électrique est d'usage facile et adapté aux différentes utilisations et aux besoins de l'homme, lui permettant de*

> *repousser de plus en plus vite et plus loin les frontières du quotidien*[39]*.* »

Mais la perception de l'électricité a changé au siècle suivant, ainsi que l'indique Christine Blondel :

> « *Pour un homme ou une femme du XX*[e] *siècle, l'électricité, c'est ce qu'on obtient quotidiennement en branchant une prise ou en appuyant sur un bouton ; c'est ce qui circule dans les fils électriques. On ne la voit plus, on ne la touche plus, elle n'a plus d'odeur. Elle est domestiquée*[40]*.* »

Au XXe siècle, dès 1900 et pour longtemps, l'électricité est au cœur de la dynamique économique. Cette mutation a suscité les questionnements de nombre de chercheurs, en France, cristallisés selon Delphine Gardey :

> « *[...] autour de deux hypothèses principales : l'électricité permet d'apporter à la fin du XIX*[e] *siècle des réponses adaptées et efficaces à une série de dysfonctionnements majeurs du système technique en place ; l'essor de l'électricité est le résultat d'un projet sociétal dont témoigne la part de rêve véhiculé par la littérature technique de l'époque (quête de bien-être, hygiénisme, aspiration au loisir)*[41]*.* »

État de l'art

Aussi convient-il de rappeler en premier lieu qu'en France, l'électricité comme objet d'étude historique s'est progressivement imposée comme champ de recherche et a pris de l'importance avec les travaux de l'Association pour l'Histoire de l'Électricité en France (AHEF) [42] à travers les colloques organisés par cette association. En effet, le tout premier volume de *L'Histoire de l'électricité en France*,

---

[39] BELTRAN A., L'énergie électrique dans la Région parisienne entre 1878 et 1946 : production, distribution et consommation d'électricité dans le département de la Seine, Thèse de doctorat : Paris 4 : 1995, 1011 p.

[40] *Ibid.*

[41] *Id.*

[42] CARON F., CARDOT F., (dir.), Histoire de l'électricité en France, Tome 1 [1881-1918], Paris : Fayard, 1991 ; LEVY-LEBOYER M., MORSEL H., (dir.), Histoire de l'électricité en France, Tome 2 [1919-1946], 1994.

paru en 1991, ouvrant sur les débuts de cette énergie, de 1881 à 1946[43], sous la direction de François Caron, récemment disparu, et de Fabienne Cardot apparaît comme la première consécration de l'Association pour l'histoire de l'électricité en France[44] (AHEF), au bout de dix ans de travail, tendant à faire de l'électricité un objet d'histoire qui doit s'affranchir de « *la simple histoire des techniques pour réaliser une histoire globale de l'électricité sur la longue période*[45] ». De ce fait, les sciences, les techniques, l'industrie, le social, le culturel qui sont étroitement liés doivent être des domaines d'étude de l'histoire de l'électricité.

L'électricité devient donc « objet historique », étudiée de prime abord comme objet de curiosité, en passant par la conquête des premiers marchés, la naissance d'une économie électrique pour aboutir à la « civilisation électrique ». L'AHEF a poursuivi son œuvre avec la livraison en 1994 d'un second tome, sous la direction de Maurice Levy-Leboyer et Henri Morsel, consacré à la période de 1919 à 1946[46], soit l'immédiate après seconde guerre mondiale, et en 1996, d'un troisième et dernier tome, dirigé par le seul Henri Morsel, et couvrant la période de 1946 à 1987[47] : une histoire très contemporaine donc, voire du temps présent d'un objet historique qui se construit en même temps que cette énergie compose avec les progrès techniques. De nombreux colloques sur des thématiques liées, réunissent les chercheurs qui enrichissent une histoire de l'électricité qui est venue sur le tard par rapport à de nombreux autres domaines de la civilisation humaine.

---

[43] CARON F., CARDOT F., (dir.), *Histoire de l'électricité en France, 1881-1918,* Paris : Fayard, 1991.

[44] L'Association pour l'histoire de l'électricité en France (AHEF) a été créée en 1982, à l'initiative de François Caron, Maurice Magnien et Marcel Boiteux, proposant un lieu de rencontres et d'échanges entre les chercheurs et les acteurs d'EDF. Cette structure a été dissoute en 2001 et reprise au sein de la Fondation EDF. Dans nos développements, le sigle AHEF sera employé.

[45] GARDEY D., « Histoire de l'électricité en France, François Caron, Fabienne Cardot, (dir.) », *Persée,* 1993, volume 9, n° 12, p.55, disponible à l'adresse : [http://www.persee.fr/doc/flux_1154-2721_1993_num_9_12_1652], consulté le 26 juin 2013.

[46] Levy-Leboyer M., H. Morsel (dir.), *op. cit.*

[47] MORSEL H., (dir.), *op. cit.* .

Ces travaux ont porté sur le territoire métropolitain[48]. Progressivement, les recherches se sont étendues à l'espace francophone ultramarin, hors de la Métropole, notamment lors du colloque des 14 et 15 juin 2002 qui consacra son thème à *« L'électrification outre-mer, de la fin du XIXe siècle aux premières décolonisations[49]* ». Depuis 1983, la *Revue d'histoire de l'électricité*, joue un rôle majeur pour favoriser la recherche, avec Fabienne Cardot, qui déjà propose lors de la première livraison de la revue, mue par une volonté indéfectible de construire une histoire de l'électricité, un tour d'horizon des « *Cent ans d'histoire en France (1880-1980)*[50] », contribution affinée et complétée dans les années suivantes[51]. L'un des premiers travaux universitaires sur l'électricité est la thèse de droit de Jean-Jacques Bienvenu, portant sur l'étude du régime de l'électricité avant la nationalisation[52]. Nous citerons entre autres travaux, ceux de Dominique Barjot qui, dès 1995, s'intéresse à l'histoire des réseaux électriques et des installateurs[53], ensuite à la nationalisation de l'électricité[54] et sa stratégie de gestion[55]. Dans cette lignée, se situent

---

[48] BARJOT D., « L'électrification outre-mer, de la fin du XIXe siècle aux premières décolonisations », Revue d'histoire d'outre-mer, 1er semestre 2002, p. 7 ; Voir infra en bibliographie : actes de colloques organisés par l'AHEF depuis la première édition.

[49] Ibid.

[50] CARDOT F., « Cent ans d'histoire de France (1880-1980) », *Bulletin d'histoire de l'électricité,* n°1, juin 1983, p. 51-65.

[51] CARDOT F., « L'histoire de l'électricité. Premiers éléments de bibliographie », *Bulletin d'histoire de l'électricité*, n°5, juin 1985, p. 93-146 ; F. CARDOT, « Bibliographie de l'électricité en France, deuxième édition revue et corrigée », *Bulletin de l'histoire de l'électricité*, n°10, décembre 1987, p.197-248.

[52] BIENVENU J-J., L'électricité dans l'histoire. Problèmes et Méthodes, Thèse : droit : Paris : AHEF/PUF, 1985, p. 89-91.

[53] BARJOT D., M. TREDE, (dir.), *Réseaux électriques et installateurs des origines à nos jours*, Paris : PUF, 1995. Voir en particulier : « Un grand constructeur de lignes : la SGE (1899-1970) », p. 171-207 et - « Éléments pour une histoire économique de la profession (de la fin du XIXe siècle à nos jours », p. 371-402.

[54] BARJOT D., BADEL L., MORSEL H., (dir.), *La nationalisation de l'électricité en France. Nécessité technique ou logique politique ?* Paris : PUF, 1996. Voir en particulier : -« Introduction générale », p. 7-22 ; - « Les groupes face à la nationalisation : Empain, Giros-Huvelin et CGE », p. 281-296 ; - « Le modèle EDF depuis 1946 : les fondements d'un consensus », p. 471-483.

[55] BARJOT D., LEFEUVRE D., BERTHONNET A., COEURE S., (dir.), *L'électrification outre- mer de la fin du XIXe siècle aux premières décolonisations*, Publications de la Société française d'histoire d'Outre-mer, EDF, 2002, 664 p. Voir en particulier : -« Introduction », p. 7-20 ; - « Rapport de synthèse : les usages », p. 47-54 ; - « La percée internationale du génie civil italien : l'exemple d'Impresit

les travaux de Mathieu Flonneau sur les réseaux urbains[56]. Cette nouvelle génération d'historiens est tentée par l'aventure de l'électricité. C'est ainsi qu'en 1995, Alain Beltran soutient à son tour une thèse sur l'énergie électrique dans la région parisienne[57] dans la continuité de ces thématiques. Ils sont avec Christophe Bonneau, Pierre Lanthier et Henri Morsel ceux qui ont beaucoup produit dans le domaine[58]. Signalons la parution en 2009, d'un numéro spécial des Annales historiques de l'Électricité, consacrée aux travaux des jeunes chercheurs, ce qui dénote d'un renouveau des travaux universitaires[59].

C'est donc à travers l'empire français que s'est construite l'historiographie de l'histoire de l'électricité des anciennes colonies françaises dont le Sénégal fait partie intégrante. Il convient de préciser des travaux de chercheurs, relatifs à l'énergie électrique en Afrique et dans les territoires d'Outre-mer relevant de nombreuses approches, dans les domaines politique ou social, des politiques culturelles, économiques, géographiques, historiques et enfin techniques. L'approche politique de l'électricité a été abordée par Kennas Smail[60] pour le cas de l'Algérie en matière de production électrique. De même, Richard Gogoua Yaba[61] s'intéresse à la politique coloniale française d'électrification de l'Afrique occidentale française ou Grégory Berthier[62] aux politiques d'électrification de la Tunisie. Lekoulékissa

(1926-1973) », p. 251-277 ; - « Les entreprises françaises et l'électrification de l'Afrique du Nord : le cas de la Société Générale d'Entreprises », p. 276-304.

56 FLONNEAU M., GUIGUENO V., De l'histoire des transports à l'histoire de la mobilité, Rennes : Presses universitaires de Rennes, 2009.

57 BELTRAN A., L'énergie électrique dans la Région parisienne entre 1878 et 1946 : production, distribution et consommation d'électricité dans le département de la Sein, *op.cit.*

58 BERTHONNET A., Guide du chercheur en histoire de l'électricité, Paris : éd. La Mandragore, 2009, p. 244.

59 *Annales historiques de l'Électricité*, 2009, I, n° 7, *Jeunes chercheurs en histoire de l'électricité*, pour des étudiants issus de Master et soutenus par la Fondation EDF.

60 SMAIL K., (dir.), *Politique énergétique et production de l'électricité en Algérie*, Presses spécialisées UAFA, 1982.

61 GOGOUA YABA R., *La politique coloniale française d'électrification de l'Afrique occidentale française de 1940 à 1960*, DEA : Histoire de l'Afrique : Université Paris VII, sous la direction de C. Coquery Vidrovicth, 1984, 52 p.

62 BERTHIER G., *Les politiques d'électrification de la Tunisie. Des années du protectorat aux premières années de l'indépendance*, Maîtrise : Histoire : Université Paris X, Nanterre, sous la direction de Daniel Lefeuvre et Alain Plessis, 2000, 107 p.

Rodrigue[63] s'inscrit dans une approche multidisciplinaire qui intègre, en plus de la politique, le plan social et économique de l'histoire de l'électricité au Gabon ; Catherine Coquery-Vidrovitch[64] a également abordé la question de la politique de l'électrification en Afrique.

Aussi certains chercheurs ont-ils proposé une approche sociale de l'électricité, déjà datée, comme l'a décrit Christophe Bole[65] (1987) dans une monographie, à visée également culturelle, sur l'impact de la distribution et consommation du courant électrique sur la population de Bangui. L'approche culturelle – on ne saurait oublier la Fée Électricité – est perceptible dans les travaux de certains chercheurs comme Atkins Keletseo. E., « *The Moon is dead ! Give us our money ! The cultural origins of African work ethic* »[66] ; Alain Beltran s'en emparant dès 2004 dans « *Quelle approche culturelle de l'histoire de l'électricité, L'électricité en réseau…* »[67]. D'autres travaux ressortent de l'approche économique comme ceux de Stéphanie Robert[68] qui aborde en 2001 les implications économiques de l'électrification du Burkina Faso, mais qui semble également déjà datés. Ces travaux pourraient être rapprochés de ceux d'Aurélie Engilberg[69] publiés en 2002 sur l'électrification de l'Oubangui-Chari.

---

63 LEKOULEKISSA L., *L'Électrification du Gabon, 1935-1985. Stratégies, mutations et limites,* Thèse : Histoire : Université de Provence, sous la direction de Colette Dubois, 2008.

64 COQUERY-VIDROVITCH C., « La politique de réseaux d'électrification en Afrique : comparaison Afrique de l'Ouest, Afrique du Sud ou comment faire de l'histoire sociale à partir de sources économiques », dans BARJOT D., LEFEUVRE D., BERTHONNET A., COEURE S., (dir), *L'électrification outre-mer de la fin du XIXe siècle aux premières découvertes*, Publications de la Société française d'histoire d'Outre-mer, EDF, 2002, p. 72.

65 BOLE C., Distribution, consommation du *Courants* électrique et son impact sur les populations de Bangui, Maîtrise : Géographie : Université Aix-Marseille II, 1987, 106 p.

66 KELETSEO E. A., *The Moon is dead! Give us our money! The cultural origins of an African work ethic, South Africa, 1843-1900*, London: James Currey, Natal, 1993.

67 BELTRAN A., « Quelle approche culturelle de l'histoire de l'électricité, l'électricité en réseaux », in *Annales historiques de l'électricité*, juin 2004, n°2, p. 139-145.

68 ROBERT S., *L'électrification du Burkina Faso et ses implications économiques depuis les années 1970*, Maîtrise : Économie : Université Paris VII, sous la direction de Catherine Coquery-Vidrovitch, 2001, 99 p.

69 ENGILBERGE A., *L'électrification de l'Oubangui-Chari* (1945-1960) ; planification et réalité de l'électrification d'un territoire d'Outre-mer, Maîtrise : Histoire : Université Aix-Marseille I, sous la direction de Colette Dubois, 2002, 170 p.

L'approche géographique de l'électricité a également été envisagée par Apertet Jean[70], avec ses recherches, dans les années 1950, portant sur l'Afrique et l'électricité, Europe-France-Outre-mer, tout comme dans son autre publication sur l'électrification des territoires et départements d'Outre-mer[71] et que l'on peut considérer comme déjà anciennes, cela malgré son intérêt. Par ailleurs ces données géographiques peuvent être identifiées dans les archives du ministère des colonies[72]. Stéphane Mehyong[73] (2008) propose la genèse de l'électrification de l'Afrique-Équatoriale française dans sa thèse de doctorat. Il a pu s'appuyer avec profit sur la thèse d'Alain Beltran[74] (1996) consacrée aux cinquante ans du parcours à l'international d'Électricité de France.

Problématique

Parmi les travaux consultés jusqu'ici aucun ne fait spécifiquement référence aux conditions historiques de l'implantation et du développement de la production d'électricité au Sénégal, et particulièrement les conditions dans lesquelles s'est effectué le transfert de technologie. L'histoire de l'électrification du pays a plutôt été abordée d'un point de vue économique et social, notamment par Céline Ardmat[75] et Thomas Saupique[76]. Nous nous proposons donc d'aborder la compréhension du transfert de technologie de l'énergie électrique au Sénégal. Quel a été le processus du transfert de technologie de la

[70] JEAN A., « L'électrification des territoires et des départements d'outre-mer de l'Union française. La distribution publique d'électricité », *Équipement et activités d'Outre-mer*, n°35, octobre 1956, p. 21-24.

[71] JEAN A., « L'Afrique et l'électricité », *Europe-France-Outre-mer*, 36e année, n° 353, avril 1959, p. 30-38.

[72] ANOM, Fonds Ministériels : ministère des colonies, Séries géographiques (avant 1920).

[73] MEHYONG S.W., *La genèse de l'électrification de l'Afrique Equatoriale française 1910 à 1959*, Thèse : Histoire : Université Michel de Montaigne-Bordeaux III, sous la direction de Christophe Bouneau, 2008, 412 p.

[74] BELTRAN A., *L'électricité de France. 50 ans d'histoire à l'international*, Paris : Le cherche Midi, 1996,
137 p.

[75] ARDMAT C., *L'électrification du Sénégal de la fin du XIXe à la Seconde Guerre mondiale*, Maîtrise : Histoire : Université de Bordeaux III, sous la direction de Christophe Bouneau et Pascal Griset, 1999, 104 p.

[76] SAUPIQUE T., L'électrification de Dakar de 1945 à 1970, Maîtrise : Histoire : Université Paris VII, sous la direction de Cathérine Coquery-Vidrovitch, 2000, 61 p.

Métropole vers le Sénégal, des débuts de l'électrification en 1887 jusqu'à l'année 1985, soit dans les immédiates années de la promulgation de la loi n° 83-72 du 05/07/1983 créant la Société Nationale d'Électricité (SENELEC). Nous souhaitons également comprendre quels sont les enjeux dans la politique patrimoniale du Sénégal en matière de préservation de ce patrimoine bâti, industriel et technique, notamment celui de l'électricité, savoir si ces questions de patrimonialisations sont perçues comme un atout pour le pays ? Les références techniques notées relayées par l'historiographie n'abordent pas la question du transfert de technologie qui n'a pas fait l'objet de travaux en histoire technique des techniques. La notion de transfert requiert quatre éléments essentiels : un contenu, deux acteurs et un résultat[77] qui se combinent entre eux. Le préalable à toute activité de transfert est l'existence d'un contenu, « quelque chose de transférable » qui doit exister au préalable et qui permet le déroulement du processus. Cette « transférabilité » désigne le mouvement du contenu entre deux entités : l'émetteur, celui qui détient le contenu, et le récepteur, celui qui le reçoit et en prendra possession à la fin du processus.

On peut se demander comment ce transfert de technologie, notamment la technologie électrique, s'est trouvé être corrélé à ce que l'on pourrait appeler la pensée « coloniale » dans les différentes phases de son évolution, celle-ci impactant durablement le développement social et économique de la colonie française qu'était le Sénégal avant son indépendance ? Comment a évolué le transfert de technologie de l'électricité depuis la fin du XIXe siècle, époque de l'expansion et de la consolidation des territoires considérés comme conquis ? Le même impact de cette politique de transfert peut-il être décelé durant l'entre-deux-guerres, période de la mise en valeur de ces territoires ? Qu'en est-il de l'époque de l'équipement et de modernisation de ces mêmes territoires entre 1945 et 1960 ? Le transfert de technologie électrique au Sénégal aurait-il pris un sens nouveau au lendemain de l'indépendance, dans le contexte de développement de l'après-Deuxième Guerre mondiale ?

Au-delà de la compréhension de ces problématiques, qui constitue un premier volet de notre travail, un autre volet consiste à y adjoindre

---

[77]DROUVOT H. et VERNAT G., *Les politiques de développements technologiques, l'exemple brésilien*, chapitre II : « Le concept de transfert de technologie » p. 27-48, Paris : éd. L'IHEAL, 1994, disponible à l'adresse : [http://books.openedition.org/iheal/1657?lang=fr_consulté le 21 octobre 2015.

la perspective de patrimonialisation d'un objet technique, en l'occurrence celui, complexe et emblématique de cette histoire de l'électricité sénégalaise, de la centrale électrique de l'usine SUNEOR de Ziguinchor, ce qui peut être compris comme véritable challenge, eu égard à la difficulté des conditions de l'enquête menée *in situ* et aux traces patrimoniales conservées sur place. Ce qui n'est pas sans soulever de nombreuses interrogations. Au Sénégal, le patrimoine industriel n'est encore que trop peu pris en compte, encore trop peu compris et apprécié. Ce projet de recherche se donne comme ambition d'explorer ce champ qui constitue un véritable enjeu politique au Sénégal. En effet, au Sénégal et en Afrique en général, le patrimoine industriel, souffrant d'un double handicap, reste souvent perçu comme « inesthétique » et renvoie souvent à la douloureuse histoire sociale et politique de la colonisation, ce qui ne favorise pas l'adhésion à une politique patrimoniale dédiée. Le défi de notre travail consistera à présenter, démêlant l'écheveau de cette histoire, une autre facette du patrimoine de l'industrie. Et c'est en partant du lieu, de l'usine et de ses équipements, en reconstituant son histoire et en réfléchissant à la manière dont elle pourrait être rendue accessible au public que nous souhaitons travailler à rendre visibles ces facettes jusque-là inédites.

Méthodologie

Trouver des justes et viables réponses à ces interrogations constitue le principal enjeu de cette thèse. La méthodologie utilisée dans le cadre de la recherche sur l'électrification du Sénégal s'est fondée d'abord sur la revue de littérature, afin de connaître les différents travaux sur l'histoire de l'électricité en France et dans ses anciennes colonies. La deuxième phase de prospection s'est faite en direction de différents fonds d'archives concernant le sujet. La troisième phase a consisté en une recherche sur le terrain, dans un complexe industriel, afin de proposer une étude de cas d'un patrimoine de l'électricité au Sénégal, la Centrale de l'usine électrique de Ziguinchor. Une enquête a été faite auprès des agents en activité et d'anciens agents à la retraite de l'atelier énergie de l'usine. Enfin, la quatrième voie explorée est la recherche en ligne sur Internet qui a permis de découvrir des documents d'une importance insoupçonnée, puisque ces sujets en lien avec les préoccupations de la COP 21, ont suscité moult débats, qui ont enflammé la toile, prouvant l'intérêt des populations pour les enjeux environnementaux liés à ce sujet de l'électrification, tout comme l'intérêt pour les politiques menées par les organismes intergouvernementaux comme l'ICOMOS ou l'UNESCO pour valoriser le patrimoine matériel et immatériel. Après la revue littéraire, le passage par les archives, dans l'espoir de trouver des réponses aux attentes de la thèse, s'est avéré incontournable, puisque les documents relatifs aux colonies sont dûment répertoriés aux archives d'Outre-mer, à Aix-en-Provence, telle une mine qui n'a pas fini de dévoiler ses atouts. Mais ce sont quelque six centres de fonds d'archives pouvant intéresser le sujet qui ont été identifiés puis prospectés, tant en France qu'au Sénégal.

Le Centre d'accueil et de recherche des Archives nationales (CARAN) est le premier visité. Mais ces archives ne contiennent que des copies microfilmées d'archives portant principalement sur des correspondances entre autorités coloniales, accompagnées quelquefois de rapports d'activité sur le fonctionnement des compagnies d'électricité. L'exploitation de ces archives n'est pas aisée compte tenu de la qualité des supports et est souvent incomplète. Les versions originales de ces documents se trouvent aux Archives nationales d'Outre-mer (ANOM) à Aix-en-Provence. Ce qui caractérise les archives nationales d'Outre-mer, c'est la distinction entre les archives ministérielles d'une part et les archives locales de l'autre (celles produites par les services localisés dans les colonies). Si les archives ministérielles sont beaucoup plus complètes, incluant celles du ministère des Colonies et celles de l'Algérie, les archives locales le sont beaucoup moins, conséquence du partage des archives entre la France et ses anciennes colonies. La France n'ayant rapatrié que les archives dites « de souveraineté ». La consultation des ANOM permet de voir le rôle oh combien éminent joué par le ministère des colonies dans l'électrification du Sénégal : celui d'intermédiaire entre les colonies et l'administration métropolitaine et celui de contrôle légal et technique des installations électriques. Les archives, qui concernent la gestion, et qui traitent des aspects techniques des entreprises de l'électricité, notamment de la période antérieure à la création d'EDF, sont restées, quant à elles, dans les anciennes colonies.

À partir de 1946, en lien avec la forte implication d'EDF dans des activités de conseil et d'encadrement, la plupart des archives relatives à l'industrie de l'électricité au Sénégal sont conservées à Blois. Beaucoup de fonds d'entreprises électriques sénégalaises sont conservés, témoins de l'action d'accompagnement du processus de développement du secteur dans cette ancienne colonie, aussi bien sur le plan technique que sur le plan organisationnel ainsi que pour la formation du personnel. Ces archives d'EDF ont apporté un complément important aux précédentes archives presque muettes sur la gestion interne des entreprises électriques. Mais la période qu'elles couvrent ne permet pas d'avoir une vision globale significative de l'histoire technique de l'électricité au Sénégal de la fin du XIXe siècle à la création d'EDF. Le fonds d'archives qui intéresse le sujet de la présente recherche ne concerne que les rapports entre EDF et les sociétés sénégalaises. L'enquête des fonds des archives diplomatiques de la Courneuve et celles, économiques de Nantes, n'a pas permis de trouver des éléments susceptibles d'intéresser la recherche. En effet, ces archives ne traitent pas de la gestion des entreprises sénégalaises. L'aspect lié au transfert de technologie vers le Sénégal n'y figure donc pas.

Les Archives nationales du Sénégal (ANS) sont censées apporter la réponse aux préoccupations légitimes de la présente recherche. Elles recèlent les fonds originaux, résultant du partage des archives entre la France et la colonie au moment des indépendances. Les questions liées à l'électricité figurent dans deux fonds : le Fonds Sénégal colonial dont la série 6K traite d'électricité, eaux, hydraulique pastoral et le Fonds AOF dont la série 7P concerne Eaux et électricité, hydraulique. Cependant ces archives ne contiennent pas d'éléments de gestion des anciennes compagnies d'électricité ayant évolué au Sénégal avant l'avènement de la Société Nationale d'Électricité du Sénégal (SENELEC). Les archives privées de ces compagnies n'ont pas été versées aux archives de l'AOF, ancêtre des ANS, des lacunes dommageables pour notre propos en découlent. Toutes ces compagnies avaient leur siège dans la métropole. Et la prospection dans les archives de Nantes n'a pas permis de trouver des fonds les concernant. Toute autre tentative de les localiser en France n'a connu aucun succès. Cette situation augmente les difficultés de la recherche sur les aspects techniques de l'électrification du Sénégal dans la période antérieure à la nationalisation du secteur.

La SENELEC dispose de ses propres archives, notamment les archives de gestion. Celles-ci devraient en principe être une véritable opportunité et fournir une mine de documents propres à atteindre les objectifs de cette recherche. Mais leur accès semble poser problème, lié à la procédure administrative, justement exacerbée par les « émeutes de l'électricité » déjà évoquées : en effet, d'incessantes coupures d'électricité ont provoqué des saccages des infrastructures de la SENELEC sur place, ce qui ne favorise guère le climat pour une approche historienne raisonnée de ces archives. L'autorisation d'accéder au siège de la société, où se trouvent les archives, n'a été accordée qu'après la fin du séjour effectué au Sénégal, ce qui la rendait en conséquence inopérante dans le cadre de la thèse, mais demeure primordial pour les avancées de ce travail postdoctoral sur place, dans un avenir proche. Nous ne pouvons que le regretter, mais l'accès aux documents a été autorisé, ce qui fait preuve de l'intérêt de la société pour les recherches universitaires et également d'une volonté de connaître ce passé, bénéficiant ainsi de l'expertise de travaux novateurs. Le service d'archives de la société a par ailleurs envoyé quelques documents par courrier électronique. Ce sont notamment des images et cartes. Cependant, le problème de conservation des archives historiques des entreprises au Sénégal demeure une réalité. Cette étape constitue le maillon faible de la recherche. Les relations nées de cette expérience devront faciliter un plus large accès dans le cadre d'approfondissement ultérieur des travaux de cette thèse.

Les difficultés d'accès aux archives d'entreprises en activité au Sénégal se sont vérifiées quand il s'est agi d'étudier la centrale électrique de l'huilerie, située à Ziguinchor en Basse Casamance, que nous envisagions comme cas pratique d'étude d'un patrimoine de l'électricité. Les archives sont en effet, à l'abandon depuis près de dix ans, aucun archiviste n'étant en poste. L'état de conservation actuelle n'autorise aucune prospection dans les lieux. Il a donc fallu tenter de reconstituer l'histoire des installations techniques par la méthode d'enquête auprès des anciens et des nouveaux techniciens. Si cette méthode a permis de collecter des informations importantes, elle a aussi ses limites car les interlocuteurs ont souvent du mal à répondre aux attentes de la recherche. Ainsi depuis le moment où nous avons marqué notre volonté d'entrer dans ce sujet, avec ces maints détours et selon des problématiques sans cesse remaniées, jusqu'à la dernière année de la recherche, « beaucoup d'eau a coulé sous les ponts ». Les moments d'angoisse et les moments de bonheur se sont succédés et se sont croisés parfois, donnant l'impression d'errer sur une immense étendue sans fin ni limite. Le thème semble à un moment donné s'éloigner, puis se repositionner sous un angle inattendu. Malgré l'orientation intéressante de la problématique, les sources documentaires consultées dans les premiers moments de la recherche mènent d'abord dans diverses directions avant de bénéficier d'une sorte d'éclaircie.

L'étude du transfert de technologie de l'énergie électrique au Sénégal est apparue, de prime abord, comme une simple chronologie de l'électrification du pays. La notion d'énergie, les pratiques énergétiques au Sénégal, le jeu d'acteurs, les transferts de technologies, l'organisation du secteur, la nationalisation entre autres sujets se sont dégagés au fil de la recherche. Les bornes chronologiques s'étendent de 1887, année de la première concession accordée à une entreprise d'électricité au Sénégal par la commune de Saint-Louis, jusqu'en 1985, année de la mainmise totale, par la Société nationale d'Électricité du Sénégal (SENELEC), sur l'ensemble des concessions du pays. Couvrant près d'un siècle, ponctué par trois moments qui constituent les temps marquants du processus d'électrification. On identifie une première période qui s'étend de 1887 à 1925, et qui marque l'implantation de l'électricité dans les trois principales villes coloniales que sont : Saint-Louis, Rufisque et Dakar, auxquelles se sont greffées d'autres villes situées sur l'axe Nord du Sénégal, Thiès et Louga, rendues célèbres par le chemin de fer Dakar–Saint-Louis. Cette période est surtout caractérisée par la création de diverses compagnies concessionnaires de l'éclairage des villes ci-dessus citées. De toutes ces compagnies, celle de Dakar a connu le plus de difficultés. Elle a été frappée de plein fouet par la Première Guerre mondiale, dont les conséquences ont failli réduire à néant cet effort de modernisation de la colonie du Sénégal. Une guerre avec son lot de blocages aussi bien dans le renouvellement des équipements que dans l'approvisionnement en combustible. Contrairement au chemin de fer Dakar–Saint-Louis placé sous la coupe d'une seule compagnie concessionnaire et soutenue de bout en bout par l'administration coloniale, l'électricité n'a pas connu, à ses débuts, un projet de réseau interconnecté porté par une seule compagnie concessionnaire[78].

Le début de l'électrification du Sénégal est centré sur la communauté des colons et son commerce. À Saint-Louis, l'éclairage public et les bâtiments administratifs sont concernés dans un premier temps. Il en est de même pour Rufisque qui avait le même concessionnaire que Saint-Louis. Dakar a connu une électrification plus variée, qui, en plus de l'éclairage public et des bâtiments administratifs, a vu l'énergie électrique s'appliquer à l'industrie

---

[78] POURLIER R., « Les chemins de fer en Afrique subsaharienne entre passé révolu et recomposition incertaine », Transport Geography in Africa: legacie, contraints and prospects, Belgeo, 2, 2007, p. 189-202.

portuaire et à la distribution de l'eau. L'année 1925 amorce une autre phase, celle de l'unification du secteur de l'électricité ; non pas sous l'effet d'une décision de l'autorité coloniale, mais du fait d'une compagnie, Compagnie de l'Électricité et Eau Ouest africaine (EEOA), qui grossit au fil du temps et ne cesse d'absorber toutes les autres compagnies encore implantées sur le territoire. Elle intègre ainsi dans son giron la compagnie de Saint-Louis, puis celle de Dakar. Elle se renforce, se fortifie et multiplie ses moyens de production pour satisfaire une clientèle de plus en plus nombreuse et variée. Cette tendance va s'affirmer jusqu'à la Seconde Guerre mondiale, qui pousse certains industriels métropolitains à délocaliser leur activité sur le territoire de la colonie. La compagnie d'électricité va renforcer en conséquence sa capacité de production afin de satisfaire à la demande. Le développement du secteur de l'électricité va se poursuivre malgré la guerre, contrairement au phénomène observé lors de la Première Guerre mondiale. L'industrie électrique reste toutefois aux mains des premiers propriétaires étrangers pendant une vingtaine d'années jusqu'à la proclamation de l'indépendance du pays.

La troisième « respiration chronologique[79] » montre une volonté de prise en main du secteur de l'électricité par les pouvoirs publics nationaux qui affichent la volonté de le nationaliser. Cette nouvelle posture coïncide avec la grande crise pétrolière de 1979. Cela va nécessiter la prise de certaines décisions en lien avec l'affirmation d'une indépendance énergétique, qui semble d'emblée compromise dans sa concrétisation, dans un contexte mondial peu favorable. Le lien entre l'électrification métropolitaine et l'électrification sénégalaise est en effet étroit. Elles se produisent sensiblement durant la même période, comme par mimétisme, dans le contexte de l'empire français (la France et ses colonies), où toute nouvelle découverte, toute innovation technique doit bénéficier à tous les citoyens qu'ils soient en Métropole ou dans les territoires d'Outre-mer.

Sur le plan commercial, l'énergie électrique au Sénégal n'a intéressé pendant très longtemps que cette frange de la population que sont les expatriés et de leur industrie. La population locale ou « autochtone »[80], selon les termes en usage dans la plupart des

---

[79] Terme emprunté à Alain Beltran dans sa thèse déjà citée précédemment.

[80] Le terme « autochtone » est employé sciemment, car il a été retrouvé dans les documents d'archives. Au cours de nos développements, les locutions « peuples locaux », « population locale », « personnels locaux natifs » seront employés selon le contexte. Néanmoins, il convient de préciser que la période de la colonisation de

documents d'archives, n'est pas mise dans les conditions de recevoir cette technologie innovante mais dangereuse et dont les conditions d'accès sont rigoureusement définies par une réglementation[81] stricte sur le plan des installations techniques et de l'usage. Cette technologie se présente d'emblée comme une technologie réglementée.

Si la réglementation en vigueur au Sénégal est calquée sur la réglementation française en matière de production, transport et distribution d'énergie électrique, elle a dû être adaptée au contexte de la colonie. Adaptation en matière de type d'habitats et d'infrastructure. Adaptation au plan social également puisqu'il n'existait naturellement aucun corps constitué des métiers de l'électricité tels que des

---

l'Afrique a donné lieu à des écrits comme des attitudes d'où le racisme n'était pas absent, semblant comme admis, aussi bien dans les territoires d'Outre-mer qu'en métropole.

Il convient de préciser que les mouvements artistiques de valorisations des populations d'Afrique interviennent dans les années 20 à Paris, avec des revues dites « nègres » qui connurent un grand succès. De ce même mouvement ressort le Palais de la Porte Dorée, au moment de l'Exposition internationale de 1931, voulu comme un musée des colonies, devant représenter l'histoire de la conquête coloniale, des territoires colonisés ainsi que son incidence sur les arts. On souhaitait par cette exposition coloniale donner la sensation de se promener dans une France qui ne se limiterait pas à l'hexagone, le visiteur, en un « tout du monde en un jour » découvrait les possessions françaises à travers l'architecture des pavillons s'inspirant d'architectures indigènes. Chaque section proposait des mises en scène d'habitants des colonies donnant vie aux villages reconstitués. Si le parti pris de cette exposition n'était pas de se moquer des coloniaux, comme lors de certaines expositions coloniales antérieures, il y avait néanmoins exhibition d'hommes et de femmes, pour mieux affirmer le pouvoir de la France sur ces derniers. Après 1931, le musée change plusieurs fois de nom : de celui de la France d'Outre-mer (1935), des Arts Africains et Océaniens (1960), au Musée national des arts d'Afrique et d'Océanie (1990), fermant en 2003 avant l'ouverture en 2006 du Musée du Quai Branly où ses collections sont exposées. Les lieux sont dédiés alors à la Cité nationale de l'histoire de l'immigration en 2004.

L'approche anthropologique et les découvertes des populations « autochtones » (avec les aborigènes en Australie, en Argentine, Afrique)… peut également se retrouver dans les spectacles de zoos humains à vocation douteuse de monstration où l'aspect racial était exhibé aux populations étonnées, ébahies voire effrayées, par exemple dès 1789 la Vénus Hottentote, présentée comme phénomène exotique, et présentée en cage.

Nous ne souhaitons cependant pas verser dans l'anachronisme. Nous n'occultons donc pas cette situation, mais si ce contexte a effectivement existé, il a laissé des traces jusque dans les documents et conventions administratives retrouvés, concernant notre sujet technique.

Voir : A. ADU BOAHEN, *L'Afrique sous domination coloniale* : Paris : Unesco, 1980. Et en particulier les développements sur l'Afrique et le développement colonial, impact et signification, p. 858.

[81] ANF, MI 1525.

syndicats. Adaptation au plan de l'organisation des pouvoirs publics coloniaux : la réglementation française concernait un certain nombre de ministères eux-mêmes engagés dans le secteur de l'électricité, alors même qu'ils n'existaient pas dans l'administration coloniale.

Par ailleurs le contrôle strict de l'administration coloniale, à l'image de l'administration métropolitaine, a conduit à restreindre le nombre d'acteurs entre clients et professionnels de l'électricité. De fait, cette administration parce qu'elle est aussi une cliente, se trouve être en capacité de dépasser le cadre de la relation commerciale en s'immisçant dans des décisions concernant la production, la distribution et la tarification à la place des entrepreneurs du secteur eux-mêmes.

Dans notre sujet, nous verrons donc que les conditions historiques du transfert technologique sont largement dépendantes de la situation à la fois géographique, sociale et culturelle de la colonie qui n'était sans doute pas plus prête que l'Europe à accepter cette nouvelle énergie ; ni sur le plan technique (habitat, infrastructure, taille des usines, etc.), ni sur le plan culturel (un fait qui renvoie à bien d'autres, appartenant à l'histoire de « l'habituation » à cette nouvelle énergie et longue d'anecdotes sur le sujet dont le contrepoint fut l'irruption de sa représentation sous forme d'une bonne fée déjà évoquée dans notre introduction). Ces conditions étaient largement dépendantes des processus de gouvernance en œuvre dans la colonie, lien qui persistèrent après l'indépendance du Sénégal avec l'implication d'EDF dans le transfert de technologie.

C'est ainsi qu'il faut attendre les années 1980, soit vingt ans après l'indépendance, pour que des nationaux bénéficient d'une formation technique permettant de travailler dans le secteur industriel de l'électricité ; formation technique qui fut un support déterminant du processus de transfert technologique. Cette formation a été conduite par EDF qui, dès sa création, eut pour ambition d'organiser un modèle de gestion du secteur conforme à celui qui fut mis en place en France. Et on peut noter d'ores et déjà la pérennité de la proximité en matière de développement industriel entre ancienne métropole et Sénégal, liens encore visibles dans le choix du nom de l'entreprise EDS pour Électricité du Sénégal calqué sur celui de l'entreprise française.

En Métropole, la spécialisation des ingénieurs électriciens date de la seconde moitié du XIXe siècle[82]. En effet, comme l'a montré André Grelon[83], un dispositif de formation en France prend corps entre la fin du XIXe siècle et la Seconde Guerre mondiale dans le cadre des formations dispensées au Conservatoire national des arts et métiers, destinées à tout type de public d'abord, avant que la spécialisation des ingénieurs ne soit accessible auprès de l'École Supérieure de télégraphie après la Première Guerre mondiale.

Mais c'est surtout auprès de l'École Supérieure d'Électricité (SUPELEC), fondée dès 1894, que la formation des ingénieurs diplômés et des hauts fonctionnaires techniques de l'État et des scientifiques issus des universités prend corps. Au Sénégal, il a fallu attendre le début de la nationalisation du secteur dans les années 1980 pour qu'apparaisse une réelle volonté de formation du personnel local du secteur de l'électricité[84]. Les autorités ont clairement annoncé la nécessité de la « sénégalisation » des postes, afin de réduire le coût de prise en charge des salaires du personnel expatrié et d'opter ainsi pour une certaine préférence nationale ainsi légitimée. Mais, pour rester performante et opérationnelle, l'entreprise est dans l'obligation de mener progressivement cette transition des deux types de personnel, impliquant un retard du processus de nationalisation du secteur.

Ainsi et pour clore cette partie consacrée à la méthodologie sur l'histoire de l'électricité au Sénégal, rappelons que notre travail consistera à comprendre l'action des décideurs, le rôle des ingénieurs, les modalités de transfert de technologie, les processus d'appropriation de ces technologies par les nationaux et la formation du réseau formant ainsi des grilles de lecture susceptibles de renouveler les hypothèses de départ. Nous rappelons que la lecture des travaux historiques portant sur les techniques électriques, les innovations, les technologies, les réseaux, etc., nous a conduit à porter un autre regard

---

[82] BADE L., Histoire de l'électricité, La naissance de l'Ingénieur-électricien origines et développement des formations nationales électrotechniques, Actes du troisième colloque international de l'histoire de l'électricité, organisé par l'Association pour l'histoire de l'électricité en France, Paris, 14-16 décembre 1994.

[83] GRELON A., « Introduction générale aux actes du troisième colloque international d'histoire de l'électricité », dans : Histoire de l'électricité, La naissance de l'Ingénieur-électricien origines et développement des formations nationales électrotechniques, Actes du troisième colloque international de l'histoire de l'électricité, organisé par l'Association pour l'histoire de l'électricité en France, Paris, 14-16 décembre 1994.

[84] C'est en 1980 qu'est créé le centre de formation des cadres et agents d'exécution de la SENELEC situé au Cap des biches, dans la région de Dakar.

sur le sujet. Notamment ceux d'Alain Beltran sur l'électrification de Paris et la région parisienne[85] et qui ont été très instructifs sur la manière d'aborder un sujet de ce type. À cela s'ajoute la lecture de nombreuses publications d'actes de colloques[86] organisés par *l'Association pour l'Histoire de l'Électricité en France* (AHEF) et qui ont abordé des questions liées au réseau, aux techniques, aux machines, etc.

C'est à partir de cette littérature grise en lien avec l'histoire des sciences et des techniques de l'électricité que nous avons dépouillé et interrogé les archives qui constituent le principal fonds de nos sources[87]. Dans le même temps, la participation à des rencontres scientifiques organisées par TPTI a concouru à mettre en évidence des liens parfois complexes entre histoire économique et histoire des techniques. Puisque tour à tour, nous nous sommes intéressés au patrimoine de la mobilité en Afrique[88], aux reconversions de métiers dans les ateliers ferroviaires du Dakar-Niger à Thiès au Sénégal comme conséquence des innovations techniques ferroviaires en France entre 1940 et 1960[89] et enfin aux usines élévatoires du Sénégal entre 1898 et 1920[90], dûment publiées. Nous étions également présents lors de la première édition de l'*École d'automne sur l'histoire*

---

[85] BELTRAN A., *L'électricité dans la région parisienne 1878-1946,* Paris : Éditions Rive Droite, 2002 ; id., « L'interconnexion dans la région parisienne dans la première moitié du *XXe* siècle », *Réseaux électriques et installateurs,* Paris, Presses universitaires de France, 1995, p. 31-44.

[86] Les colloques organisés par l'Association pour l'histoire de l'électricité en France constituent les temps forts de la recherche sur l'énergie électrique en France et à l'international. Voir infra : bibliographie.

[87] Les archives déterminantes dans la réalisation de cette présente thèse sont celles des ANOM, EDF/Blois, ANS. Voir infra : sources primaires.

[88] DIEDHIOU S., « La structuration d'un patrimoine de la mobilité : le cas de la ligne ferroviaire Dakar-Niger », *International Workshop, Les patrimoines de la mobilité : état des lieux et perspectives de recherche*, Ediçoes Colibri/Université Paris1 Panthéon-Sorbonne/Université Évora/Université Padoue, Lisboa, juillet 2011, p. 83-94.

[89] DIEDHIOU S., « Changement et reconversion de métiers dans les ateliers ferroviaires du Dakar-Niger à Thiès au Sénégal comme conséquence des innovations techniques ferroviaires en France entre 1940 et 1960 », *L'aluminium et la calebasse, Patrimoines techniques, patrimoines de l'industrie en Afrique,* Coédition Université de technologie de Belfort-Montbéliard/Université Paris1 Panthéon Sorbonne, 2013, p. 201-211.

[90] DIEDHIOU S., « Les usines élévatoires du Sénégal entre 1898 et 1920 », *e-Phaïstos, Revue d'histoire des techniques*, Volume IV, N° 2, octobre 2015, p. 54-59.

de l'énergie, autour du thème de la guerre, et organisée à Blois par *l'Association pour l'Histoire de l'Électricité en France* (AHEF)[91] du 09 au 12 octobre 2013, présentant l'impact de la seconde guerre mondiale sur EDF au Sénégal, au moment où l'entreprise se trouvait à la croisée des chemins. Dans le cadre du parcours au sein de l'École doctorale ED 472, de l'EPHE et de l'équipe d'accueil EA 4116 *Savoirs Pratiques du Moyen Âge au XIX*e *siècle* (SAPRAT), en tant que membre de l'équipe organisatrice de la IIIe journée d'études doctorales organisée le 3 février 2016 par l'équipe d'accueil *Savoirs et Pratiques, du Moyen Âge au XIX*e *siècle*, en Sorbonne, en s'interrogeant sur « le « *Le rôle d'EDF dans la décolonisation du secteur de l'électricité au Sénégal*[92]*.* »*,* qui fut l'occasion de présenter les premiers résultats de ma recherche.

Au-delà de l'approche qu'on pourrait qualifier de « classique » de l'histoire de l'électricité au Sénégal, le travail a parallèlement pris la forme d'une enquête de terrain dans une usine de production d'électricité permettant de relier notre sujet avec d'autres formes de sources, celle de l'usine elle-même et de ses équipements à travers le temps. Méthode et sources qui renvoient à d'autres notions développées par les historiens des techniques en Europe depuis une quarantaine d'années et qui rejoignent le cursus suivi en TPTI : le patrimoine industriel constitué par ces lieux de la production. En transposant nos interrogations sur le terrain du patrimoine industriel de l'usine d'électricité de SUNEOR Ziguinchor s'est posée la question de savoir, si et comment, cette notion a été appliquée au Sénégal.

Au moment où l'étude du bâti industriel ancien devenait un objet d'étude historique, apparaissait une nouvelle notion : celle de l'archéologie industrielle que l'on peut sans doute considérer comme le corollaire méthodologique du patrimoine industriel. En France, c'est Maurice Daumas qui fut un des infatigables pionniers du développement, de la mise en œuvre concrète et de la diffusion de l'archéologie industrielle[93]. Discipline soutenue par le Comité d'information et de liaison pour l'archéologie, l'étude et la mise en

---

[91] Les Doctoriales de Blois du 09 au 12 octobre 2013 « La guerre 14-18 comme goulot d'étranglement de l'électrification de Dakar ».

[92] DIEDHIOU S., communication, Troisième journée d'études doctorales SAPRAT, (03.02.2016), "Circulations des savoirs et des pratiques du Moyen Âge au XIXe siècle" , « Le rôle d'EDF dans la décolonisation du secteur de l'électricité au Sénégal. »

[93] DAUMAS M., *L'archéologie industrielle en France*, Paris : Laffont, 1980, 463 p.

valeur du patrimoine industriel (CILAC)[94] et la revue dédiée, *L'archéologie industrielle en France,* crée par Maurice Daumas en 1976, au Centre de documentation d'histoire des techniques du Conservatoire national des arts et métiers[95].

Le séminaire hebdomadaire d'initiation à la recherche sur la Culture matérielle à l'École Pratique des Hautes Études, dirigé par Jean-François Belhoste, notre directeur de thèse, a permis de s'interroger sur cet aspect de la question, cela d'autant que ses nombreuses publications sur le patrimoine et l'archéologie industrielle constituent une manière particulière d'aborder le fait technique, notamment la prise en compte du patrimoine industriel en tant que source de l'histoire des techniques[96].

Le choix d'un site industriel au Sénégal, l'usine SUNEOR de Ziguinchor – usine d'autoproduction en énergie thermique et électrique – et dont la centrale a été visitée et qui constitue un cas d'étude à valoriser – a été l'occasion de mettre en pratique les notions de patrimoine et d'archéologie industrielle. Ce complexe industriel toujours actif comprend de nombreux vestiges des anciennes installations. Ce sont des machines, des appareils, des installations, des objets démontés ou laissés en place et des espaces vides qui portent encore la marque de leur ancienne activité. Tous ces objets et

---

[94] Le COMITÉ D'INFORMATION ET DE LIAISON POUR L'ARCHÉOLOGIE, L'ÉTUDE ET LA MISE EN VALEUR DU PATRIMOINE INDUSTRIEL, sera dans la suite des développements indiqué par le sigle CILAC ; voir le site internet dédié, disponible à l'adresse : [http://www.cilac.com/].

Ainsi que le précise Florence Hachez-Leroy, l'actuelle présidente du CILAC : « Le souci du patrimoine industriel emprunte différents chemins : d'abord la connaissance du passé, puis le développement durable en réutilisant intelligemment l'héritage industriel et, enfin, le lien social. » et c'est une association militante qui ainsi réunit les chercheurs (historiens, économistes, aménageurs et associatifs) « qui se retrouvent ainsi au sein du Cilac pour que l'usine ancienne ne soit pas vue uniquement comme un tas de briques ou de métal rouillé ».

[95] La revue *L'Archéologie industrielle en France* est disponible à l'adresse : [http://www.cilac.com/nos-publications/notre-revue-archeologie-industrielle-en-france-aif/244-la-revue-du-cilac-larchologie-industrielle-en-france.html], consulté le 15 février 2016.

[96]BELHOSTE J-F., SMITH P., *Architectures, paysages industriels. L'Invention d'un patrimoine*, éd. de La Martinière, 2012, Paris, 271 p. ; SMITH P., "Choisir ce qu'il faut préserver", in: James DOUET, *Industrial Héritage Re-tooled. The TICCIH Guide to Industrial Héritage Conservation*, Lancaster: TICCHI : Carnegie Publishing Ltd, 2012, p. 86-93 ; id., « La reconversion des sites et des bâtiments industriels », dans *In Situ, Revue des Patrimoines*, n°26, 2015, disponible à l'adresse : [http://insitu.revues.org/11744]

espaces ont la particularité d'être abandonnés, n'étant pas intégrés au nouveau dispositif de production électrique. Ces éléments matériels apportent cependant des informations importantes, dont l'absence notoire d'archives nous a privées, ce qui est dommageable pour nos conclusions. Cette étude a été réalisée sur la base d'une enquête de terrain et l'observation des vestiges matériels, une situation assez inédite pour être soulignée. D'évidence, les méthodes retenues en 2003 par *The International Committee for the Conservation of the Industrial Héritage*, (TICCIH), au titre de la réhabilitation, voire de la reconversion du patrimoine industriel figure à la *Charte Tagil Nizhny pour le patrimoine industriel,* tel qu'envisagé par Paul Smith[97], qui reconnaît bien qu'un choix nécessaire doit être fait parmi les traces du passé industriel et qui réfléchit à l'établissement de critères, validant les opportunités d'avenir de sites telle la Centrale d'usine de Ziguinchor. Rappelons le préambule de la charte signée, en 2003 en Russie, où le congrès de TICCIH était réuni, modèle qui a vocation à être décliné sur tous les continents et devrait trouver le juste moyen de s'appliquer au Sénégal :

> *« Les délégués réunis en Russie lors du Congrès 2OO3 du TICCIH souhaitent donc affirmer que les bâtiments et les structures construits pour des activités industrielles, les processus et les outils utilisés, les villes et les paysages dans lesquels ils sont situés ainsi que toutes leurs autres manifestations, tangibles et intangibles, sont d'une importance fondamentale. Ils devraient être étudiés, leur histoire devrait être enseignée, leur sens et leur signification devraient être explorés et clarifiés pour tous. Les exemples les plus caractéristiques devraient être identifiés, protégés et conservés, en accord avec l'esprit de la Charte de Venise [1], au service et au profit du présent et de l'avenir[98]. »*

---

[97] SMITH P., "Choisir ce qu'il faut préserver", in: James DOUET, *Industrial Héritage Re-tooled. The TICCIH Guide to Industrial Héritage Conservation*, Lancaster: TICCHI : Carnegie Publishing Ltd, 2012, p. 86-93 ; id., « La reconversion des sites et des bâtiments industriels », dans *In Situ, Revue des Patrimoines*, n°26, 2015, disponible à l'adresse : [http://insitu.revues.org/11744].

[98] THE INTERNATIONAL COMMITTEE FOR THE CONSERVATION OF THE INDUSTRIAL HÉRITAGE, *Charte Tagil Nizhny pour le patrimoine industriel*, préambule, juillet 2003, disponible à l'adresse : [http://www.icomos.org/18thapril/2006/nizhny-tagil-charter-f.pdf].

De fait, les infrastructures telles que nous les avons restituées dans l'enquête *in situ*, car elles ressortent des moyens technologiques visant à faire inscrire un site au patrimoine mondial de l'UNESCO, peuvent se décliner selon des formes et des variantes, comme solution aux problématiques de conservation et de classement d'un site de transformation de l'énergie. :

> *« Ces vestiges englobent : des bâtiments et des machines, des ateliers, des moulins et des usines, des mines et des sites de traitement et de raffinage, des entrepôts et des magasins, des centres de production, de transmission et d'utilisation de l'énergie, des structures et infrastructures de transport aussi bien que des lieux utilisés pour des activités sociales en rapport avec l'industrie (habitations, lieux de culte ou d'éducation)* [99]*»*.

Sachant que l'électricité et ses installations confirment que « *La période historique la plus intéressante pour cette étude s'étend des débuts de la Révolution industrielle, c'est-à-dire de la deuxième moitié du XVIII*e *siècle jusqu'à aujourd'hui, sans négliger ses racines pré et proto-industrielles*[100] ». On le pressent déjà, cette enquête, outre qu'elle permet de mettre en débats pour le Sénégal, la notion même de patrimoine industriel, son application, ses contingences et bien évidemment son financement, semble réunir beaucoup des conditions pour la rendre éligible au programme de mesures relevant d'une politique du patrimoine industriel courageuse et déterminée.

Tout ce parcours de la recherche nous permet de poser d'ores et déjà des conclusions dont il convient de présenter les résultats et perspectives à la communauté universitaire. Depuis ces cinq années de recherches quasiment autofinancées, si ce n'est les subventions, le constat apparaît que cette thèse d'histoire n'a pu se réaliser dans toutes ses modalités concrètes, mais également scientifiques, intellectuelles, que sur un effort personnel en alliant recherche et « petits boulots » de subsistance.

Néanmoins, il convient de préciser que notre thèse a bénéficié, preuve de son intérêt, d'une subvention de la Fondation EDF pour la première année, dédiée à la recherche documentaire en France, cette subvention s'accompagnant d'une aide à la publication après soutenance.

---

[99] *Ibid.*
[100] *Id.*

Je tiens à remercie Alain Beltran, président de l'association région Île-de-France d'avoir accepté de soutenir ainsi notre démarche de prise en charge pour la recherche en archives et de terrain au Sénégal, à un moment où les enjeux de travaux novateurs, entre la Cop21 et *Énergies pour l'Afrique*. Cette heureuse conjonction d'initiative place notre continent au centre des débats internationaux, cela pour le grand bien de notre planète, la Terre. De ce mouvement, et malgré toutes les vicissitudes au long court de cette thèse sur l'Électrification du Sénégal, nous sommes heureux de participer aujourd'hui et de vous présenter, en primeur les résultats.

Annonce du plan

Cette thèse constitue un récit du processus d'électrification du Sénégal, notamment le transfert de technologie. Elle s'articule autour de trois parties :

La première partie fait un rappel historique du processus de l'électrification du Sénégal. Elle procède à l'étude archéologique du transfert des techniques, en général de la Métropole vers le Sénégal, de la seconde moitié du XIXe siècle à la Seconde Guerre mondiale. Elle aborde en seconde phase le transfert de technologie de l'énergie électrique et de son appropriation par les Sénégalais après l'indépendance du pays.

La seconde partie met en perspective le système énergétique au Sénégal de 1887 à 1985, en étudiant les unités de production électrique, dans un premier temps et les pratiques énergétiques dans un second temps.

La troisième partie évoque l'émergence d'un patrimoine industriel au Sénégal comme enjeu politique majeur. Et le choix a été fait d'analyser un complexe technique d'autoproduction en énergie électrique. Les notions de complexe technique, de patrimoine industriel et d'archéologie industrielle ont été interrogées. La centrale électrique de l'huilerie SUNEOR de Ziguinchor a servi de cadre d'étude d'un patrimoine en cours de constitution.

PREMIÈRE PARTIE

DE L'ÉLECTRICITE PARISIENNE À L'ÉLECTRIFICATION SÉNÉGALAISE

TRANSFERT ET APPROPRIATION D'UNE TECHNOLOGIE INNOVANTE

La science moderne est apparue en Afrique au milieu du XIXe siècle. À cette époque, les premiers explorateurs qui s'étaient cantonnés sur les côtes, où ils géraient des comptoirs commerciaux, commençaient à découvrir l'intérieur du continent[101]. Les premières applications de cette science commencèrent dans les années 1880 avec l'expérimentation des jardins botaniques dans de nombreuses contrées. Cette science aurait aussi pour mission de faire bénéficier les pays colonisés de ses bienfaits. Tout ceci concourt à légitimer l'entreprise coloniale. L'Afrique ne serait-elle pas plutôt un champ de récolte d'échantillon et d'expérimentation de cette science ? En tout état de cause, les résultats obtenus émanent de laboratoires situés en métropole. Faut-il le rappeler, le système colonial a été soutenu par une pensée bien élaborée. Des penseurs comme Jules Ferry, pour ne citer que celui-ci, ont théorisé sur le droit des races supérieures à civiliser les races inférieures[102]. Cette seconde moitié du XIXe siècle correspond à l'expansion et la consolidation des territoires conquis. C'est aussi celle de l'assimilation des peuples et du « transfert primaire » des sciences et des techniques dans les nouveaux territoires.

Mais l'expansion coloniale est surtout matérialisée par la réalisation d'infrastructures de transport et de production dans les colonies. Ces infrastructures ont, non seulement un socle technique, mais sont conçues pour répondre à la politique de recherche de débouchés à la surproduction de l'industrie métropolitaine.

Le développement de ces infrastructures a été l'élément constitutif du processus de transfert de technologie en Afrique. Un transfert qui s'était opéré sous plusieurs formes selon les différentes phases de la politique coloniale. Les ingénieurs des corps d'État ont été les principaux acteurs de ce transfert dans l'espace colonial français depuis la seconde moitié du XIXe siècle, jusqu'aux deux premières décennies des indépendances des colonies intervenues vers les années 1960.

---

[101] MVE ONDO B. « Afrique, la fracture scientifique / Africa, the scientific divide » in *Perspectives*, Paris : Futuribles, 2005, p. 6-64, p.19, disponible sur à l'adresse : [https://www.futuribles.com/en/bibliographie/notice/afrique-la-fracture-scientifique-africa-the-scient/], consulté le 15 janvier 2016.

[102] J.O. 28 juillet 1885, chambre ; débats parlementaires, cité par Bony MEL, « L'École coloniale en 'Afrique occidentale française' ou histoire d'un crime contre la culture », Afrocentricity, 2014, disponible à l'adresse : [https://www.dyabukam.com/index.php/fr/savoir/histoire/item/199-l-ecole-coloniale-en-afrique-occidentale-francaise-ou-histoire-d-un-crime-contre-la-culture-africaine], consulté le 15 janvier 2016.

Source : Dakar en 1888, Léon Faidherbe,
[Recueil de carte et plans tirés de :]
Le Sénégal : la France dans l'Afrique occidentale/le général Faidherbe,
Bibliothèque nationale de France, département
Cartes et plans, GE C-1084.
Carte à l'échelle 1/10 000

Les terrains de prédilection du transfert sont les infrastructures de transport, de distribution de l'eau et d'assainissement, de l'aménagement du territoire, de l'urbanisme et de l'électricité. Les deux principaux secteurs industriels de masse qui ont connu de grands transferts de techniques et de compétences sont le chemin de fer et l'électricité. Leur choix dans cette réflexion s'explique par leur ampleur et leur impact sur le territoire.

Le chemin de fer constitue un exemple assez illustrant d'un mode de transfert technique entre la métropole et la colonie. Dans ce secteur, la transmission des savoirs et des connaissances est passée par l'atelier et par les centres de formation, pour les ouvriers et ouvriers qualifiés dans la colonie, et par la formation des ingénieurs et hauts cadres en Métropole. Le recrutement des artisans traditionnels dans l'industrie ferroviaire a permis de constituer rapidement les métiers d'ouvriers, très déterminant pour son développement. Cette industrie ferroviaire sert ici d'élément de comparaison au processus de transfert de technologie dans le secteur de l'électricité.

L'industrie électrique a-t-elle eu le même destin ferroviaire ? Quelle a été sa spécificité ? Contrairement au chemin de fer, aucun métier traditionnel n'est lié à ceux du secteur électrique. Il a fallu dès lors pratiquer une pédagogie pour former une main-d'œuvre locale souvent analphabète avec efficacité afin d'accélérer le développement de l'industrie électrique appelée à passer aux mains des nationaux. Quelle a été la méthode de transmission des connaissances en électricité ? Dans ce domaine l'intervention des techniciens est plus diffuse. Le réseau est plus étendu que celui du chemin de fer. Car l'électricité concerne le réseau public, les édifices publics et privés, le tissu industriel, etc. Il faut par conséquent un personnel technique plus alerte, plus réactif et mieux formé dans des délais raisonnables. Pour cela EDF a mis en œuvre sa méthode déjà expérimentée en France au profit de personnes analphabètes candidates aux métiers de l'électricité. Il s'agit d'une méthode assimilée au régime de la pratique où les autochtones apprenaient le métier sur le tas. Cette première acquisition par la pratique constitue le transfert primaire des techniques électriques.

La seconde phase, plus active, du transfert de technologie, s'est faite par la formation de cadres sénégalais en métropole après l'indépendance des États africains dans les années 1960. Ensuite il y a eu la création de centres de formation des compagnies d'électricité et d'autres instituts de formation. Un vrai transfert de compétences aux nationaux s'établit désormais dans la perspective de remplacer les expatriés.

En tout état de cause, le véritable transfert de technologie électrique est intervenu avec la prise en charge du secteur de l'électricité par l'État du Sénégal à travers ses services centraux et sa société nationale. Ce transfert est soutenu par la mise en place de tout un système qui part de la formation des cadres à la mise en place d'équipements modernes en passant par l'organisation et la gestion du réseau.

Chapitre 1

L'archéologie d'un processus de transfert de technologie de la métropole vers la colonie : une mise en perspective

A. La transplantation des techniques occidentales en AOF : contexte historique

1. De la théorie colonialiste à la « gouvernance » coloniale

Considérant les discours de certaines personnalités politiques et historiques françaises au XVIIIe siècle, on peut penser que l'unique logique de la colonisation est d'ordre économique. Les différentes crises économiques nées des surproductions agricoles, industrielles, de la mévente et par conséquent du chômage, ont été déterminantes dans le choix de la conquête coloniale. Cette crise a été accentuée par la mécanisation dans les secteurs du textile, de l'agriculture, du développement industriel, des transports et du commerce colonial[103]. La concurrence née de cette crise, entre pays européens, a poussé le ministre français du Commerce Lucien Dautresme à prendre cette circulaire[104] publiée au Journal officiel à la fin de l'année 1885 :

> *« De toutes parts, autour de nous, les nations s'efforcent de réserver leurs marchés intérieurs, mais partout aussi la surabondance de la production les oblige à chercher des débouchés au-dehors. Dans cette lutte pour la conquête de marchés plus étendus, le prix appartiendra à ceux qui, joignant la persévérance à l'activité, ne reculeront devant les difficultés des premières tentatives.*
> *Il s'agit, vous ne l'ignorez pas, d'une question dont la solution intéresse, à la fois, la prospérité de nos industries, le bien-être des travailleurs et l'avenir du commerce français*[105]. »

---

[103] MEL B., « L'École coloniale en 'Afrique occidentale française' ou histoire d'un crime contre la culture », *Afrocentricity*, 2014.

[104] *Ibid.*

[105] J.O. novembre-décembre 1885, cité par Bony MEL, *op. cit.*, p. 68-93.

C'est dans ce contexte de crise que les pays concurrents se jetèrent sur la voie de la colonisation en direction de l'Afrique, de l'Amérique du Sud et de l'Asie. Dans ce même registre, un grand penseur, théoricien de la colonisation, Jules Ferry, Président du Conseil français, exprime clairement sa pensée sur la conquête de nouveaux marchés coloniaux :

> *« Au point de vue économique, pourquoi des colonies ?*
> *La première forme de la colonisation, c'est celle qui offre un asile et du travail au surcroît de la population des pays pauvres ou de ceux qui renferment une population exubérante. Mais il y a une autre forme de colonisation : c'est celle qui s'adapte aux peuples qui ont, ou bien un surplus de capitaux, ou bien un excédent de produit. Et c'est la forme moderne, actuelle, la plus répandue et la plus féconde.*
> *Les colonies sont, pour les pays riches, un placement de capitaux des plus avantageux. Mais, messieurs, il y a un côté plus important de cette question, qui domine de beaucoup celui auquel je viens de toucher. La question coloniale, c'est, pour les pays voués même par la nature de leur industrie à une grande exportation, comme la nôtre, la question même des débouchés. Au temps où nous sommes et dans la crise que traversent toutes les industries européennes, la fondation d'une colonie, c'est la création d'un débouché*[106]*. »*

Cette réflexion de Jules Ferry suffit-elle à justifier l'action de la France en Afrique, entre 1830 à 1914 ? En tout état de cause, la France s'est lancée dans la guerre contre les grands résistants africains, et au bout de laquelle elle finit par prendre possession de leurs terres qui constituent finalement ses colonies : Afrique-Occidentale Française, Afrique Equatoriale Française, Madagascar et les colonies du Maghreb. Et pour cause, les Occidentaux avaient une avance technologique sur les Africains, notamment dans l'armement. L'Afrique qui :

> *« Malgré une grande diversité d'installations techniques, continuait à utiliser la technique de réduction directe, l'Europe à partir du XIV*^e^*. siècle et peut-être un peu avant procédera à un perfectionnement technique avec le développement des hauts fourneaux, connus en Chine depuis le IVe siècle, av. J.-C. Les hauts fourneaux vont permettre une production de masse dont les Africains feront les frais dans les premiers contacts avec la*

---

[106] *Ibid.,* J.O. 26 juillet 1885, cité par Bony MEL.

> *traite atlantique car la barre de fer s'impose très vite comme monnaie de change et entraîne progressivement le recul de la technologie africaine, sans que celle-ci ait voulu ou pu s'adapter en faisant sa propre révolution.*
> *Ainsi, tout en restant performante du point de vue de la production du fer, la métallurgie africaine, n'a pas pu évoluer alors que l'Europe tirait tous les avantages de la production de masse, que l'invention des armes à feu ne fera que doper encore plus. Il est donc certain qu'à la veille de la conquête coloniale et des grandes résistances, l'Afrique avait un lourd handicap par rapport à l'Europe.*
> *Les souverains africains ont géré cette situation avec des fortunes diverses*[107]. »

Le cas de Samory Touré est assez particulier. Il a eu à développer ses forges qui lui ont permis de produire un type d'armement plus évolué. Il est allé jusqu'à espionner l'industrie française de l'armement par le biais de son maître forgeron Musa-Kaba.

> « *En effet, alors que les Français étaient tous occupés à faire visiter Paris à Dyauly-Karamogho (émissaire de Samory), sans doute pour l'impressionner, son compagnon de bijoutier se faisait recruter à Saint-Louis, dans une fabrique d'armement. Il y observa la fabrication et la réparation des armes suivant la technologie européenne. Il sera à son retour en 1886, le véritable artisan du renouveau des forges de Samory et qui explique les réalisations que nous venons d'évoquer.*
> *L'œuvre de Musa-Kaba, sous l'impulsion de Samory, est considérable en ce sens qu'elle bouleversa totalement l'environnement technologique de l'époque. Il s'agit d'une véritable marche forcée vers la spécialisation qui rappelle, en de nombreux points, la frénésie productiviste de l'Europe au début de la révolution industrielle. Certains repères sont particulièrement significatifs à cet égard*[108]. »

Malgré tous ses efforts, Samory subit le même sort que les autres résistants. Et pour tirer profit des immenses richesses de ces nouveaux territoires occupés, la France entreprend un vaste programme de travaux de colonisation : routes, ponts, chemins de fer, ports,

---

[107] BOCOUM H., Les forges de Samory: de la production artisanale à la tentation manufacturière ou l'esquisse d'une indépendance technologique (sources privées).
[108] *Ibid.*

dispensaires, bureaux administratifs, écoles, camps militaires, etc. La construction de ces ouvrages techniques requiert la présence sur le terrain de techniciens hautement qualifiés pour la conception et la conduite de leur réalisation. C'est là où les grands corps d'État sont entrés dans l'histoire en investissant l'espace colonial français depuis la seconde moitié de XIXe siècle. Ces objets techniques qui relèvent des sciences et techniques de l'ingénieur, amènent l'État colonial à mettre en œuvre toute une organisation administrative pour gérer tout le processus.

Source : Carte du Soudan Occidental, avec Saint-Louis et le fleuve Sénégal, dessinée par Général Ancelle dans : Léon Faidherbe, [Recueil de carte et plans tirés de :] Le Sénégal : la France dans l'Afrique occidentale/le général Faidherbe, Bibliothèque nationale de France, département Cartes et plans, GE C-1084

L'avènement de la fonction de Gouverneur doté de pouvoirs militaires, administratifs judiciaires et diplomatiques habilité à prendre des actes réglementaires (arrêtés et décisions) exécutables dans la colonie, date de l'ordonnance royale du 7 septembre 1840[109]. Pour comprendre les conditions de transfert de technique de la France vers la colonie du Sénégal, il est nécessaire de passer en revue le processus de mise en place de l'administration coloniale.

La colonie du Sénégal est placée sous la tutelle du ministre des colonies. Elle est composée d'un gouverneur résidant à Saint-Louis qui en assure le commandement et la haute administration. Des organes sont créés pour statuer sur les affaires de la colonie :

- le conseil d'administration placé auprès du gouverneur,
- le conseil général séant à Saint-Louis
- et le conseil d'arrondissement séant à Gorée.

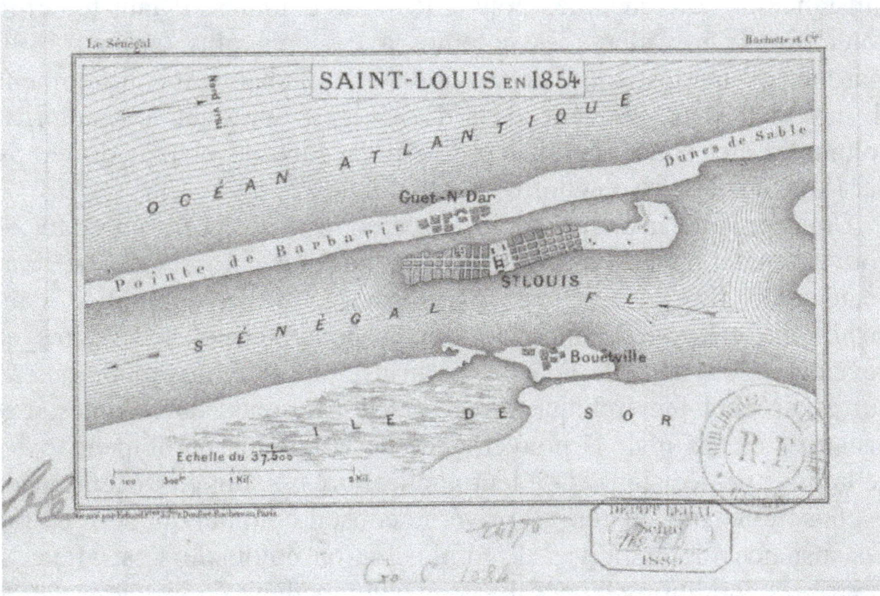

Source : Carte Saint-Louis et le fleuve Sénégal, 1854, dans : Léon Faidherbe, [Recueil de carte et plans tirés de :] Le Sénégal : la France dans l'Afrique occidentale/le général Faidherbe, Bibliothèque nationale de France, département Cartes et plans, GE C-1084

[109] EXPOSITION UNIVERSELLE DE 1900. SERVICE LOCAL DE LA COLONIE COLONIES FRANÇAISES, *Le Sénégal, organisation politique, administration, finances, travaux publics,* Paris : A. Challamel, 1900, p. 15, disponible à l'adresse : [http://gallica.bnf.fr/ark:/12148/bpt6k5781075x], consulté le 20 décembre 2015.

La modification de la première constitution du Sénégal et dépendances est intervenue avec le décret du 21 février 1885 instituant le conseil privé. La première constitution comprenait deux notables qui étaient membres titulaires du conseil d'administration. L'article 2 du décret de la nouvelle constitution change la dénomination des deux notables et leurs suppléants en conseillers privés. Ceux-ci sont nommés par la plus haute autorité en l'occurrence le président de la République. Seuls les Français d'origine sont nommés à ce conseil, afin d'éviter que des étrangers siègent dans des instances chargées de se prononcer sur des questions qui pourraient parfois relever de la sécurité nationale. La réorganisation de la colonie intervient par décret du 1er octobre 1902. L'organisation de la colonie commence, en effet, avec le ministère des colonies qui reste la tutelle désignée des colonies et l'instance de référence des gouverneurs de colonies. Il faut toutefois noter que le ministère des colonies a été créé plus tard en 1894, marqué par une instabilité de ses titulaires qui changent constamment. Il intervient très souvent dans les litiges opposant les autorités coloniales aux concessionnaires. Car il est saisi, la plupart du temps, par l'une des parties en conflit[110].

Une nouvelle instance est instituée en 1895 et porte un statut de gouvernement général chargé de gérer toutes les colonies de l'Afrique occidentale française. C'est une instance locale domiciliée dans la colonie et sensée concentrer toutes compétences nécessaires au développement de celle-là. Elle est dirigée par un Gouverneur général qui est le chef hiérarchique direct des gouverneurs de colonies. Les instances créées pour la gouvernance de la colonie participent toutes de la prise de décisions et de leur application. Ce sont en l'occurrence : le conseil général, le conseil privé, le conseil colonial qui sont en fait des instances délibératives. L'administration coloniale s'est attelée à mettre les conditions favorables au développement de la science et de la technique dans la colonie.

---

[110] Archives nationales d'Outre-Mer, ANOM, TP, carton 771, Dossier 16 : en 1920, lorsque suite à la grève dans l'industrie sidérurgique la CES ne parvenait pas à recevoir ses commandes d'équipement pour renouveler ses installations de Dakar, le gouvernement général avait menacé de placer son exploitation électrique en régie. L'administrateur délégué de la compagnie avait saisi le ministre des colonies pour qu'il se prononce sur cette affaire, par lettre du 15 juin 1920.

2. Les ingénieurs de Ponts et Chaussées et la mission technique coloniale

La présence des ingénieurs dans les colonies date de l'Ancien Régime. Avant l'avènement du ministère des colonies, à l'époque où celles-ci dépendaient de la Marine[111]. Le projet d'expansion coloniale a été porté par les ingénieurs, notamment ceux des Ponts et Chaussées. Ils ont dirigé le service des Travaux publics qui a été institué au Sénégal par les arrêtés des 3 juillet 1841 et 22 septembre 1849. Antérieurement, ses attributions étaient exercées par la Direction du génie où des agents civils avaient été détachés en qualité de conducteurs et de piqueurs. Des actes ont été pris par la suite pour harmoniser la réglementation intérieure de ce service avec des besoins nouveaux. L'inspection générale des travaux publics est dirigée soit par un inspecteur général soit par un ingénieur en chef, depuis que le ministère des colonies a été institué de manière pérenne à partir de 1894[112]. L'introduction des techniques occidentales dans la colonie passe par l'action des ingénieurs et celle de l'école. Tout cela traduit la pensée coloniale dont les objectifs ont été déclinés auparavant.

Passée cette période d'expansion, la seconde phase décisive correspond à la création du Fonds d'investissement pour le développement économique et social (FIDES), institué en 1946 pour « *l'établissement, le financement et l'exécution de plans d'équipement et de développement des territoires d'outre-mer*[113] ». Leur affectation dans ces zones d'AOF, d'AEF et Madagascar correspond à la logique d'équipement de ces territoires décidée par le pouvoir colonial. Au lendemain de la Seconde Guerre mondiale, la France entame une politique de reconstitution de son économie. Elle institutionnalise le Plan et ses instruments qu'elle étend à l'Outre-mer à partir de 1946[114].

Rappelons que la décennie 1940-1950 qui a entamé le processus de la décolonisation a vu défilé une succession de formule comme l'Union française, la Fédération et en fin la Communauté. Chacune proposait une forme d'ajustement à cet espace. Tandis que le vocable d'Outre-mer a remplacé celui de colonies. L'État inscrit dans son budget, à partir de

---

111 VACHER H., « Le miroir de l'Outre-mer des ingénieurs des Ponts et Chaussées », *Pour Mémoire,* n°12, 2013, p. 103.
112 *Ibid.,* p. 103.
113 *Id.*, p. 107.
114 *Id.*

1946, des dépenses destinées à la réalisation d'infrastructures, notamment dans la communication, avec des équipements qui élargissent la modernisation économique et sociale. Tout ceci a été décliné en termes de développement, de planification, d'aménagement territorial, principalement en Afrique riche en ressources.

> « *Nous avons de par le monde un admirable domaine colonial dont nous pouvons nous servir, qu'il faut équiper, qu'il faut aménager et dont il faut organiser les moyens de transport, parce que, j'en suis certain, l'avenir de la France est dans ses colonies. Nous disposons de pays neufs qui nous fourniront les matières premières nécessaires et auxquels nous pouvons envoyer tout ce qui leur est utile. C'est l'œuvre de demain et c'est l'œuvre immédiate. Le Parlement vient de voter l'emprunt de 3 milliards et demi de francs nécessaires pour mettre en valeur nos colonies. (...) c'est là l'œuvre à laquelle nos ingénieurs doivent s'attacher par-dessus tout, pour la grandeur et la prospérité de la France. J'ai confiance dans le Corps des Ponts et Chaussées et des Mines pour y arriver*[115]. »

Des ingénieurs d'État, en particulier ceux des Ponts et Chaussées ont été fortement mobilisés pour l'atteinte de cet objectif des pouvoirs politiques. Ces ingénieurs recrutés et déployés dans les colonies ont été appelés « Ponts et Chaussées coloniaux ». C'est la filière coloniale des ingénieurs sortis de l'École polytechnique. Ils sont nombreux à être recrutés pour l'Outre-mer dans les promotions de 1937 à 1955 entre 5 et 12 par an. Un effectif de 123 polytechniciens a été recensé durant cette période, répartis entre l'AOF, l'AEF, le Cameroun et Madagascar. Un ingénieur général était nommé à la tête de chaque groupe territorial. L'ingénieur général était assisté dans sa mission par un nombre important de personnels techniques composé d'ingénieurs et d'ingénieurs adjoints. Les ingénieurs des Ponts occupèrent une place prépondérante dans la hiérarchie de gestion des territoires et furent des protagonistes de premier plan[116]. Quand le pouvoir discrétionnaire de la puissance tutélaire laissait une marge réduite aux populations locales pour exprimer leurs priorités, l'ingénieur est appelé à discerner

---

[115] *Id.*, p. *110 : extrait du discours donné en mars 1931 par le sénateur Albert Mahieu devant l'AIPCM.*

[116] *Ibid.*, p. 108.

entre les intérêts en jeu : ceux des groupes économiques, de la métropole et des territoires. C'est l'ingénieur arbitre ayant comme atout majeur de gestion, la négociation, érigée en compétence. Nous avons ci-dessous une des réalisations d'ingénieurs dont l'architecture extérieure a été modifiée certainement après l'indépendance du Sénégal. C'est l'actuel palais présidentiel du Sénégal et le pont sur le fleuve Niger.

Le palais présidentiel, ex-Palais des Gouverneurs de l'AOF[117]

Source : © Laurence Porges IRD

[117] *Id.*

Pont sur le fleuve Niger[118]

Source : Roger Fauck © IRD

Les ingénieurs des Ponts et chaussées affectés dans les colonies ont su s'adapter aux mutations et à l'évolution politique d'entre la puissance coloniale et les territoires d'Outre-mer. Leur métier s'est transformé à partir de la veille des indépendances des anciennes colonies. Depuis la loi-cadre de 1956 puis le passage à la communauté en 1958, les services territoriaux de l'administration d'outre-mer passent sous la direction des gouvernements et parlements des nouveaux états africains indépendants. Les cadres de la France d'Outre-mer (FOM) qui y sont détachés vont opérer une mutation. Ils passent d'un régime d'administration directe à celui d'administration indirecte. Ils vont désormais se muer vers des missions d'assistance aux ministres de ces nouveaux états. Ils se lancent dans des activités de conseil et des actions de développement. Ainsi par le biais de l'assistance technique, le cordon ombilical se maintient entre la France et ses anciennes colonies. L'assistance technique et l'aménagement du territoire deviennent de nouveaux champs d'investigation. Mais il y a un domaine où la transmission des techniques s'est opérée bien avant la période coloniale. Il s'agit de l'industrie ferroviaire dont le mode de fonctionnement est favorable à un tel processus.

---

[118] *Ibid.*, p 117.

3. L'industrie ferroviaire : point d'ancrage de la transmission des techniques

Le changement de paradigme dans la politique coloniale sonne le début d'une volonté d'implication des autochtones dans la gestion technique des infrastructures réalisées dans leur territoire. Le développement des territoires est désormais inscrit dans la terminologie du Fonds d'investissement pour le Développement économique et social (FIDES), qui se décline en termes de travaux d'infrastructures et d'équipements, la modernisation de l'agriculture, la modernisation du travail. Ce qui est fondamental dans cette nouvelle orientation de la politique coloniale, c'est la transformation du système type mercantiliste à un projet d'intégration des territoires dans l'économie productive. Le ton était déjà donné par le Général de Gaulle lors de sa conférence de Brazzaville, le 30 janvier 1944 :

> *« En Afrique française, comme dans les autres territoires où des hommes vivent sous notre drapeau, il n'y aurait aucun progrès qui soit un progrès, si les hommes, sur leur terre natale, n'en profitaient pas moralement et matériellement, s'ils ne pouvaient s'élever peu à peu jusqu'au niveau où ils seront capables de participer chez eux à la gestion de leurs propres affaires. C'est le devoir de la France de faire en sorte qu'il en soit ainsi*[119]. »

Les autochtones qui avaient le statut de « sujets » coloniaux acquièrent la citoyenneté. La liberté du travail leur fut étendue mettant fin à la corvée et autres travaux forcés sur lesquels reposaient les grands travaux publics ou privés. L'organisation du travail dans ce contexte va nécessiter un programme de scolarisation et de formation professionnelle.

> *« Il fallait rapidement en Afrique des cadres autochtones destinés à aider l'effort des quelque 30 000 Européens éparpillés sur un territoire grand comme l'Europe occidentale. Il fallait créer les premiers cadres de techniciens destinés au démarrage des industries locales*[120]. »

---

[119] Discours du Général Charles de Gaulle, le 30 janvier 1944, Conférence de Brazzaville, disponible à l'adresse : [http://www.charles-de-gaulle.org], consulté le 20 juin 2015.

[120] *Ibid.*, p.113.

La formation des cadres et ouvriers passe par plusieurs modes de transmission du savoir et des techniques : l'apprentissage sur le tas et la voie de l'enseignement. Mais l'enseignement technique a eu du mal à se frayer un chemin pour des raisons que voici :

> « *Enfin, nous avons voulu mettre un frein à un engouement un peu naïf en faveur de l'enseignement technique du type métropolitain. L'Afrique n'est pas encore un pays industriel (...) Ce serait discréditer l'enseignement technique que d'en faire des écoles de futurs chômeurs*[121]. »

Le chemin de fer est arrivé en Afrique dans un contexte où l'organisation de l'économie traditionnelle s'appuyait sur l'existence de métiers comme les forgerons, les cordonniers, les orfèvres, les bijoutiers, etc. Après avoir démarré avec une main-d'œuvre constituée d'expatriés qui, non seulement rencontrait des difficultés liées à sa mauvaise adaptation au climat tropical, mais aussi coûtait cher à l'entreprise ferroviaire dans la colonie. L'embauche d'une main-d'œuvre locale dans les ateliers émane de la volonté des autorités du chemin de fer de réduire les effectifs d'expatriées dont le traitement salarial devenait une charge de plus en plus difficile à supporter. Dès lors l'intérêt se polarise sur la main-d'œuvre locale qui investit davantage le réseau. Cependant le recrutement pour les ateliers centraux du Dakar-Niger à Thiès est plus sélectif. Il demande un certain profil de travailleur apte à répondre aux exigences techniques. De quel profil s'agit-il ? Apparemment pas n'importe lequel car des prérequis sont semble-t-il préférés, pour l'ouverture des ateliers. Ce que pourrait confirmer la forte présence dans les ateliers d'ouvriers qui ont déjà des compétences associées aux chemins de fer de par leur origine sociale.

De 1885, date de l'inauguration de la ligne Dakar–Saint-Louis, à 1894, 20 % des emplois qualifiés de cette ligne sont tenus par les Africains. Comment cela s'est-il passé en l'absence de centres d'apprentissage et de formation formels ? Une question qui mérite toute sa pertinence. Mais beaucoup sont formés sur le tas. Cette pratique sur le modèle de l'atelier artisanal se fait à l'image du maître artisan et de son apprenti.

---

[121] Id.

Pour rappel, le nombre total d'auxiliaires et de journaliers sur le réseau Dakar-Niger s'élève à 7 500 sur 8 617 du personnel en 1943. Les Africains sont logés dans les cadres locaux du Dakar-Niger. Ceux-ci concernent le cadre local supérieur pour les Africains qualifiés et le cadre local secondaire pour les Africains en formation. Les auxiliaires et les temporaires sont des catégories sans statuts. Dans son rapport d'exploitation du Dakar-Niger en 1938, la direction a regroupé ces catégories sur la rubrique « main-d'œuvre ». Il a fallu une grève pour que ces auxiliaires soient mis au-devant de la scène.

Mais sous le vocable « main-d'œuvre » se cache d'autres réalités. Auxiliaires et journaliers recouvrent des catégories diverses tels que les manœuvres, les mécaniciens et les chauffeurs. Il y a ce qu'on appelle les auxiliaires permanents qui comptent dix à quinze années d'expérience, parfois même qualifiées, comme les ouvriers des ateliers de la voie et du matériel ou les aiguilleurs, mécaniciens et chauffeurs. De l'autre côté il y a ce qu'on appelle les journaliers temporaires. Ceux qui ne sont recrutés qu'en période de trafic intense comme la traite arachidière ou à l'occasion des grosses réparations, notamment dans les sections voies et bâtiments. Le décret Mandel de 1939 reconnaît les différentes catégories de journaliers. Toutefois son application n'intervient qu'au 22 décembre 1945 et les modalités d'application de ses statuts ont été remises en cause par la grève des cheminots africains[122].

La société d'exploitation de la ligne Dakar-Niger, qui a créé les ateliers de réparation ferroviaires de Thiès, a dû s'appuyer en premier lieu sur ce personnel opérationnel pour constituer ses premières équipes. Ce qui peut certainement justifier qu'en 1951, 11 % des emplois qualifiés dans les ateliers soient tenus par les Africains[123].

Il faut toutefois souligner que ces emplois ne concernent pas que des secteurs purement techniques. Ils concernent d'autres secteurs comme les emplois de bureaux, les surveillants santé et la police. Les catégories de ces secteurs bénéficient d'un traitement salarial qui, à un moment donné, a dépassé celui des ouvriers qualifiés des ateliers. C'est un personnel privilégié car pouvant être considéré comme

---

122 N'DOUR B., Thiès. *De la création coloniale au début du XXe siècle. Le développement d'un centre de colonisation 1864-1925,* Maîtrise : Histoire : Université de Paris VII, 1978, 155 p.

123 LAKHROUM M., *Chemin de fer et réseaux d'affaires en Afrique Noire : Le Dakar-Niger (1890-1960)*, Thèse d'État : Histoire : Université de Paris VII, 1987, 3 vol., p. 360.

appartenant au cadre administratif. Les Africains choisis pour les tâches techniques dans les ateliers ont pour la plupart acquis des compétences qui sont liés aux métiers des chemins de fer.

Ces ouvriers autochtones ont acquis leurs compétences associées aux chemins de fer de différentes manières. Le premier groupe est issu des métiers traditionnels, alors que le deuxième a acquis ses compétences au contact des étrangers. Il s'agit de ceux qui ont des antécédents artisanaux, dont, la reconversion dans les métiers d'ateliers est très orientée. C'est le cas des forgerons et des bijoutiers travaillant traditionnellement les métaux. Ils sont orientés ici dans les travaux de métaux des ateliers. Ils y occupent même 18,50 % des fonctions de maîtrise[124]. Cette catégorie est réputée pour sa capacité et aptitude à transmettre avec une certaine aisance son savoir-faire. C'est d'autant plus compréhensible que dans leur cursus antérieur (les métiers traditionnels) ils ont été initiés à cet exercice. Avec la pédagogie qui est propre au maître artisan. Celle qui consiste à initier son apprenti sans discours, sans énoncé technique. Mais avec le seul geste qui suffit à traduire tout un processus opératoire. Dans leur milieu d'origine, le travail se fait le plus souvent à deux au minimum ; entre le maître et son apprenti. Ce dernier se charge du soufflet pour attiser le feu du foyer, le maître s'occupant de la frappe qui aboutit à la confection des outils[125].

Et le mode opératoire de la forge, dans des ateliers ferroviaires, qui n'est pas à l'opposé total de celui du milieu traditionnel du forgeron africain nous est décrit par Patrick Cognasson :

> *« Le forgeron, classé ouvrier spécialisé dirige le travail du frappeur, similaire au rapport entre mécanicien et son chauffeur. Théâtre de gestes, de signes et d'automatismes scandés, le rituel orchestré du travail entre le forgeron et le frappeur se présente ainsi : quand le forgeron veut retourner sa pièce sans interrompre son frappeur, il fait un rappel, c'est-à-dire qu'au lieu de frapper sur la pièce, il donne un coup de marteau sur l'enclume, ce qui signifie au frappeur de faire en sorte que ses coups soient donnés sur la pièce en face la partie qui porte sur l'enclume. Ce procédé permet, outre un gain de temps, de parer à un accident toujours possible en évitant un*

---

[124] *Ibid.*

[125] Il s'agit d'un mode opératoire dont j'ai été témoin dans mon village d'origine, Baïla, en Casamance dans la région sud du Sénégal.

> *fort contrecoup dans la main du forgeron qui tient la pièce et les tenailles. Pour indiquer l'arrêt quand la chaude est terminée, le forgeron laisse tomber son marteau qui rebondit deux fois sur l'enclume, sous l'effet de l'élasticité du fer.*
> *Le rivetage du châssis en fer de la voiture est effectué au marteau. Pour fixer les gros rivets il faut être trois : un chauffeur (celui qui chauffe), un frappeur et un teneur d'abattage. Ce travail particulièrement pénible nécessite une synchronisation parfaite. Le riveur chauffe le rivet au "blanc suant" dans une petite forge, puis la présente devant le trou pratiqué dans la tôle, tandis qu'un compagnon tient, le bras tendu, le tas derrière le panneau. Le frappeur doit écraser le rivet ni trop tôt, ni trop tard, juste à la bonne température. Quelques poignées de secondes suffisent pour faire échouer l'opération, ce qui provoque alors "un coup de gueule" entre les compagnons*[126]. »

Voilà donc deux chaînes opératoires qui découlent des techniques de forge et de rivetage dans des ateliers ferroviaires. Et le théâtre des gestes est identique en France et en AOF, d'autant qu'ils ont été à la même école pour les mêmes compagnies. Ces descriptions de chaînes opératoires suffisent à montrer toute la complicité qui existe entre le maître et son apprenti ou précisément entre collaborateurs d'un poste de travail. Le même principe qui est noté dans les ateliers ferroviaires est également constaté dans un atelier artisanal traditionnel. Ce qui facilite l'adaptation des artisans aux techniques ferroviaires, surtout porté vers le fer et la forge. Ceux-ci ont été recrutés en même temps qu'une autre catégorie d'acteurs qui doivent leur savoir-faire aux contacts qu'ils ont entretenus avec les étrangers, notamment les explorateurs et autres navigateurs qui ont emprunté les cours d'eau africains.

La spécificité du fleuve Sénégal, c'est qu'il est un espace qui a connu l'exploitation du fer matérialisé par l'existence de bas fourneaux[127] depuis le début du premier millénaire après J.C. Cette tradition a été entretenue par une classe de forgerons qui détient le pouvoir militaire et politique. Des mécaniciens, des ajusteurs et des menuisiers viennent de cette région. Ces catégories d'ouvriers ont

---

[126] COGNASSON P., *Cheminots Champenois, Romilly sur Seine. Les Ateliers de l'EST*, Amiens : éd. Martelle, 2000, p. 78.
[127] DENISE R.-C., « Métallurgie du fer dans la moyenne vallée du Sénégal : les bas fourneaux de Silla », *Journal des Africanistes*, 1994, n°64-2, p. 113-127.

acquis une certaine qualification et sont prêtes à l'emploi. C'est grâce à eux que la région du fleuve est citée parmi les origines ouvrières du Dakar-Niger. Aussi le fleuve Sénégal, qui donne son nom à cette région nord du pays, a-t-il servi de voie de communication pendant longtemps. Les premiers contacts des Occidentaux avec le continent se sont faits par voie maritime. Il y a des escales tout au long du fleuve Sénégal. C'est là que les populations ont acquis l'expérience des machines sur la flottille fluviale du Sénégal. Des métiers de soutiers, laptots, mécaniciens, menuisiers y ont émergé[128]. Ces métiers qu'ils ont appris leur ont permis d'avoir des compétences qu'ils ont fait prévaloir au moment de leur candidature au recrutement. Quand le train est apparu pour la première fois, il a été dénommé « gaal diéri[129] » ou « bateau qui roule sur terre ». Ils ont ainsi jugé opportun de poursuivre leur métier avec ce nouveau mode de transport. Leur reconversion n'est qu'une question de réadaptation de leur acquis technique. Ainsi leur savoir-faire acquis est associé aux techniques ferroviaires pour leur offrir des compétences nouvelles très vite assimilées.

C'est vers la fin de la seconde moitié du XIXe siècle et au début du XXe siècle qu'une classe ouvrière commence à se former en AOF avec le chemin de fer. Au départ ce sont les paysans qui venaient travailler dans les chantiers du chemin de fer pendant la saison sèche et abandonnaient les chantiers pour rejoindre les champs à chaque approche de l'hivernage.

Ce comportement a gêné énormément l'évolution des travaux dans les chantiers ferroviaires, justifiant ainsi l'arrivée d'ouvriers d'origine française et chinoise. Au fil du temps une stratégie a été trouvée pour fidéliser les Africains et les amener à s'identifier à l'entreprise. Parce que les mêmes méthodes appliquées par les entrepreneurs français ont produit les mêmes effets dans l'industrie coloniale. La phase achevée de cette politique intervient avec la construction des ateliers ferroviaires à Thiès qui sont le prototype de l'usine bien clôturée et « flanquée » de sa cité ouvrière. Ainsi les ouvriers issus de métiers traditionnels se mettaient à l'apprentissage de métiers nouveaux. Ce fut un apprentissage direct. Le maître, qui était certainement un expatrié venu de la France, va se charger de leur transmettre le savoir-faire. Mais ils avaient l'avantage de connaître déjà le fer ou le bois

---

128 LAKROUM M., *op.cit.* p. 365.

129 En langue Wolof, principale langue du Sénégal, parlée par près 90% de la population du pays.

pour l'avoir travaillé auparavant. Ce qui était nouveau chez eux, c'est l'objet technique à fabriquer et le mode opératoire de sa fabrication. Leur statut d'artisans devait les y conduire sans grande difficulté. Il s'agissait d'une réadaptation. Ainsi ils étaient mieux indiqués pour parer à l'urgence qui était de faire fonctionner les ateliers dans les plus brefs délais. Possédant un tel potentiel de départ ces ouvriers n'éprouvaient pas beaucoup de mal à assimiler les techniques nouvelles et à accéder à la maîtrise du métier. C'était des praticiens qui avaient fait l'économie de la théorie. Il reste entendu que ceux qui étaient passés par le recrutement direct ne sont pas tous originaires de métiers traditionnels. Les autres allaient constituer le contingent des subalternes qui étaient restés dans les classes des auxiliaires et des manœuvres.

Les débuts de la technique ferroviaire dans la colonie s'étaient déroulés sans obstacle majeur. Après quelques errements de courte durée, les promoteurs du chemin de fer avaient su mettre les pratiques traditionnelles au service de leur industrie. Dans cette phase de transmission de la technique, la plupart des ingénieurs des Ponts qui étaient en Afrique à cette période ont précisé que « la formation sur le tas » était plus rapide et permettait de répondre immédiatement au besoin de main-d'œuvre dans les chantiers. Mais ce qui faisait surtout défaut, c'est l'encadrement technique intermédiaire.

Pourquoi des centres de formation en AOF ?

Cette question pose la problématique de l'introduction de l'enseignement de la technique dans cette espace de l'Afrique. Qu'est-ce qui a justifié cette option ? La première industrie qui a eu une emprise large sur le territoire est le chemin de fer. Celui-ci a constitué un outil important de l'expansion coloniale car il a permis la conquête des terres vers l'intérieur du continent et leur consolidation. Les autorités coloniales ont accordé une importance particulière à ce mode de transport en lui apportant des innovations nécessaires dans les colonies. Cette orientation vise à améliorer sensiblement la qualité des équipements techniques et du matériel roulant. D'importants investissements sont consentis dans la diésélisation dont le réseau du Dakar-Niger est le premier bénéficiaire de tous les réseaux coloniaux. C'est une véritable innovation technologique. À peine appliquée dans les pays européens au courant des années 30, les ingénieurs ont pensé son application en Outre-mer. Les résultats sont probants. Des bénéfices sont acquis au niveau des coûts d'exploitation. La vitesse a beaucoup augmenté par rapport au système de la vapeur qui a déjà mis une bonne partie du parc roulant hors d'usage. Alors que cette nouvelle technologie demande moins de trains pour des résultats supérieurs. Cette innovation exige une reconversion en profondeur du personnel afin de changer les habitudes acquises dans le temps. Pour ça, des programmes internes de formation sont mis en place au niveau des ateliers.

Mais le système diésel exige une mécanique plus délicate avec une introduction de « fluide électrique ». Une bonne connaissance des Matériaux est plus que nécessaire. Ce qui a nécessité l'utilisation d'un encadrement assez fourni d'expatriés pour accompagner le processus. Puisque la reconversion du personnel local à cette technologie prend un peu plus de temps. Ce personnel expatrié a aussi son coût. Pour remplacer le personnel expatrié très coûteux, les promoteurs du chemin de fer en AOF ont pensé à créer des centres de formation afin d'y dispenser un enseignement technique spécialisé. L'enseignement de la pensée et du geste technique. La production d'un discours qui doit traduire les processus opératoires dans les ateliers avec la qualification de chacune des phases mais aussi de chaque outil. Depuis les premières heures de l'introduction des chemins de fer en AOF jusqu'à l'avènement des premiers centres de formation aux métiers de cheminots, il y a eu toujours des transmissions de savoir-faire. Entre les maîtres et les nouveaux venus, la méthodologie de transmission du savoir-faire a toujours existé. Les ouvriers africains recrutés dans les chemins de fer et dans les ateliers, en particulier, passent entre les mains de maîtres experts ou contremaîtres pour apprendre et assimiler les tâches auxquelles ils sont assignés. L'apprentissage pratique est toujours de mise, celle qui n'a pas besoin de théorie. Cela ne signifie pas pour autant l'absence totale de discours, mais celui-ci n'est pas transcrit. C'est d'autant que les premières recrues ne sont pas forcément alphabétisées. C'est dire que ce ne sont pas des gens qui ont fréquenté l'école moderne pour pouvoir assimiler aussi facilement des élaborations théoriques. Les premiers ouvriers viennent directement soit de métiers traditionnels soit de sociétés non scolarisées. Mais ils ont tenu néanmoins leur rôle dans le fonctionnement du système ferroviaire local.

Sur le parcours du Dakar-Niger l'histoire a retenu trois centres qui se sont distingués dans le temps. Il s'agit de l'école des pupilles mécaniciens de Dakar, de l'école supérieure d'apprentissage Terrassons de Fougères de Bamako et de l'École d'apprentissage de Toukoto. Nous ne retiendrons que les plus importantes. Celles qui ont assuré une formation de pointe dans les métiers ferroviaires.

Au lendemain de la Première Guerre mondiale, l'administration coloniale décide de donner une nouvelle orientation à sa politique d'éducation et de formation en AOF. Une nouvelle option de formation des cadres est prise en 1918. L'indigène est appelé à soutenir les efforts de développement des territoires. Mais la concentration des effectifs à former au niveau de Gorée pose problème en plus de la pléthore de cadres déjà formés et qui ne trouvent pas d'emplois. La décentralisation a été ainsi décidée et chaque colonie doit former les cadres dont elle a besoin. Les sections professionnelles sont ajoutées aux écoles. Compte tenu de l'importance de l'activité du port de Dakar, les futurs mécaniciens de la marine sont formés à l'école de pupilles mécaniciens de la Marine de Dakar. Ce sont les meilleurs élèves qui y sont admis après concours. Et leur profil comme indiqué dans un texte officiel de l'administration coloniale :

> *« Ces futurs mécaniciens ne sauraient être mieux préparés qu'à la Marine de Dakar où tous les genres de machines peuvent être étudiés et où l'école a fait ses preuves en rendant de réels services*[130]*… »*

La formation dans cette école n'est pas spécialement destinée au chemin de fer mais elle donne des acquis qui permettent à l'apprenant comme indiqué, de faire face à tout type de mécanique. Et ce n'est pas étonnant de voir beaucoup de métiers navals se reconvertir dans les chemins de fer en AOF avec l'avènement des ateliers et dépôts ferroviaires qui ont constitué les premiers dispositifs d'entretien du matériel roulant des premières lignes autonomes. Pour rappel, le premier dépôt et atelier de la ligne Saint-Louis–Dakar est logé au port près de la marine de Dakar.

Toutefois la volonté des compagnies ferroviaires à former des profils spécialisés dans les chemins de fer a abouti à la création de la première école d'apprentissage à Bamako. Cette école a un parcourt

---

[130] LY B., « Les instituteurs au Sénégal de 1903 à 1945 », *La formation au métier d'instituteur*, Paris : L'Harmattan, 2009, p. 211.

atypique. Fondée dans les années 1886 par Gallieni[131], elle a connu une évolution très élogieuse dans le système de l'enseignement de l'AOF. Sans avoir d'informations sur les séquences temporelles de son évolution, nous savons cependant qu'elle a été tour à tour l'école des otages, l'école des fils de chefs, l'école professionnelle, l'école primaire d'apprentissage et en fin le Lycée Terrasson de Fougères. Le lycée porte le nom du Gouverneur Terrasson de Fougères (dénommé le grand bâtisseur) qui dans son entreprise de construction de centres de formation au Soudan a érigé l'école primaire en Lycée professionnel en 1924. Le noyau du personnel d'exécution et de maîtrise de la ligne Dakar-Niger aurait été formé dans cette école.

La formation mise en place émane d'un accord entre la direction du chemin de fer et la direction de l'enseignement du Soudan. Cet accord prévoit des cours de formation professionnelle et d'apprentissage aux métiers de cheminots destinés aux jeunes élèves. Ce qui n'a jamais existé auparavant. Cette formation s'appuie sur les acquis des élèves qui ont déjà certaines compétences. Il ne s'agit pas ici d'un enseignement exclusivement réservé aux techniques ferroviaires, mais de cours trihebdomadaires dispensés par des spécialistes exerçant dans le réseau. En d'autres termes, les élèves s'instruisent tout en apprenant un métier. Cet enseignement concerne beaucoup plus les élèves qui sont dans les deux dernières années du primaire supérieur. À leur sortie, ils sont déjà familiarisés avec leur future profession s'ils optent pour le métier de cheminots.

C'est une expérience somme toute intéressante entre deux structures qui n'appartiennent pas forcément à la même hiérarchie. Elle permet de faire face à la problématique de l'insertion des jeunes scolarisés et en même temps permet à l'entreprise de bénéficier d'une main-d'œuvre déjà prête à l'emploi. Ce qui évite la pratique en vigueur jusque-là. Celle de la formation sur le tas qui se fait souvent dans l'atelier et qui tend à apporter des réponses à des demandes ponctuelles de nouvelles recrues.

Au centre de formation, les cours théoriques se font à l'école Terrasson de Fougères et les cours pratiques dans les différents services de la gare de Bamako. Quand c'est spécifiquement ferroviaire, les apprenants sont amenés dans les établissements Matériel et Traction

---

[131] Joseph Simon Gallieni, né le 24 avril 1849 à Saint-Béat (Haute-Garonne), mort le 27 mai 1916 à Versailles, est un militaire et administrateur colonial français qui a opéré en Afrique occidentale française.

du Dakar-Niger de Bamako pour y faire des séances de démonstration.

Mais les techniques ferroviaires évoluent très vite. Le progrès technique caractérisé par l'introduction du moteur diesel-électrique a nécessité la création d'un autre centre de formation orienté vers cette technologie. Ce centre a été logé au niveau des anciens ateliers de Toukoto dont il a profité des installations techniques pour développer sa pédagogie. Toukoto est un « centre névralgique » de la ligne Kayes-Niger qui est le fief de Rouguier[132]. Il y a formé des cheminots de toutes classes et de toutes catégories dans le but de servir et mieux rentabiliser la mission du chemin de fer. De la chronique très colorée de Félix Dubois intitulé *« Parmi les autres constructeurs : Rouguier et son œuvre »*, il y mentionne déjà les prémices d'un centre de formation, soit-il non officiel, aux toutes premières heures de l'implantation ferroviaire du Soudan, notamment le Kayes-Niger. Rouguier y a joué un rôle prépondérant dans la construction de cette ligne qui est un maillon essentiel de la grande ligne Sénégalo-Soudanaise qu'est le Dakar-Niger. Référons-nous à cet extrait de sa chronique pour en savoir plus.

> *« Pour les travaux d'ateliers, des ouvriers venaient d'Europe. Il (Rouguier) entreprit de dresser les indigènes à toutes fins. De ces nègres accoutumés à construire en paille et en torchis, il fit des carriers, des tailleurs de pierre, des maçons pareillement familiarisés avec le béton et avec les mortiers ; de ces nègres qui savaient mener que des bourriquots ou des bœufs porteurs, il fit des conducteurs de locomotive. Il fit surgir de la brousse une armée de terrassiers et de chauffeurs, et des forgerons, et des riveurs, et des monteurs, et des charpentiers, et des menuisiers, et des aiguilleurs, et des poseurs de voies, et des conducteurs de trains, que sais-je ? Le chemin de fer fut la première école professionnelle de la colonie. ÀRouguier est due la création de la main-d'œuvre soudanaise. Les divers chemins de fer de l'Occident africaine, belges, anglaise, aussi bien que française, se disputèrent le personnel nègre dressé par lui et devenu disponible à l'achèvement des travaux. Mieux encore, les Guyon, les Calmel, les Houdaille, les Cresson-Duplessy (...) qui étudièrent ou construisirent les lignes du Congo, du Dahomey, de la Côte d'Ivoire (...) ne sont autres que des officiers du Génie formés à l'école du Soudan. Le Commandant*

---

132 JOSSE P., « Évolution des installations fixes du Dakar-Niger de 1947 à 1958 », *La vie du rail d'Outre-mer*, n°73, 1960, p. 9.

Frèry, directeur des travaux de la ligne de Thiès à Kayes qui reliera demain le Niger à la baie de Dakar, est également un de ses élèves[133]*. »*

Malgré son caractère très discriminatoire, cette chronique donne des indices sur les conditions de la formation du personnel autochtone aux métiers de cheminot avant la création des centres de formation modernes. Les métiers égrenés dans cet extrait de la chronique sont aussi bien divers que variés. Ils révèlent comment s'est opérée la transmission des savoirs aux autochtones qui ont fini par se substituer aux expatriés.

Qu'elle a été l'apport du centre d'apprentissage de Toukoto à la formation du cheminot de type nouveau ? À l'origine le site abritait les ateliers de réparation du Kayes-Niger. Après l'achèvement des travaux de la voie et l'avènement des machines diésel qui ont remplacé les machines à vapeur, les ateliers perdent leur raison d'être. L'équipement est délocalisé et au bout de deux années de flottement l'autorité supérieure du Dakar-Niger décide la reconversion des installations à usage de centre d'apprentissage. En septembre 1952 le centre accueille sa première promotion de 25 apprentis.

Partons des critères de sélection des pensionnaires du centre. La formation s'y déroule pendant trois ans d'étude. Qu'est-ce qu'on y enseigne ? La culture générale, la formation technique théorique, la formation technique pratique (en atelier) et l'éducation physique[134]. Et le tout en sept et huit heures par jour. Ici les apprenants ne portent pas le titre d'élèves mais bien celui d'apprentis. Cette appellation cadre bien avec les objectifs fixés de la formation. L'apprenti est dans l'antichambre de la carrière d'ouvrier. Pas de celui-là qui est formé sur le tas. Mais de celui qui a reçu une haute qualification. Donc de l'ouvrier qualifié. Et le terme qualifié n'est pas exagéré. Ici on forme l'ouvrier polyvalent. La formation est diverse et variée. En première année les travaux en atelier portent sur l'ajustage. Le chemin de fer, c'est une industrie. Par conséquent l'apprenti destiné à l'activité industrielle doit avoir un comportement différent de son homologue destiné à une petite structure artisanale. Raison pour laquelle la formation vise ici à « *l'élimination des gestes inutiles. Le travail est décomposé en gestes élémentaires, car il est difficile d'apprendre à*

[133] *Ibid.*, p. 9.
[134] *Ibid.*, p. 10.

faire des gestes, même très simples, sans les avoir décomposés et en avoir appris les éléments séparément[135]. »

Au plan technique, la formation est axée sur la technologie générale. Que doit connaître l'apprenti ? Les métaux, leurs alliages, les traitements thermiques, quelques combinaisons thermiques, etc. Il doit connaître entre autres, l'origine des métaux, leurs propriétés, leur fabrication, leurs applications pratiques. Les apprentis sont dotés de culture générale en français, en arithmétique, en géométrie et en physique.

Passés en deuxième année, ils commencent leur spécialisation dans une branche de métier de leur choix. Celui-ci varie entre motoristes, électriciens, réparateurs de matériel. Les cours techniques concernent aussi les machines-outils et « une sérieuse initiation à la mécanique et au dessin industriel[136]. »

La troisième année est celle de la spécialisation définitive. L'ajustage y constitue la formation phare avec la majeure partie du temps réservée à la pratique des professions futures. La troisième année c'est aussi et surtout celle de l'approfondissement des connaissances et des révisions des programmes de première et deuxième année. Le passage d'une année à l'autre est sanctionné par un examen de passage avec des notes éliminatoires : 7 pour la première année, 9 pour la deuxième année et 10 pour la troisième année. La différence avec la formation empirique de la première génération des ouvriers des ateliers ferroviaires est remarquable.

Cette formation est essentiellement destinée aux jeunes, dans les techniques des métiers d'électriciens et motoristes. Certains jeunes cheminots accèdent à des stages de formations annuelles à l'extérieur, en métropole, avec l'aide de la SNCF. C'est spécifiquement des cours de perfectionnement d'apprentissage. Quand les anciens cheminots accèdent à la formation professionnelle, c'est souvent dans le cadre d'un recyclage ou à la préparation aux futurs stages extérieurs.

Cette formation décrite ci-dessus est en parfaite adéquation avec les métiers prévus dans la deuxième SAC des ateliers centraux de Thiès, spécialisés dans les travaux des machines diésel. Les débouchés professionnels des pensionnaires du centre d'apprentissage sont naturellement ces ateliers et parfois même les métiers de la voie comme les télécommunications. Cette formation professionnelle destinée à une industrie ne suffit pas à apporter une réponse globale

---

[135] *Ibid.*, p. 12.
[136] *Ibid.*, p. 13.

aux besoins si variés dans les colonies. Le constat général laisse apparaître une absence de politique générale des autorités coloniales en matière de formation des populations locales dans certains corps techniques essentiels à l'accomplissement de la vision de développement. Les ingénieurs affectés dans la colonie pour réaliser les infrastructures de développement l'ont bien perçu comme le reconnaît un des leurs :

> *« On a commencé assez tard à s'intéresser à la formation des locaux. Quand je suis arrivé à la sortie de la guerre, il n'y avait pratiquement aucune formation sur le terrain. Il y avait seulement une école de techniciens à Dakar pour l'ensemble de l'AOF*[137]*. »*

Ce commentaire vient d'un ingénieur et traduit l'esprit qui prévalait en ce temps. Bien que les ateliers de Thiès soient un point d'ancrage de la formation technique, cela reste plutôt une formation sur le tas, hormis l'école de techniques ferroviaires créée à Bamako à la veille de la Seconde Guerre mondiale. Elle est l'équivalent d'un enseignement secondaire pour former des adjoints techniques des travaux publics, des mécaniciens et des géomètres. Ce processus a été accompagné par des stages de formation en métropole et des bourses d'études pour des qualifications d'ingénieurs d'exécution. La loi-cadre Defferre de 1956 consacre ce processus, qui deviendra l'un des volets importants de la politique de coopération après 1960, des indépendances des pays africains, et qui a pris l'appellation d'assistance technique.

Toutefois la présence massive des ingénieurs et autres techniciens de haut niveau dans les colonies au service de la cause générale, a été plus sélective dans le secteur de l'électricité. Encore plus que le chemin de fer, le secteur de l'électricité était entièrement privé et géré par le privé jusqu'à sa nationalisation par l'État du Sénégal près de vingt ans après son indépendance. Bien que très encadré par le pouvoir colonial il était resté fidèle à la logique mercantiliste de la philosophie colonialiste de départ. Sa trajectoire est un tout petit peu atypique par rapport aux autres secteurs.

---

[137] VACHER H., *op. cit*, p. 113.

B. L'électrification de la colonie : domaine des ingénieurs privés

1. Contexte mondial de l'électrification en 1887

Les critiques ont porté sur le retard de la France dans le domaine de l'éclairage électrique pendant l'année 1887. Les observateurs n'ont pas compris qu'une puissance comme la France qui portât le flambeau de la création et de l'invention se mit à la traine derrière les États unis d'Amérique et l'Allemagne, qui finirent par lui ravir la vedette[138].

Pourtant les villes françaises, qui, jusqu'à une période récente, étaient sous l'éclairage au gaz, sont passées à l'éclairage électrique. En 1887 Paris figure en tête avec environ 42.000 lampes à incandescence, 600 lampes à arc et 14 théâtres éclairés électriquement. Lyon venait de débuter son électrification. Marseille comptait 1 700 lampes à incandescence et 180 foyers à arc. Bordeaux installait sa station centrale. Tours et Dijon voyaient leur éclairage prendre des proportions considérables. Toulon, Nancy, Narbonne, La Fère, Roubaix, Saint-Étienne, Mende, Reims, Châteaulin, Bruyères, Bellegarde, Lagnieu, Saint-Tropez, Laroche-sur-Foron, Bourganeuf, Domfront, Saint-Aignan, Saint-Hilaire de Harcoët, Marennes, soit 26 villes, totalisaient 60 000 lampes à incandescence environ. En ce temps, de nombreuses usines ont trouvé déjà une autonomie d'éclairage[139].

Dans d'autres pays européens comme l'Allemagne, hormis, Berlin, Hambourg, Brême, Francfort-sur-Mein, Barmen, Brunchswich, Gastein, Gelsenkirchen, Salzbourg, Mulhouse, d'autres nombreuses villes sont éclairées grâce à l'électricité. Les 13 principales villes totalisaient à elles seules 604 installations d'éclairage électrique avec 3 280 lampes à arc et 59 469 lampes à incandescence[140]. Du côté de l'Angleterre, Londres comptait 57 installations et stations et plus de 72 000 lampes à incandescence et à arc. Les trois villes de Paddington, Lamark et Sheffield avec plus de 24 000 lampes et de nombreuses autres villes secondaires, avec un avantage sur les bas prix du gaz.

En Italie, sortaient du lot, des villes comme Rome, Naples, Turin, Milan, Gênes, Chiasso, Modane, Trévise, Udine, Moncalieri et d'autres villes secondaires qui totalisent plus de 45 000 lampes. L'Espagne se lança avec force vers l'électrification, Barcelone en tête suivie

---

138 ANOM, BIB, SOM, Br.B, 1601-1747 : conférence De M. VAUBOURG sur l'éclairage électrique au Sénégal, 15 décembre 1887.

139 *Ibid.*,

140 *Id.*

d'Orporto, de Palencia, de Valladolid, de Lorca, de Léon, de Tolède, d'Albaceta, de Guadajara et plusieurs autres villes, pour un total de 14 000 lampes à incandescence en service compte non tenu des foyers à arc. En Belgique rien que Bruxelles et Anvers totalisaient à elles seules 12 000 lampes en fonction, Luxembourg disposant déjà de 1 500 lampes. Bucarest en Roumanie et dans d'autres pays d'Amérique du Sud comme la Bolivie, le Panama et d'Asie tel que Manille, ont déjà adopté l'éclairage électrique. Dans les Indes déjà les trains sont éclairés à l'électricité[141].

Mais on ne peut faire l'état des lieux de l'éclairage électrique dans le monde en 1887 sans réserver une attention particulière aux USA. En février 1887, on compte déjà 696 compagnies locales d'électricité. Parmi elles, 50 compagnies de gaz qui fournissent l'électricité. On dénombre à cette époque 140 000 lampes à arc qui représentent 4 200 000 lampes à incandescence de 16 bougies. Les 60 stations centrales les plus importantes totalisent ensemble près de 40 000 lampes en service ; 387 000 lampes Edison sont en fonction et des installations nouvelles sont en réalisation pour 500 000 lampes[142].

L'importance de l'électricité dans le fonctionnement des sociétés, de par ses diverses applications, est si familière qu'elle donne l'impression aujourd'hui d'être apparue en même temps que l'humanité. Or, ses premières applications significatives ont vu le jour au cours de la décennie 1880-1890 avec l'éclairage au moyen de fil incandescent et l'utilisation de moteurs électriques. Depuis lors, les choses se sont accélérées. Le secteur de l'électricité est, assurément, parmi les plus inventifs et innovants. Les avancées scientifiques et techniques très intéressantes ont permis le développement du transport de courant à haute tension. Quelque chose d'assez particulier s'est aussi produit durant cette année 1887, du point de vue des sciences et techniques électriques. Les derniers jours de l'année ont vu s'achever grâce à Hertz, *« la grande révolution du siècle marquée par l'abolition du privilège des actions à distance en théorie de l'électricité*[143]. » Aussi, la théorie révolutionnaire de la charge électrique a-t-elle été très déterminante dans l'élaboration de la théorie de Maxwell.

---

[141] *Id.*

[142] *Ibid.*, conférence De M. VAUBOURG sur l'éclairage électrique au Sénégal, 15 décembre 1887.

[143] *Ibid.*,

Du côté des inventions techniques, quelque chose se dessine déjà et qui va donner dix ans plus tard, l'apparition de la radio en matière de télécommunication. Quant à l'électrotechnique, son renouvellement porte la marque de Tesla, notamment ses moteurs asynchrones à champ tournant qui ont permis à Westinghouse d'orienter un an plus tard son entreprise vers les applications industrielles du courant alternatif. Justement, pour parler de Westinghouse et de son courant alternatif, sa rivalité aux USA avec Edison défenseur du courant continu, démarrée en 1886, et qui a donné l'expression, « la guerre des courants », n'a connu son épilogue qu'en 1887 avec les expériences d'abattage des animaux par ce dernier qui veut, par-là, démontrer que le courant alternatif est plus dangereux que le courant continu[144].

Pendant ce temps, en France, on semble prendre cause et effet pour le courant alternatif. C'est dans ce sillage qu'Arsonval explique, dans sa note à l'Académie des Sciences au printemps 1887, que l'alternatif ne risque de tuer qu'au-delà de 120 volt[145]. Il Bat ainsi en brèche l'argument de la dangerosité de l'alternatif, qui semble manquer de preuve technique à ses yeux. Après l'incendie de l'Opéra-Comique, l'électricité est préférée au gaz. Cette tendance se précise de plus en plus et devient même une exigence publique. Les essais d'illumination se font partout dans le pays. Le conseil municipal de Paris pousse ses exigences plus loin et menace de fermer tout café et tout théâtre qui n'adopte pas l'éclairage électrique en 1887[146]. Malgré tout, l'année 1887 semble être une année qui marque le pas du point de vue de l'invention. Les spécialistes du moment n'ont pu repérer aucun signal fort qui témoigne d'une quelconque dynamique créative. Ce qui ne semble pas être le cas, pour qui constate, avec le recul des années, un certain mouvement d'idée chez Tesla, Hertz et bien d'autres[147]. Pour rappel, l'année précédente, 1886, a reçu le même jugement. Elle a été considérée comme non productive de technique électrique. Philippe Delahaye soutenait, dans la préface à son ouvrage *Année électrique*, que :

> *« ... l'année 1886 n'a pas été marquée par de grandes découvertes dans le domaine de l'électricité ; mais elle a vu de*

---

[144] *Id.*

[145] *Id.*

[146] *Id.*

[147] *Ibid.*: conférence De M. VAUBOURG sur l'éclairage électrique au Sénégal, 15 décembre 1887.

> *toutes parts se multiplier les applications du courant électrique et se développer les industries multiples qui se rattachent à leur production ou à leur emploi*[148]*.* »

M. Hospitalier, un des auteurs reconnus de l'électricité en France, dans son ouvrage *l'Électricien,* du 1er janvier 1887, ne disait pas mieux en écrivant que :

> « *... si, comme les peuples heureux, les années heureuses n'avaient pas d'histoire, l'année 1886 pourrait à juste titre figurer, au point de vue électrique, parmi les années exceptionnellement heureuses. Semblable aux honnêtes femmes, l'année électrique a fait et fera parler d'elle : l'historiographie de l'avenir ne lui accordera qu'une faible place dans une étude consacrée au progrès de la science et de la technique de l'industrie électrique*[149]*.* »

N'est-ce pas cette même illusion qui s'est prolongée jusqu'en 1887 ? C'est donc dans ce contexte mondial d'électrification des principales villes des pays occidentaux et des pays les moins avancés à cette époque que les colonies françaises de l'Afrique s'apprêtaient à accueillir la fée électricité. Dans cette fourchette temporelle, 1880-1890, une année retient l'attention, l'année 1887. C'est l'année où des citoyens français, qui entretenaient des activités commerciales dans la colonie, ont décidé d'expérimenter l'éclairage électrique de la ville de Saint-Louis alors capitale de la colonie du Sénégal et Dépendances. Des hommes d'affaires ont ainsi choisi la colonie du Sénégal pour y exercer des activités commerciales. Des compagnies originaires de certaines grandes villes de France comme Bordeaux, Marseille et Paris ont choisi de s'y installer. C'est l'entente entre ces hommes d'affaires qui a permis à certains d'entre eux d'expérimenter l'éclairage électrique de certaines villes en expansion au Sénégal comme Saint-Louis, Gorée, Rufisque et Dakar.

On est en ce moment-là dans un processus de mise en place des conditions de transfert. Car, aussi bien, les bénéficiaires et les acteurs de cette technologie appartiennent à la même communauté des colons de cette époque. Les autochtones sont restés éloignés du cercle pendant très longtemps sans bénéficier ni de l'impact technique, ni de

148 *Ibid.*
149 *Ibid.*

celui social de cette technologie nouvelle. Sous ce rapport, on pourrait être tenté de parler d'une extension de l'électrification de la métropole vers la colonie. Mais il y a un risque d'avoir une lecture restrictive si l'on ne tient pas compte de l'évolution du système colonial. L'importance et la complexité du secteur de l'électricité vont attirer l'intervention de plusieurs acteurs, impliquant le secteur public et privé pour encadrer son implantation dans la colonie. Cela s'est produit dans une ambiance parfois très conflictuelle entre différents acteurs de l'électrification de la colonie du Sénégal. Leurs intérêts ne sont souvent pas allés dans le même sens.

2. La réglementation du secteur de l'électricité en AOF

En France, trois départements ministériels ont joué un rôle de premier ordre dans la réglementation du secteur de l'électricité au XIXe siècle. Il y a eu le ministère du Commerce, de l'Industrie des postes et télégraphes qui a produit les textes réglementaires en la matière. Il est l'auteur de la fiche d'état des renseignements n° 2[150] que tout candidat à une concession d'éclairage est tenu de remplir pour demander l'autorisation d'établir des conducteurs d'énergie empruntant la voie publique. Et chaque fois qu'un projet est examiné en conférence, les représentants de l'Administration des Postes et Télégraphes y prennent part. Cette Administration peut adresser une réquisition au service du contrôle pour corriger tout cas d'interférence entre des installations de lignes télégraphiques ou téléphoniques et des conducteurs d'énergies électriques. Le contrôle de la construction et de l'exploitation était exercé sous l'autorité du ministre des Travaux publics, soit à travers des agents qu'il aurait délégués, soit par des représentants de communes, selon les cas de figure. Il y avait aussi le ministère de l'Intérieur qui s'occupait des questions de police et de sécurité des installations électriques.

La loi du 15 juin 1906 prévoit également la formation d'un Comité d'électricité permanent, composé, pour moitié des représentants français des grandes industries électriques, et, pour l'autre moitié, de membres pris dans les administrations de l'Intérieur, des Travaux publics, du Commerce, de l'Industrie, des Postes et Télégraphes, de la Guerre et de l'Agriculture. Les fonctionnaires de ce Comité sont désignés par leur ministre respectif à raison de trois par département et

[150] Conférer annexe n° 8.

nommés par décret[151]. En tout, la législation française de l'électricité dans cette période s'établit ainsi[152] :

- loi du 15 juin 1906 sur les distributions de l'énergie ;
- décret du 7 février 1907 concernant le fonctionnement du comité d'électricité (exécution de l'article 20 de la loi du 15 juin 1906) ;
- décret du 17 octobre 1907 organisant le service de contrôle des distributions de l'énergie électrique (exécution de l'article 18-3 ° de la loi du 15 juin 1906) ;
- décret du 17 octobre 1907 portant fixation des redevances prévues par l'article 18-7 de la loi du 15 juin 1906 pour l'occupation temporaire du domaine public par les entreprises de distribution d'énergie électrique ;
- décret du 3 avril 1908 portant règlement d'administration publique pour l'application de la loi du 15 juin 1906 sur les distributions d'énergie électrique ;
- arrêté ministériel du 21 mars 1910 déterminant les conditions techniques, auxquelles, doivent satisfaire les distributions d'énergie électrique pour l'application de la loi du 15 juin 1906 sur les distributions d'énergie électrique ;
- un cahier de charge type a été approuvé le 17 mai 1908, dressé en exécution de l'article 6 de la loi du 15 juin 1906, pour la concession d'une distribution publique d'énergie électrique par une commune ou un syndicat de communes ;
- enfin, un décret du 11 juillet 1907 a fixé les conditions de protection des travailleurs dans les établissements qui mettent en œuvre des courants électriques.

La législation française est conçue et appliquée dans un contexte complètement différent de la situation des colonies en Afrique. Mais la complexité du secteur de l'électricité fait que les colonies ne peuvent se passer de loi et règlement en la matière. Les autorités coloniales l'ont bien compris. Leur défi reste désormais l'adaptation de cette législation, notamment la loi du 15 juin 1906, dans les colonies.

---

[151] Distribution d'énergie électrique, *Guide loi du 15 juin 1906*, Paris : Chevalier et Rivière, 1906, p. 19.

[152] ANF, MI1525, Rapport au sujet de la promulgation en Afrique Occidentale Française de la loi du 15 juin 1906, Direction des Travaux publics de la Guinée française, 28 décembre 1910.

Comme il a été mentionné plus haut, le secteur de l'énergie électrique est très réglementé en Métropole. Les lois sur l'électricité remontent au 24 juillet 1867 sur les sociétés, les compagnies et les entreprises de l'électricité. Des modifications ont été apportées à cette loi par celle du 1er août 1893. Mais la loi du 15 juin 1906 ainsi que les décrets, les arrêtés et les circulaires qui l'accompagnent, ont servi à renforcer la réglementation en réorganisant le secteur dans la première décennie du 20e siècle. Une réglementation qui définit les conditions techniques de la production, du transport et de la distribution de l'énergie électrique[153]. C'est cette même loi du 15 juin 1906 qui a servi de base à la législation et réglementation pour l'éclairage électrique dans les colonies. L'administration coloniale a dû donc s'inspirer des textes législatifs et réglementaires de la Métropole pour définir les conditions techniques de la production, transport et distribution de l'énergie électrique dans les colonies.

L'utilisation de l'énergie électrique est une opération très délicate qui implique des questions de sécurité compte tenu du caractère très dangereux de l'électricité pour les hommes et les infrastructures. Dans ce registre de décideurs, les plus concernés par l'électrification, par ce qu'étant les premiers bénéficiaires en même temps, sont les maires et leurs conseils municipaux. Ils sont signataires des traités de concession d'éclairage public avec les différents concessionnaires, sous l'aval des gouverneurs (gouverneurs de colonies, gouverneur général). C'est dans le domaine communal que s'appliquent les installations électriques. Ce qui a conduit le conseil municipal de Saint-Louis à signer la convention d'éclairage public avec Hypolite Vaubourg en 1887[154], et le conseil municipal de Dakar avec André de Traz en 1909[155].

Quand il s'est agi d'électrifier une colonie, on a ajouté aux départements qui ont chacun une part importante dans le dispositif de l'électrification en France, celui des colonies. Cependant le contexte administratif, infrastructurel et domanial est différent quand on passe de la Métropole à la colonie. L'administration coloniale dépend (hormis la marine), du ministère des colonies qui est un département plein, du gouvernement français de cette époque. Il a ses propres services et assure la tutelle du Gouvernement général des colonies. En France, les instances de décisions et de contrôle de l'électricité

---

153 *Ibid.*
154 ANOM, Conférence de H. Vaubourg, *op.cit.*
155 *Ibid.*

appartiennent à différents départements ministériels, comme souligné plus haut. Tandis que le ministère des colonies exerce exclusivement la gestion des colonies. La question qui se pose dès lors est comment faire pour éviter de soumettre ce département aux jugements et contrôles d'instances appartenant à d'autres ministères ?

Sur le plan des infrastructures, les principales villes coloniales comme Saint-Louis, Rufisque et Dakar connaissent un début d'urbanisation avec une voirie en construction. Le transport et la distribution de l'énergie électrique a besoin de s'appuyer sur cette voirie pour se développer sans grande entrave. Alors qu'en France les communes délivrent les permis de voirie et passation de contrat de concession, compétence liée à l'existence de domaine public communal ; les communes des colonies ne disposent (pas toutes), au début de leur électrification, de domaines communaux clairement définis, hormis Saint-Louis dans une certaine mesure. La colonie dispose de trois ordres de compétences domaniales : la commune, la colonie et le gouvernement général.

Compte tenu de toutes ces considérations on envisage d'adapter la réglementation issue de la loi du 15 juin 1906 à la situation des colonies. Or depuis le début de l'électrification de la colonie du Sénégal en 1889 jusqu'en 1910 aucun texte réglementaire ne régit le fonctionnement du secteur dans ladite colonie. Le 18 mars 1910, le Lieutenant-Gouverneur du Sénégal, sur proposition de l'Inspecteur des Travaux publics, adresse une correspondance à Mr le Gouverneur général de l'Afrique-Occidentale Française, lui suggérant de promulguer la loi du 15 juin 1906, de la Métropole, sur le transport et distribution de l'énergie électrique en AOF[156]. Par circulaire n° 43 C, en date du 21 avril 1910, le Gouverneur général attire l'attention de tous les gouverneurs de colonies du groupe sur l'intérêt qu'il y aurait à promulguer la loi du 15 juin 1906, compte tenu des réseaux électriques déjà existants ou à installer ; et de rendre exécutoires les règlements d'administration publique de la Métropole, pris, en vue de rendre applicable cette loi après l'avoir adaptée aux circonstances locales, notamment en ce qui concerne le contrôle des installations. Les gouverneurs de colonies s'attèlent dès lors à la mise en place de services de contrôle de la distribution d'énergie électrique. Celui du

---

[156] ANF, MI1525, Fonds Ancien AOF, Série. P.455, Bobine 144, Lettre de M. Le Lieutenant-gouverneur de la colonie du Sénégal à M. Le Gouverneur général de l'AOF.

Sénégal, le Lieutenant-Gouverneur, a désigné par arrêté n° 83 du 13 janvier 1911, le Directeur des Travaux publics du Sénégal pour diriger le service du contrôle, secondé par un adjoint nommé par arrêté N° 1182 du 28 août 1911[157]. Aussi, l'Inspecteur des Travaux publics est-il chargé, cette même année 1911, par les autorités coloniales de rédiger un projet de décret portant réglementation des distributions d'énergie électrique en AOF. Ce projet de décret présenté par les Travaux publics a été transmis à M. Le Gouverneur Général par M. Le Lieutenant-Gouverneur du Sénégal par lettre n° 191, du 17 février 1911. Un projet ayant essentiellement pour but d'adapter aux colonies du groupe (Sénégal, Haut-Sénégal-Niger, Dahomey, Haute-Volta, la Guinée française), la loi du 15 juin 1906 sur les distributions d'énergie électrique dans la Métropole[158]. Un point de la réglementation métropolitaine a posé un problème d'applicabilité, il s'agit de la loi d'avril 1898 sur les accidents de travail et les règlements divers sur l'hygiène et la sécurité du travail des ouvriers et employés. Un tel cadre n'existe pas en AOF car il n'y a pas jusque-là d'ouvriers et d'employés locaux qualifiés. Pour cela des arrêtés locaux peuvent régler chaque cas particulier. Le comité d'électricité semble aussi difficile à constituer dans les mêmes conditions qu'en France.

De hauts fonctionnaires attachés au Gouvernement général représentant les services techniques administratifs et judiciaires et des autorités militaires et maritimes ont été désignés pour constituer le comité de l'électricité par décret du 7 février 1907. Ce décret a été promulgué par arrêté du Gouverneur général, fixant sa composition, sa constitution, et les règles à suivre pour son fonctionnement. Un autre décret du 17 octobre 1907, organisant le service du contrôle des distributions d'énergie électrique, a été promulgué dans toute sa teneur en AOF. Les directeurs ou chefs de service des TP de chaque colonie étaient chargés d'assurer les fonctions d'Ingénieur en chef du contrôle. L'inspection des contrôles relèverait de l'Inspecteur des TP de l'AOF. Le décret du 17 octobre 1907 fixant les redevances prévues par l'art. 18-7 ᵉ de la loi du 15 juin 1906 sur l'occupation du domaine public, a été remplacé par un arrêté du Gouverneur général qui fixe un tarif unique (et à des taux minimes), des redevances à payer aux communes ou aux colonies. Le décret du 3 août 1908 portant règlement d'administration publique pour l'application de la loi du 15 juin 1906

[157] *Ibid.*
[158] *Id.*

a été promulgué dans toute sa teneur. Idem pour l'arrêté du 21 mars 1910, déterminant les conditions techniques auxquelles doivent satisfaire les distributions d'énergie électrique. En fin, le cahier des charges types, du 17 mai 1908, a été adopté intégralement. Voilà l'interprétation de la réglementation métropolitaine qui a été faite par les autorités coloniales en vue de son application dans les colonies de l'AOF[159].

Il faut tout de même préciser que la loi ne concerne que les lignes, canalisations, sous-stations, postes de transformation et autres ouvrages servant au transport du courant et non les usines et appareils servant soit à la production du courant, soit à son utilisation. Toutefois le règlement et le contrôle institués semblent ne s'appliquer qu'à la concession de Dakar pour la colonie du Sénégal, à l'usine de la Compagnie d'Électricité du Sénégal (CES) située à Bel-Air. Le concessionnaire de Saint-Louis et Rufisque ne semble pas rencontrer les difficultés vécues par son homologue de Dakar. L'électrification de Saint-Louis pour rappel a démarré effectivement depuis 1889, une période bien antérieure à la loi du 15 juin 1906. Cela n'empêche qu'au moment d'appliquer cette loi au Sénégal, on n'a presque pas fait cas de Saint-Louis et Rufisque. Est-ce que cela est dû au moindre enjeu des installations de ces deux villes ? En tout état de cause, le fonctionnement de leur centrale est très discret et n'a laissé aucune trace dans les archives consultées. Les différentes correspondances administratives n'ont pas fait cas. La seule fois qu'on y a fait allusion, c'est quand il a été demandé au Chef de service des Travaux publics du Sénégal, à Saint-Louis, de fournir une copie des actes concernant la concession de l'éclairage électrique de Saint-Louis, dans la perspective d'avoir une réglementation générale pour toutes les colonies du groupe ; documents jugés nécessaires pour l'étude de la réglementation à appliquer en AOF aux diverses installations de distribution de l'énergie électrique. C'est ainsi que le Traité de concession, signée le 14 décembre 1887 entre Hypolite Vaubourg et les autorités communales de Saint-Louis, a été envoyé aux autorités coloniales pour études. Cependant la loi et les actes administratifs qui l'encadrent ont besoin d'un champ d'application bien réglementé. Il faut l'existence d'un cadastre. Celui-ci doit intéresser les trois ordres de compétences cités ci-dessus (constitués de la commune, de la colonie et du gouvernement général).

---

159 *Ibid.*

Suite à toutes ces difficultés, la question de la tarification du kilowattheure revient sur la table de négociation entre les autorités coloniales et le concessionnaire de l'électrification de Dakar. Pourtant lors des pourparlers qui ont été engagés entre 1907 et 1908 et qui ont abouti au traité de concession de 1909, il était retenu entre les parties contractantes que le prix de 30 f la tonne, prix moyen du combustible en ce temps, devait servir de base à l'établissement des prix maxima et minima tant pour l'éclairage public que pour la force motrice[160]. Et quatre ans après, les prix ne s'écartent pas de manière significative. Il faut attendre la fin de l'année 1913 pour constater que la tendance générale des marchés du charbon accuse une hausse, certes lente mais constante, des prix du combustible. Les maxima sont atteints au premier semestre 1914 avec 45 f la tonne de charbon, soit 50 % de plus sur le prix de 1909. Mais la situation est restée malgré tout stable. Ce qui n'est pas prévu par les parties prenantes, c'est la guerre et ses effets. Une guerre qui dure plus de 12 mois et se traduit par l'occupation des zones minières de production de charbon, en Belgique, en France ainsi que l'entrée de l'Angleterre dans la guerre. D'autre part la perturbation du fret est due aux attaques de la marine allemande. Au-delà de 1914 les conséquences de la guerre amènent la hausse du cours du charbon jusqu'à 150 % du prix de revient du combustible par rapport à 1909, année de la signature du traité d'électrification et de fixation de la tarification du kWh.

Coincée de toutes parts, la CES décide de réagir. Les multiples exemples de Sociétés d'éclairage et de force motrice qui, en France, ont obtenu des municipalités, un relèvement des prix du gaz et de l'électricité pour l'éclairage public et privé ainsi que la force motrice dans les mêmes conditions, l'ont inspiré. C'est ainsi que dans un projet d'avenant au traité d'éclairage de Dakar adressé aux autorités administratives, le CA de la CES propose que le prix du Kilowattheure soit élevé de deux millimes (0,002 f) par franc d'écart du charbon en plus du prix de 47,50 f la tonne vendu et livrée au parc de l'usine, pour l'Éclairage et la Force motrice destinée au refoulement des eaux des usines élévatoires de Hann et de Mbao,

[160] ANF, 200 Mi 1525, Lettre de l'Ingénieur Chef de service des TP à M. Le Gouverneur du Sénégal en date du 12 septembre 1916, sur la situation de l'usine de la CES.

pendant toute la durée de la hausse provoquée par la guerre[161]. La proposition préconise une diminution dans la même quantité pour chaque franc d'écart en moins du prix de 38 francs la tonne, dans les mêmes conditions.

Le chef de service des Travaux publics dans son rapport, du 15 juin 1916 en réponse au projet d'avenant au Traité de concession du Directeur de la CES pour le compte de l'administration, accepte la majoration pour la force motrice de 2 millimes, mais seulement de deux tiers. Il revient à la Compagnie de prendre en charge la perte de l'autre tiers. La date d'application est maintenue pour le premier janvier 1916, mais pas de modification de prix pour l'éclairage suivant le cours du charbon. Le prix du kWh des entreprises de transport en commun est majoré selon le précédent avenant. Pour les usines de Mbao et de Hann, la somme versée doit être plus élevée. Ce n'est pas tout, car les projets d'avenant sont présentés au Conseil Général dans sa session extraordinaire de février 1916. Elle y a apporté de nombreuses modifications :

- là où les avenants sont alignés sur la même durée que le traité de concession, le Conseil n'a accordé les avenants que pour la durée de la guerre, plus les quatre mois suivant la cessation des hostilités.
- La date d'application passe du 1er janvier au 1er mars 1916 après acceptation du Directeur de la CES.

Après les modifications des textes primitifs qui ont été communiqués par la suite le 4 avril 1916, les nouveaux textes sont envoyés au Directeur de la CES pour signature et ensuite à M. Le Gouverneur en Conseil privé le 9 mai. Les extraits originaux du Conseil Privé sont envoyés au Directeur de la CES qui refuse de les accepter à la date du 20 mai 1916 en retirant par la même occasion les offres précédentes, non sans faire plusieurs observations au nom de la Compagnie. Il fait allusion au relèvement du prix du m3 de gaz et par comparaison du prix du kWh en fonction du prix du charbon reconnu légitime par arrêt du Conseil d'État du 31 mars 1916, fixant des indemnités aux concessionnaires. Il estime que la totalité des désirs de la Compagnie n'a pas été tenue en compte par le Conseil privé dans sa séance du 25 février 1916 qui n'offre pas l'équivalence de cette

---

[161] ANF, 200 Mi 1525, Lettre du Directeur de l'usine de la CES à Mr Le Lieutenant-gouverneur du Sénégal en date du 29 mai 1916.

indemnité. « En résumé, la Compagnie estime que la question doit être revue dans l'esprit de l'arrêté du Conseil d'État, et retire ses offres antérieures[162]. »

Le Secrétaire général du Gouvernement général saisit l'Inspecteur général des TP par lettre n° 1513 du 8 juillet 1918, à fin d'étudier cette question d'établissement du prix du kilowattheure proposé par la CES. La question ne semble pas facile à aborder en ce moment car elle se produit dans un contexte où l'usine électrique, en plus du charbon dont la flambée des prix motive la demande de majoration, utilise le bois pour la chauffe des chaudières. Ce qui fait que l'électricité est produite à partir de deux sources de combustibles qui ne sont pas fournies dans les mêmes conditions ; au premier semestre de 1918 ce sont 1 142 tonnes de charbon fournies et 288 tonnes de bois. Si le prix moyen de la tonne de charbon qui devait déterminer le calcul du kilowattheure est à 208,25 f pendant le second semestre de cette année-là, l'équation est assez délicate pour déterminer le prix de revient du bois, expédié de la Casamance au sud de la colonie. Au niveau de l'administration on se résout à faire des estimations du prix du kg de bois à 0,04 f. Ainsi pour trouver le prix de quantité de bois produisant les mêmes effets qu'une tonne de charbon, ils élaborent tout un système de calcul d'opérations qui vont aboutir à déterminer le prix moyen fictif de la tonne de charbon consommée à l'usine pendant le premier semestre 1918. Le prix unitaire trouvé pour déterminer le prix du kilowattheure est de 186,89 f au lieu des 208,25 f proposés par la CES[163]. C'est sur la base de ces calculs que le Lieutenant-Gouverneur prend un arrêté fixant le prix du kilowattheure. Cela traduit un contrôle strict de l'autorité administrative sur la tarification de l'électricité dans la colonie, ne laissant presque aucune marge de manœuvre au concessionnaire. Une situation quand même assez particulière où c'est le client (la colonie étant le premier client de la CES) qui détermine le prix qui lui est appliqué. De même, l'administration accorde une attention particulière au contenu d'une lettre envoyée par M. Le Président du conseil d'Administration de la Compagnie d'électricité du Sénégal qui préconise l'utilisation possible des coques d'arachides pour le chauffage des chaudières de la centrale électrique ainsi que l'installation d'un groupe turbo alternateur de 750

---

[162] ANF, 200 Mi 1525, Fonds Ancien AOF, Série. P. 460. Bobine 146, Rapport du chef de service des TP du 15 juin 1916.

[163] ANF, 200 Mi 1525, Lettre de l'ingénieur-chef de service du port de commerce de Dakar adresser à M. l'Inspecteur général des TP en date du 11 juillet 1918.

chevaux. Elle voit à travers cette éventualité une belle occasion de réduire fort sensiblement le prix de vente du courant[164]. Ce qui peut entrer dans la nouvelle tarification (en baisse) qu'elle souhaite en faveur des clients de la CES. Mais cette question est aussi complexe d'autant plus que la Société commerciale et industrielle d'Outre-mer qui doit fournir ce combustible, n'a pris aucune garantie de couvrir la fourniture de manière pérenne[165]. Ce qui n'exclut pas des ruptures et un retour au chauffage au charbon. Cette éventualité s'est finalement produite.

> *« Depuis le 1er avril, et jusqu'à fin juin, le prix du kilowattheure vendu par la Compagnie d'électricité du Sénégal à Dakar, tant pour l'éclairage et la ventilation que pour la force motrice, est majoré de cinquante-cinq centimes sur les prix fixés au traité de concession et au cahier des charges y annexé le 20 juin 1921, pour tenir compte du prix du charbon[166]. »*

Cette trajectoire ainsi retracée du début de l'électrification suscite l'intérêt de mieux connaître le parcourt des premiers concessionnaires dans cette aventure ouest-africaine entre la fin du XIXe et début XXe siècle.

3. Les ingénieurs premiers concessionnaires

La première électrification du Sénégal a été l'œuvre de deux ingénieurs entrepreneurs qui ont eu l'initiative courageuse d'engager leurs ressources à une époque où les conditions de rentabilité ne sont pas garanties, vu l'absence d'industries productives dans la colonie. Ils sont intervenus dans des contextes et des périodes différents. Ce qui justifie qu'ils ne soient pas soumis à la même rigueur administrative au début de leur activité.

---

164 ANF, 200 Mi 1525, Lettre de M. Le Lieutenant-Gouverneur p.i du Sénégal à M. Le Gouverneur général de l'AOF, en date du 17 avril 1919.

165 ANF, 200 Mi 1525, Lettre du CA de la CES à M. Le Lieutenant-gouverneur du Sénégal, en date du 14 mars 1919 à Paris.

166 SOCIÉTÉ D'ÉTUDES COLONIALES DE BELGIQUE, « Les sociétés coloniales françaises (et autres) à la côte occidentale d'Afrique », *Recueil des sociétés coloniales et maritimes*, 1902, disponible à l'adresse : [http://www.entreprises-coloniales.fr/afrique-occidentale/Recueil_stes_1900-AOF.pdf], consulté le 15 juin 2015.

3.1. Hypolite VAUBOURG concessionnaire de Saint-Louis

Le tout premier entrepreneur de l'éclairage est Hypolyte Vaubourg, ingénieur d'origine française, né le 29 mai 1842[167]. Il a été chef de section dans le corps des ingénieurs du cadre auxiliaire des travaux publics recrutés par le ministère des Travaux publics sous le magistère de Freycinet, alors ministre des Travaux publics qui a lancé les grands chantiers de l'État en 1879[168]. Le recrutement de ce corps auxiliaire a pour but de renforcer celui des ingénieurs et conducteurs des travaux publics dont les effectifs ne suffisent pas à faire face à ce vaste chantier. Il démissionne de ses fonctions de chef de section le 1er décembre 1881. Il part travailler à l'isthme du Panama et postule pour un emploi au Tonkin ou Annam, selon une note du ministère des Affaires étrangères de 1887[169]. Nous n'avons pas d'informations sur le parcours qui le conduit à Saint-Louis du Sénégal. Mais au moment de signer sa concession pour l'éclairage de la ville de Saint-Louis, il a été mentionné dans les documents qu'il est domicilié à Bruyères dans les Vosges. Il faut rappeler le contexte de cette époque. La plupart des personnalités (maires et concessionnaires) étaient domiciliées en Métropole. Nous le verrons après pour le cas de Dakar.

L'intérêt de Vaubourg pour l'éclairage de la ville de Saint Louis date de l'année 1886 lors d'une conférence qu'il a tenue à l'École des demoiselles de la ville. Cette année-là, il a signifié sa préférence pour l'éclairage au gaz à la place de l'électricité, pour la ville de Saint-Louis. Quand il s'est engagé dans le projet d'éclairage de la ville, le coût[170] de l'énergie électrique est encore élevé. Il s'y ajoute qu'aucune force motrice naturelle sur place ne permet son application. Les lampes à arc ne sont, non plus, adaptées à l'éclairage des maisons. La durée des lampes à incandescence reste insuffisante. L'autre raison, c'est que l'année 1886 est considérée comme marquée par l'absence de progrès électrique. Il signe d'abord un traité d'éclairage au gaz avec la commune de Saint-Louis le 30 novembre 1886[171]. Une année après, le

---

[167] *Ibid.*

[168] Répertoire des ANF, Série F/14, p.39, Dossiers individuels du cadre auxiliaire des Travaux publics, disponible à l'adresse :[http://www.archivesnationales.culture.gouv.fr/chan/chan/fonds/edi/sm/sm_pdf/F14%20Cadre%20auxiliaire.pdf], consulté le 15 décembre 2015.

[169] *Ibid.*, p. 146.

[170] ANOM, Conférence de H. Vaubourg à Saint-Louis. *Op. cit.*

[171] Archives EDF, Cabinet EAC : Audit des Marchés Publics de la SENELEC pour la Gestion 2009.

15 décembre 1887, Vaubourg revient sur les mêmes lieux pour tenir une autre conférence, mais avec un changement de ton cette fois. Il change d'opinion. C'est assurément la disponibilité des filaments des lampes à incandescence, avec une durée de 7 à 800 heures qui a opéré ce changement. Il déclare sous le ton de l'ironie que cette découverte « ... *tuait le gaz. Disons-lui donc adieu ici et remercions le Conseil municipal de Saint-Louis....* »[172]. Désormais l'option électrique pour l'éclairage supplante celle au gaz. Et c'est l'introduction de l'électricité au Sénégal. Le premier client du projet d'éclairage électrique est la commune de Saint-Louis, éclairée effectivement en 1888. Vaubourg s'associe dans cette aventure, avec la Compagnie Maurel et Prom appartenant aux deux familles bordelaises Maurel et Prom. Les grands commerçants étaient impliqués dans toutes les affaires de la cité de Saint-Louis. Ils ont même contrôlé le conseil municipal dans ces périodes. Il arrive que l'administration prenne souvent des initiatives pour atténuer leur hégémonie en nommant des fonctionnaires à la tête du conseil municipal.

Il est intéressant de noter ici un partenariat entre un ingénieur porteur d'une technique et d'autres acteurs qui ont une culture commerçante. Dans cette entreprise l'ingénieur apporte son savoir technique et les commerçants, certainement le capital. Cette entreprise a très probablement eu une logique commerciale, plutôt qu'un objectif affirmé, de transférer une technologie. D'autant plus que, Saint-Louis jusque-là, abrite l'administration coloniale et tous les grands commerces de la colonie. Ce qui représente un terreau fertile pour toute entreprise qui cherche un profit et doit nécessairement compter sur une clientèle potentielle (édifices publics, éclairage public, maisons privées de la classe privilégiée locale). Voici quelques exemples de maisons de commerce qui sont implantées dans la ville de Saint-Louis et Rufisque[173] :

- Baynac (Richard) (Siège social : Saint-Louis). – Genre d'affaires : tous produits, vins.

- Delams et Clastres (Siège social : 11, cours d'Alsace-Lorraine, Bordeaux). – Genre d'affaires : tous produits. – Succursales : Saint-Louis, Rufisque.

[172] ANOM, Conférence de H. Vaubourg. *Op. cit.*
[173] Liste des entreprises disponible à l'adresse : [http://www.entreprises-coloniales.fr/afrique-occidentale/Recueil_stes_1900-AOF.pdf], consulté le 15 décembre 2015.

- Devès et Chaumet (Siège social : 11, rue Vauban, Bordeaux). – Genre d'affaires : tous produits. – Succursales : Saint-Louis, Rufisque.
- Maurel et Prom (Siège social : 8, rue d'Orléans, Bordeaux). – Succursales: Saint-Louis, Gorée, Dakar, Rufisque.
- Maurel Fr. (Siège social : cours de Courgues, Bordeaux,). – Succursales : Gorée, Dakar, Rufisque.
- Peyrissac (Ch.) et Cie. – Genre d'affaires : Huilerie. – Succursales : Saint-Louis, Dakar, Kayes.
- Rabaud et Cie (Siège social : 2, place Michel, Bordeaux). – Succursale : Saint-Louis.
- Vézia (Louis) (Siège social : Rufisque). – Genre d'affaires : exportation de graines d'arachides, vins.

L'entreprise de Vaubourg s'est aussi intéressée à la ville de Rufisque sur laquelle compte la colonie pour remplacer Saint-Louis dont la situation côtière ne milite pas en faveur de son extension. La ville de Rufisque abrite le plus important port à cette époque. Les grands commerçants et promoteurs industriels commencent à se déporter sur Rufisque, qui joue depuis plusieurs décennies un rôle important dans le commerce de l'arachide avec son port maritime. Rufisque dispose en ce temps d'infrastructures qui la prédestinent à un avenir radieux. Vaubourg y installe déjà une usine pour anticiper son expansion. Mais l'espoir entretenu est éphémère puisque Dakar va finir par lui ravir la vedette.

Pour service rendu à la colonie, par l'introduction d'un moyen moderne d'éclairage que constitue l'électricité, la Société d'Éclairage électrique du Sénégal fondée par H. Vaubourg a bénéficié d'exonération de droits de douane pendant un an[174]. Ce qui lui a permis d'assurer l'équipement en matériel électrique pour l'éclairage des villes de Saint-Louis et de Rufisque. Les équipements installés dans ces deux villes sont pour l'essentiel modestes et ne suffisent pas à supporter un programme d'industrialisation moyenne.

Sa nouvelle demande d'exonération pendant l'année 1889 n'a pas connu de réponse jusqu'à son décès survenu l'année même[175]. Ses associés et actionnaires (des grandes compagnies commerciales) Maurel

---

[174] « Conseil Général. Séance du Conseil Général du 11 décembre 1889 à Saint-Louis », *Sénégal et dépendances*. Sénégal (Saint-Louis), p. 81.
[175] *Ibid*,. p. 81.

et Prom, qui ont réitéré la demande d'exonération se sont vus opposés une fin de non-recevoir par un Conseil Général beaucoup plus soucieux de redresser la situation financière de la colonie.

Les archives sont presque muettes sur l'entreprise de H. Vaubourg qui est antérieure à la création du ministère des colonies. Le système colonial n'avait pas encore la même organisation que mettra plus tard en place le Gouvernement général de l'AOF. Celle-ci est beaucoup mieux structurée, à l'image d'un État, avec plus d'autonomie. C'est ce qui pourrait expliquer l'absence d'informations sur l'appel d'offres et de réglementation en matière d'électrification de Saint-Louis.

Aussi, le XXe siècle naissant va-t-il consacrer l'émergence d'une nouvelle ville. Avec un potentiel prometteur, Dakar attire tous les acteurs de l'économie de la colonie du Sénégal. Elle devient du coup la capitale de l'Afrique-Occidentale Française à partir de 1902 et a besoin par conséquent de tout l'outillage nécessaire à son érection en ville moderne. Le projet pour l'électrification de Dakar a provoqué une concurrence rude. Beaucoup de candidats ont postulé à l'appel à candidatures. Les deux arrivées en tête, Théodor Hubler et André de Traz avaient jeté toutes leurs forces dans la bataille jusqu'au verdict final, qui a consacré en définitive le dernier cité.

3.2. La rude concurrence pour la concession de Dakar et le « Jackpot » d'André De TRAZ

L'éclairage de la ville de Dakar n'a pas démarré avec l'électricité. Déjà en 1905, un traité de gré à gré avait été passé avec la Société des Comptoirs de Caland pour l'éclairage des rues de la ville à l'acétylène avec 100 lampes. Ce nombre a varié à 130 lampes en 1906. Ce système d'éclairage à l'acétylène a été arrêté en 1910 dès que l'usine d'électricité a été mise en service. C'est vingt ans, jour pour jour, après Saint-Louis, que Dakar, dont le rôle dans l'économie coloniale ne cesse de croitre, connaît sa première expérience d'électrification. Le projet d'électrification de Dakar a fait l'objet d'un appel à concurrence. Ce qui n'a pas été le cas de Saint-Louis. Nous sommes déjà au XXe siècle en pleine gestion de la colonie par le Gouvernement général de l'AOF. Celui-ci, à quelques exceptions près, épouse la forme d'organisation du gouvernement métropolitain de cette époque. Il lance des appels à candidatures à la concession d'éclairage électrique de Dakar.

Plusieurs promoteurs et sociétés ont participé à la compétition tels que[176] : la société de Théodore HUBLER, Directeur des Postes et Télégraphes, en retraite, Chevalier de la légion d'Honneur, représenté par l'ingénieur civil M. Payan Albert, qui a une grande expérience sur les installations de très grandes villes surtout en matière de tramway de Paris. Un autre concurrent, la société de Mr BAHR, qui est habitué aux coutumes du Sénégal. Cette société a une longue expérience et une administration bien structurée. Mr Bahr a été Directeur de l'exploitation du chemin de fer Dakar-Saint-Louis. D'autres sociétés se sont intéressées à la concession mais avec du retard, notamment : la société SOMOVICO (industriel métallurgiste qui avait son siège à Gorée Sénégal), et représente dans les colonies les intérêts de DION-BOUTON pour les automobiles qu'elle fabrique et les installations électriques. La Française électrique (Compagnie de Constructions électriques et de Traction), qui a élu siège au 99 Rue de Crimée Paris, a aussi proposé son offre aux autorités, le 11 février 1905. Elle voulait soumissionner pour le matériel électrique. La S. SYKES & CO., ENGINEERS AND MACHINERY IMPORTERS, basée à Johannesburg en Afrique du Sud s'est également manifestée le 19 mai 1905[177]. Et il y a aussi André De Traz, ingénieur des Arts et Manufactures domicilié au 19, rue Cambacérès Paris[178]. La commission a retenu deux concurrents, Théodore HUBLER et André de Traz. Leurs dossiers ont été examinés et délibérés en commission.

Un traité, relatif à la distribution de l'énergie électrique à Dakar, a été signé le 21 juin 1905 entre M. Camille GUY, Gouverneur des Colonies, Chevalier de la Légion d'Honneur, Lieutenant-Gouverneur du Sénégal, agissant pour la colonie du Sénégal et, par mandat spécial pour le Gouvernement général de l'Afrique-Occidentale Française et pour la Municipalité de Dakar d'une part, et d'autre part M. Th. HUBLER[179], Directeur des Postes et Télégraphes en retraite, Chevalier de la Légion d'Honneur, représenté par M. A. PAYAN, Ingénieur civil, suivant procuration enregistrée à Dakar le 20 juin

---

[176] ANF, 200mi 1525 et 1529, Rapport de la commission d'étude de la ville de Dakar, le 02 novembre 1904.

[177] *Ibid.*

[178] ANOM, TP, carton 771, Dossier 16, arrêté du Lieutenant-gouverneur du Sénégal du 25 octobre 1905 autorisant Mr HUBLER à occuper des terrains du domaine public pour ses installations d'exploitation.

[179] Conférer annexe n° 5.

1905, N° 685[180]. Ce traité a fait l'objet de délibéré le 24 Juin et approuvé en Conseil privé, en sa séance du 28 juin 1905. Sur la base de l'article 2 dudit traité et sur la proposition du Directeur des Travaux publics, le Lieutenant-Gouverneur a pris un arrêté le 25 octobre 1905, concédant le droit exclusif de la distribution et de vente, au moyen de conducteurs placés au-dessus et au-dessous des voies publiques de l'énergie électrique destinée à l'éclairage, au chauffage, au transport de force ou à toute autre de ses applications, dans l'étendue de l'agglomération urbaine, présente ou future de Dakar[181].

Mais plusieurs mois après la notification de l'approbation des traités de concession ci-dessus cités, à la date du 23 décembre 1905, et les décisions du 10 mai et 25 juin 1906, approuvant les projets des lignes de tramways, Mr HUBLER n'a ni démarré les travaux, ni constitué la Société anonyme qui devait se substituer à lui dans un délai d'un an, à dater de la notification de l'approbation des traités. Pour cela il a été mis en demeure, dans un délai de trois mois, à dater de la notification de l'arrêté N° 257 du Lieutenant-Gouverneurs Camille GUY, le 8 mars 1907[182]. La concession a été retirée à Mr HUBLER pour n'avoir pas honoré le contrat de concession.

C'est finalement le concurrent de Th. HUBLER, en l'occurrence André de Traz, ingénieur des Arts et Manufactures, qui a bénéficié de la concession de l'électrification de Dakar en 1909. L'arrivée de A. De Traz dans le secteur de l'électricité en Afrique, et notamment à Dakar, n'est pas fortuite. Les Traz ont une longue histoire dans la gestion de l'outillage économique colonial en Afrique. Ils se sont signalés dans la gestion des compagnies ferroviaires. L'oncle M. Édouard De Traz a été le premier président du Conseil d'administration de la Cie du chemin de fer Dakar–Saint-Louis, qui avait son siège social au 19 rue Cambacérès à Paris[183], la même adresse qu'utilise la Cie électrique du Sénégal d'A. De Traz. Les frères De Traz sont aussi présents dans la Compagnie Bône-Guelma en Tunisie à la fin du 19e siècle et début 20e. La Compagnie de Construction les Batignolles (SCB) s'est intéressée à la Compagnie Bône-Guelma[184] pendant

[180] *Ibid.*
[181] *Ibid.*
[182] ANF, 200mi 1525 et 1529, Rapport de la commission d'étude de la ville de Dakar, le 02 novembre 1904.
[183] Confère annexe n° 16.
[184] ANF, 159 AQ7, AGO de la Compagnie de Bône à Guelma, 20 juin 1901, disponible à l'adresse : [https://books.google.fr], consulté le 18 avril 2016.

longtemps. Et des personnalités comme Émile de Traz et Édouard de Traz ont eu à occuper des fonctions au sein du Conseil d'Administration. Ce dernier, Édouard de Taz, après avoir été administrateur délégué à l'exploitation, a assumé la fonction de président du conseil d'administration, qu'il a abandonné pour des raisons de santé. Il a été remplacé à ce poste par André de Traz, ingénieur de l'École centrale, (qui a aussi présidé la Compagnie Dakar-Saint-louis), pour une période de quatre ans[185].

L'arrêté pris en Conseil Privé du 19 octobre 1909 concède à A. De TRAZ le droit exclusif de la distribution d'énergie électrique dans la ville de Dakar[186]. Cet arrêté fait suite à une longue procédure consécutive à une demande qu'il a formulée afin d'apporter des modifications au contrat initial de la concession. C'est toujours l'épineuse question d'établissement d'une ligne de tramways dans la ville de Dakar, auquel De Traz ne semble pas souscrire, par ce que doutant de son opportunité et de sa rentabilité[187]. Il a failli frôler la déchéance comme son prédécesseur Th. Hubbler. L'administration coloniale n'entend pas enlever le projet de tramways de la concession d'électrification de Dakar. La possibilité d'une gestion en régie[188], a été même agitée, avec une gestion par la municipalité de Dakar. Mais la procédure n'est pas simple, alors qu'il y a urgence à électrifier Dakar. L'administration a fini par céder en acceptant le compromis. Un traité de concession est signé sans condition d'établissement d'une ligne de tramways.

Devenu concessionnaire de l'électrification de Dakar à la suite de la mise en demeure de Th. Hubler pour non-respect de contrat, A. De Traz s'attèle à la mise en place de la structure d'exploitation de cette concession. Le contrat mentionnant la substitution d'A. de Traz à une société anonyme pour la distribution de l'énergie électrique à Dakar a été adopté en conseil général, dans sa séance du 09 août 1909. Cette cession a été ratifiée en conseil privé dans sa séance du 19 octobre

---

[185] ANF, 159 AQ7, AGO de la Compagnie de Bône à Guelma, 29 mai 1909, disponible à l'adresse : [https://books.google.fr], consulté le 18 avril 2016.

[186] ANF, 200 Mi 1525, Lettre de transmission du Lieutenant-Gouverneur du Sénégal à Mr le Gouverneur de l'AOF, en date du 25 octobre 1909, adressée à A. De Traz, concessionnaire de la distribution de l'énergie électrique dans la ville de Dakar.

[187] Confère annexe n°16 et 17.

[188] Confère annexe n° 16. C'est le contexte de l'époque où les maires en AOF étaient nommés sans domicile fixes, comme des fonctionnaires métropolitains en mission dans les colonies.

1909. Ainsi est née la Compagnie d'Électricité du Sénégal (CES) dont la constitution définitive s'est faite le 12 janvier 1910[189]. De TRAZ est devenu le principal responsable et signe officiellement le contrat d'exploitation avec le Maire de Dakar M. Masson, lui-même résident à 3 Cours Pierre Puget à Marseille[190]. Le contrat leur a été envoyé en Métropole pour la signature[191]. A. De Traz installe sa première usine en 1910 à Bel-Air et, dès 1911, il y avait à Dakar 297 lampes électriques.

Depuis la progression suivante a été suivie[192] :

ANNÉES	NOMBRE DE LAMPES ÉLECTRIQUES	DÉPENSES D'ÉCLAIRAGE
1911	297	38.000
1914	363 dont 9 axiales.	45.000
1920	413 — 54 —	71.500
1925	431 — 155 —	248.500
1926	477 — 163 —	366.000
1927	620 — 186 —	548.000
1928	667 — 189 —	621.700
1929	673	711.800
1930	687	720.000

Source : http://www.entreprises-coloniales.fr/afrique-occidentale/Recueil_stes_1900-AOF.pdf

L'extension de cette installation s'amorce sous de bons auspices pendant trois ans et trouve, en plus de l'éclairage, d'autres applications telles que la force motrice pour la distribution de l'eau à Dakar, le refoulement des eaux d'assainissement en mer, les engins élévatoires du port de Dakar et les industries naissantes dans Dakar. Vu l'importance que prend le secteur de l'électricité au Sénégal, la nécessité d'établir des lois et règlements pour son utilisation a été une

[189] ANF, 200 Mi 1525, Lettre de Mr le Gouverneur des colonies, Lieutenant-gouverneur du Sénégal du 09 février 1910.
[190] Confère annexe n° 7.
[191] ANF, 200 Mi 1526, Lettre de Mr le Gouverneur des colonies, Lieutenant-gouverneur du Sénégal du 07 septembre 1909, adressée à Mr l'Inspecteur des Travaux publics.
[192] Voir liste des entreprises disponible à l'adresse :
[http://www.entreprises-coloniales.fr/afrique-occidentale/Recueil_stes_1900-AOF.pdf], consulté le 15 avril 2016.

préoccupation pour l'autorité coloniale. L'application de ces règlements a été à l'origine de plusieurs conflits entre les différents acteurs sur le terrain.

3.3. Les conflits d'acteurs à Dakar : une bataille d'ingénieurs

Si le commandement a été on ne peut plus clair, avec une autorité coloniale qui dicte sa loi sans équivoque, au niveau des exécutants, la confusion s'est souvent étalée au grand jour. La politique coloniale fondée sur le développement des infrastructures (chemin de fer, routes, édifices publics, etc.) s'est toujours reposée sur l'Inspection Générale des Travaux publics dont la création date de 1894, avant celle du gouvernement général. Devenue par excellence le bras technique du système colonial, elle est dirigée par un inspecteur ou un ingénieur en chef des Ponts et chaussées. L'organisation de cette administration porte en elle les germes de la confusion. Pour contrôler le secteur de l'électricité, l'inspection des travaux publics s'est appuyée sur ses services d'arrondissements dont le premier était à Saint-Louis et le second à Dakar. Ceux-ci sont animés par des ingénieurs qui ont des connaissances de base en électricité et ont pour mission de veiller au bon respect des traités signés par les entrepreneurs, qui sont le plus souvent des ingénieurs eux-mêmes, comme Hyppolite Vaubourg et André de Traz. La gestion des usines est confiée à d'autres managers ingénieurs. La hiérarchie semble mal définie, ce qui ne manque pas d'engendrer des confrontations entre ces différents acteurs. Cela provoque la plupart du temps des conflits, comme ceux notés entre les concessionnaires et les décideurs dans la formulation du projet d'électrification de Dakar[193].

La définition de la mission de service public qui est donnée aux réseaux de distribution de l'eau et d'électricité est en soi porteuse des germes de conflit. C'est au nom d'un tel principe que les autorités coloniales s'arrogent le droit et la mission de contrôler la marche de ces entreprises et d'en fixer même les tarifs de leur prestation. Le fait de délivrer la permission de voirie, essentielle à l'installation d'équipement de distribution de l'énergie électrique est en soi un élément fondateur du contrôle du secteur. Ceci est la suite de la législation française héritée par la colonie du Sénégal. L'administration

---

193 ANF, Lettre du gouverneur par intérim de la colonie du Sénégal à M. Le Gouverneur Général de l'AOF, le 15 juin 1908.

décide de tout, même de ce qu'elle n'a pas investi, comme ici le cas de l'électricité. Dans la colonie elle régente toutes les initiatives publiques et privées, en même temps qu'elle est la première cliente, des concessionnaires de l'électrification.

Il y a eu des points d'achoppement autour du projet d'éclairage de la ville de Dakar. Cette bataille « technique » est portée par les techniciens des deux côtés : l'administration coloniale à travers les services techniques et les entreprises électriques à travers leur direction. C'est au final une bataille d'ingénieurs, qui sont tous issus d'écoles de la Métropole. Ils sont nombreux à évoluer au Sénégal à cette époque, avec des statuts différents. La première catégorie est essentiellement composée d'ingénieurs des Travaux publics, affectés au Sénégal pour s'occuper de tout ce qui ressort des travaux publics, y compris le contrôle et le suivi du fonctionnement des installations électriques. La deuxième catégorie concerne les ingénieurs entrepreneurs de l'électrification et leurs représentants, qui sont pour la plupart des ingénieurs des Arts et Manufactures ou des ingénieurs civils.

La plus grosse confusion émane du rapport entre l'ingénieur, chef de service du port de commerce de Dakar et l'ingénieur, directeur de l'usine de la CES. Le service d'adduction d'eau de Dakar, qui est dirigé par le 2e arrondissement des Travaux publics, est placé sous l'administration de Mr l'Ingénieur, chef de service du port de commerce de Dakar, depuis le 1er janvier 1916. Il contrôle du coup le fonctionnement des usines élévatoires de Hann et de Mbao. Or la force motrice destinée au fonctionnement de ces usines est assurée par la centrale électrique de la CES, selon la police[194] annexée au traité de concession du 18 octobre 1909[195], et c'est la même compagnie qui s'occupe de l'entretien de ces usines selon traité du 18 avril 1916[196]. Par conséquent, le chef de service du port exerce un contrôle sur le service fourni par la centrale électrique. Ce dernier ne fait souvent pas de distinction entre le contrôle du service et le commandement de la direction de la CES. Cette situation révèle des problèmes d'interprétation des textes. Le directeur de la centrale pense que son rôle dans les stations de pompage se limite au maintien du rendement des pompes. Or la pression sur les conduites de refoulement, avant

[194] La police est un document fixant les conditions générales d'un contrat d'assurance.
[195] ANF, 200 Mi 1525, Fonds Ancien AOF, Série P.
[196] ANF, 200 Mi 1525, *op.cit.*

l'arrivée aux compteurs des réservoirs, est très forte, et caractérisée par de nombreuses prises d'eau : M'Bao, Camp de Thiaroye, Hann, Poudrières du Poutou, Blanchisserie centrale de Bel-Air, M. Marion, Cie de Charbonnage, Chemin de fer du D.S.L, Aviation, Arsenal. À cela s'ajoute la demande du port pour l'alimentation des navires en eau potable. Ce qui peut porter la demande globale journalière du service des Eaux de l'ordre de 4 000 m3[197]. Ce n'est sans conséquence sur la qualité de distribution de l'eau dans la ville de Dakar.

Mais les arguments du camp de l'administration tournent autour de l'insuffisance d'énergie fournie aux usines élévatoires pour le refoulement de l'eau. Et pourtant dans chacun des centres de captage (Hann et M'Bao) il existe des groupes de secours (des locomobiles), destinés à prévenir les délestages ou baisses de tension sur la ligne. Les baisses de pressions de l'eau entraînent de nombreuses réclamations de la population auprès du maire de la commune qui, à son tour, fait pression sur le service des eaux. C'est dans ces situations assez confuses que le chef de service du port dresse des rapports adressés à l'autorité. Il lui arrive de faire des injonctions au directeur de la CES et à ses subordonnés. Ce qui provoque de nombreuses tensions entre les deux responsables. Le directeur de la CES réfute l'autorité du chef de service du port.

On se trouve dans une situation où, d'une part, l'Ingénieur Directeur du chemin de fer Dakar Saint-Louis soutient, dans ce conflit, le Directeur de la CES, dont il est le conseiller déclaré, provoquant la colère du chef de service du port. Cette position se comprend d'autant plus que les Traz sont les maîtres de la Cie du chemin de fer DSL. D'autre part, la passivité du directeur de la CES face à la décision de l'Amiral Jaurès, Commandant de la Marine de Dakar, de réquisitionner la CES pour fournir, 12 kW jour et 18 kW nuit, au bâtiment de guerre le « Kléber » au détriment des usines élévatoires de Hann et Mbao[198], provoque la colère des autorités administratives contre lui. Alors que l'article 13, dernier alinéa du traité de concession préconise la fourniture d'électricité nécessaire pour assurer 2 000 m3 d'eau à Mbao et 1 500 m3 à Hann en supprimant proportionnellement l'éclairage, la distribution de force motrice et l'éclairage privé. D'ailleurs des dispositions du traité ont

---

[197] ANF 200 Mi 1525, Lettre du directeur de la CES à M le Lieutenant-gouverneur du 1er juillet 1919.

[198] ANF 200 Mi 1525, Fonds ancien AOF, Série P, Lettre du chef du service des TP à Mr le Directeur de la CES, du 24 mai 1917.

été modifiées par arrêté administratif du Gouverneur de colonie sur demande du directeur de la compagnie. L'Ingénieur, chef de Service des TP n'a pas pardonné au directeur de la CES son manque de réactivité et décide de lui faire appliquer les mesures dans toute leur rigueur comme l'illustre le contenu de la lettre qu'il lui a adressée le 24 mai 1919 :

> *« J'ai l'honneur de vous faire connaître que sur mon refus de vous accorder l'autorisation de servir l'électricité au "Kléber", refus basé sur l'insuffisance de votre production d'énergie à votre usine de Bel-Air, M. L'Amiral Jaurès usant de son pouvoir a réquisitionné votre Compagnie pour la fourniture jusqu'au 26 courant de 12 kW par jour et 18 kW par nuit………*
> *.. Vous auriez pu avoir le courage d'exposer aussi franchement que vous nous l'aviez fait cette situation précaire de votre usine à M. Le Commandant de la Marine à Dakar et certainement M. L'Amiral Jaurès n'aurait pas usé de son droit de réquisition...*
> *... j'ai l'honneur de vous informer que les idées de bienveillance que j'avais pu vous témoigner dans le cours de la commission du 6 avril n'existent plus et que je suis décidé d'accord avec l'Ingénieur-chef de service du 2e arrondissement à vous faire appliquer rigoureusement toutes les amendes encourues pour l'année 1916, et ensuite à faire contrôler très attentivement vos exploitations dans le but de réserver intégralement tous les droits de la colonie dans les divers contrats passés avec votre Compagnie. Signé Grimaud*[199]. »

Des conflits permanents qui montent sans cesse, amenant les autorités coloniales à se ranger du côté de leur agent, le chef de service du port, et à demander le départ du directeur d'usine de son poste. Le Conseil d'Administration de la CES n'a pas pu résister à la pression et a fait suite à la demande en limogeant son Directeur. Cette situation conflictuelle est une résultante du conflit mondial 14-18 qui a rendu difficile le début du processus d'électrification de Dakar. Une période caractérisée par des ruptures : rupture de combustibles pour l'alimentation de l'usine, rupture de matériel pour renouveler ses installations techniques et rupture de relations entre les autorités coloniales et la direction de la compagnie d'électricité de Dakar.

Pourtant, dès le démarrage de l'exploitation des installations électriques de la CES, les ambitions sont clairement affichées. La

---

[199] *Ibid.*

direction de l'usine opte pour accélérer la cadence en passant des marchés de gré à gré entre le 21 juin 1912 et le 15 octobre 1913. C'est ainsi qu'un groupe amortisseur avec station transformatrice destiné à actionner les trois grues électriques du Port de commerce de Dakar, a fait l'objet de commande. Ce matériel est pourtant prêt à être livré dans les ateliers du fournisseur. Il est malheureusement réquisitionné par le Gouvernement français par suite de déclaration de guerre. Une deuxième commande chez le même fournisseur (la Cie Houston) est également prête à être expédiée dans ses ateliers de Lille quand les Allemands envahissent cette ville. L'expédition des commandes bloquées en Métropole et destinées au Gouvernement général de l'AOF a donc été ajournée. En juillet 1914 la CES dispose d'un stock important de matériel de rechange alors que la guerre continue toujours. Ses fournisseurs qui sont en métropole ont été obligés de travailler pour la défense nationale. Le ministère du ravitaillement fait appliquer la mesure qui consiste à soumettre aux enquêtes, toutes nouvelles constructions ou installations neuves nécessitant l'utilisation de métaux, afin d'établir si elles présentent un intérêt immédiat pour la défense nationale[200]. Ces mesures sont élargies aux colonies. Ce qui les contraint à fournir avec énormément de retard le matériel de rechange de l'usine de production électrique de Dakar. Il arrive parfois de manquer carrément de matériel à fournir à la CES. Ce qui entraîne l'épuisement complet du stock qui a été constitué. Cette situation menace sérieusement le fonctionnement des installations techniques dû à un défaut d'entretien. Le 25 juillet 1914, la commande de matériel qui devait servir à l'extension de l'usine électrique n'a pu être expédiée à Dakar au mois d'août comme prévu. Le fournisseur principal, la Cie Thomson Houston se trouve à Lesquin-Les-Lille, une région envahie par l'ennemi allemand. La commande a été reprise en février 1915 après plusieurs pourparlers. On fait recours même au matériel anglais, contrairement au traité de concession de la fourniture d'électricité à Dakar qui stipulait que le matériel devait être exclusivement français. Les commandes arrivent incomplètes. Des tubes de chaudières commandées en juillet 1915 ont été réquisitionnés par la marine, au nom de la Défense nationale. Il arrive, dès fois, que les chaudières et le transformateur soient expédiés sans le turbo alternateur, la tuyauterie et même les techniciens chargés de monter ce

---

[200] ANF, 200 Mi 1525, Fonds ancien AOF, Série P, Télégramme du ministre des colonies à Mr le Gouverneur général AOF du 02 novembre 1917.

matériel. La situation se complique par manque de matériel de rechange. Conséquence, le surchauffeur est avarié et envoyé en réparation en France. L'alternateur est claqué et la tentative de le réparer avec des bobines sur place n'a pas connu de succès. L'envoi pour bobinage chez le constructeur comportait des risques de blocage car celui-ci est en zone envahie (Lesquin-les-Lille).

Un autre problème se pose, lié à la rupture de l'arbre manivelle de la machine n° 1. Le remontage et l'ajustage de l'arbre de rechange ont été rattrapés par l'urgence de réparation des chaudières dont les tubes venaient de crever. Pour parer au plus pressé, la méthode consiste à prendre des pièces d'une unité et de les installer au fur et à mesure sur les deux autres selon les besoins. Au final, la guerre compromet fortement la production et la fourniture d'électricité pour l'éclairage et la force motrice dans la ville de Dakar. La défense nationale se trouve menacée par la défaillance de l'usine électrique qui ne parvenait plus à assurer la fourniture en eau du port où se ravitaillent les bâtiments de guerre de la marine nationale. Ce qui a été attesté par la lettre de Mr l'Inspecteur général des Travaux publics de la colonie, adressée à Mr le Président du Conseil d'Administration de la Compagnie en date du 22 janvier 1917[201].

Les usines élévatoires de Hann et de Mbao ont connu des vicissitudes liées à des pannes fréquentes de matériels électriques de l'usine de production de Bel-Air qui leur fournit la force motrice[202]. Des mesures sont prises à plusieurs reprises pour limiter la fourniture d'eau dans la ville de Dakar. Mais la fourniture d'eau avec une usine qui menace de fermer doit passer par une réduction drastique de la consommation de l'éclairage public, du port de commerce, des hôtels, des restaurants, des cafés et autres établissements publics. Même l'extension du réseau préconisée en 1917 avec la prolongation de la ligne haute tension de Mbao jusqu'à Rufisque et qui s'est traduite par la commande de 4 500 kg de fil de cuivre n'a pas reçu le visa du ministre des colonies, parce que cette commande n'a pas justifié son intérêt pour la Défense nationale. S'en est suivi un véritable exercice d'argumentation pour tenter de faire autoriser les commandes. L'administration locale et le concessionnaire tentent le tout pour le tout de justifier l'intérêt pour la Défense nationale de ces commandes.

[201] ANF 200 Mi 1525, Fonds anciens AOF, Série P 456, B.144.

[202] DIEDHIOU S., « Les usines élévatoires du Sénégal entre 1898 et 1920 », é-Phaistos, vol. IV, n° 2, oct. 2015, p. 54-59.

Ils tentent d'établir un rapport entre l'usine de décorticage d'arachides de la Société Industrielle du Sénégal, qui a valu le projet d'extension de la ligne haute tension de Mbao vers Rufisque sur 10 km, et la Défense nationale. Même exercice pour établir un rapport entre le renforcement de puissance à Dakar, pour les usines élévatoires d'eau de Hann et Mbao, et la Défense nationale. L'accumulation des difficultés a fini par mettre sur la table la question de la tarification afin d'éviter le dépôt de bilan de la CES. D'autant plus que le combustible a atteint un niveau de prix insupportable pour la Compagnie.

3.4. L'amorce d'une gestion unifiée

En 1925, un changement intervient à Saint-Louis, la Compagnie africaine d'Électricité (CAE) remplace les Établissements Carpot dans la fourniture d'électricité à la ville. En 1927, les huileries implantées dans des villes de l'intérieur de la colonie, en l'occurrence la Société électrique et industrielle du Baol (SEIB) et la Société électrique et industrielle de la Casamance (SEIC), commencent à assurer respectivement la production et la distribution de l'énergie électrique dans les villes de Diourbel et de Ziguinchor.

En 1929 le total des puissances installées au Sénégal a atteint 2 500 kW pour une fourniture d'énergie de 3 500 000 kWh. C'est dans la même année que la Compagnie des Eaux et Électricités de l'Ouest africain (EEOA) a été créée. Elle fusionne les deux principales compagnies qui existent au Sénégal : la Compagnie africaine d'Électricité de Saint-Louis et la Compagnie d'Électricité du Sénégal de Dakar. L'EEOA arrive avec une vision plus ambitieuse. Elle installe deux nouveaux groupes vapeur avec chaudières à vapeur (2 turbo-alternateurs de 1 250 kW à la centrale de Bel-Air). Elle s'essaie déjà à un embryon de réseau inter urbain en établissant une ligne de 30 kV pour alimenter la ville de Rufisque et les ateliers des chemins de fer à Thiès, sur une distance de 70 Km, où un groupe de secours de 300 kW est installé pour parer aux interruptions accidentelles de la ligne.

Premier réseau interurbain Dakar-Thiès[203]

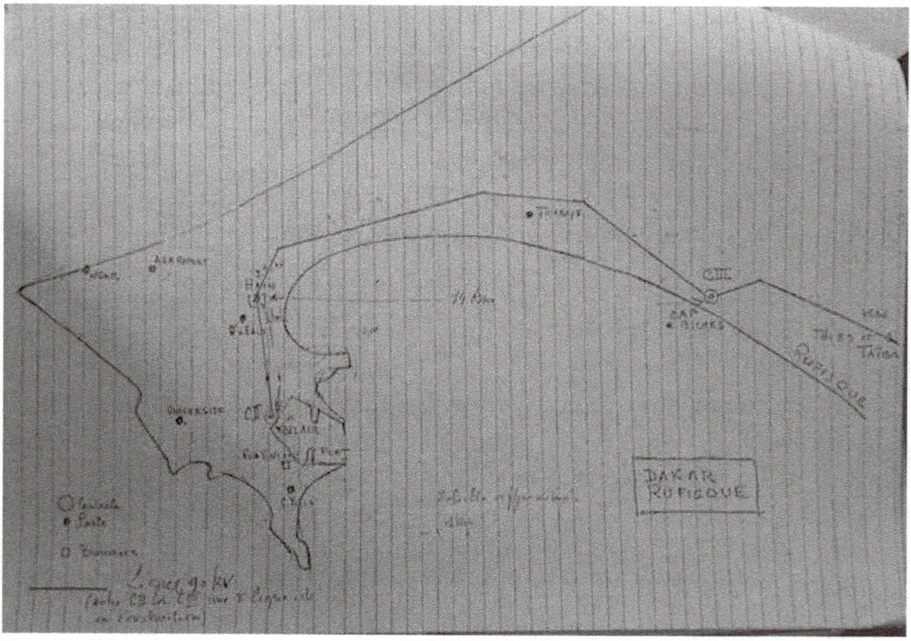

Sources : croquis du réseau. n/d.

En juillet 1930 c'est l'ensemble de ces nouvelles installations qui a été mis en service. Et la courbe progresse, puisqu'en 1939, la puissance installée atteint les 5 500 kW qui fournissent 7.000.000 kWh soit le double de la production de 1929. Contrairement à la Guerre 14-18, le déclenchement de la Seconde Guerre mondiale n'a pas infléchi la courbe de la production. Elle a au contraire boosté l'industrialisation du Sénégal, puisque de 1940 à 1945, certaines industries européennes se sont repliées sur le sol sénégalais. Ce qui amène la Compagnie EEOA à installer 3 nouveaux groupes à vapeur de 3 000 kW à la centrale de Bel-Air. La consommation double passant de 7.000.000 à 14 000.000 kWh. Après la Guerre, la courbe continue de monter, atteignant le taux des 15 % par an. De 1945 à 1952 la puissance atteint les 10 000 kW avec une production de 37.000.000 kWh dont 85 % entre Dakar et Thiès. L'environnement économique est tellement

[203] ANOM, Carton 20.256, 1958-1959, Revue Industrie et Travaux d'Outre-mer : « L'électricité en Afrique, Sénégal », novembre 1967, p. 984.

favorable pour prévoir l'accroissement des demandes en énergies électriques. Pourtant, à l'heure des indépendances on a cru à un moment que le développement d'autres cités portuaires allait impacter négativement sur la croissance des industries sénégalaises. Ce qui conduirait à la réduction de la consommation électrique des entreprises. Heureusement que des facteurs favorables ajoutés à de nouvelles activités liées à l'intensification de l'exploitation des ressources marines (conserverie de thon), d'élevage (conserverie de viande), agricoles (légumes), du sous-sol (ciment et phosphates), et un développement social favorable ont fait maintenir la consommation électrique à des niveaux élevés[204]. Ainsi la décision a été prise d'établir la Centrale II de Bel-Air qui a été équipée entre 1953 et 1961 de 5 chaudières à fuel de 50 t/h qui sont destinées à alimenter 4 groupes turbo-alternateur de 12 800 kW. En 1961 la puissance installée dans les deux centrales de Bel-Air a atteint 62 700 kW. Ces centrales fournissent en 1954, 60 854 000 kWh, et dix ans après, en 1964 elles atteignent les 223 millions 885 600 kWh[205], 234 millions en 1965, 257 millions en 1966 et une prévision de 278 millions en 1967.

La répartition de l'usage de la puissance[206] :

UTILISATION

	1963	1964	1965	[illegible]
Nombre d'abonnés	68 520	69 989	74 249	[illegible]
Ventes d'énergie (en millions de kilowatts/heure)				
— éclairage	24.4	25.6	26	[illegible]
— domestique	22.2	24.9	25.1	[illegible]
— F.M. - B.T.	12.1	13	11.8	[illegible]
— H.T.	114.2	130.6	138.2	[illegible]

[204] *Ibid.*, p. 984
[205] *Id.*
[206] *Ibid.*, p. 985.

Les prévisions toujours prometteuses de développement entraînent de nouvelles prévisions de demandes d'énergie ; et c'est dans ce contexte favorable qu'il a été décidé d'implanter une nouvelle centrale au Cap-des-Biches. Le réseautage du Sénégal part ainsi de Dakar pour trouver une sorte de Hub à Thiès d'où démarre un début de maillage du territoire. Une ligne de 90 kV dessert Thiès qui développe une zone industrielle, mais surtout par la demande particulière des Phosphates de Taïba qui a nécessité la prolongation de cette ligne HT jusqu'au lieu d'exploitation du centre minier. Puis, le réseau suit les axes commerciaux de collecte d'arachides, dans les escales en suivant les routes Dakar–Saint-Louis et Dakar-Kaolack[207]. Déjà au 31 décembre 1967 il y avait :

- 105 km de ligne 90 kV avec une capacité de transport de 30 000 KVA entre Dakar et Thiès et 20 000 KVA de Thiès à Darou Khoudoss qui est le poste d'alimentation de Taïba.
- 829 km de lignes à 30 kV
- 02 lignes Dakar-Thiès
- 01 ligne Thiès–Saint-Louis
- 01 ligne Thiès-Kaolack par Diourbel
- 01 ligne Thiès-Kaolack par M'Bour
- 03 antennes principales : Sébikotane-Kayar ; Diourbel-Touba-Dinndi ; M'Bour-Joal.
- 249 km de lignes 6,6 kV dont 211 à Dakar.
- 1 020 km de lignes à basse tension, dont 402 à Dakar.

[207] *Id.*

Tableau évolution longueur des lignes[208]

Evolution de la longueur des lignes

	1963	1964	1965	1966	1967
90 kV	105	105	105	105	105
30 kV	717	802	819	824	829
6,6 kV	226	242	250	251	249
basse tension	848	901	979	1 000	1 020

L'évolution de la consommation d'énergie électrique entre 1960 et 1967, se présente de la manière suivante, compte non tenu de celle de la Compagnie sénégalaise des phosphates de Taïba qui représente à elle seule 30 % de la consommation totale.

Tableau prévisionnel d'évolution de la consommation d'énergie électrique 1960-1967[209]

		1960	1961	1962	1963	1964	1965	1966	1967	1968
I Basse Tension										
. Eclairage	x	19	21	23	24	26	26	26	27	
. Appareils ménagers	x	16	18	20	22	25	25	28	30	
. Force motrice BT	x	10	10	11	12	13	12	12	13	
Total	xx	45	49	54	58	64	63	66	70	
II Haute Tension	xx	65	71	75	77	83	81	91	97	
III Consommation totale	xx	110	120	129	135	147	144	157	167	170 (1)

(1) provisoire

---

[208] *Ibid.*, p. 985

[209] *Ibid.*, p. 986.

Le taux de croissance moyen annuel avoisine les 5,6 % sur toute cette période avec des variations de 7,5 % annuels pour la période allant de 1960-1964 et 3,7 % pour la période de 1964-1968. L'année 1965 reste une exception. Elle a connu une forte baisse de consommation due au départ des forces françaises du Cap-Vert. Le secteur des appareils ménagers est le plus dynamique dans les pays africains, lié à la climatisation. D'autre part l'extension de l'électrification dans des zones d'habitat défavorisées explique la hausse de consommation de l'éclairage. La baisse moyenne de consommation des abonnés peut s'expliquer par l'équipement sommaire des logements. Il y a une faible croissance en force motrice basse tension qui est imputable au désengagement progressif de l'administration dans ce secteur. La modeste consommation en haute tension peut s'expliquer par une faible dynamique des activités industrielles et tertiaires implantées dans la presqu'île du Cap-Vert et qui constituent l'essentiel des abonnés du secteur.

Carte du réseau haute tension[210]

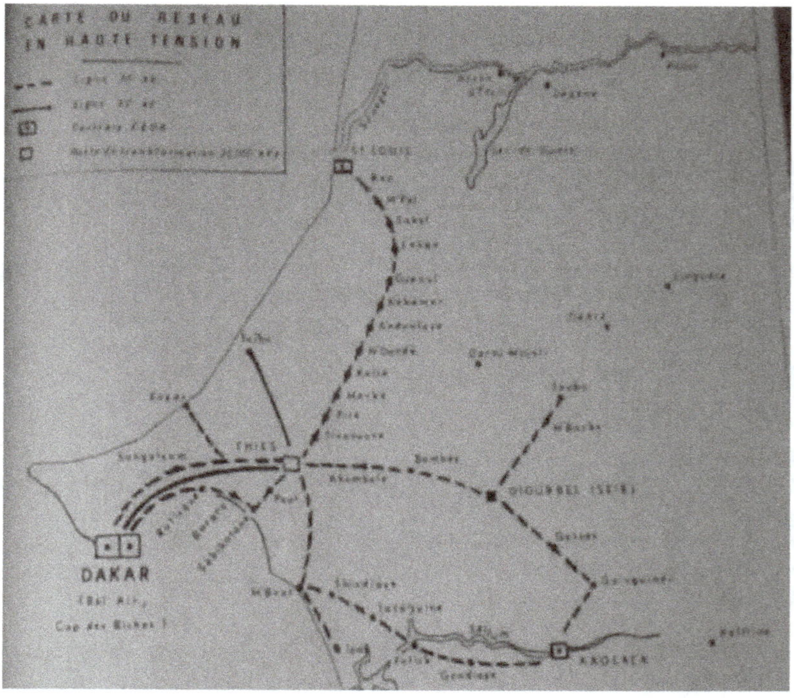

[210] *Ibid.*, p. 986.

Avec la « sénégalisation » virtuelle du secteur intervenue en 1972, la nouvelle société d'investissement, EDS, poursuit le programme de renforcement des moyens de distribution engagé par l'ancien concessionnaire EEOA, qui porte sur la réalimentation du réseau du Cap-Vert par une boucle de câbles souterrains à 30 000 volts et l'installation de sous-stations 30 000/6.600 volts, le réaménagement du réseau moyenne tension de Rufisque et la modernisation du réseau alimentant la zone industrielle et la zone franche. En même temps que la deuxième unité de 30 mégawatt de la centrale du Cap des Biches est en travaux, EDS engage la commande, en 1974, de la troisième unité de même puissance dont la mise en service est prévue pour l'année 1975[211]. Elle va alimenter un réseau général d'une puissance installée de 165 mégawatt lui permettant de faire face à une demande en rapide évolution. Ce dispositif est accompagné d'une ligne HT de 90 KV reliant la centrale de Cap des Biches à la sous-station de Hann qui est destinée à alimenter un réseau souterrain de 30.000 volts ceinturant l'agglomération dakaroise. Au vu de cette trajectoire de l'électrification du Sénégal, on se rend compte que celle-ci relève tout bonnement d'une histoire entre la Métropole et sa colonie. Que le besoin de confort et de progrès qui a animé les métropolitains a aussi suscité l'envie chez les expatriés en mission ou à la recherche de profit dans la colonie. Cette situation qui a créé la demande a fait le bonheur de promoteurs de l'électrification qui en ont trouvé une bonne opportunité d'affaire. Car le début de l'électricité au Sénégal a été bien l'œuvre d'individus isolés, comme André De Traz, ou en partenariat avec d'autres milieux d'affaires présents dans la colonie, comme H. Vaubourg.

Ce qui est assez caractéristique dans cette histoire d'électrification, c'est le cordon ombilical difficile à rompre entre la Métropole et sa colonie. Les moyens de production, les intrants, les techniciens, tous viennent de la Métropole. La Première Guerre mondiale qui a tenté de rompre ce cordon, a failli du coup interrompre un processus de modernisation de la colonie. Heureusement qu'après la tempête les choses ont repris de plus belle jusqu'à l'arrivée sur le terrain de nouveaux acteurs plus puissants qui reposent sur une base solide métropolitaine qui leur a permis de traverser la Seconde Guerre mondiale sans coup férir. Les bases de développement de l'électrification du Sénégal sont désormais jetées avec le début du réseautage du secteur.

---

[211] ANS, *Courantss*, 3e trimestre, 1976, p. 4.

Mais l'importance de l'énergie électrique réside dans ses applications au service du développement de l'humanité.

C. L'électricité et ses applications : une évolution liée à la demande sociale

1. L'application à la distribution de l'eau

L'électrification, l'eau pour l'alimentation des grandes villes, le chemin de fer pour les transports de longues distances des personnes et des marchandises constituent les grands chantiers coloniaux au XVIIIe et début du XIXe siècle. Si l'application de l'électricité à l'adduction d'eau n'a pas connu de difficultés insurmontables, il n'en a pas été de même pour le transport sur rail.

La situation maritime de la ville de Dakar rend son service de distribution d'eau plus complexe. Trouver une réserve naturelle d'eau douce pouvant alimenter la ville toute l'année était une gageure. Deux bassins d'une contenance totale de 3 600 m3 sont construits près des quais du port pour emmagasiner les eaux pluviales. Ces bassins sont alimentés par des galeries filtrantes construites dans la partie nord de la ville où les eaux pluviales recueillies suivent une pente naturelle jusqu'aux citernes qui les mettent à l'abri de l'évaporation[212]. Mais elles sont loin de couvrir les besoins de la population en saison sèche. Pour augmenter la capacité de fourniture d'eau, un bassin captant a été creusé près de Hann fournissant 30 m3/24H[213]. Les dunes sablonneuses de Hann constituent un réservoir important alimenté par les eaux de pluie. Des galeries filtrantes en maçonnerie y ont été aménagées avec des radiés en béton pour capter les eaux nécessaires à l'alimentation de Dakar. Mais cela n'a pas suffi, et finalement une usine élévatoire a été construite à Hann en 1898 près des galeries filtrantes pour refouler les eaux captées dans les réservoirs d'une contenance de 2000 m3. Elle fonctionnait au début avec un moteur à pétrole. En 1900, elle comprenait deux machines à vapeur avec chacune sa chaudière et ses pompes élévatoires fonctionnant séparément avec une capacité de refoulement de 100 m3/24H. La partie mécanique a été adjugée à

---

[212] DIEDHIOU S., *op. cit.*, p. 54.
[213] *Ibid.*, p. 54.

MM. Piguet & Cie de Lyon[214], le créateur de la machine à vapeur ci-dessous.

La machine de Piguet[215]

Figure 76 : 1977 - LA MACHINE PIGUET N°135 A L'ARRET

Source : http://florent.laroche.free.fr/recherche/publis-SPI/IFTOMM2007_F.Laroche+BIS_V5.pdf

[214] LAROCHE F., Contribution à la sauvegarde des objets techniques anciens par l'Archéologie industrielle avancée. Proposition d'un modèle d'information de référence muséologique et d'une méthode interdisciplinaire pour la capitalisation des connaissances du patrimoine technique et industriel, Thèse : Génie Mécanique : Nantes : École centrale de Nantes, 2007, 447 p., 2 volumes, disponible à l'adresse : [http://florent.laroche.free.fr/recherche/publis-SPI/IFTOMM2007_F.Laroche+BIS_V5.pdf], consulté le 20 mai 2015.

[215] *Ibid.*, p. 183.

Si l'électrification de Saint-Louis, intervenue en 1887, n'a pas été mise au service des usines élévatoires de Korr et de Makhana, dont les gros marchés d'équipement sont lancés à la même époque, la première concession de Dakar n'a pas aussi tenu compte, dans un premier temps, de l'usage de l'énergie électrique pour les usines élévatoires de Hann et Mbao. Il a fallu un deuxième avenant, à la concession d'éclairage public de Dakar, stipulant expressément la fourniture à Hann et Mbao de l'énergie électrique nécessaire au refoulement de l'eau d'alimentation de la ville, approuvé le 19 octobre 1909[216], pour que le minimum de puissance garantie pour la fourniture de courant aux usines élévatoires soit porté à 300 000 kWh.

L'exploitation des usines fait l'objet d'un traité passé le 24 décembre 1915 entre la CES et le Gouverneur du Sénégal, une exploitation bien encadrée. Ce qui a rendu possible son extension. L'usine de Hann est dotée de puits et galeries avec une mécanique composée de 12 pompes centrifuges verticales types M.60/175 à 1 disque. L'Usine de refoulement dispose de 2 pompes centrifuges horizontales HP. 150/300M. Il a fallu doter cette usine de refoulement d'un équipement électrique composé de 12 moteurs électriques verticaux de 1,5 HP. 110V. 1 500 T pour les puits et galeries ; 12 transformateurs triphasés 440/110V. 2KVA ; 12 disjoncteurs à maxima et minima ; 12 interrupteurs tripolaires avec flotteurs. L'Usine de refoulement dispose de 2 moteurs horizontaux 30 HP. 2 transformateurs 6 600/440 V de 45 kVA. L'établissement de lignes haute tension pour la fourniture de la station en électricité a entraîné la réalisation d'un certain nombre de bâtiments pour son bon fonctionnement. Pour les puits et galeries, 12 petits postes ont été construits, et d'un bâtiment pour les usines de refoulement[217]. Le nouveau centre de captage d'eau a été créé en 1913 à Mbao. De nouveaux puits ont été créés augmentant la quantité à 3 000 m3/J d'eau refoulée. L'équipement mécanique comprend pour les puits : 12 pompes centrifuges verticales multicellulaires types HP 70/175 à deux disques identiques à Hann. Au niveau de l'usine de refoulement : 3 pompes centrifuges horizontales HP 175/300 à deux disques.

Pour le matériel électrique au niveau des puits et galeries c'est pareil que Hann. Au niveau de l'usine de refoulement il y a 2 transformateurs de 70 KVA. Le tableau de commande est équipé de

[216] ANF, Fonds anciens, AOF, Série P, P457, Bobine 145.
[217] *Ibid.*

3 moteurs 30 HP. Comme à Hann, les bâtiments pour le fonctionnement de la station de Mbao pour l'alimentation électrique sont composés de : 12 petits postes pour puits et galeries et d'un bâtiment pour l'usine de refoulement.

Les difficultés de fonctionnement des pompes des usines élévatoires sont liées aux difficultés de recrutement du personnel, à l'impossibilité d'avoir du matériel de rechange, à l'ensablement des pompes en mois de sécheresse entraînant leur révision qui occasionnent des arrêts pendant cette période. L'usure du matériel entraîne des coûts de réparation par suite de l'ensablement des galeries et puits et par la teneur en sel de l'eau du centre de Hann.

Le personnel a été affecté par la grippe espagnole en 1918, 38 agents touchés. L'épidémie a entraîné l'établissement d'un cordon sanitaire au km16 posant des problèmes de mobilité des agents d'entretien par suite de suppression des arrêts de trains à Mbao et à Hann. Cette situation cause des difficultés dans la surveillance et le transport du matériel de rechange. Les commandes faites pour les usines élévatoires concernent des transformateurs et motopompes. La CES a cédé, pour le centre de captation d'eau de Mbao, une usine de secours d'un groupe à vapeur, de chaudière, de courroies, d'alternateur et son excitatrice et le tableau en bon état. Ceci afin d'assurer le pompage en cas d'accident grave à l'usine de Bel-Air (par exemple à la suite d'incendie ou de foudre). L'extension de l'usine dont la commande a été passée le 25 juillet 1914 a connu des blocages, liés à la guerre (14-18), car les usines du fournisseur de la Compagnie d'Électricité du Sénégal sont à Lesquin-les-Lille dans la région envahie par les Allemands. Ce qui fait que le matériel commandé soit arrivé à Dakar incomplet. En conséquence la distribution de l'eau au niveau des usines de Hann et de Mbao a été fortement perturbée. Cependant l'usine à vapeur installée auparavant à Hann peut servir de secours en cas de besoin à hauteur de 1.800 m3.

Jusqu'en 1968, l'économie électrique au Sénégal se caractérisait par la concentration quasi totale des moyens de production dans la presqu'île du Cap-Vert, et par la faible importance de la consommation en dehors de Dakar et de sa proche région (mise à part celle de la Compagnie sénégalaise des phosphates de Taïba qui est un cas particulier). C'est la Compagnie EEOA, concessionnaire privée, qui assure de très loin la plus grande part de la production et de la distribution du territoire, à l'exception de deux secteurs strictement localisés (concessions communales de Diourbel et de Ziguinchor). Le

24 août 1968, la République du Sénégal a signé une convention avec EDF afin d'étudier les perspectives d'évolution de la demande de puissance et d'énergie de la vallée du fleuve Sénégal, appelée à jouer un rôle principal dans le développement du pays. Cette étude porte d'une part sur le programme d'adduction d'eau du lac de Guiers à Dakar, d'autre part aux perspectives d'aménagements agro-industriels de la basse vallée et au développement qui devrait en résulter pour les centres urbains directement ou indirectement concernés.

Alimenter Dakar en eau reste toujours un casse-tête pour les autorités depuis le temps colonial en raison de la forte croissance démographique et de la position péninsulaire de la ville. Depuis 1930, l'accroissement moyen des besoins en eau de la presqu'île du Cap Vert a été de 8 % par an, avec une accélération au cours des dix dernières années. Les besoins de la ville dans les années 1970 sont de l'ordre de 80 000 m3/jour mais loin de satisfaire la demande à cause de l'insuffisance des ressources estimées à 70 000 m3 provenant de quatre nappes sous terraines, dont la plus éloignée, celle des calcaires de Poub, n'est que partiellement exploitée. Et si l'on parvenait à exploiter complètement les réserves de Poub, la nappe peut fournir entre 80 000 et 100 000 m3/jour. Mais le problème de l'assèchement des zones cultivées va se poser. Ainsi, pour satisfaire à long terme les besoins de complément, le gouvernement du Sénégal va adopter la solution dite du « Lac de Guiers », qui consiste à exploiter l'eau de cet immense réservoir naturel alimenté chaque année par la crue du fleuve Sénégal. Le problème posé par cette solution est celui de la distance, puisque le site de la prise d'eau, qui doit s'effectuer à N'Gnith sur la rive gauche du lac, est à 250 km de Dakar. L'énergie sollicitée pour le refoulement des eaux du lac vers la presqu'île du Cap-Vert, est de ce fait très importante. Trois phases sont prévues pour réaliser ce programme : la première phase du 30 novembre 1968 à février 1971, la seconde phase prévue en 1978 et la troisième phase aux environs de 1985.[218]

---

[218] AEDF, Boîte 801277.

Projet d'adduction d'eau Lac de Guiers-Dakar[219]

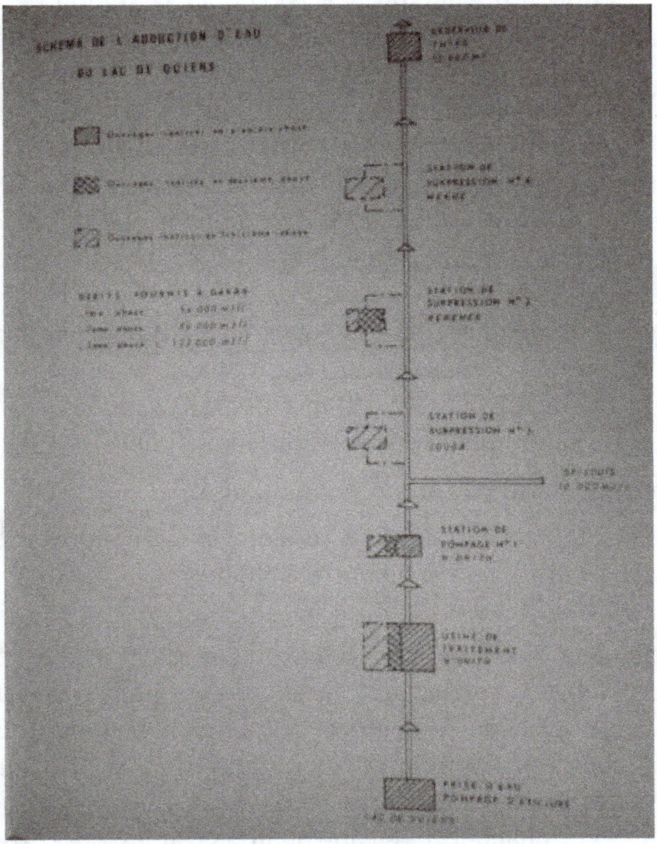

La conception de ce projet prévoit une autonomie complète de fonctionnement pour les installations électriques nécessaires aux pompages. Pour la première phase, il a été prévu un débit maximum de pompage de 70 000 m3/jour pour un refoulement de 10 000 m3/jour vers Saint-Louis, un refoulement de 50 000 m3/jour vers le réservoir de Thiès comme l'indique le schéma ci-dessus. À N'Gnith une centrale électrique pouvant faire face à l'alimentation de toutes les machines et appareils électriques entrant dans la station de pompage d'exhaure à la prise d'eau et dans l'usine de traitement ; cette centrale est prévue dès l'origine pour abriter trois groupes électrogènes Diesel

[219] *Ibid.*

identiques, capables de fournir sur le site une puissance unitaire de 600 ch, l'un des groupes restant en secours. En première phase la centrale alimentera 3 moteurs électriques des groupes électropompes d'exhaure à la prise d'eau, soit 3 x 100 ch, et la station de traitement (4 x 100 ch). Si l'on prend en compte la station de pompage qui refoulera l'eau filtrée et stérilisée de N'Gnith à Saint-Louis qui nécessite trois groupes d'une puissance unitaire de 1 200 ch pouvant fonctionner en parallèle, plus un groupe de secours, la puissance appelée pour le maximum du débit demandé correspond à 500 kW à la centrale et à 2 400 kW à la station de pompage. Le débit fournit par chaque pompe (1000 m3/h) donne 8 000 heures par an, correspondant à une puissance de 23 millions de kWh.

Pour la deuxième phase, la puissance appelée pour le maximum de débit est de :

- N'Gnith, centrale 700 kW, station pompage 3 200 kW.
- Kébémer, station de surpression 3 200 kW.
- La consommation d'énergie va s'élever à 31 millions kWh pour N'Gnith et à 26 millions kWh pour Kébémer.

Concernant la troisième phase, en plus de la centrale de N'Gnith qui utilisera toute sa puissance, la station de pompage refoulera le débit demandé avec deux pompes supplémentaires de 1 200 ch, la station de Kébémer comportera deux groupes de plus ; il y aura surtout deux nouvelles stations de surpression dont l'une sera à Louga et l'autre à Mekhé, chacune exigeant quatre groupes de 1 200 ch pour répondre à la demande de refoulement de l'eau.

La puissance appelée en troisième phase sera de[220] :

- N'Gnith centrale.................................900 kW
- Station de pompage.......................4 800 kW
- Kébémer station de surpression...........4 800 kW
- Louga station de surpression................4 800 kW
- Mékhé station de surpression..............4 800 kW

[220] *Ibid.*

La consommation d'énergie s'élèvera à :

- N'Gnith..............................46 millions de kW
- Kébémer..............................38 millions de kW
- Louga................................38 millions de kW
- Mékhé................................38 millions de kW

2. La nécessité des pompages dans le delta du fleuve Sénégal

L'aménagement du delta du Sénégal a été conçu à l'origine, pour utiliser au mieux les possibilités naturelles de la crue du fleuve. Mais cette crue est irrégulière et ne se passe pas tous les ans. Cette crue intervient potentiellement 8 années sur 10. Compte tenu de tout cela, et pour ne pas céder au découragement des populations nouvellement installées dans cette zone pour la culture, le recours au pompage en années sèches pour l'ensemble du périmètre rizicultivable a été retenu. Depuis 1969, trois stations ont été implantées à Ronq, Diaouar et Thiagar pour alimenter les cuvettes déjà cultivées ou en cours d'aménagement. D'autres stations seront implantées au fur et masure de l'extension des cultures, Debi et Dagana entre 1971 et 1975, et sur la cuvette du Djoudj entre 1975 et 1985.

Les puissances nécessaires au pompage sont :

- Ronq : 1 200 à 1 400 ch à répartir en six groupes de 200 ch + un groupe de secours pour alimenter 7 000 hectares le long du marigot Gorom-Lampsar.
- Diaouar : 300 à 400 ch à répartir en trois groupes de 100 ch + un groupe de secours pour alimenter 2 500 hectares de la cuvette de Boundoum Nord.
- Thiagar : 200 ch environ pour alimenter 1 700 hectares de la cuvette Djeuleuss.

La station de Debi aura la même capacité que celle de Thiagar, et la station de Dagana aura la même puissance que celle de Diaouar. En fin il est prévu pour les stations de Djoudj des puissances comprises entre 1 200 et 1 400 ch dans la première étape (1975 et 1980), et entre 2 400 et 2 800 ch dans une seconde étape (après 1980).

Concernant la consommation d'énergie des pompages du delta, par exemple, la puissance appelée de la station de Ronq peut consommer en année sèche sur 40 jours 730 000 kWh. L'autre station de consommation d'énergie concerne le casier agro-industriel de Richard-Toll et l'extension du Diovol. L'eau est pompée directement des réserves du lac de Guiers, par une station située à Richard-Toll au bord du « canal Taouey » qui relie le fleuve au lac. En tête de la Taouey, un pont-barrage ouvert de juillet à novembre laisse passer les eaux de la crue du Sénégal qui vont ainsi alimenter le lac de Guiers et en font un réservoir naturel (qui alimente Dakar), pour l'irrigation des terres. Le casier de Richard-Toll comporte :

- 100 km de canaux principaux.
- 500 km de petits canaux
- 1 400 vannes et prises d'eau
- un réseau de colature avec 75 km de drains principaux
- 500 km de petits drains, permet de reprendre l'eau par deux stations de pompage d'exhaure.

La station de pompage d'irrigation, dite « centrale » en raison des alternateurs intercalés entre les deux moteurs et les pompes, est équipée de quatre groupes motopompes avec entrainement par moteur Diésel de 350 ch. Les deux stations d'exhaure sont, quant à elles, équipées pour le drainage, de deux groupes motopompes à entrainement par moteur diésel de 140 ch. Ce sont de vieilles installations de pompage, installées entre 1949 et 1953. La demande d'énergie nécessaire à l'exploitation du casier « canne + riz » sur 6 000 hectares en irrigation « à la raie », c'est-à-dire par gravité est de 900 kW pour l'irrigation et 300 kW pour le drainage entre 1974 et 1975.

En ce qui concerne le secteur industriel dans la vallée du delta, elle concerne les rizières. Une petite rizière ancienne est installée à Saint-Louis avec un équipement modeste. Elle sert d'appoint aux nouvelles unités installées dans la zone. À Richard-Toll c'est une rizière de la SDRS, installée en 1958, qui comporte une machine à vapeur entraînant un alternateur d'une puissance nominale de 250 kVA et un groupe Diesel de secours actionnant un alternateur de 265 kVA traitait, avant, les 10 000 tonnes de riz paddy produites sur le casier industriel. Toutefois, le centre de traitement du riz pour les cuvettes du delta est à Ross-Béthio, où sont les hangars et les ateliers pour le matériel agricole. C'est là qu'est retenue la construction d'une rizière d'une capacité de 6 tonnes/heure, qui doit permettre de traiter les quantités produites sur un ensemble de 15 000 hectares. Une centrale autonome est construite équipée de trois moteurs Diésel d'une puissance unitaire de 100 kVA, livrée en début 1969. La rizière tourne en plein régime en 1975, d'où l'installation d'une seconde unité de la même capacité, entre 1975 et 1980 pour traiter la production de la deuxième tranche « du plan des 30 000 hectares[221] ».

L'application de l'énergie électrique à l'adduction de l'eau au Sénégal, fut la première application industrielle si on peut l'appeler comme telle. Mais c'est aussi celle qui a eu un impact social certain puisqu'agissant sur un secteur aussi vital que l'eau. C'est dans le même esprit que les autorités coloniales ont envisagé son application au secteur de transport par voie ferrée dans les métropoles de la colonie du Sénégal que sont Saint-Louis et Dakar.

3. Le tramway : la copie ratée de la transplantation technique

L'histoire retient le Baron W. Von. Siemens[222] comme premier constructeur de train électrique présenté à l'exposition universelle de Berlin en 1879. Cette grande innovation dans le transport par traction électrique est rendue possible grâce au développement de l'électricité entre 1800 et 1900. Elle ne bouscule pas pour autant la traction à vapeur qui est restée impériale jusqu'aux années 50 où elle a été évincée grâce aux records de vitesse réalisée par la traction électrique. Sur ce terrain de l'application de la traction électrique, les deux modes de traction : le courant continu en basse et moyenne tension et l'alternatif en haute tension monophasée se sont encore affrontés. Les compagnies de tramway sont celles qui l'ont expérimenté à côté de celle des trains suburbains et touristiques. Le tramway de Clermont-Ferrand en France relève de cette rubrique.

Ce modèle de tramway électrique reste un projet ambitieux vers la fin du XIXe siècle et la première décennie du XXe siècle pour l'AOF. Pendant ce temps, Paris la capitale de la métropole n'avait pas encore résolu la modernisation complète de ce mode de transport qui se

[221] AEDF, Boite 801277.

[222] *Histoire de la traction électrique*, dossier préparé par Ledorail, 1990, disponible à l'adresse : [: http://info-ledorail.over-blog.com/article-histoire-de-la-traction-electrique-60976996.html]

détache difficilement de son caractère hippomobile[223]. Le transfert de la technique électrique de la France vers les colonies prend tous les contours d'une copie conforme. Comme en France la concession de l'éclairage électrique inclut celle du transport de la force motrice dont le tramway est une pièce importante. La loi du 11 juin 1880 semble être la référence de base même si des adaptations sont prévues suivant les cas. Le 8 janvier 1897, le Conseil Général a été saisi dans sa session pour accorder, au nom d'une société en formation, une concession exclusive de cinquante ans successifs, d'exploitation d'une ligne de tramway pour le transport de voyageurs dans la ville de Saint-Louis, de Leybar à Saint-Louis (rue Faidherbe, pont de Nguet Ndar, avenue Dodds, jusqu'à Bouëtville au pont de Sor). Cette demande est formulée par M. Michas, ingénieur civil, pour établissement de ligne de tramway sur la grande voirie de Saint-Louis. Le tramway exploiterait comme force motrice soit la vapeur, soit l'électricité, soit l'air comprimé selon les règlements en vigueur. L'option d'une traction électrique est la mieux exprimée. Ce projet n'a jamais vu le jour pour des raisons non élucidées mais pourraient être liées à la non-rentabilité de ce mode de transport dans ce petit espace de l'île de Saint-Louis, de la colonie du Sénégal.

À Dakar le tramway constitue un élément fondateur du projet de concession d'éclairage électrique de la ville. Mais sa configuration avec une partie très circonscrite occupée par des ressortissants européens détenant un pouvoir d'achat, et une agglomération en retrait habitée par les autochtones à faible revenu, avec une petite poignée d'employés de l'administration coloniale, rend de prime abord hypothétique la rentabilité dudit projet.

D'un point de vue technique, l'application de l'électricité au transport de personnes et de marchandises par rail reste une forte ambition exprimée dans le cahier de charge de la concession. Le tracé de la construction d'un réseau de tramway à Dakar, destiné au transport de voyageurs, et éventuellement de marchandise, prévoit la traction par moteur électrique avec transmission de la force par fils aériens ; ce qui devrait constituer une innovation majeure dans la colonie à cette époque. Une longueur de 4 km de réseau devait servir de test pour l'application de l'électricité au transport. Le projet de construction d'avenues (Gambetta, de la République, Faidherbe, André Lebon, boulevard Maritime), dans Dakar devait servir de

---

[223] *Ibid.*

tremplin à l'application de l'électricité au transport. L'octroi de la concession d'éclairage électrique de Dakar semble assujetti à l'acceptation de celle du Tramway. Aussi pose-t-on une contrainte au concessionnaire d'électrifications de Dakar afin qu'il intègre obligatoirement dans son projet, la réalisation du Tramway électrique. Ainsi le cahier des charges lie les deux concessions : celle de l'électrification et celle du tramway. Les clauses de la concession prévoient même la perte de la concession de l'éclairage électrique au concessionnaire qui refuserait d'intégrer le tramway dans la concession. Cela dénote toute l'attention que l'autorité coloniale attache à la réalisation de ce projet de tramway dans la ville de Dakar appelée à être le fleuron de l'Afrique-Occidentale Française. Il transparait clairement dans la convention signée le 25 juin 1905 entre Mr Guy Camille, Gouverneur des Colonies, lieutenant-Gouverneur du Sénégal, agissant pour la colonie du Sénégal et Mr A. PAYAN, Ingénieur civil, agissant au nom et pour le compte de Mr Th. HUBLER[224], suivant procuration enregistrée à Dakar le 20 juin 1905, n° 685[225]. Le Conseil privé a approuvé la convention dans sa délibération du 28 juin 1905. L'article 31 du traité et le cahier des charges approuvés au cours de cette séance prévoient l'établissement à Dakar d'un réseau de Tramway électrique. Le projet portant établissement d'un réseau de tramway dans Dakar prévoie une convention de concession entre le Lieutenant-Gouverneur du Sénégal agissant au nom de la colonie d'une part et le futur concessionnaire. L'article I de cette convention concède au concessionnaire sous réserve de la déclaration d'utilité publique un réseau de tramways à traction électrique, sur le territoire de la commune de Dakar, comprenant les lignes suivantes :

- Ligne n° 1.- De l'extrémité nord du Boulevard national (bifurcation des routes de Ouakam et des Madeleines II) au port de commerce (appontement du Service Dakar Gorée) par le Boulevard National André Lebon.

- Ligne n° 2.- De l'hôpital colonial à l'Arsenal maritime (passage à niveau du chemin de fer) par la rue de l'Ambulance, la Place Protêt, l'avenue Canard et la route de Hann.

---

224 Directeur des postes et Télégraphes en retraite, Chevalier de la Légion d'honneur.
225 ANOM, TP, carton 771, Dossier 16, arrêté du Lieutenant-gouverneur du Sénégal du 25 octobre 1905.

Le concessionnaire devait accepter les conditions stipulées au cahier des charges annexé à la présente convention. La colonie se réservant toutefois le droit d'accorder de nouvelles concessions de tramways sur le territoire de Dakar et sa banlieue avec droit de préférence au concessionnaire[226]. L'arrêté du 25 juin 1905 concède à Mr HUBLER, le droit exclusif de distribution et vente d'énergie électrique à Dakar compte tenu des éléments contenus dans la convention, notamment l'établissement du réseau de tramway.

Projet de plan réseau tramway à Dakar[227]

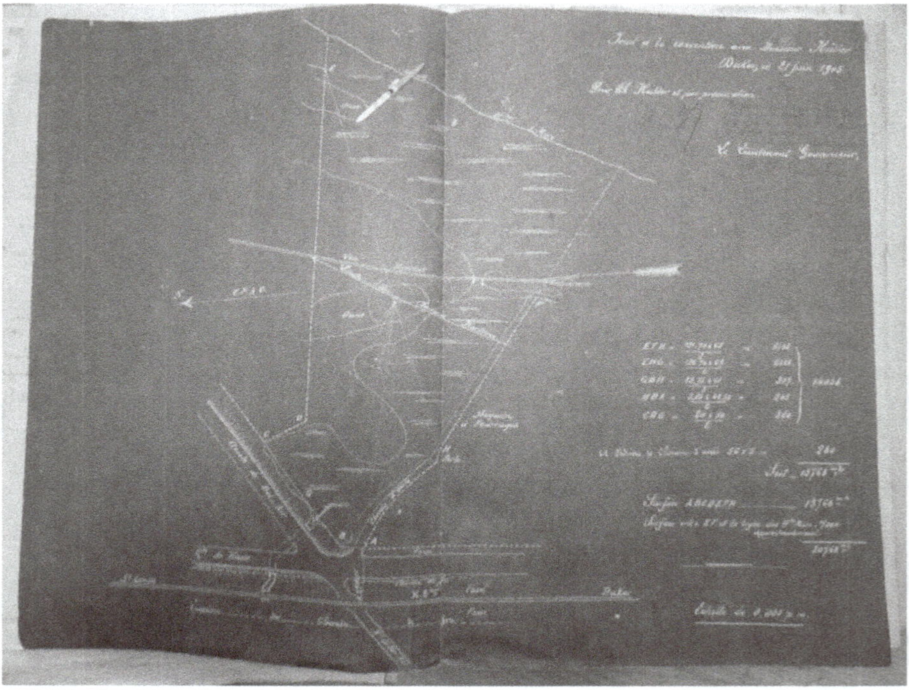

Source : ANF, Fonds Ancien AOF Série PP.451. Bobine 142, Convention de concession

Si Mr HUBLER a perdu la concession d'éclairage électrique de Dakar, c'est parce qu'il a été incapable de réaliser le projet de tramway qui figure en bonne place dans le traité de concession.

226 ANF, Fonds Ancien AOF Série P.451. Bobine 142, Convention de concession.
227 ANOM, C 771, D16.

Pourtant, Mr de TRAZ a bénéficié de cette concession sans intégrer le tramway dans son projet parce qu'il ne l'a pas estimé rentable.

4. L'application industrielle

Le système de production électrique au Sénégal est caractérisé par l'absence de relief et de cours rapides. Ce système a été uniquement thermique durant toute la période de notre étude. Il s'y ajoute que le pays ne dispose pas de ressources naturelles suffisantes en combustibles pour les besoins d'une telle industrie. Par ailleurs l'influence du port de Dakar, qui constitue le socle de l'industrie sénégalaise, entraîne une concentration des industries et du commerce, et par conséquent l'ensemble des moyens de production, dans la presqu'île de Dakar. Mais il faut retenir que malgré la situation difficile de guerre 14-18, l'usine a toujours été maintenue en service et n'a connu que quelques arrêts de peu d'importance, de maximum 4 heures, souvent dû à de violentes tornades. La direction de l'usine a donné une puissance maximale fournie de jour de l'ordre de 220 kW et de nuit de 240 kW, pour les abonnés c'est le chiffre que nous avons dessus concernant les entreprises[228]. Ce sont au total 957.680 kW qui ont été vendus aux abonnés pour une production totale d'environ 1.100.000 kW. Les recettes qui y correspondent ont été de 843.747.f.69, y compris celles provenant de ventes diverses, location de ventilateurs, compteurs, pose de branchement, etc…

L'environnement industriel de Dakar change progressivement avec un tournant décisif amorcé à partir du premier semestre 1919. Hormis les premiers clients de la CES que sont la ville de Dakar à travers l'éclairage public et l'administration coloniale par l'éclairage des édifices publics et principalement sa première industrie constituée des usines élévatoires d'eau de Hann et de Mbao, d'autres industriels s'implante dans Dakar. L'extension de la clientèle justifie le développement de la puissance à la centrale de Bel-Air au cours du premier semestre 1919. Au niveau des installations existantes, la consommation s'est accrue pour l'éclairage public avec l'extension de la ville de Dakar, et les usines élévatoires avec l'augmentation des

[228] ANF, 200 Mi 1525, Rapport d'ensemble de l'Ingénieur adjoint au Contrôle sur le fonctionnement de la Compagnie d'Électricité du Sénégal, notamment la centrale de Bel-Air pendant le 1er semestre 1918.

besoins en eau. Les puissances correspondant à ces nouvelles consommations se résument ainsi :

- Usines élévatoires 45 HP
- Usine de décorticage..88//
- DARDIT Limonadier.. 3//
- ENJALBAL industriel....................................... 4//
- TURBE huilerie...10//
- ATELIER de la Marine nationale...........................10//
- EXTENSION de l'éclairage..................................10//

Soit un total de...170 HP soit 125 kW.

Sont mis en service, par la suite, un moteur de 27 HP de l'huilerie ENJALBAL et un groupe amortisseur pour les grues du moles2 pour un total de 60 HP soit une augmentation de 87 HP équivalent à 64 kW. L'accroissement total pour 1919 est de 190 kW. Il faut toutefois noter les difficultés que nous éprouvons à intégrer les statistiques des centrales de Saint-Louis et Rufisque. Cette situation ne permet pas d'avoir dans cette période, de la fin du XIXe siècle à 1925, une idée exacte de la puissance produite dans la colonie du Sénégal. Tout ceci se déroule dans un contexte d'après-guerre extrêmement complexe. Puisque les industries de la métropole ayant subi les affres de la guerre cherchent en même temps à se refaire une nouvelle vie dans la colonie. Mais les fournisseurs métropolitains de la CES préfèrent satisfaire une clientèle locale et nationale exigeante, en Métropole, au détriment d'autres clients qui sont dans les colonies. La compagnie EEOA dont nous avons vu le rôle dans l'unification du secteur de l'électricité dans les points précédents, a permis l'extension de l'application de l'électricité au secteur industriel. Ainsi, d'autres consommateurs sont venus allonger la liste des industries desservies par le réseau électrique vers les années 60. Ce sont notamment :

- la Société ouest africaine des ciments à Rufisque (4 groupes diésel Winterthur de 500 ch) ;
- Grands moulins de Dakar (1 centrale diésel de 3 200 ch en 5 groupes) ;

- Société d'exploitation des ressources animales du Sénégal (2 groupes diésel Sulzer de 750 kVA) ;
- SOFRIGAL (2 diésels Caterpillar de 150 ch) ;
- Société africaine de raffinage (3 groupes diésel de 450 kW chacun et raccordement au réseau par un branchement de sécurité de 125 kVA) ;
- Compagnie sénégalaise des phosphates de Taïba (groupe de 1 500 kW alimenté par une turbine et un second groupe identique au premier).

Dans la perspective des années 70, beaucoup d'industries alimentaires ont été implantées à Dakar, comme les Grands moulins de Dakar, qui bien que possédant leur centrale sont aussi alimentés par le réseau. Une histoire qui a commencé à partir de l'année 1966. L'autre industrie importante qui bénéficie de l'énergie électrique est la raffinerie de la CAPA qui est entrée en service depuis 1967 avec une capacité de 30 000 t, une puissance souscrite de 1 000 kVA, une puissance moyenne appelée de 250 à 200 kW et une consommation à pleine activité de 4 million de kWh. D'autres secteurs industriels, notamment les industries textiles et chaussures, ont aussi tiré la consommation de l'électricité à des niveaux supérieurs dans l'ordre de 1 million de kWh. Saint-Louis et Thiès ont vu s'implanter de nouvelles industries consommant 6 à 8,5 millions de kWh avec une puissance installée de 1 500 à 2 000 kVA. Les industries mécaniques installées correspondent à un accroissement de consommation de 50 000 kWh. L'augmentation de la vente d'énergie est passée à 1 million de kWh en 1969. Les industries chimiques ont également vu leur consommation augmenter amenant EEOA à augmenter sa fourniture dans ce secteur entre 1.5 million et 2 millions de kWh. D'autres diverses industries sont connectées au réseau de l'électricité à Dakar et à Thiès, la deuxième ville industrielle du Sénégal. Dans le secteur des carrières et grands travaux, la réalisation de l'usine d'engrais de la SIES a porté la consommation de 120 000 à 180 000 t. Les ventes de phosphates d'alumine, et la consommation d'énergie porteraient la puissance consommée à 1 million de kWh.

5. L'urbanisation de Dakar : socle de l'expansion électrique

Plan-cadre d'urbanisme de Dakar[229]

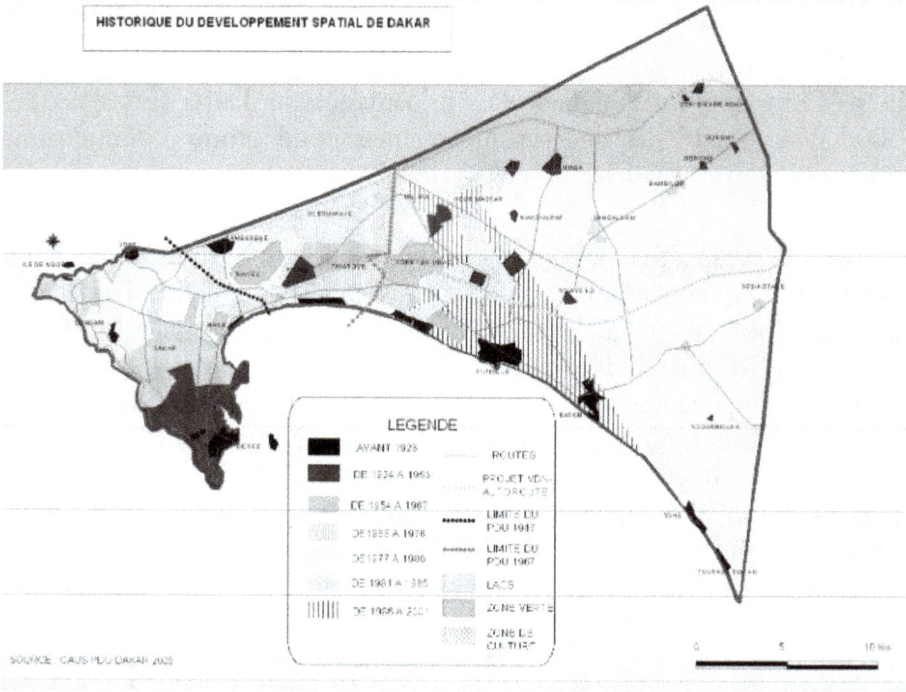

Source : plan-cadre d'urbanisme disponible à l'adresse :
/http://www.cifalouaga.org/niamey/exposes/Module3/Pr%C3%A9sentation %20PDU%20DAKAR%20HORIZON%202025.pdf}]

229 Plan cadre d'urbanisme de Dakar horizon « 2025 ». Étude de cas Dakar, Historique du développement spatial de Dakar » p. 15. Disponible à l'adresse : [http://www.cifalouaga.org/niamey/exposes/Module3/Pr%C3%A9sentation%20PDU%20DAKAR%20HORIZON%202025.pdf], consulté le 28 mars 2016.

Le premier plan directeur de l'urbanisme de Dakar qui date de 1858, et couvrant la péninsule, a été l'œuvre de Pinet Laprade[230]. L'exemple de Dakar nous intéresse particulièrement en ce sens, que malgré le statut de Saint-Louis comme première cité électrifiée en AOF, Dakar reste le fer de lance du réseau électrique sénégalais. Il faut pour cela comprendre les structurations de la ville à travers le temps. Comme signalé en début de paragraphe, Dakar, depuis son origine, avec son premier bâtisseur, Pinet Laprade, a connu son expansion sur la base de plans directeurs successifs, qui, quand bien même, n'ont été appliqués que dans une proportion de 80 %. Dans la loi du 15 juin 1906 sur les distributions d'énergie électrique, il est prévu le pouvoir des maires en matière de délivrance de permis de voirie et de passation de contrats de concessions. Cette disposition doit, toutefois, être subordonnée à l'existence de domaine public communal. Or ce domaine n'a pas été créé législativement jusqu'en 1911 en Afrique-Occidentale Française. Le projet de décret soumis à l'autorité (ministre des colonies) en 1910 et contenant des dispositions sur la grande et la petite voirie devait apporter des précisions dans ce sens. Des compétences sont prévues, soit pour le Gouverneur en ce qui concerne le domaine public colonial, soit pour le Maire ou l'Administrateur en ce qui concerne le domaine public communal. Ce qui permettrait d'attribuer aux budgets locaux ou municipaux, les redevances domaniales qui seraient fixées par l'un des arrêtés qui devaient être pris. Le deuxième plan est intervenu en 1914 et concerne le Plateau et la zone de la Médina, et on peut y noter déjà un quadrillage élémentaire avec dégagement de larges places. L'extension de la ville, jusqu'aux villages de Fann et de Hann, secteur Grand-Dakar, se trouve dans le plan de 1947, œuvre du bureau d'architecture Lopez. Celui-ci a été prolongé par le plan directeur de 1961 qui prend en charge l'urbanisation des secteurs de la SICAP, Grand-Yoff et Pikine existant. Ce plan sert de pont entre celui de 1947 et celui prévu pour 1967 dont la conception a été confiée à M. Ecochard. Mais les grandes circulations ont été définies dans les plans directeurs de 1947 et 1961 qui ont prévu trois axes de pénétration[231] : à l'ouest, la route de Ouakam ; au centre, l'autoroute ; à l'est, la route de Rufisque. Trois

[230] ANOM, Industries et Travaux d'Outre-mer, août 1968, p. 668.
[231] *Ibid.*, p. 669.

rocades que sont : l'avenue El-Hadji-Malick-Sy, qui délimite la zone sud de la presqu'île urbanisée en 1914 ; la rocade Fann-Bel-Air et la rocade formée par la route des puits et la route de Front de Terre.

Jusqu'en 1968 la ville de Dakar est composée de quartiers modernes en bon état ; de quartiers économiques avec une partie d'habitats précaires avec minimum d'infrastructures et d'équipements collectifs ; et de bidonvilles proprement dits.

La première catégorie comprend le quartier Kermel, ville de Pinet Laprade, le quartier du Plateau, ville de 1914 et les quartiers de la banlieue bourgeoise (Fann, le point E, les lotissements SICAP et HLM). La deuxième catégorie correspond aux quartiers Médina, Grand-Dakar, et le lotissement de Dagoudane Pikine.

Enfin la troisième catégorie se divise en deux : La première concerne une série d'îlots insalubres dispersés dans le plan d'urbanisme de 1947. Ce sont des irréguliers installés sur des terrains frappés de servitudes non aedificandi, réservés à des élargissements de voiries, des équipements collectifs ou espaces verts. Par exemple le bidonville de Wakhinane occupe, le long de l'autoroute, l'emplacement d'une future gare de triage. Le bidonville de Gibraltar, maintenant résorbé, occupe en zone sud des Allées du Centenaire, l'emplacement d'un ancien marécage qui avait été classé zone verte au titre du plan de 1947, car impropre à la construction. D'autres semi-bidonvilles ont été érigés dans des zones d'extension de la ville, dans la zone de Ouakam, dans le secteur de Grand-Yoff, celui dit PK 13, 14 et 15, ou à Thiaroye et Yeumbeul. Ce ne sont pas des bidonvilles à proprement parler, mais d'irréguliers issus de mauvais lotissements qui ne respectent pas les normes minimales de travaux d'infrastructures.

Le centre commercial et administratif de la ville se trouve concentré dans le quartier de Kermel. Il a fallu développer d'autres centres vers le nord de la ville. La zone à vocation industrielle part du Port, point nodal de l'industrialisation de Dakar, et s'étend le long du nord du port de commerce, jusqu'à l'agglomération de Rufisque et Bargny. Du côté nord-ouest de la presqu'île, l'aéroport occupe la plus grande partie. La forte dépression marécageuse dite « Niayes », occupe le Nord-est, c'est un ancien détroit marin qui isolait l'île primitive. Si les espaces verts sont insuffisants aujourd'hui, c'est par ce que les parcs et jardins prévus dans les différents plans directeurs n'ont pas été réalisés. Les terrains prévus ont été aliénés pour la réalisation d'équipements collectifs ou envahis par d'irréguliers. Il ne reste que le parc de Hann comme espace vert. Le rivage maritime protégé par un espace large de 100 m et réservé à l'usage public devait compenser le manque d'espaces verts.

Mais le problème majeur est le manque de plan directeur d'assainissement pluvial. La difficulté de l'assainissement est due au manque de pentes et à l'irrégularité des précipitations qui n'a pas permis la constitution de thalwegs. Il est vrai que certains thalwegs artificiels ont été réalisés dans le plan directeur de 1947 afin d'assurer l'assainissement pluvial de la ville. Pour résoudre ce problème, le Sénégal a demandé au programme des Nations Unies pour le développement de réaliser une étude générale portant sur les caractéristiques hydrauliques de la presqu'île et son assainissement. Sur le plan de la circulation, le plan directeur concrétise deux axes imposés par la structure géographique de la presqu'île[232]. Le premier axe correspond à l'autoroute de cette époque, au chemin de fer qui existait et à la route Dakar-Rufisque.

Le deuxième correspond à l'avenue Blaise Diagne, à la route de Ouakam, qui se prolonge jusqu'à l'aéroport, la côte nord de la presqu'île, contourne la grande Niaye, dessert les zones nord de Pikine, raccorde la gare de Thiaroye à la route de Rufisque. L'autoroute ne se prolonge pas jusqu'à Pikine, et la future qui va relier Dakar à Rufisque est tracée parallèlement à la route existante. La remarque des experts envisage un tracé qui passe au nord de l'isthme. Ils préconisent par ailleurs la réservation d'une emprise de chemin de fer urbain de surface. La prévision d'une population d'un million deux cent mille habitants nécessite un transport massif à bon marché qui se fera à l'aide d'un chemin de fer urbain dont la construction en surface s'avère plus économique. Le dernier élément des grandes circulations concerne la liaison ville et aéroport. Celui-ci étant implanté côté nord du champ d'aviation, à l'opposé de la ville. Cela nécessite la réalisation d'une voie rapide routière, prévue en tranchée sous la piste de l'aéroport. Une solution coûteuse qui n'a pas fait l'unanimité.

Un réseau de grande voirie s'est finalement dégagé et classé selon les deux principes de la séparation des circulations et de la hiérarchie des vitesses. « Les profils types de ces grandes voiries comprennent de très larges zones de servitudes où doivent prendre place l'ensemble des grandes canalisations : assainissement pluvial, assainissement d'eaux, vannes, adduction d'eau, adduction d'électricité, câbles de

[232] *Ibid.*, p. 669.

télécommunication[233]. » Il ne reste qu'à faire comprendre aux compagnies concessionnaires d'eau et d'électricité la nécessité de jumeler le quadrillage des grandes voiries et celui des grands réseaux et d'implanter les réseaux dans les zones de servitude des grandes voiries. La direction de l'urbanisme a cependant accordé une attention particulière aux incompatibilités qui peuvent exister entre par exemple, les lignes haute tension avec les câbles de télécommunications. La prise en charge de toutes ces questions est rendue plus facile par le rattachement de la direction de l'Énergie et de l'Hydraulique au ministère des Travaux publics et de l'Urbanisme[234].

La rénovation de la ville ancienne s'est traduite par la destruction des vieilles maisons coloniales et l'érection de nouvelles maisons plus modernes en hauteur, dans le plateau ; et l'aménagement de nouveaux espaces assainis au nord de Pikine pour les populations qui n'ont pas les moyens d'entrer en location dans les HLM ou la SICAP. Cela n'a pu empêcher la création de bidonvilles avec la confection de maisons en bois dans certaines zones irrégulières. Ce qui va déterminer la carte de raccordement du réseau électrique urbain au bénéfice des populations. La répartition des zones industrielles à Dakar pose un vrai problème de cohérence. Dans une zone industrielle comme le port, qui est déjà limité en superficie, on doit normalement trouver des industries en rapport avec des activités portuaires. Mais des éléments divers s'y trouvent implanter comme caserne de gendarmerie, centre de formation professionnelle, logements particuliers, etc., qui peuvent être ailleurs. C'est aussi le cas de la zone industrielle de Hann, dotée d'une excellente desserte ferroviaire et routière, mais se trouve envahie d'installations, de dépôts ou de services commerciaux relevant plus du secteur tertiaire, que du secondaire. Par ailleurs on trouve une industrie au cœur d'un quartier d'habitat, comme l'huilerie Petersen, ou une zone industrielle installée dans un quartier résidentiel, le nord du Plateau, baptisé tel au titre du plan directeur de 1967. Il faut nécessairement mettre de l'ordre dans les installations industrielles en réhabilitant la notion de zone industrielle. Cela suppose la prise en compte de trois catégories d'industries[235] :

---

[233] *Id.*, p. 670.
[234] *Ibid.*, p. 671.
[235] *Ibid.*, p. 672.

- il y a les petites industries qui utilisent l'énergie électrique et ne produisent ni fumée ni mauvaise odeur. Ces industries peuvent parfaitement s'incruster dans les zones d'habitat et raccourcir ainsi les trajets habitat-travail.

- il y a les usines types comme les huileries, les sacheries, les sucreries, correspondant au gabarit des zones industrielles. Ces industries peuvent être isolées des quartiers d'habitat pour éviter les nuisances dues aux fumées, aux bruits et mauvaises odeurs. Mais c'est dans le plan directeur qu'il faut prévoir toute cette organisation en prévoyant au préalable des travaux d'infrastructures et d'équipement.

- La troisième catégorie d'industries, impose son isolement dans des zones adéquates par sa dimension. Ce sont en l'occurrence les usines chimiques très nocives et incompatibles avec l'habitat. La zone de Mbao est spécialement aménagée pour ce type d'industries. La conséquence, c'est l'éloignement des zones urbaines qui se traduit par l'augmentation des frais de transport du personnel de ces usines.

La zone de Rufisque a fait l'objet d'un plan directeur élaboré par le service de l'Urbanisme et de l'Habitat pour prolonger la zone urbaine de la région du Cap-Vert. Les quartiers d'habitat sont conçus à l'image des nouveaux quartiers de Dakar, et devaient bénéficier d'une amélioration par rapport à l'expérience vécue dans leur mise en application. Rufisque est perçue comme une banlieue de Dakar à vocation industrielle. D'où l'intérêt porté au développement futur sur la liaison rapide et de caractère urbain entre Dakar et Rufisque, par le perfectionnement des transports routiers et ferroviaires, pour faciliter les migrations journalières des travailleurs.

La zone rurale sud entre Dakar et Rufisque, bien que n'étant pas susceptible d'urbanisation, a toutefois bénéficié d'un régime souple pour ne pas compromettre le développement des villages ruraux existants. Il y a eu des implantations industrielles et des lotissements d'habitat non moins réguliers.

Le plan directeur de 1967 doit offrir un développement harmonieux des villes de Dakar et Rufisque jusqu'aux années 1980-1985[236]. En attendant le futur plan qui peut prévoir l'urbanisation de la zone intermédiaire entre Dakar et Rufisque, les deux agglomérations sont restées géographiquement séparées jusqu'en 1985.

---

[236] ANOM, 1967-1968, 20.256.

Le décor est parfaitement campé, en partant du processus qui a démarré depuis les débuts de la colonisation jusqu'à la déclaration du Général de Gaulle de 1944. Ce parcours retrace l'archéologie du transfert avec des phases diverses qui vont de la transplantation technique dans différents secteurs jusqu'aux premières ébauches de transmissions de savoirs. Mais s'il y a eu un secteur où le processus de transmission et de transfert technique a connu un certain retard, c'est bien celui de l'énergie électrique. Il a connu une longue résistance du fait de quasi-monopole du personnel expatrié qui n'a laissé aucune place aux locaux jusqu'aux environs des années 1980. Mais le processus de la formation a, cependant, démarré plutôt vers la veille des indépendances africaines.

Cependant le processus de transfert de technologie de l'énergie électrique s'est amorcé avec des lenteurs incompréhensibles. L'enjeu était-il si important que cela ?

Chapitre 2

Transfert de technologie de l'énergie électrique au Sénégal : mise en place d'u processus d'appropriation

La notion de transfert est une question transversale qui touche des domaines très variés de l'activité humaine. Dans le domaine du savoir et du savoir-faire, des mouvements sont notés depuis les débuts de l'humanité jusqu'aux civilisations les plus avancées, au sein d'un même espace, ou entre espaces de civilisations différentes, dans ce qui est connu communément sous le vocable de circulation des savoirs.

L'historicité des concepts de techniques et de technologie, qui sont des constructions de la civilisation humaine, a été visitée par les historiens qui ont tenté d'établir les circonstances de leur naissance. Mais le concept de transfert de technologie est d'usage récent, et daterait de la deuxième moitié du XXe siècle. Cette période coïncide avec les indépendances de la plupart des pays en voie de développement qui étaient dans un processus d'industrialisation. Le transfert de technologie prend dès lors comme point de départ les pays développés du Nord vers les pays en voie de développement qui sont le point de chute dudit transfert **commencé en 1972 s'est concrétisé en 1983. Ce processus est conduit par EDF dans le cadre de la coopération technique[237].**

---

[237] Les développements qui suivent doivent beaucoup à l'entretien que j'ai eu l'opportunité d'avoir avec Mme Anne-Françoise Garçon, à l'issue du cours d'histoire des techniques sur les notions de technique et technologie qu'elle dispense sur les notions de technique et technologie, à l'Université Paris I Panthéon Sorbonne, au premier semestre en 2011-2012.

Je la remercie vivement d'avoir ainsi soutenu mes réflexions. Il s'agissait en effet de comprendre ce qui dans le cas de l'usine que j'étudiais, ressortait du transfert de technique.

Ainsi, il s'agit de comparer et de poser les similitudes entre la technologie développée à la période précédente pour les chemins de fer entre la métropole et le Sénégal, et ensuite, après l'indépendance, de voir comment cela s'est transmis aux populations locales, formées à cette période, dans le domaine de l'électricité.

A. Transfert de technologie de l'énergie électrique : définition/ discussion conceptuelle

1. De la technique à la technologie

Technique et technologie sont deux notions intimement liées. Mieux, la technique serait comprise dans la technologie. Voyons d'abord, avant de commencer toute discussion, les définitions que leur donne le dictionnaire Robert :

Technique : ensemble de procédés employés pour produire une œuvre ou obtenir un résultat déterminé.

Technologie : étude des techniques, des outils, des machines et des matériaux.

1.1. Revenons sur la technique. .

Qu'est-ce que la technique ?

« Technique : un des nombreux mots dont l'histoire n'est pas faite[238]. » « La technique, c'est la technè des grecs : lieu commun des historiens [...] les technologies de la préhistoire des Romains : lieu commun des archéologues[239]. » Anne-Françoise Garçon reprécise la définition de la technique en parlant d'elle comme « cette particularité qu'à l'homme d'inventer des outils et des procédés pour agir de manière durable et reproductible sur son environnement[240]. » Le fait technique, c'est l'aptitude de l'être humain à organiser le monde qui l'environne, à le transformer en usant de moyens matériels susceptibles d'être reproduits et/ou modifiés. La technique relève de l'agir. Mais un agir normé et transmissible. L'énoncé technique est un énoncé qui codifie par l'écrit la pratique[241]. Il s'agit ici de la définition et de la notion de technique par les historiens. Cette vision conceptuelle

---

238 FEBVRE L, *Combats pour l'histoire*, Paris : A. Colin, 1953, qui se réfère à l'article des Annales de 1935, où il décrit les conditions d'existence d'une technique.

239 GARÇON A.-F., cours d'histoire des techniques sur les notions de technique et technologie, année universitaire 2011/2012 (Université de Paris-1 Panthéon-Sorbonne).

240 GARÇON A.-F., L'Imaginaire et la pensée technique. Une approche historique, XVIe-XXe siècle, Paris : Garnier, 2012, p. 32.

241 GARÇON A.-F. cours d'histoire des techniques, *op.cit.*

de la technique par les sciences sociales rencontre une tout autre approche chez les industriels.

Venons-en concrètement à la description de la notion de technique par les industriels. La technique est un terme largement inclus dans la technologie que nous verrons plus tard. Même dans le monde industriel, le mot comporte deux sens, un restrictif et un autre plus large. Pour ce qui est du sens restrictif, la technique peut être considérée comme « *un ensemble de procédés méthodiques fondés sur des connaissances scientifiques employées à la production*[242]. » Pour illustrer le propos, prenons l'exemple de la fabrication d'un boulon. Il y a deux principaux procédés de fabrication : la forge et le décolletage.

> *« Le boulon forgé est obtenu à partir d'une pièce de métal, en général par une presse à forger, à chaud ou à froid et, le cas échéant, avec des traitements thermiques complémentaires. Le métal ainsi mis en œuvre prend la forme désirée et il est l'objet de transformations internes qui donnent au produit des qualités spécifiques (notamment résistible au choc et aux contraintes externes) qui sont intéressantes pour certaines utilisations, par exemple dans le matériel de travaux publics (variations brutales des efforts exercés...).*
>
> *Le boulon décolleté est obtenu à partir d'une barre de métal et l'on procède, avec des tours à décolleter, à un enlèvement de métal pour obtenir la forme désirée. Dans cette technique, l'usinage peut-être beaucoup plus précis, mais on n'obtient pas le même effet de transformation interne du métal. Le boulon décolleté peut être ensuite l'objet de traitement thermique ou de surface pour modifier les qualités et l'aspect. Son usage correspond à des contraintes externes plus faibles et, le cas échéant, à des normes d'utilisation plus précises et plus complexes.*
>
> *Pour un objet, une œuvre, apparemment identique, on peut utiliser deux techniques très différentes, soit en fonction du savoir-faire et de l'utilisation de l'outillage disponible, soit surtout en fonction des qualités demandées à l'objet. Il s'agit bien d'obtenir un résultat déterminé et la technique donnera lieu à une description strictement instrumentale du processus opératoire à suivre*[243]. »

---

[242] SEURAT S., *Réalité du transfert de technologie*, Paris : Masson, 2e éd., 1976, p. 34.

[243] VENNIN B., NICOLAS H., TRONCHON J.-F., LALLICH S., et al., « Petites et Moyennes Entreprises Industrielles et transfert de technologie. Pratiques du transfert et

Mais méfions-nous de cette définition restrictive n'est certainement pas celle utilisée lorsqu'on évoque le transfert de technologie. De même, l'industrie, l'économie ne sont uniquement à base de production et de technique de production. Dans le cas de notre sujet d'étude, l'industrie électrique, d'autres techniques qui touchent à la vente, la gestion des hommes, les finances, la comptabilité, le calcul économique, la planification sont indispensables. Ce qui peut, naturellement, nous conduire vers une autre définition plus large. Dès lors, la définition suivante peut s'envisager : *« la technique est un ensemble de procédés employés pour produire une œuvre ou obtenir un résultat déterminé. »* Ainsi cette définition permet d'observer deux types de transferts selon que les procédés composant la technique intéressée s'appliquent seulement à des hommes ou également à des machines. Le premier cas fait allusion aux techniques de gestion, tandis que le deuxième parle de *« techniques de production, entretien, réglage ou recherche*[244]*. »*

C'est clair. Ces deux approches nous conduisent vers une double préoccupation : voir comment les historiens des techniques abordent cette notion et le raisonnement des praticiens de la technique industrielle. Deux visions qui ne sont pas forcément antagonistes. Ày regarder de près ce sont deux approches complémentaires. Autrement dit, la première, celle des historiens, explique la seconde, celle des industriels. Y a-t-il différence entre technique et technologie ? Nous sommes en face de deux régimes qui sont liés par l'écrit. Pour vérifier notre assertion, définissons la technologie.

1.2. Et la technologie, qu'est-ce que c'est ?

La notion de technologie subit aujourd'hui l'usage commun, banalisé. Elle est utilisée dans des milieux divers, parfois indifféremment, même dans les sciences humaines et sociales. Par exemple, les archéologues utilisent souvent ce terme pour qualifier les techniques anciennes (le silex, etc.). Cette tendance chez les archéologues peut être liée à la culture anglo-saxonne où la technologie est utilisée en lieu et place de technique. Cependant, les historiens prêtent une attention particulière au concept, en étudiant l'historique du mot.

---

internationalisation. », Compte rendu de recherche du Commissariat général du Plan d'Équipement et de la productivité, Saint-Étienne, octobre 1979, p. 17.

[244] *Ibid,*, p. 34.

Anne-Françoise Garçon s'est posée la question de savoir « d'où vient la technologie ? ». Elle s'est appuyée sur les écrits des philosophes européens entre XVIe et XVIIIe siècle pour « *dresser l'histoire du mot technologie avant son utilisation par Johann Beckmann (1734-1811) à la fin du XVIIIe siècle, avant donc son application au savoir industriel*[245]. » Comme beaucoup d'autres concepts, celui de technologie a pris un sens dès son apparition, puis en a pris plusieurs. Des sens qui commencent à s'ancrer dans un espace donné, puis se déportent ailleurs, se réinventent pour s'adapter à d'autres réalités. Ce qui explique certainement son usage multiple aujourd'hui.

De prime abord, la technologie était considérée comme une philosophie de la connaissance. Elle s'appliquait aux méthodes rhétoriques et philosophiques. Guillaume Budé qualifiait la technologie en 1529 d'art de l'artifice verbal. Mais cette technologie qui fait référence à la production va s'opérer en deux temps :

> *« Un premier en Allemagne autour d'une pédagogie de la connaissance désormais bien constituée, avec J. Beckmann ; un second en France, le terme technologie traduisant, dans un premier tiers du XIXe siècle, la recherche d'une science de l'industrie, destinée à réguler les opérations industrielles, en une approche plus économique et moins administrative que dans l'espace technique allemand*[246]. »

> *Le régime de la technologie est donc devenu dominant dans nos sociétés à partir du XVIIIe siècle et :*
> *« dont l'actum-fondement de l'habitus technique conjugue une approche raisonnée de la technique, une volonté de la transformer en une science de la production et de l'industrie, devenue aujourd'hui aptitude à définir la matière et la forme des objets produits en usant de normes définies par l'usage*[247]. »

Et la voilà qui s'applique aux métiers et à l'industrie vers la fin du XVIIIe siècle. Plus que la technique, *« la technologie développe un discours sur l'explication de la technique et les données de sa mise en*

245 GARÇON A.-F., « Mais d'où vient la technologie ? Ce qu'en apprennent les écrits des philosophes européens entre XVIe et XVIIIe siècle », *e-Phaïstos*, vol. II, n° 1, juin 2013, p. 14-22.
246 Ibid., p. 20.
247 VENNIN B. *op.cit.*, p. 34.

œuvre[248] ». Mais si on devait s'arrêter à cette assertion qui pourrait relever du sens commun, il conviendrait de parler « de transfert technique », terme que l'on trouve parfois dans des articles ou ouvrages. La technologie ne serait qu'un discours, un « logos » sur la technique, alors que nous désignons des opérations concrètes. C'est donc que le terme de technologie est utilisé dans une autre acception. Bruno Vennin et son équipe qui ont travaillé sur le *Compte-rendu de recherche du Commissariat général du Plan d'Équipement et de la productivité*[249], se sont appuyés sur une définition pratique et non savante donnée, dans un ouvrage consacré au problème du transfert de technologie aux petites industries. La technologie peut être définie par les aspects suivants :

> *« a) choix entre différents types de machines et d'organisation de la production à partir de ces machines ;*
> *b) techniques de gestion et d'organisation de l'entreprise ; et*
> *c) qualification et formation de la main-d'œuvre.*
> *Un transfert de technologie par le canal de la petite industrie supposera donc un transfert de chacun des éléments ci-dessus, machines, capacités d'organisation, qualifications et formation*[250]. »

> *La technologie est-elle un ensemble de techniques ? En tout état de cause, il est évident qu'on change de champ quand on passe de la notion de technique à celle de technologie. La question qui restait, était celle de savoir à quel changement de champ procédait-on ? De la technique à la technologie, on passe du savoir-faire opérationnel au système fonctionnel de mise en œuvre de la technique.*
> *Quand ces deux notions s'inscrivent dans un processus de transmission ou de transplantation d'un émetteur vers un récepteur, on parle d'opération de transfert. Et le transfert de technologie est devenu un vocable à la mode, utilisé aussi bien dans le langage à prétention scientifique, que dans les revues de management ou dans les discours de politique économique. Mais arrêtons-nous d'abord à la notion de transfert.*

[248] *Ibid.*, p. 7.
[249] *Ibid.* p. 8.
[250] *Ibid.*, p. 10.

2. Transfert : définition du concept

« Qu'est-ce qu'un transfert ? Une légère mention précise que :

"transférer c'est transporter en observant les formalités prescrites". Observons, d'abord, quelques emplois du terme dans le langage courant. On parle, par exemple, de "transfert de propriété", "transfert de connaissances", "transfert de valeurs mobilières" "transfert de marchandises". Quels sont les points communs à tous ces transferts ? Ce sont quatre éléments essentiels : un contenu, deux acteurs, un résultat[251]. »

Le contenu est un élément essentiel au processus de transfert. Il est soit matériel ou immatériel. Un transfert de contenu matériel a la particularité d'entraîner une modification chez l'émetteur et chez le récepteur. En revanche le transfert de contenu immatériel n'entraîne une modification que chez le récepteur alors que la situation de l'émetteur reste inchangée. Toutefois le transfert de tout contenu immatériel nécessite l'existence d'un support. Quelque chose qui le matérialise, comme par exemple :

> *« Une manifestation de la volonté, dans le cas du transfert d'un droit ; un signifiant pour transférer une connaissance, etc. Mais en tout état de cause, le support ne devra pas être confondu avec le contenu.*
> *Ainsi, dans un transfert de technologie, les droits d'utilisation de marques et de brevets, les plans, les dessins et instructions ou l'implantation des usines ne sont que les supports d'une technologie incorporée. Ils ne sont, au mieux, que les catalyseurs du processus de transfert de Technologie*[252]. »

Nous avons compris que le transfert est un processus qui parfois s'étale dans le temps. Et cela dépend de la nature du contenu que le récepteur reçoit de l'émetteur. Ça peut durer dans le temps selon la complexité du contenu. Mais les historiens ne se sont intéressés à la question de la diffusion des techniques qu'après la Seconde Guerre mondiale. Cela fait suite à une critique sur :

---

[251] DROUVOT H., VERNA G., *Les politiques de développement technologique. L'exemple du Brésil,* Paris : éd. de l'IHEAL, 1994. Voir en particulier le chapitre II. Le concept de transfert technologique.
[252] *Ibid.*

> *« Les modèles de croissance forgés par les pays développés et érigés en solutions universelles aux inégalités économiques dans le monde. Ces solutions, en général formulées en termes de rattrapage d'un "retard" technique, reposaient sur un concept simpliste et impérialiste de "transfert", supposant des décisions politiques unilatérales, une immédiateté et une linéarité de la diffusion dans le temps et dans l'espace*[253]*. »*

Paul Bairoch et Nathan Rosenberg se sont opposés à ce propos, jugeant cette approche unifiante et réductrice, ancrée dans la théorie des stades de développement[254]. Selon eux, au contraire, l'analyse historique suggérait que les transmissions techniques étaient des processus incertains et complexes, qui excluraient toute vision homogénéisatrice.

À bien des égards, le transfert de technologie dont il est question dans cette présente recherche n'est pas une pratique qui date de maintenant.

3. Le transfert de technologie

Le transfert de technologie est le propre de l'homme. On peut même dire qu'il est dans « ses gênes ». Paul Valéry disait :

« il n'est de véritable savoir que celui qui peut se changer en être et en substance d'être = c'est-à-dire en acte[255]*. »*

> *« Lorsque la famille de JACKSON s'installe dans la région Stéphanoise au début du XIXe siècle pour y installer la fabrication et le travail du fer selon les méthodes déjà en vigueur en Grande-Bretagne donnant ainsi naissance à toute une série d'entreprises qui aboutissent au groupe CREUSOT-LOIRE, on peut dire que se produit un transfert de technologie. Toutefois, autant ce type de processus a fait l'objet d'études, en*

---

[253] PÉREZ L., VERNA C., « La circulation des savoirs techniques du Moyen-âge à l'époque moderne. Nouvelles approches et enjeux », *Tracés Revue de Sciences humaines* [Online], n° 16, Paris : ENS Editions, 2009, p. 25-62. Disponible à l'adresse : [http://traces.revues.org/2473], consulté le 15 janvier 2015.

[254] BAIROCH P., *Révolution industrielle et sous-développement*, Paris : Mouton, 1963, 362 p. ; ROSENBERG N., « Economic development and the transfer of technology: some historical perspectives », *Technology and Culture*, vol. 11, 1970, p. 550-575.

[255] BEREZIAT G., *Le Romarin, le Seringa et la blanche Aubépine,* Toulouse : Éditions Mélibée, 2013.

> *particulier historiques, autant l'émergence de la notion de transfert de technologie paraît récente.*
> *Cette émergence nous paraît liée au constat suivant : tant que le transfert de technologie s'oppose à l'intérieur du même système socio-économique, du même type de formation sociale, il semble procéder d'un processus de circulation courant (même s'il pose des problèmes politiques et économiques entre États, comme le montre l'histoire économique européenne des XVIIe et XVIIIe siècles) et, en fait il n'est pas désigné comme tel*[256]*.* »

Tout semble déjà avoir été dit et écrit à propos du transfert de technologie depuis la seconde moitié du XXe siècle. Ce concept très à la mode est évoqué depuis lors par les plus hautes instances des grandes nations. Car l'accès à l'industrialisation la plus moderne de nouveaux pays suppose des transferts de technologies en leur sein. Abordant cette question des transferts de technologie, Silvère Seurat pose les questions, d'apparence banale, suivantes : « quoi, quand, par qui, comment ? ».

Le fait en lui-même n'est pas nouveau. Il est au principe même de l'histoire humaine. « *Car depuis Prométhée répandant la technologie du feu, rien n'est totalement nouveau et le transfert de technologie apparaît bien comme le propre de l'homme, dont il a accompagné l'irrésistible croissance*[257]*.* »

C'est dire qu'on est face à une formule innovant davantage par son expression que par son contenu, soudainement projetée sur la scène de la célébrité internationale, comme pour coller au phénomène de la mode, marque de notre époque. *« Ainsi les mots de "transfert de technologie" expriment une réalité aussi vieille que l'humanité et évoquent une aptitude qui est le propre de l'homme, la capacité d'engranger et de transmettre à certains les expériences capitalisées par d'autres*[258]*.* » Depuis que les technologies existent, il y a transfert, soit à l'intérieur d'un même pays, entre différents segments de la population, ou d'un pays à l'autre. C'est net. C'est précis. La formule est aussi vieille que l'humanité, dans son contenu. Mais faisons un peu d'histoire de son expression. En 1960, on a atteint en France et en Europe un point culminant de la vague de reconstruction industrielle.

---

[256]Bruno VENNIN, *op. cit.*, p. 11.
[257] *Ibid.*, p.12.
[258] *Ibid.*, p.18.

Alors que dans les pays du Tiers Monde, dont la plupart viennent d'accéder à l'indépendance, s'annonce le train de l'industrialisation. Les usines de types nouveaux, en France, qui ont développé des automatismes avec des performances gigantesques ont permis d'atteindre des réalisations ambitieuses en 1975. Encore là aussi, ces grosses usines souvent disséminées sur un territoire industriel vierge, donne au monde paysan encore encré dans les traditions agricoles ou artisanales, comme des choses extraordinaires venues d'une autre planète.

On peut aisément imaginer ce qu'il en est dans les pays en développement. Là, le fossé entre l'homme et le travail qui lui est offert prend des dimensions énormes. La grande industrie a ses lois qu'elle entend imposer. On imagine déjà, comment ce qui a rebuté les agriculteurs européens, avec la même complexité et le même gigantisme, peut être perçu dans les grandes installations industrielles en Afrique. Le risque dans ces pays africains est de voir les emplois, créés par ces nouvelles usines, réservés à des hommes importés avec les machines. La raison est que l'opération de transfert de technologie moderne requiert la construction d'ensembles industriels complexes représentant une succession et une combinaison de procès de travail particuliers qui sont rarement contrôlés tous ensemble par le même concepteur ou la même entreprise. Passer d'un procès n° 1 à un procès n° 2 demande l'intervention de plusieurs acteurs qui appartiennent à des entreprises différentes. C'est souvent assez complexe pour les pays en voie de développement qui cherchent à obtenir des ensembles industriels en ordre de marche, « clé en main » et parfois même « produit en main ». Là aussi ça ne résout pas le problème. Le problème qui se pose très souvent, c'est l'utilisation correcte par les travailleurs sans détérioration, les cadences à atteindre et l'articulation dans le procès de travail d'ensemble. Des problèmes difficiles à résoudre dans les pays en voie de développement. Selon Paul Seurat, cité par Drouvot et Verna : « *Il y a transfert de technologie lorsqu'un groupe d'hommes, en général parti d'un organisme, devient effectivement capable d'assumer dans des conditions satisfaisantes, une ou plusieurs fonctions liées à une technique déterminée*[259]*.* » Ici c'est le transfert des savoir-faire techniques qui est mis en avant. Celui-ci fait référence à la formation. Cette définition peut paraître restrictive, mais elle démontre que pour qu'il y ait transfert, il suffit

---

[259] DROUVOT H., VERNA G., *op. cit.*

qu'un groupe de non-initiés soit capable d'assumer une fonction liée à une technique.

Drouvot et Verna [260]précisent encore : *« Le transfert de technologie consiste à ne vendre à un pays les moyens de fabriquer un matériel qu'après lui avoir apporté les moyens de l'utiliser, de le commercialiser, d'en tirer profit »*. Cette définition met l'accent sur la finalité de l'opération pour le récepteur et la coopération, c'est à dire, l'avantage mutuel que les acteurs de l'opération peuvent en tirer.

Plusieurs autres définitions sont proposées par des acteurs. Ce qu'il faut retenir c'est que la notion de transfert suggère une certaine dynamique dans ce processus. Elle laisse entendre qu'il y a un mouvement, que quelque chose bouge d'un point à un autre. Ceci est complexe et évolutif et dépasse parfois l'engagement contractuel des partenaires de départ. Et que tout ça concourt à développer une intelligence collective qui, à partir de différents modes d'apprentissage, permettra de maîtriser la technologie incorporée.

B. L'Acte III de l'électrification du Sénégal 1972-1985 : la période du transfert de technologie de l'énergie électrique et de son appropriation

Cette séquence temporelle est déterminante dans le processus de transfert de technologie de l'énergie électrique au Sénégal. Comme mentionné plus haut, elle correspond au processus de nationalisation du secteur. Cela veut dire que jusqu'ici c'est une entreprise privée française qui est concessionnaire du secteur de l'électricité. Tout le personnel technique est composé d'expatriés. L'État du Sénégal qui reprend le secteur entend appliquer la « sénégalisation » des postes, à l'image de ce qui se passe dans presque toutes les anciennes colonies. C'est là tout le sens du transfert de technologie. Quand on évoque une maîtrise technique, le transfert porte généralement sur six éléments que sont : le Système technique, l'Organisation, la Formation, l'entrainement en Groupe et la Dynamique de l'ensemble. Nous allons aborder dans ce chapitre, l'organisation et la formation qui ont été les éléments essentiels du processus de transfert de technologie de l'énergie électrique au Sénégal.

---

[260] *Ibid.*

1. Créer la rupture pour rendre possible le transfert de technologie

Tout le système et les installations électriques appartenaient jusqu'ici à la Compagnie EEOA qui est une filiale française. On aurait pu envisager de nationaliser la Compagnie tout en conservant sa dénomination. En ce moment-là, il suffit d'opérer à un transfert de compétences entre personnel expatrié et personnel local. Mais la configuration est autre. Au moment de la nationalisation les compétences locales n'existent presque pas. Elles sont à former. L'option choisie est la rupture avec l'ancien système. Celle-ci est engagée avec l'assistance technique d'EDF. En effet c'est en 1951 que cette assistance a commencé avec la Société Énergie électrique d'Afrique-Occidentale Française dont nous ne disposons pas de beaucoup d'informations. Quand celle-ci est devenue SAFELEC[261] (Société africaine de l'Électricité) en 1960, EDF détenait 9,33 % de son capital et comptait 21 agents sur 61 travaillant dans cette société qui exerce ses activités dans les territoires des républiques de la Mauritanie, du Niger, de la Haute-Volta. Elle a cessé d'intervenir au Mali depuis la signature d'un protocole le 7 décembre 1960 entre le Gouvernement du Mali et la Caisse Centrale de Coopération économique. Ce protocole a permis au Mali d'entrer en possession des installations électriques situées dans son territoire. Tandis qu'au Sénégal, EDF n'intervient qu'en qualité d'Ingénieur-Conseil dans le cadre de SAFELEC.

Quand l'option de la nationalisation du secteur de l'électricité est prise, le Sénégal demande l'assistance technique à EDF, pour la création d'entreprises d'électricité, en 1971. L'État a pris la décision de gérer lui-même le secteur en lieu et place de la Compagnie E.E.O.A. Cette dernière comme l'indique son sigle s'occupe jusque-là de la production et gestion de l'eau et de l'électricité.

Dans un premier temps l'État a voulu conserver le modèle de l'ancien concessionnaire en mettant en place une Société d'Économie mixte dénommée : SOCIÉTÉ NATIONALE DES EAUX ET ÉLECTRICITÉ DU SÉNÉGAL (SONEES). Celle-ci devait avoir pour vocation de produire et distribuer de l'eau potable, prenant en charge le service public existant ; et en même temps produire et vendre de

---

[261] AEDF, Dossier 28116-boite 801458 : Sénégal, dossiers de M. Ligouzat, Inspecteur général (1963-1969), relatif à la Société africaine d'électricité (SAFELEC), 1963-1968.

l'énergie électrique aux concessionnaires distributeurs. Pour cela, la SONEES doit prendre possession des installations de production d'électricité de EEOA, y compris celles des centres ruraux dont elle assure l'exploitation depuis 1967. Ce sont des centres que l'État avait remis en concession à EEOA, selon un protocole de 1962, par une convention et un cahier des charges de 1967, en contrepartie de remise à l'État des actions de EEOA. L'inventaire de ce patrimoine a été fait par SAFELEC, dont EDF est actionnaire.

Mais la Banque Mondiale trouve cette formule trop complexe et recommande à l'État d'opérer à une rupture en séparant les activités de Service public de l'Électricité et celle de l'Eau potable entre deux Sociétés distinctes juridiquement. Quand EEOA propose de vendre à l'État toutes ses mobilisations actuelles, ce dernier envisage de créer une Société A qui devient propriétaire de toutes les installations présentes et à venir. Cette Société A aura à financer les équipements futurs avec le concours de partenaires financiers tels que la Banque Mondiale, le Fonds européen de Développement, etc. Dès lors s'envisage la constitution de deux nouvelles Sociétés :

- la nouvelle Société « SONEAU », qui reprendra la gestion de l'Eau potable dans son ensemble ;
- la nouvelle Société A, qui recevra de l'État les installations qu'il a financé d'une part, et d'autre part celles rachetées à EEOA. Elle recevra aussi de la SONEES les installations des centres ruraux. La mise en service effective des deux nouvelles sociétés va entraîner la liquidation de la SONEES. La Société A concessionnaire en définitive de l'ensemble des équipements de production, de transport et de distribution de l'énergie électrique, a désormais une vocation de financier et de Maître d'ouvrage. Elle peut faire appel à une assistance technique et se soucier de la planification de l'évolution du personnel d'encadrement, de la formation et du perfectionnement des agents sénégalais[262].

Dès lors, l'intervention d'EDF se fait plus pressante. Elle va intervenir plusieurs fois de manière significative dans le processus de perfectionnement du service public de l'électricité au Sénégal. Ses interventions font suite à des demandes des autorités sénégalaises du secteur, matérialisées par des conventions et autres contrats, sollicitant

---

[262] *Ibid.*

l'expertise technique d'EDF, beaucoup plus au fait de l'évolution technique. Il s'y ajoute que depuis le début de l'électrification du Sénégal en 1887 jusqu'en 1972, ce sont les privés qui ont investi le secteur. Hormis les actes réglementaires et le suivi et contrôle des installations de production, aucune administration jusque-là, depuis l'administration coloniale, ne s'est essayée directement à la gestion du secteur. L'État du Sénégal est très conscient, dès son accession à l'indépendance, des choix à opérer pour son développement. Il a justement opté pour un développement économique planifié[263]. Cette option suppose la prise en main des structures clés de l'économie, en particulier celui de l'énergie électrique qui est étroitement lié au développement des autres secteurs de l'économie. Cela conduit à la nationalisation de tous les moyens de production, de transport et de distribution de l'énergie électrique.

La Compagnie des Eaux et Électricité ouest-africains (E.E.O.A), assurait, par voie de concession, la production, la distribution et la vente de l'énergie électrique sur l'ensemble du territoire du Sénégal, exceptées les villes de Diourbel et de Ziguinchor, depuis les années 20, quand elle a racheté la Compagnie Carpot et la Compagnie d'Électricité du Sénégal (CES), jusqu'au 31 décembre 1971. Cette concession devait normalement prendre fin le 31 décembre 1999. L'État a mis douze ans, après l'indépendance, avant de nationaliser le secteur de l'électricité. Cette situation n'est pas anodine. Cette industrie demande une main d'œuvre hautement qualifiée et des technologies de pointe. Former des techniciens ayant le profil de l'emploi demande des moyens mais aussi du temps. C'est la raison pour laquelle l'État s'est donné beaucoup de temps à négocier avec le concessionnaire, E.E.O.A. Ce dernier doit restreindre ses prérogatives et préparer avec l'État, la mise en place d'un organisme national[264].

Nationaliser c'est penser murement aux structures d'accueil du service public national. Ce service doit avoir, d'une part toutes prérogatives d'un service gouvernemental, d'autre part possédé l'autonomie et la souplesse d'un établissement industriel et commercial. Un statut qu'il faut étudier et adopter spécialement. L'État du Sénégal a racheté la concession de EEOA dont la convention prévoie sa fin de concession le 31 décembre 1971, conformément à la convention et au cahier des charges du 2 mars 1967, signée entre l'État du Sénégal et

---

[263] ANS, *Courantss*, n°2, 3e trimestre, 1976, p. 2.
[264] *Ibid.*

EEOA le 17 juillet 1971. Avec la séparation de la gestion de l'eau et de l'électricité, une nouvelle concession a été concédée à deux sociétés sénégalaises d'économie mixte, dans le secteur électrique, à partir du 1er janvier 1972. Il s'agit de la Société Électricité du Sénégal (EDS) et de la Société sénégalaise de Distribution d'Énergie électrique (SENELEC). L'article 2 des statuts d'EDS concernant les objets, attribue[265] à celle-ci l'acquisition, la construction, la réalisation, la mise en place de toute usine ; l'installation d'ouvrages et d'outillages en vue de la production, du transport et de la distribution de l'énergie électrique ; l'exploitation de ces usines, par la mise en location, à l'entreprise concessionnaire, du droit exclusif de produire, transporter, distribuer et vendre l'énergie électrique au Sénégal. Toute autre action industrielle ou commerciale et toute opération financière se rapportant à l'action de service public que constitue la fourniture de l'énergie électrique sont dans ses attributions. Ces objectifs comprennent notamment : la centralisation et la diffusion de tous les renseignements relatifs à l'utilisation de l'énergie électrique et des moyens d'y pourvoir :

- La préparation de l'exécution des études, concernant la production, le transport et la distribution de l'énergie électrique et la supervision et le contrôle des bureaux et des entreprises sénégalaises ou étrangers travaillant pour son compte ;
- L'intervention de l'étude de tout problème pouvant concourir au développement matériel et à la promotion économique ayant une relation avec la production, le transport et la distribution de l'énergie.

Immédiatement après sa création, EDS s'attaque aux chantiers essentiels au développement du secteur de l'électricité au Sénégal conformément aux orientations définies par l'État. Renforcer l'outil de production ainsi que sa modernisation semble être l'une des premières missions, d'autant plus qu'EDS s'est attelée à la réalisation de la seconde tranche de la centrale de Cap des Biches. Ainsi, à travers EDS, l'État devient propriétaire des installations de production, de transport et de distribution de l'électricité et aura le soin d'en assurer la pérennité et le développement. Toutefois EDS n'assure pas l'exploitation et la commercialisation de l'électricité. Il ne dispose pas d'un personnel compétent pour assurer de telles missions. La convention du 20 janvier 1972 signée entre l'État du Sénégal et

[265] *Id.*

EEOA, a prévu la création d'une Société d'Économie mixte (SENELEC) au capital de cent millions de francs CFA réparti moitié État/moitié EEOA, à titre de contrepartie de l'abandon de droit à la concession de cette dernière, afin d'assurer le fonctionnement du service public de l'électricité. Cette convention consacre ainsi l'association entre l'État du Sénégal et EEOA.

La SENELEC qui ne dispose pas encore de personnel propre signe un contrat de gestion technique avec EEOA le 04 juillet 1973. Ce qui permet aux agents techniques formés et expérimentés de l'ancien concessionnaire d'assurer le fonctionnement normal du service public de l'électricité en attendant la « sénégalisation » des postes techniques par le transfert des savoirs aux locaux. Or la spécialité de SENELEC est l'exploitation et la commercialisation de l'électricité. Les infrastructures et équipements techniques appartiennent à l'État du Sénégal à travers EDS. Pour rendre possible la mission de SENELEC, un contrat de location a été signé le 24 décembre 1973 entre EDS et SENELEC.

La création de ces deux sociétés marque le début de la nationalisation du secteur de l'électricité au Sénégal. L'État prend désormais ses marques dans un secteur aussi vital pour une nation et longtemps laissé aux mains des privés. L'importance du capital détenu par l'État sénégalais dans ces deux sociétés : 99,925 % à EDS et 50 % à SENELEC[266], en dit éloquemment sur la volonté des pouvoirs publics à prendre en main un outil essentiel à son développement économique à l'image de ce qui était intervenu en France avec la création d'EDF. Le Conseil d'Administration d'EDS compte six membres, tous représentants de l'État du Sénégal. Tandis qu'à SENELEC ils sont six représentants de l'État sur les douze que compte le Conseil d'Administration, les six autres étant issus du secteur privé. Par ailleurs, le capital technique et l'expérience, du personnel de l'ancien concessionnaire est mis à profit pour assurer le transfert de compétences au nouveau personnel local qui se met en place et qui, à terme, est appelé à remplacer l'ancienne équipe dans le cadre de la « sénégalisation » complète de l'entreprise. Par ce que justement, le but de l'État est d'être dans les plus brèves échéances, l'unique actionnaire de SENELEC. Ce qui l'amènera à fusionner celle-ci avec EDS en une seule société nationale qui s'occupe de

---

266 ANS, bi II, 4° 455, Cadre juridique de la distribution, production et vente d'énergie électrique au Sénégal, *Courantss,* n°1, 2e trimestre, 1976, p. 1.

l'électricité et dotée de toutes les compétences techniques nécessaires pour assurer toutes les missions dévolues au secteur de l'énergie électrique.

Rappelons que la convention signée le 20 janvier 1972, entre l'État du Sénégal et EEOA, prévoie de confier la gestion technique de l'exploitation, des ouvrages de production, du transport, de la distribution et de la vente de l'énergie électrique concédée à SENELEC, à EEOA pour une période de 15 ans. Par contrat du 04 juillet 1973, SENELEC confie effectivement la gestion technique à E.E.O.A, tout en précisant les conditions de cette gestion technique, dont l'article 4 du contrat définit comme assistant technique et prestataire de services. Les notions de gestion technique vont être remplacées dans les textes réglementaires par celles d'« assistance technique » et d'« assistant technique ». Ce qui va obliger EEOA à affecter, pour toute la durée du contrat et de manière permanente les profils suivants[267] :

- un ingénieur de haut niveau spécialiste de la distribution,
- un ingénieur de haut niveau spécialiste de la production,
- un cadre de haut niveau spécialiste de la gestion administrative et financière,
- un ingénieur économiste,
- un ingénieur informaticien,
- un cadre spécialiste de la gestion des abonnés
- un juriste confirmé et spécialiste des assurances

Elle pourra éventuellement mettre à disposition de SENELEC une autre compétence susceptible d'apporter de l'assistance technique. Le problème que cette convention révèle, c'est l'absence de compétence nationale pour prendre le relai des expatriés jusqu'aux années 1980. Ce qui pousse l'État à retarder la libération complète de l'ancien concessionnaire, en l'occurrence EEOA, alors qu'une disposition de ce contrat prévoit la possibilité pour l'État de ne pas renouveler leur contrat à la fin de chaque quinquennat. Du coup malgré l'activité de conseil prodiguée par EDF, les opérations techniques sont encore assurées par EEOA.

---

[267] AEDF, Annexe IV, convention du 20 janvier 1972 entre l'État du Sénégal et E.E.O.A.

Pour ce faire, la République du Sénégal décide de réformer l'actuel cadre juridique du secteur de l'électricité afin de créer les meilleures conditions de cohérence et d'efficacité pour le développement et fonctionnement du service public de l'Électricité. L'étude d'un projet de réorganisation a été confiée à EDF par une convention signée avec l'État du Sénégal à travers le ministère du Développement industriel et de l'Artisanat (MADIA), en date du 30 septembre 1980. Cette étude a été menée par deux experts d'EDF qui ont effectué des missions au Sénégal pour rencontrer toutes les parties prenantes à cette réforme. Toutes les questions ont été passées à la loupe, prenant en compte les modalités de création et fonctionnement de la société nationale d'électricité ; les modalités de transfert des actifs et passifs des sociétés existantes qui doivent se fondre dans la nouvelle société. Avec celle-ci le monopole est quasi certain. Aucun privé n'a le droit de produire de l'énergie au-dessus de 45 KVA sans autorisation de la société nationale d'électricité. Des dérogations seront accordées à certains établissements et certaines sociétés possédant des groupes de secours pour parer à d'éventuelles défaillances de la société nationale. Les entreprises utilisant des résidus comme combustible pour produire l'énergie nécessaire à leur autoconsommation sont également autorisées à condition que leur surplus d'énergie soit mis à la disposition de la société nationale moyennant compensation.

Mais on peut imaginer qu'aucune indépendance de gestion d'un secteur important de l'énergie électrique n'est possible sans compétences nationales aptes à assurer cette gestion. C'est pour cela que la question de la formation du personnel local aux techniques électriques s'est posée avec acuité. La seule initiation des agents locaux sur le terrain, assurée par les expatriés est très insuffisante pour en faire des techniciens confirmés. Ce qui a conduit à explorer d'autres voies et méthodes expérimentées par EDF.

2. La formation : un transfert de technologie centré sur la personne

Si on retient le principe que le transfert de technologie implique en première analyse l'être humain, la formation devient dès lors le moyen principal de la maîtrise technique. Et c'est par celle-ci que passe le vrai transfert de technologie. Cela passe par la mise en place d'un système d'enseignement qui comporte un ensemble d'hommes, maîtres et élèves, de programmes pédagogiques, de matériels, de procédures, concourant à un but bien déterminé : conduire les élèves à un certain niveau de connaissance et de comportements. Le but fixé au système d'enseignement est d'en faire un composant essentiel d'un ou plusieurs systèmes de transfert de technologie. Et pourtant le Général de Gaulle l'a fortement recommandé lors de la conférence tenue le 30 janvier 1944. Sa déclaration donnait déjà le ton d'un changement d'orientation politique de la puissance coloniale vis-à-vis de ses colonies. Il en est résulté une option de transmettre aux populations locales les savoir-faire nécessaires à leur participation à la gestion de leur territoire. À la fin de la Deuxième Guerre mondiale, la France décide, en 1946, de nationaliser son secteur électrique et de créer une grande société, Électricité De France (EDF), pour s'occuper de sa gestion.

La création au sein d'EDF de l'Inspection générale pour l'Union française et l'Étranger (IGUFE) va dans le même esprit du discours de Charles de Gaulle qui soutient que :

> *« La France affaiblie retrouve sa place dans la compétition mondiale qui s'avère sévère. Il fallait définir en particulier avec les ministères de la France d'Outre-mer et de l'intérieur les dispositions à prendre à la suite de la loi du 8 avril 1946 nationalisant l'électricité et le gaz en métropole et préparer aussi les plans d'équipement[268]. »*

Les nombreuses sociétés d'électricité françaises présentes en Afrique n'ont pas pour autant empêché les installations électriques d'être dans un état critique. La plupart des agents qui sont des Français ont demandé leur intégration à EDF, dans les métiers d'encadrement. En Afrique le secteur est encore géré par des sociétés privées disparates, qui sont pour la plupart des filiales de compagnies occidentales, dont la majorité possède des installations rudimentaires. Leur régime est soit en régie directe ou en concession. C'est dans ce contexte qu'EDF va étendre ses tentacules dans les colonies françaises partout dans le monde pour récupérer les participations que les sociétés d'électricité françaises possèdent dans le secteur de l'énergie électrique. EDF qui restructure le secteur de l'électricité en France, accumule en un temps record des expériences très diversifiées qu'elle essaie de mettre au service dudit secteur en Afrique. Elle passe successivement de l'encadrement dans la mise en place de sociétés, à

---

268 HUGUET J.-M., « La formation professionnelle dans les territoires d'Outre-mer », *Outre-mers, L'électrification outre-mer de la fin du XIXe siècle aux premières décolonisations,* tome 89, n°334-335, 1er semestre, 2002, p. 369.

son image, à la construction de nouveaux réseaux de transport d'énergie, en passant par les grands aménagements hydroélectriques, avant d'aider à la définition de cadre de travail pour les sociétés, avec comme point focal la formation du personnel africain chargé de prendre la relève des expatriés.

2.1. La formation du personnel, un acte fondateur de transfert de technologie

Parmi les systèmes techniques de la société moderne, l'électricité est, assurément, de ceux qui sont bien pensés, et où l'homme occupe une place centrale. Les métiers, les méthodes de travail, de gestion, d'organisation, sont résolument conçus pour être animés par des hommes. Les sociétés d'électricité métropolitaines l'ont bien intégré et affiné au fur et à mesure de l'évolution du secteur. EDF a bien capitalisé ce système qu'elle a hérité, des sociétés antérieures, en l'améliorant au fil du temps. C'est sur cette base qu'elle va se lancer dans cette opération de transferts de pouvoirs et de responsabilités au profit des compagnies africaines d'électricité. Ces transferts doivent viser quatre catégories de personnel, occupés jusqu'alors par des expatriés. Ce sont : les directeurs généraux, les ingénieurs et cadres, les techniciens et la Maîtrise supérieure, le personnel d'exécution. Chacune des catégories pose des exigences en termes de détection, formation et responsabilisation du potentiel. Au bout de ce processus, subviendra le remplacement à tous les postes des expatriés par un personnel local et national. Pour cette mission, EDF envisage de créer des centres de formation en Outre-mer à l'image de son centre de Gurcy. Elle s'implique depuis la maîtrise d'ouvrage avec les autorités françaises. Et les projets architecturaux sont conçus au CETAP qui est dans le site du centre de Gurcy-le-Châtel. Ils ont proposé un modèle type de programme de formation composé :

« *Des cours d'alphabétisation en français sur plusieurs semaines*
Des cours d'arithmétique élémentaire
Des cours dits "plate-forme de base de l'électricien"
Des apprentissages techniques et technologiques
Une formation d'éducation physique professionnelle
Une formation "caractérielle" (développement de l'aptitude au commandement)
L'organisation des élèves en autodiscipline.

Les aires pour l'éducation physique sont prévues dans la structure de l'ouvrage[269]. »

Toute l'action mise en place s'oriente vers la formation de bons ouvriers professionnels parmi lesquels sont sélectionnés la maîtrise située au point de jonction entre les ouvriers, dont elle peut à son tour assurer le perfectionnement, et le personnel d'encadrement supérieur. Une plate-forme de formation de base polyvalente en électricité est établie dès le départ. Et c'est après que la spécialisation se fait selon l'aptitude de chaque apprenant. L'espace pédagogique suit une logique éducative avec : un lieu de cours, lieu d'étude, salle de démonstration, centre de documentation pédagogique, etc. Et comme outils pédagogiques, les caisses dites « de Gurcy » qui contiennent chacune un ensemble pédagogique homogène conçu pour démontrer et expérimenter un principe théorique, comme le moteur asynchrone, le fonctionnement du tube néon, voir les principes arithmétiques de quatre opérations. Un livret explicatif accompagne le matériel pédagogique en montrant les différentes phases chronologiques à respecter. Certains témoins de l'époque parlent d'école de métiers fournis clefs en main, service après-vente pédagogique compris[270]. Dans sa volonté d'initier les couches analphabètes aux techniques et technologies électriques, EDF a mis le projet d'alphabétisation en français au cœur de sa stratégie. Nous avons ci-dessous un programme de français élémentaire que le CETAP a proposé à la société de production et de distribution d'électricité de la Martinique.

« Programme de français élémentaire[271]

Au cours de chaque séance d'une durée d'une heure, l'instructeur devra :

– demander aux participants de choisir un centre d'intérêt emprunté à la vie courante et, si possible, dans la vie professionnelle.

– Faire parler les intéressés et écrire leur expression au tableau.

– Faire écrire la construction d'une phrase simple.

Dans chaque séance, il sera étudié :

– le verbe, le pronom personnel ;

---

[269] *Ibid.*, p. 375.

[270] *Ibid.*, p. 376.

[271] *Ibid.*, p. 377-378.

– le verbe, le nom et l'article :
– le verbe avoir, le nom, l'article et l'adjectif qualificatif ;
– les adjectifs numéraux, les pronoms démonstratifs, les adjectifs possessifs, les pronoms possessifs, etc. »

C'est ainsi qu'EDF a su transformer en techniciens des personnes qui n'avaient pas au départ les atouts requis pour exercer ces métiers de l'électricité. Dans les territoires d'Outre-mer le personnel des sociétés d'électricité est essentiellement formé de français de métropole jusqu'aux années 1970. Dans la décennie 1960-1970 la plupart des sociétés d'Outre-mer sollicitent des agents formés à EDF dans des postes d'encadrement. La situation commence à évoluer à partir des années 1970. Bon nombre d'agents qui occupent les principaux postes de travail dans les sociétés qui se trouvent en Afrique, notamment Afrique du Nord comme le Maroc, ont demandé leur intégration à EDF.

> *« À l'origine, les sociétés d'électricité étrangères qui recourraient à Électricité de France avaient des besoins en personnels d'assistance très larges, qui pouvaient aller de l'ouvrier au directeur général. Par la suite, la situation évolua (...). Ainsi, le recours au personnel expatrié changea de nature : les cadres ou les agents de maîtrise polyvalents, cédèrent progressivement la place à des spécialistes*[272]*. »*

En 1972, plusieurs centres de formation professionnelle existent déjà dans le monde dont vingt en Afrique francophone et Madagascar. On se souvient qu'à la création d'EDF, le problème de la compétence des agents de l'entreprise s'est posé. Il a fallu donc développer tout un programme de formation pour répondre aux attentes fixées à la société. C'est dans cette optique qu'a été pensée la formation de compétences pour les sociétés qui se trouvent en Outre-mer. EDF a beaucoup aidé à la création d'écoles de formation professionnelle en utilisant des méthodes adaptées aux pays en voie de développement. Raymond Lambert, l'ex-directeur de Gurcy est le précurseur de l'implantation d'écoles de formation en outre-mer. Il s'est rendu dans plusieurs pays d'Afrique. Il avait déjà déclaré à ses collaborateurs en 1958 :

[272] *Ibid.*, p. 370.

> *« Nous allons construire des Gurcy dans le monde entier ». « Notre action s'oriente vers la formation de bons ouvriers professionnels parmi lesquels on sélectionne la maîtrise située au point de jonction entre les ouvriers, dont elle peut à son tour assurer le perfectionnement, et le personnel d'encadrement supérieur. À ce niveau, il a été défini, pour la branche électricité, une plate-forme de base largement polyvalente et ce n'est qu'après l'acquisition de ces connaissances que l'enseignement spécialisé est dispensé en fonction des aptitudes naturelles constatées. Dans de nombreux pays, il a été nécessaire d'organiser un cycle initial dit "d'alphabétisation ouvrière et d'initiation technique" très largement ouvert aux manœuvres et aux ouvriers ne possédant qu'une instruction de base rudimentaire. Ces ouvriers sont souvent analphabètes. À cet égard, il convient de préciser que dans les pays sous-développés, l'analphabétisme ne préjuge en rien des dispositions des sujets aux questions techniques et technologiques et que la formation au niveau considéré fournit toujours un précieux inventaire des aptitudes[273]. »*

La création des établissements de formation suit deux processus. Dans les pays d'Afrique francophone et les territoires d'Outre-mer, l'accord se passe directement entre les entreprises locales et les services techniques d'EDF. Le deuxième processus découle d'un accord entre les gouvernements de pays étrangers qui formulent un besoin de formation et les autorités officielles françaises. Ceci entre dans le cadre des établissements créés au titre de la coopération technique. Ce sont les cas les plus nombreux et qui se passent généralement selon le schéma type des interventions décrites comme suit :

> *« Les principes d'investigation se répètent à l'identique : une étude rapide de la situation des compétences professionnelles du personnel local ; une succession de rencontre avec les responsables des sociétés concernées ; éventuellement des entrevues avec les autorités gouvernementales ; la signature d'un accord de principe sur la mise en place de programme de formation conduit systématiquement à l'implantation d'une structure d'apprentissage et de formation[274]. »*

---

[273] *Ibid.*, p. 374.
[274] *Id.*

La formation n'est pas le fruit du hasard, mais est issue d'une réflexion préalable à partir d'une première définition des postes de travail et d'une étude des ressources humaines disponibles. À partir des considérations tant économiques que politiques, on recherche l'utilisation maximale de la main-d'œuvre locale en vue de préparer la « sénégalisation » progressive des postes de travail.

2.2. Confirmer les compétences techniques pour diriger le secteur de l'électricité

Jusqu'à la veille des indépendances la plupart des élites africaines étaient composées de lettrés et de juristes beaucoup plus destinés à la gestion administrative. Les futurs états étaient beaucoup plus préoccupés par la relève des autorités administratives coloniales. Alors que la direction d'une entreprise d'électricité requiert des compétences confirmées en ingénierie électrique. Et comme un cri de cœur durant les premières années de l'indépendance, le président de la République du Sénégal d'alors, Léopold Sédar Sanghor disait : *« Il nous faut des capitaux et des techniciens*[275]*. »* Konan Lambert, délégué du gouvernement ivoirien, qui le citait lors de la conférence d'Addis-Abeba des Nations Unies sur l'énergie électrique dans les pays en voie de développement, d'affirmer que *« les capitaux, je le dis crûment, on les trouvera toujours, la Guerre froide nous facilitant la tâche sur bien des choses, à cet égard restent les techniciens*[276]*. »*

La vague des premiers étudiants envoyés pour faire des études scientifiques dans les universités françaises date des années 1960. EDF a aidé à la mise en place de cette politique en facilitant l'admission sur titre aux grandes écoles d'ingénieurs, comme l'École Supérieure d'Électricité, l'Institut Électrotechnique de Grenoble, à des étudiants licenciés ou maîtrisards en mathématique ou physique[277]. D'autres élèves y sont admis par concours direct. Ce sont des formations qui durent 2 à 3 ans. Ensuite, EDF met en place un long processus d'expérimentation des acquis en affectant dans un premier temps ces jeunes ingénieurs dans ses exploitations en France pour « *leur permettre de se faire la main, comme on le dit* », avec un système d'évaluation à chaque étape du stage. Ce processus demande

[275] *Ibid.*, p. 381.
[276] *Id.*
[277] Entretien du 16 mars 2015 avec Jacques COMBE, ancien Responsable des Actions de Formation et de Perfectionnement hors de France d'EDF (1980-1990).

beaucoup de temps et de moyens avant d'avoir des produits performants et prêts à assumer des responsabilités dans les entreprises électriques. Ces coûts ont été supportés par l'État français pour ses différentes colonies d'Afrique.

La première idée de création d'une école d'ingénieurs pour les sociétés africaines d'électricité a germé au début des années 70. Le promoteur est Konan Lambert, directeur général d'Énergie électrique de Côte d'Ivoire (EECI). L'objectif visé est de faire des économies en formant les ingénieurs africains dans le continent à moindres frais, et d'autre part donner une formation en ingénierie électrique qui tienne compte des spécificités africaines[278]. Le projet vise aussi à développer une communauté de pensée et à créer une cohérence intellectuelle et technologique pour assurer l'avenir des sociétés électriques africaines. Le projet a été soutenu par le Président de la République, Houphouët Boigny, qui porte le projet de l'école à Bingerville, en Côte d'Ivoire, avec les financements des coopérations française, suisse, allemande, etc. Le projet pédagogique a été construit par l'École Supérieure d'Électricité (SUPELEC) et EDF pour une formation d'ingénieurs en trois ans sur le modèle français. La première promotion a démarré en 1983 et l'école a fermé en 1997-1998 pour faute de cotisation des sociétés nationales membres.

3. Les exécutants, l'autre catégorie intermédiaire

Dès que les jeunes États ont accédé à l'indépendance, leur ambition était d'accroitre leur production d'énergie électrique pour satisfaire la demande des industries qui s'installent. Ils construisent des centrales de production et organisent des réseaux de distribution de l'énergie électrique. Ces programmes demandent beaucoup de personnels, notamment des ouvriers qualifiés pour les prendre en charge. Or le personnel existant, formé sur le tas, est très peu qualifié et presque analphabète pour répondre aux besoins d'une industrie électrique aux métiers divers. Edf a déjà mis son expertise acquise, en France quand elle formait les paysans recrutés pour remplacer le personnel vieillissant des anciennes sociétés. Cette méthode a été reproduite en Afrique du Nord, en Amérique latine avec succès. L'alphabétisation et l'initiation technique constituent les leviers sur lesquels EDF entend actionner pour mettre à la disposition de ces industries des profils

[278] HUGUET J.-M., *op. cit.*, p. 381.

adéquats. Alphabétiser est plus que nécessaire dans ce monde de l'industrie électrique où l'on doit savoir lire et transcrire les choses qu'on côtoie et qu'on utilise dans une centrale ; connaître leur nom, leur utilité et leur fonctionnement. Ces formations sont assurées dans l'entreprise où le stagiaire est en immersion dans un environnement technique. EDF a conçu pour cela un support pédagogique constitué d'« *un ensemble de caisses consacrées, l'une au transformateur, l'autre à l'alternateur, une autre à l'éclairage, l'interrupteur, le fil électrique et l'ampoule, une autre à la foudre et le court-circuit, une autre encore au compteur électrique*[279]... ». Formateurs, méthodes et outils forment ce qu'on appelle les Caisses de Gurcy. Cette méthode a permis de disposer d'un vivier assez important de personnel d'exécution apte à passer au stade de perfectionnement technique plus complet. Ce sont les métiers de base de l'industrie électrique qui sont ciblés : électricien de réseau, conducteur de tableaux et machines, électromécanicien d'entretien, etc[280].

Les résultats obtenus à l'école de Gurcy le Chatel, de pédagogies initiées par son directeur, Raymond Lambert, ont été déterminants pour le programme de construction de centres de formation en Afrique du Nord (Maroc, Tunisie…) dans les années 50, afin d'allier initiation technique et formation professionnelle. Un programme qui s'est poursuivi en Amérique latine et en Afrique subsaharienne (Côte d'Ivoire, Mali, Cameroun), dans les années 60. Mais c'est surtout dans les années 70 que se sont multipliés les centres de formation en Afrique francophone où chaque société d'électricité disposait d'au minimum un centre. Ce qui a eu le mérite de maintenir les élèves dans leur pays respectif pour y subir leur formation. Cette initiative a été fortement soutenue par une agence du ministère français de la coopération. Ce sont des agents d'EDF qui sont chargés de l'exécution du programme en recrutant des élèves dans les entreprises ou dans des établissements publics, et même de repérer et préparer de futurs formateurs destinés à prendre plus tard leur relai.

[279] COMBE J., entretien 16 mars 2015.
[280] *Ibid.*

4. Techniciens et agents de maîtrise, les « caporaux » du secteur de l'électricité

Les techniciens et les agents de maîtrise sont comme les caporaux dans l'armée. Ils sont dépositaires de la mémoire technique et sociologique des métiers et des savoir-faire issus d'une longue pratique professionnelle ; mais surtout ils doivent avoir la formation théorique de base. Jusqu'aux années 1960 cette catégorie de personnel ne se comptait que dans la communauté des expatriés. Il faut absolument former les autochtones dans cette catégorie pour préparer la relève des expatriés. Ces postes de techniciens et agents de maîtrise sont très stratégiques dans une entreprise électrique. Le choix doit être porté sur des gens qui ont des prérequis : formation générale de base suffisante, expérience en exploitation de 8 à 10 ans dont quelques années de maîtrise de contact. Ce qui doit les destiner à tenir des postes d'agent de maîtrise supérieure et d'accéder plus tard à des postes d'encadrement. C'est un programme type, modèle EDF, utilisé pour la formation de ses propres Agents de Maîtrise technique[281].

Un cursus a été mis en place dans les années 70 et porte le nom de « Stage de techniciens africains » où les différentes directions de sociétés africaines choisissent des stagiaires ayant subis des préparations dans leur centre de formation, qu'on envoie par la suite pour trois semestres environ à l'École de Métiers EDF de Saint Afrique à Aveyron. Au programme, enseignement théorique et pratique sur la distribution et production, la sécurité individuelle et collective, etc. Cette École non seulement offre un cadre idéal pour cette formation avec ses installations qui servent de support pédagogiques, mais se situe dans une ville située dans la banlieue de la métropole qui permet aux stagiaires africains d'être dans un lieu d'accueil chaleureux qui ressemble un tout petit peu à leur ville d'origine. La suite du stage se passe dans les unités d'EDF pour une immersion dans un environnement industriel[282].

Les premières promotions ont donné des résultats très satisfaisants qui ont permis d'envisager sans difficulté l'africanisation des effectifs des agents de maîtrise supérieure. Certains ont par la suite occupé des responsabilités plus accrues dans l'organigramme de leur société. Pour

---

[281] COMBE J., « L'africanisation des compagnies d'électricité en Afrique francophone : la participation d'EDF 1960-1996 », mai 2013, (source privée).
[282] *Ibid.*

renouveler cette expérience sans trop de frais, les grandes sociétés de certains pays comme le Cameroun, la Côte d'Ivoire, le Sénégal, le Zaïre, etc., ont monté plus tard leur centre de formation de techniciens supérieurs avec le soutien d'EDF[283].

5. Le Centre de Formation Professionnelle et de Perfectionnement de SENELEC, la voie de l'appropriation technologique

Le diagnostic effectué sur le personnel de la SENELEC en 1977 donne un effectif de 1624 répartis dans les classifications suivantes :

- échelles de 16 à 20 – cadres
- échelles de 8 à 15 – agents de maîtrise
- échelles de 1 à 7 – personnels d'exécution.

Dans cet effectif global, les cadres ne représentent que 4,7 %. Ce qui est insuffisant. Les agents de maîtrise sont relativement faibles avec 35,9 % mais insuffisants au niveau de la maîtrise de contact qui correspond aux échelles 8, 9, 10 et 11 ; une surreprésentation de 59,4 % au niveau du personnel d'exécution sur l'ensemble du personnel. À l'issue de ce constat un plan directeur du personnel est établi et doit être appliqué de 1977 à 1985 afin de permettre une meilleure répartition du personnel dans l'échelle hiérarchique ; l'accroissement du personnel nécessaire au développement des activités de la société ; une amélioration de la qualification des agents[284].

L'objectif du plan directeur du personnel est de passer de 1 624 en 1977 à 1 932 en 1985. En même temps que les effectifs augmentent, la répartition interne dans les différentes hiérarchies sera modifiée en fonction de l'évolution des techniques appliquées. Ce qui suppose nécessairement l'augmentation des pourcentages dans les hiérarchies de hautes qualifications techniques comme les cadres et agents de maîtrise, et une diminution des agents d'exécution, dont, les effectifs sont jugés pléthoriques. Durant cette période, les augmentations globales doivent être de l'ordre de 72 % de l'énergie vendue ; de 27 % de l'enveloppe salariale et de 19 % de l'effectif du personnel.

---

283 *Id.*

284 AEDF, 925978, SENELEC, Centre de Formation du Cap des Biches.

Le Centre de Formation et de Perfectionnement professionnels est conçu pour répondre aux exigences du plan directeur du personnel en développant les activités suivantes :

- Formation de 36 jeunes gens issus de l'éducation nationale et recrutés par concours. Il y aura deux promotions par an : une promotion de 16 pour les réseaux de distribution et une promotion de 20 pour la production. Elles sont admises en septembre et en décembre de chaque année. La formation annuelle est de 10 spécialistes en Diésel, 10 spécialistes en thermique vapeur et 16 spécialistes en Réseaux de distribution. Les 20 meilleurs de ces jeunes sélectionnés pourront être affectés en maîtrise et 16 parmi le personnel d'exécution ;
- Perfectionnement et adaptation pour 32 cadres et ingénieurs au cours de 4 sessions organisées annuellement ;
- Perfectionnement de 24 agents de maîtrise et de 16 agents en vue de les promouvoir en maîtrise. Leur perfectionnement doit se tenir en 4 sessions : 1 session de 15 semaines réunissant 16 agents de la production « Diésel », 1 session de 15 semaines réunissant 8 agents de la production « Thermique vapeur », 2 sessions de 15 semaines chacune, réunissant 2 fois 8 agents (16) des Réseaux de distribution ;
- Perfectionnement de 48 agents d'exécution au cours de :

  - 1 session de 5 semaines réunissant 8 agents de la production « Diésel »,
  - 1 session de 5 semaines, réunissant 8 agents de la production « Thermique vapeur,
  - 4 sessions de 4 semaines chacune, réunissant 4 fois 8 agents (32) des réseaux de distribution.

Ainsi, 10 % des effectifs du personnel de la Société pourront être intéressés annuellement par les activités de formation et de perfectionnement du CFPP qui seront complétés par d'autres stages développés au niveau national comme l'Institut Universitaire de Technologie (IUT) à Dakar, les centres relevant du ministère de l'Éducation nationale, l'Association pour la Formation au Sénégal (AFORS), le centre de perfectionnement professionnel du B.I.T à Dakar, etc. Ou à l'étranger par des stages à EDF, CEGOS, à sud Maintenance, chez les constructeurs de matériel, dans les centres des autres sociétés africaines membres de l'UPDEA (Union des Producteurs et Distributeurs d'Énergie Électrique en Afrique).

Le transfert de technologie doit donc passer par la formation des agents. D'autant que les équipements techniques sont déjà implantés depuis des décennies. Les techniques de production, transport et distribution sont déployées depuis lors par des expatriés. Ce qui est renouvelé, ce sont les acteurs. Le transfert se passe à ce niveau. Et ce ne sera pas de trop de rappeler cette citation utilisée plus haut : *« Il y a transfert de technologie lorsqu'un groupe d'hommes, en général partie d'un organisme, devient effectivement capable d'assumer dans des conditions satisfaisantes, une ou plusieurs fonctions liées à une technique déterminée*[285]*. »*

Il a fallu traverser presque un siècle d'utilisation de l'énergie électrique au Sénégal pour qu'enfin se réalise le transfert de sa technologie. Car, on a assisté à une transplantation de techniques dans des unités de production industrielle depuis le XIXe siècle, époque des grands théoriciens de la colonisation, jusqu'à la seconde moitié du XXe siècle, celle des indépendances des anciennes colonies françaises. Même si l'on est dans un changement d'échelle géographique, la colonie n'était que le prolongement de l'espace économique de la Métropole. Le secteur de l'économie était détenu par les expatriés de la Métropole qui ont reproduit le même système de leur zone d'origine. C'est avec l'indépendance, qui érige l'ex-colonie en espace économique différent, que s'amorcent et s'organisent les processus de transfert de tous genres. On est désormais dans un espace sociologique différent de celui de l'ancien maître même si l'on reste l'héritier de son système.

> *« Autrement dit, la dimension sociale, au sens le plus large, apparaît comme déterminante dans le développement du discours de la technologie, la technique elle-même n'étant que le support partiel, l'un des savoir-faire nécessaires à l'obtention d'une œuvre. En effet, dès que l'on aborde un changement de technique, qu'il s'agisse de mutation au sein d'une unité de production, d'une entreprise, voire d'une branche, ou de transfert de technologie entre espaces économiques différents, on constate que :*
> *1 °) Les techniques forment des ensembles liés qui subissent un effet d'entrainement interne ; elles demandent du temps pour*

[285] Paul SEURAT, cité par : DROUVOT H., VERNA G., *op. cit.*

être mises en œuvre et nécessitent souvent des interventions complémentaires.
2 °) Elles n'ont d'utilité qu'à la condition de s'insérer dans le milieu économique, social et culturel qui les emploie. En bref transférer c'est adapter au sens le plus large du terme[286]. »

Pour conclure, il semble difficile d'isoler une technique de son contexte technologique qui, lui, implique précisément toute la complexité des rapports sociaux de production, des normes, du système d'organisation qui aboutissent à la mise en œuvre effective de la technique. Globalement, la production de l'énergie est systémique. Même si l'avènement de la notion de système est tardif, sa pratique date de très longtemps. Nous allons dans la deuxième partie de notre thèse, faire l'archéologie du système énergétique au Sénégal en choisissant une séquence temporelle qui part de 1887 à 1985, pour étudier dans un premier temps les unités de production électrique et les pratiques énergétiques en seconde phase.

[286] VENNIN B., *op.cit.*, p. 9.

DEUXIÈME PARTIE

LES UNITÉS DE PRODUCTION DE L'ÉNERGIE ÉLECTRIQUE AU SÉNÉGAL : UNE ÉVOLUTION DANS LE TEMPS

La circulation des sciences et des techniques, ainsi que celle, en lien, des acteurs de ces disciplines dans le monde, laisse présager d'une unité de pratiques. Néanmoins, certains facteurs peuvent limiter cette perception, notamment les facteurs climatiques, géographiques, ou économiques. Dans ces conditions, pourrait-il y avoir une spécificité sénégalaise des pratiques énergétiques ? Partie intégrante de l'empire colonial français, la colonie du Sénégal n'est pas restée isolée des développements techniques et de leurs différentes pratiques intervenues dans la métropole. La présence de plusieurs expatriés dans cette colonie l'a, en effet, destinée à bénéficier des transferts de technologies. À quelle fin ?

Au moment où les colonies ont réclamé leur autodétermination ; le Sénégal, à l'instar de la plupart des peuples colonisés, a réclamé son indépendance. Celle-ci s'est-elle traduite par une indépendance énergétique ? Y a-t-il une nouvelle définition de la politique énergétique de l'État indépendant ?

Les pratiques énergétiques peuvent être comprises comme l'histoire des différents usages de l'énergie au Sénégal et plus particulièrement de leur usage technique depuis la période précoloniale jusqu'à la période postcoloniale. De ce point de vue, l'objectif est de préciser l'histoire des différentes techniques développées pour utiliser de manière efficace et efficiente les différentes sources d'énergie. Il s'agit donc d'esquisser une rétrospective des sources d'énergie en général, à l'échelle mondiale, ainsi que leur mode d'utilisation et de considérer, dans cette partie, les pratiques de l'énergie propres au Sénégal. Pour ce faire, il convient de tenir compte des contextes antérieurs et postérieurs à la colonisation du Pays, ainsi que la colonisation elle-même. En dehors de la force humaine et de la force animale, la période précoloniale est marquée par une utilisation primaire de la principale source d'énergie que constitue le bois de chauffe pour la cuisson des aliments ou pour des activités sidérurgiques dans cette partie de l'Afrique occidentale Française (AOF).

La période coloniale est, quant à elle, marquée par un usage multiple des énergies, soutenu par une politique bien définie par le pouvoir colonial. Cette période est caractérisée par une circulation des techniques d'usages énergétiques, dont les agents sont les principaux acteurs du système colonial. Cette politique se situe dans un espace que tous perçoivent comme un prolongement de la Métropole. Ainsi donc, les techniques énergétiques sont considérées comme essentiellement au service de la production industrielle et pour la création de capitaux. De ce point de vue, ces techniques développées ne seront pas appropriées par la population locale dans sa grande majorité, et ne dépasseront pas les cercles technico-industriels.

La période de l'indépendance du pays en 1960, a ceci de particulier, qu'elle n'entraîne pas *de facto* l'indépendance énergétique. Celle-ci s'est amorcée, officiellement, vingt ans après l'indépendance politique, bousculée par la crise pétrolière de 1973, sans y parvenir réellement ainsi qu'on pouvait s'y attendre. Parce que le pays ne dispose pas, jusque-là, de ressources énergétiques fossiles abondantes. Même si par des voies non officielles, on note des usages de techniques énergétiques ménagères antérieures à la crise pétrolière, la volonté affichée par l'État dans ce sens, date de la fin des années 1970 ; plus précisément de 1980, sept ans après la crise pétrolière. La stratégie est fondée, d'une part sur la recherche scientifique et technique des usages énergétiques dont les résultats sont destinés à un large usage social, et d'autre part à la prospection pour la recherche d'énergies minières fossiles ou offshore. Cette recherche confiée aux instituts universitaires du pays, scande le slogan, tant clamé par l'autorité étatique, de « l'utilisation des ressources nationales pour accéder à l'indépendance énergétique ».

Chapitre 3

Notion d'énergie et système énergétique au Sénégal de 1887 à 1985 : mise en perspective

La notion d'énergie est assez complexe et n'est pas aisée à saisir. Si les pratiques énergétiques datent des débuts de l'humanité, le concept d'énergie est une construction qui prend forme entre le XIXe et le XXe siècle. Ce concept, qui est né et mis en pratique dans les pays occidentaux occupe la première place dans les débats. Appliquée à l'électricité, la notion d'énergie implique plusieurs niveaux. L'électricité étant une énergie finale, sa production appelle l'utilisation d'autres énergies dites primaires.

Au Sénégal, les premiers projets d'implantations de centrales électriques tendent à confirmer l'option capitaliste de la production de l'énergie électrique[287]. Une tendance qui montre toute la complexité du secteur de l'électricité qui, bien souvent, a ses propres logiques. Il est, à l'origine, une affaire d'initiatives privées avant que l'administration coloniale ne cherche à le contrôler, par ce que le sachant très stratégique. Une attitude adoptée plus tard par l'État indépendant du Sénégal.

L'indépendance politique du pays, est-elle conçue également comme une indépendance énergétique ? La pratique quotidienne de l'usage énergétique ne permet pas de répondre par l'affirmative. Cette volonté d'indépendance semble s'amorcer, officiellement, vingt ans après l'indépendance politique, bousculée par la crise pétrolière de

---

[287] ANOM, BIB, SOM, Br.B, 1601-1747, Conférence de M. VAUBOURG sur l'éclairage électrique au Sénégal, 15 décembre 1887.

1973[288], sans y parvenir comme on peut s'y attendre. Parce que le pays ne disposait pas, jusque-là, de ressources en énergies fossiles abondantes. Cette recherche confiée aux instituts universitaires du pays, marque, le slogan porté par l'état, de « l'utilisation des ressources nationales pour accéder à l'indépendance énergétique[289] ». Le Sénégal utilise différentes sources d'énergie, notamment les fossiles et les renouvelables. Ainsi le système de production de l'énergie électrique repose sur les centrales et les combustibles choisis pour les alimenter.

A. Énergie : discussion du concept

Il est établi – semble-t-il – qu'un ordre de l'univers en régit le fonctionnement. L'homme qui se meut, déplace des choses, les transporte, les détruit, ou quand il ne peut y parvenir de par sa propre force naturelle, se sert d'autres objets ou matières selon un protocole établit pour en user avec efficacité, est à cette image, étant lui-même un concentré d'énergie. Il en est ainsi depuis que l'homme est apparu sur terre, cela sans trop se préoccuper d'une quelconque théorie d'utilisation. Ces énergies renouvelables d'un accès facile et moins polluant, comme « la force humaine et animale, le bois de feu, le soleil, le vent, l'eau des ruisseaux, des rivières et des fleuves[290] », ont satisfait les besoins de l'homme jusque vers les années 1820, alors que le chiffre de la population s'établissait à hauteur d'environ un milliard d'habitants sur la planète.

À partir de 1820, interviennent les prémices de la révolution industrielle. L'homme repoussant sans cesse ses limites, imagine des combinaisons pour produire plus et avec plus de forces, au-delà de ses capacités physiques et des autres énergies renouvelables. Les plus imaginatifs trouvent des combinaisons et comprennent la nécessité de communiquer les résultats de leurs recherches. Et, comme si la démonstration de leurs découvertes n'y suffisait pas, ils éprouvent le besoin d'anticiper la création, définissant par avance les cadres dans lesquels cette même création doit intervenir. Ce surplus d'énergie – pourrait-on dire vitale – a déjà été identifié dans le sous-sol. Ainsi les

[288] ANS, Revue *Courants*, n°17, Deuxième trimestre 1980, Discours de M. Cheikh Amidou Kane, ministre de l'Industrie et de l'Artisanat lors de la cérémonie d'inauguration du gazoduc de Diam-Niadio Kabor, le 16 mai 1980.
[289] *Ibid.*, p.7.
[290] CHEVALIER J.-M., Les 100 mots de l'énergie. Paris : PUF, 2008, p. 57.

XIXe et XXe siècles ont-ils été les siècles des énergies dites « fossiles » dont les plus grandes, commerciales, non renouvelables, polluantes et remarquables sont : le pétrole, le charbon et le gaz naturel, qui sont vite entrés en conflit avec le bien commun à toute l'humanité : le climat. Elles auront néanmoins permis de couvrir 80 % des besoins énergétiques de six milliards d'individus sur terre.

Nous voici basculés ainsi de la pratique au régime de la théorie énergétique, notamment pendant les trois derniers siècles de notre ère. De l'énergie naturelle offerte par la nature, nous voilà, dans une autre dimension, où l'énergie est érigée en véritable science, qui fait le lit d'une technique énergétique sans commune mesure. Et le summum est atteint avec la conception purement humaine de l'énergie du XXe siècle, l'énergie nucléaire.

On ne peut que constater que la planète n'est pas dotée de manière équitable en énergie. Ainsi, les pays dont le sous-sol est le plus pourvu ne sont pas forcément les plus puissants. Percevant les enjeux économiques et financiers du secteur de l'énergie, des groupes s'organisent pour investir ce secteur, par la concurrence ou par des « ententes » de raison. Ils se sont, *in fine*, imposés comme de véritables acteurs de l'énergie, qui agissent au présent et préparent le futur. Ce sont principalement les entreprises, les gouvernements, les collectivités locales, la Commission européenne et un certain nombre d'organisations intergouvernementales comme l'Agence internationale de l'énergie (AIE), ou le Forum International de l'Énergie (FIE), pour ne citer qu'elles.

D'un point de vue social, les destinataires des politiques de l'énergie, quant à eux, se trouvent submergés par tout un vocabulaire technique, certes instructif, mais impressionnant pour qui n'y est pas initié. Dans le contexte de la grande « crise de l'énergie », consécutive aux difficultés économiques de 1973[291]. Le vocabulaire technique sort alors de la sphère des milieux spécialisés, repris par les journaux et les télévisions qui tentent de le relayer dans la société « civile ». L'usager se trouve noyé dans ce débat trop technique pour le profane qu'il est. Il adopte une attitude d'autodéfense devant les possibles dangers environnementaux, alimentant un débat qui l'amène parfois à s'opposer violemment à certaines applications énergétiques, saisissant finalement à sa manière ce que contiennent tous ces mots et ce que

[291] VIGNE J.-C., POLLET G., Vocabulaire de l'énergie. Initiation économique. Paris : Les éditions ouvrières, mars 1982, p. 65.

peuvent représenter ces différentes énergies en termes d'avantages et d'inconvénients.

1. De la pratique au concept d'énergie

Aujourd'hui la question énergétique est au centre de toutes les préoccupations. Comment en est-on arrivé là ? Serait-on pris brusquement de manière inattendue dans une spirale énergétique qui s'est emparée de l'humanité ? Autrement formulé, est-on entré dans une relation de dépendance, avec un phénomène qui apparaît comme le principe même du développement de l'humanité tout entière ? En tout état de cause, si l'on veut bien considérer la trajectoire de l'humanité, il semble que « le destin de l'homme s'est façonné dans sa relation à l'énergie[292] ». Dans les discours, les stratégies politiques des « grands » et « petits » de ce monde, le ton donné : celui de l'« Efficacité énergétique ». En effet, l'humanité fait face à un double défi à relever : d'une part, l'épuisement annoncé des ressources énergétiques et d'autre part, la dégradation du climat par l'émission de dioxyde de carbone à partir des combustions. Notre planète Terre a subi, depuis la nuit des temps, une pratique énergétique exercée par l'homme. Une pratique plurimillénaire qui se faisait d'abord de manière intuitive, assurant ainsi à l'homme une domination sur la nature, dont il s'est érigé en maître. Il a fallu attendre le XIXe siècle marqué par la révolution industrielle pour voir une place importante accordée à la théorie énergétique, cela avec la conceptualisation de la notion d'énergie. Ainsi donc, l'énergie était issue du régime de la pratique, et l'homme en usait sans trop s'encombrer de théorie. C'est dans sa perpétuelle quête de la performance qu'il va soumettre l'énergie au filtre des concepts.

1.1. De la pratique de l'énergie

Dans les faits, les pratiques énergétiques précèdent le concept d'énergie, construction de l'histoire de l'humanité et le monde est aussi vieux que toutes ces composantes énergétiques.

---

[292] NICOLAS A., Énergies, une pénurie au secours du climat ? *Pour la science*, Paris : Belin, 2011, p. 7.

> *« L'énergie est au centre de tout. Sans elle, il n'y aurait ni monde minéral, ni monde vivant. Dans l'univers, depuis l'instant initial du big bang s'échappe un formidable flux d'énergie dans un désordre croissant*[293]*. »*

L'homme, qui est apparu et a évolué dans l'univers énergétique, n'a pas su exploiter ce potentiel à l'aube de l'humanité. Il a très longtemps compté sur sa propre énergie musculaire pour survivre. Il a affronté les obstacles de la nature, dans une jungle qui n'était accueillante pour aucune espèce, avec sa propre force à l'aide de matériaux rudimentaires, taillés pour un meilleur usage, comme le bâton et la pierre[294]. Il a fallu que :

> *« Prométhée volant le feu aux dieux et l'apportant aux hommes […] Avec le feu, maîtrisé il y a environ 500 000 ans, l'homme préhistorique se protège du froid. Brandissant un tison, c'est maintenant lui qui inspire la peur à l'ours convoitant sa caverne. Ce nouveau pouvoir tient à la maîtrise, avec le feu, d'une énergie bien plus concentrée et puissante que celle des rayons du soleil*[295]*. »*

La découverte du feu constitue une révolution majeure dans l'histoire de l'humanité, et donne l'impulsion à une évolution qualitative de la vie humaine ; l'homme s'adonnant désormais à l'invention et aux créations de toute sorte. On peut citer l'ancêtre du Cro-Magnon qui est l'inventeur des *« premiers outils comme le coup-de-poing, la hache, le propulseur, ou lance, qui lui assurent un nouvel avantage sur son environnement, témoignent du début de la maîtrise d'une nouvelle forme d'énergie*[296]*. »*

L'invention en « bandoulière », l'homme franchit les étapes et multiplie les révolutions. Après les premiers outils qui lui ont permis d'envisager une vie sédentaire, la révolution énergétique majeure suivante est sans conteste *« celle de l'Holocène, il y a 10 000 ans,*

---

293 NICOLAS A., *Ibid.*, p. 18.
294 De BEAUNE S. A., *Qu'est-ce que la préhistoire ? Inédit*. Paris : Gallimard, 2016.
295 NICOLAS A., *op. cit.*, p. 20.
296 *Ibid.*, p. 20.

avec l'invention de l'agriculture et la domestication des espèces qui ne surent se tenir à distance suffisante. La force de l'homme est décuplée par celle des animaux de trait[297]. » La conséquence de ces premières révolutions énergétiques, qui rendent sensible l'amélioration de la qualité de vie, fondée, grâce à l'agriculture, sur les réserves alimentaires. L'homme se sédentarise et dispose de temps pour d'autres activités. L'usage contrôlé du feu permet la naissance de civilisations apparues il y a 5 000 ans au Moyen-Orient et en Asie, avec l'industrie de la céramique et de la métallurgie. Ces deux dernières industries sont marquées par l'utilisation massive du bois comme combustible pour alimenter les fourneaux de réduction des métaux et la cuisson de la céramique.

C'est, quelques millénaires plus tard, notamment pendant les deux siècles précédents le nôtre, que l'humanité a connu un tournant marqué par une grande évolution de sa condition d'existence. La découverte et l'utilisation des sources d'énergie enfouies dans le sous-sol permettent d'inventer et de faire fonctionner des machines de plus en plus sophistiquées. Cet environnement propice à la création, d'invention et d'organisation d'une véritable économie à l'échelle mondiale donne naissance, précisément au XIXe siècle, au concept de « révolution industrielle », ainsi qu'au développement du concept d'énergie.

1.2. Énergie, la naissance d'un concept

> *« Les notions d'espace et de temps sont intuitives : classiquement, on dira que l'espace et le temps constituent le « cadre » dans lequel le monde va prendre place. Ce qui remplit plus ou moins ce cadre, c'est la matière. Et ce qui va animer et transformer cette matière, c'est l'énergie. Le soleil brille et nous réchauffe par ses rayons, le vent souffle et fait frissonner les arbres, les aliments cuisent dans la cocotte, les animaux et nous-mêmes nous déplaçons : autant de manifestations de l'énergie. [... [Comme nous l'avons vu, il a fallu de nombreux siècles, pour complètement élaborer le concept d'énergie [par exemple, distinguer les notions de force, vitesse et énergie] et pour établir les correspondances entre les différentes formes qu'elle peut prendre [par exemple, établir l'équivalence entre chaleur et énergie mécanique)*[298]. »

---

[297] *Ibid.*, p. 26.
[298] NAUDET G., REUSS P, *op. cit.*, p. 38.

Quand nous décidons d'étudier la question de « *L'énergie électrique au Sénégal*... » d'un point de vue historique, le premier réflexe est de comprendre ce que recèle ce concept d'énergie. Le dictionnaire propose une définition toute faite. Mais la déception est grande, dans la mesure où cette notion étant donné le vaste champ que recouvre cette notion, aussi immense que la planète Terre. Car : *« Si l'énergie est une quantité physique parfaitement définie pour le physicien, sa définition est beaucoup moins claire si l'on consulte un dictionnaire*[299]. »

Il faut attendre le XIXe siècle avec la théorie de la thermodynamique et le XXe siècle avec celle de la relativité, de la physique quantique et le modèle standard de la physique des particules pour que la notion d'énergie se forme telle que l'appréhende le physicien d'aujourd'hui[300]. Il est important de souligner que le terme « concept » appartient à la tradition philosophique générale : Platon a théorisé sur le concept du « bien » et Newton sur celui de « force ». Nous sommes ici dans la plus pure tradition de l'ingénieur qui considère le « concept » comme une proposition novatrice qui permet d'initier un travail de conception[301]. Si l'on effectue un retour dans l'histoire des sciences et des techniques, le constat est qu'il y a une application de l'énergie avant toute formulation de son concept. Les ingénieuses machines, construites dès l'Antiquité, l'ont été grâce à l'énergie : qu'il s'agisse des leviers, poulies et autres treuils, des chars, navires et cerfs-volants ; des machines de guerre, arcs, catapultes, etc. ; des norias et moulins à eau, puis à vent[302]. Toutes ces « forces » qui permettent de telles œuvres n'ont pas été théorisées, et donc seraient donc demeurées non conceptualisées. Nous sommes en présence d'applications intuitives et logiques. On peut soutenir que la machine à vapeur à piston de Denis Papin [1687] ou la machine de Thomas Newcomen [1712] améliorée par James Watt vers la fin du XVIIIe siècle, rentrent dans ce registre.

---

299 NGÔ C., *Ibid*, p. 1.
300 NAUDET G., REUSS P., *op. cit.*, p. 40.
301 HATCHUEL A., WEIL B., Les nouveaux régimes de la conception. Cerisy-la-Salle ; Paris : Vuibert, 2008, p. 40.
302 NAUDET G., REUSS P., *op. cit.*, p.41.

À partir du XIXe siècle, pour développer ces machines, on a dû recourir à la théorie, avec notamment les travaux très remarqués de Sadi Carnot[303] [1824], sur la puissance motrice du feu en 1824), Émile Clapeyron[304] (1858), Rudolf Clausius[305] avec la notion d'entropie en 1850, Lord Kelvin (1848) qui propose la température thermodynamique et une échelle de température absolue[306], etc. Il est bien difficile d'imaginer la « fée Électricité » sans les nombreux travaux théoriques qui l'ont accompagnée depuis sa création. C'est encore plus vrai pour l'énergie du XXe siècle, le nucléaire, au fondement essentiellement théorique : découverte de la radioactivité, théorie de la relativité, compréhension de la structure des atomes et de leur noyau, découverte du neutron de la fission sans lesquelles cette énergie n'aurait jamais dû être imaginée[307].

Tout laisse à penser que le concept d'énergie n'est pas antérieur à la Renaissance quand on se réfère à certains grands noms de l'histoire des sciences et des techniques comme « Nicole Oresme (1323-1382), avec ses travaux sur la chute des corps ; Francesco di Giorgio, avec son *Traité de mécanique* ; Léonard de Vinci (1452-1519), savant et artiste de génie qui a notamment, montré l'absurdité du mouvement perpétuel et introduit le concept de coefficient de frottement ; Jérôme Cardan (1501-1576) a montré qu'un mouvement perpétuel (sans intervention externe) n'était pas possible[308]. » Parmi les précurseurs, on peut citer entre autres Galilée (Galileo Galilei, 1564-1642), qui est considéré comme le père de la physique d'aujourd'hui avec ses travaux sur la chute des corps et sur le principe d'inertie ; Descartes (1596-1650) avec l'introduction de la notion de travail reprise et développée par Newton (1642-1727) avec la loi de la proportionnalité ; et plus tard Le Rond d'Alembert (1717-1783) qui ont approfondi les notions de mécanique et de dynamique.

---

303 CARNOT S., Réflexions sur la puissance motrice du feu et sur les machines propres à développer cette puissance. Réflexions sur la puissance motrice du feu. Paris : Bachelier, 1824.

304 CLAPEYRON E., Notice sur les travaux de M. Émile Clapeyron, ingénieur en chef des mines. Paris : Imp. de Mallet-Bachelier, 1858.

305 CLAUSIUS R., Le deuxième principe de thermodynamique. 1850.

306 *Ibid.*

307 NAUDET G., REUSS P., *op. cit.*, p. 50.

308 *Ibid.*

Il faut attendre la fin du XVIIIe siècle pour voir se préciser la notion d'énergie dont l'émergence est favorisée par « *les recherches sur le thème de calorimétrie (par exemple, la première voiture automobile à vapeur réalisée en 1770 par Joseph Cugnot pourrait symboliser l'équivalence entre chaleur et énergie mécanique*[309]. »

Il y a donc, comme on vient de le voir, une pratique énergétique significative, bien avant le XIXe siècle, qui est conduite par l'homme, puis de manière plus affinée par des personnes notables et en vue, des époques les plus évoluées, qui ont servi à constituer l'espace des connaissances nécessaires au concept d'énergie. Fort de ces découvertes énergétiques, l'homme commence à établir une classification des différentes sources d'énergie par filières.

2. Les filières énergétiques

Avec la découverte du feu qui a donc permis la sédentarisation de l'homme et l'organisation sociale qui s'en est suivie, des classes sociales commencent à se dégager. L'homme aspire désormais au confort et à la facilité, qui une fois atteints, traduisent un sentiment de puissance et de domination d'autrui. Même l'utilisation de l'énergie animale implique la présence humaine pour organiser et canaliser toute activité qu'il requiert. Et le besoin de main-d'œuvre se manifeste dans les secteurs primordiaux de l'activité humaine comme le transport, l'agriculture et la transformation des produits agricoles. L'homme, après avoir domestiqué l'énergie animale, se tourne vers l'asservissement de l'énergie humaine, poussant ainsi son désir jusqu'à la pratique de l'esclavage. Tel est le point de vue de Christian Ngô :

> « Tant que l'homme s'est nourri de chasse et de cueillette, sa seule force physique, alliée à son intelligence et son habileté, et le feu ont suffi. Mais lorsqu'il s'est sédentarisé, de nouveaux besoins énergétiques sont apparus pour travailler la terre de manière plus efficace, pour moudre le grain… Il a trouvé ces sources dans la force des animaux domestiques et dans celles des esclaves[310]. »

Les grands dommages : physiques causés par la servitude à des millions d'êtres humains de toutes races confondues de par le monde ;

---

[309] *Id.*

[310] NGÔ C., *op. cit.,* p. 4.

et moraux car causés à l'humanité entière, qui a commencé à prendre conscience de cet état de fait, ont néanmoins donné *« une impulsion non négligeable à l'industrialisation en créant une demande pour divers biens manufacturés et en stimulant l'économie et la production de nourriture*[311]*. »*

Certains historiens comme Jean-François Mouhot proposent le rapport entre l'abolition de l'esclavage et la révolution industrielle. Notre propos ici ne s'inscrit pas dans ce débat. Cependant le génie inventif de l'homme l'a amené à inventer des outils et machines de plus en plus performantes. Celles-ci effectuent des tâches auxquelles s'adonnait l'homme, avec des coûts d'entretien moindres que ceux d'un contingent d'esclaves. En tout état de cause, ces machines inventées nécessitent l'utilisation de sources énergétiques nouvelles pour leur mise en marche. Les énergies, il y en a plusieurs sortes et en particulier, celles qui peuvent «*fournir du travail ou de la chaleur*[312].» Ce sont notamment les énergies fossiles (charbon, pétrole, gaz), les énergies renouvelables (hydraulique, solaire, éolienne, biomasse, géothermale, des déchets), l'énergie nucléaire et en fin l'énergie électrique.

La technologie de l'énergie électrique est présente au Sénégal depuis des décennies avant l'indépendance. Le secteur est toutefois détenu par des expatriés. Même si la population native locale se connecte de plus en plus au réseau électrique depuis la période coloniale, leur contribution dans la production de l'électricité reste quasi insignifiante. Il faut attendre la phase de nationalisation du secteur pour voir s'accroitre leur rôle et leur participation dans les activités techniques de la production, du transport, de la distribution et de la gestion. Cette période qui commence à partir de l'année 1972, sera le point de départ d'une nouvelle phase de l'électrification du Sénégal. La production de l'énergie électrique au Sénégal a bel et bien une histoire qui date de l'installation des premières unités de production.

---

[311] MOUHOT J.-F., *Des esclaves énergétiques. Réflexions sur le changement climatique*. Seyssel : Champ Vallon, 2001, p. 27.
[312] NGÔ C., *op. cit.*, p. 8.

B. Les unités de production de l'électricité : les centrales et leur histoire

1. Les centrales principales

1.1. Les premières centrales D'Hyppolite VAUBOURG

Il est intéressant de placer l'implantation des premières centrales dans le contexte historique de l'électrification des colonies. La ville de Saint-Louis était la capitale de la colonie du Sénégal. La ville de Dépendances ressemblait beaucoup à une reproduction de la ville métropolitaine, par son aménagement et son architecture. Elle était beaucoup plus une ville administrative qu'industrielle. La demande d'éclairage devait intéresser les bâtiments publics de la colonie, les bâtiments de commerce et les différentes résidences privées. La ville de Rufisque qui a été électrifiée dans la même période, est censée prendre le relai de Saint-Louis, grâce à son port qui offre plus d'opportunités commerciales et industrielles. Rufisque avait en ce temps une activité portuaire dynamique liée à la production arachidière. Mais les équipements de son port ne permettaient pas d'utiliser la force motrice. Aussi, la centrale électrique n'avait-elle pas la force nécessaire pour assurer de telles applications. Quel a été l'équipement des deux centrales ?

1.1.1. Saint-Louis : la doyenne des centrales

La première centrale, installée en 1888 à Saint-Louis[313], est l'œuvre d'Hyppolite Vaubourg[314], premier concessionnaire de l'électrification du Sénégal. Elle comprend[315] : deux machines horizontales fixées ensemble de 150 CV ; deux dynamos gramme de 225 ampères l'un et 150 sous 110 volts chacun ; une chaudière semi-tubulaire à foyer intérieur en tôle ondulée produisant 1 600 kg vapeur sous 9 bars et demi de pression ; un condensateur par surface de 2 000 kg vapeur à l'heure.

Cette centrale est destinée à l'éclairage des maisons et des édifices publics. En dehors de ces secteurs aucune autre application de

[313] ANOM, FM, SG, Sénégal XII/16 : Éclairage électrique, 1887-1888.

[314] ANS, Pièces 7-8 : Traité de concession électrique de Saint Louis, 1887. 11 pages.

[315] ARDMAT C., *L'électrification du Sénégal de la fin du XIXe à la Seconde Guerre mondiale*, Maîtrise : Histoire : Université de Bordeaux III, sous la direction de Christophe Bouneau et Pascal Griset, 1999, 104 p.

l'électricité n'est connue dans cette ville de Saint-Louis qui possède déjà un réseau de distribution d'eau provenant de l'usine élévatoire de Mbakhana. Hyppolite Vaubourg a étendu son entreprise l'électricité dur à la ville de Rufisque qui prenait une suprématie sur Saint-Louis.

1.1.2. Rufisque : la deuxième expérience de Vaubourg

La centrale de Rufisque[316], deuxième réalisation d'Hyppolite Vaubourg, dans les années 1890, comprenait : une machine horizontale fixe de 32 CV ; une dynamo gramme de 150 ampères ; une chaudière de Moeyer produisant 750 kg de vapeur à l'heure sous 8 bars de pression. Cette centrale n'a pas été une réussite comme celle de la ville de Saint-Louis. En dehors de l'éclairage public, l'énergie électrique n'a pas eu une autre d'application avant l'implantation de la centrale de Dakar intervenue quelques années plus tard.

Mais ces deux centrales, dotées d'équipements pour l'essentiel très modestes, ne suffisaient pas à supporter un programme d'industrialisation. Il faut attendre la construction de la centrale de Dakar qui a été mise en fonction dans la seconde décennie du XXe siècle[317] pour que l'énergie électrique élargisse ses ambitions au-delà de l'éclairage public. Le transfert de la capitale de l'AOF à Dakar a réduit considérablement les capacités de développement du secteur de l'électricité à Saint-Louis étant donné que l'essentiel de la clientèle, composée des services de l'administration coloniale, va rejoindre la nouvelle capitale.

1.2. La centrale de Dakar Bel-Air, œuvre d'André De TRAZ

La Compagnie d'Électricité du Sénégal (CES) d'André De Traz, concessionnaire de l'électrification de Dakar, construit une centrale électrique à Dakar Bel-Air, située aux environs immédiats du port de commerce. Cette centrale commence à fonctionner en 1911[318].

---

[316] *Ibid.*

[317] ANOM, FM, 1TP/771 : Installation d'une usine d'électricité à Dakar et d'un réseau de tramways par la compagnie d'électricité du Sénégal (1905/1920).

[318] *Ibid.*

Première Usine électrique de Dakar Bel-Air en 1923[319]

Source : Archives Nationales du Sénégal, Fonds Sénégal Colonial, Série 6K – Électricité, eau, hydraulique pastorale

Elle comprenait à l'origine des groupes demi-fixes WEYHER à vapeur surchauffée compound, à condensation par mélange, actionnant chacune un alternateur Thomson 150 kW, 6 600 volts, courant triphasé 50 périodes avec l'appareillage nécessaire. Ces machines sont installées en 1910. En 1911, première année de l'exploitation des installations, la centrale de Bel-Air I comptait 5 groupes turbo-alternateurs totalisant 12 800 kW, et la vente d'énergie atteint les 195 000 kWh[320]. Un nouveau groupe de 500 HP est monté en fin 1916 mais avarié quelques jours après sa mise en marche. La révision de ces machines est intervenue en 1917. Au 1er décembre 1917 la puissance fournie par l'usine de Bel-Air est de 160 kW pour la ville et pour les usines élévatoires[321].

319 Archives Nationales du Sénégal, Fonds Sénégal Colonial, Série 6K - Électricité, eau, hydraulique pastorale.

320 ANS, Fonds AOF, P454, Pièces 24-25 : Rapport de l'Ingénieur en Chef du 2e Arrondissement et note de la Compagnie d'Électricité ; 1911. 17 pages.

321 ANS, Fonds AOF, P457, Pièces 57-58 : Rapport d'ensemble sur le fonctionnement de la Compagnie d'Électricité du Sénégal et particulièrement de la Centrale de Belle Air, 1918. 40 pages.

Les machines installées à la centrale de Bel-Air en 1917 disposaient d'une puissance de 1 250 HP soit 950 kW[322]. Un projet d'acquisition dans les brefs délais d'une nouvelle machine d'une puissance de 1 000 HP intervient. Les 3 machines demi-fixes de la centrale, qui sont déclassées, devaient être délocalisées de Bel-Air à Rufisque[323]. Elles ont une puissance de 250 HP chacune soit 750 HP. Leur délocalisation à Rufisque devait permettre d'y créer une importante centrale de réserve pour les usines élévatoires et l'usine de décorticage, et ensuite, élever la tension de la ligne de transport à 15.000 Volt[324]. Le projet ne s'est pas déroulé comme prévu. Toutefois ces machines ont été retirées de la production au niveau de la centrale.

En 1925, la Compagnie africaine d'Électricité (CAE) se substitue aux Établissements Carpot qui géraient les centrales de Saint-Louis et de Rufisque et fusionne en 1929 avec la CES. Elle installe deux nouveaux groupes vapeur avec chaudières à vapeur (2 turbo-alternateurs de 1 250 kW) sur le site de Bel-Air et établit une ligne de 30 kV pour alimenter la ville de Rufisque et les ateliers du chemin de fer à Thiès[325]. Ces ateliers disposaient déjà d'un groupe diésel de secours de 300 kW, pour répondre à la demande d'une industrie locale qui se développe et est soutenue par les industries métropolitaines, qui se sont repliées sur la colonie pour échapper à la guerre, entre 1940 et 1945. Ainsi donc, ce sont trois nouveaux groupes à vapeur de 3 000 kW sont installés à la centrale de Bel-Air.

La conjoncture économique prometteuse a déterminé la décision d'établir la centrale de Bel-Air II. Ainsi de 1953 à 1961, cette nouvelle centrale fut équipée de 5 chaudières à fuel de 50 t/h (température de surchauffe 450 C, pression 45 bars), destinées à alimenter 4 groupes turbo-alternateurs de 12 800 kW, pouvant débiter chacun 1 450 ampères sous une tension de 6 600 volts à la fréquence de 50 Hertz[326]. Après l'installation du 4e groupe en 1961, la puissance dans les deux

[322]ANS, Fonds AOF, P457, Pièce 101 : Rapport sur la marche de la Centrale de Bel-Air par l'Ingénieur adjoint au Contrôle. 6 pages.

[323] *Ibid.*

[324] *Ibid.*

[325] CAOM, FM, 1TP/1171 : Statistiques de la production et de la distribution de l'énergie électrique, toutes colonies (1925/1930).

[326] ANS, Revue *Courants* n° 8 : Premier trimestre 1978, Extension du poste 90 kV de la centrale de Bel-Air, 1 page.

centrales de Bel-Air est portée à 62 700 kW[327]. L'extension de la centrale est intervenue sous la concession de la Compagnie EEOA.

Évolution de la centrale de Bel-Air à Dakar
entre 1950 et 1960 avec EEOA[328]

La Centrale de Bel-Air à Dakar

Source : ANS, *Courants*, n° 4, Premier trimestre 1977,
la Centrale de Bel-Air

[327] ANS, Revue *Courantss* n° 4 : Premier trimestre 1977, Historique et contrainte de la production 2 pages.
[328] ANS, *Courantss*, n° 4, Premier trimestre 1977, la Centrale de Bel-Air.

La maquette du complexe de Bel-Air[329]

Source : ANS, *Courants,* n° 4, Premier trimestre 1977,
la maquette du complexe de Bel-Air

Les premières années de l'indépendance du Sénégal annoncent de nouvelles prévisions de développement industriel, et par conséquent de nouvelles prévisions de demande en énergie. La prévision de l'évolution de la consommation d'énergie électrique entre 1960 et 1967, est précisée dans le tableau prévisionnel ci-dessous, qui ne tient pas compte de la consommation de la Compagnie sénégalaise des phosphates de Taïba, qui représente à elle seule, 30 % de la consommation totale.

[329] ANS, *Courantss*, n° 4, Premier trimestre 1977, la maquette du complexe de Bel-Air.

Tableau prévisionnel de l'évolution de la consommation d'énergie électrique 1960-1967[330]

		1960	1961	1962	1963	1964	1965	1966	1967	1968
I Basse Tension										
. Eclairage	x	19	21	23	24	26	26	26	27	
. Appareils ménagers	x	16	18	20	22	25	25	28	30	
. Force motrice BT	x	10	10	11	12	13	12	12	13	
Total	xx	45	49	54	58	64	63	66	70	
II Haute Tension	xx	65	71	75	77	83	81	91	97	
III Consommation totale	xx	110	120	129	135	147	144	157	167	170 (1)

(1) provisoire

Source : Archives EDF, Dossier 27935 – boîte 801277 : Étude des besoins et de l'alimentation en énergie de la basse vallée du fleuve Sénégal 1969

Le taux de croissance moyen annuel avoisine les 5,6 % sur toute cette période avec des variations de 7,5 % annuels pour la période allant de 1960-1964 et 3,7 % pour la période de 1964-1968. L'année 1965 reste une exception. Elle a connu une forte baisse de consommation due au départ des forces françaises du Cap-Vert. D'une part, le secteur des appareils ménagers est, quant à lui, le plus dynamique dans les pays africains, lié à la climatisation. D'autre part l'extension de l'électrification dans des zones d'habitat défavorisées explique la hausse de consommation de l'éclairage. La baisse moyenne de consommation des abonnés peut s'expliquer par l'équipement sommaire des logements. Il y a une faible croissance en force motrice basse tension qui est imputable au désengagement progressif de l'administration dans ce secteur. La modeste consommation en haute tension peut s'expliquer par une faible dynamique des activités industrielles et tertiaires implantées dans la presqu'île du Cap-Vert, qui constitue l'essentiel des abonnés du secteur. C'est dans cette perspective qu'il a été décidé d'implanter une centrale à Cap des Biches[331].

---

[330] Archives EDF, Dossier 27935, boite 801277 : Étude des besoins et de l'alimentation en énergie de la basse vallée du fleuve Sénégal 1969.

[331] ANS, *Courantss*, n° 4, Premier trimestre 1977, p. 4.

1.3. La centrale de Cap des Biches, réalisation de la Cie EEOA

Située à 20 km à l'Est de Dakar, pas loin de Rufisque et à 6 km de la raffinerie de pétrole de Mbao, qui doit lui assurer l'alimentation en fuel, la centrale du Cap des Biches a été inaugurée au mois de janvier 1967. Mais la passation des marchés pour les équipements principaux de la centrale a commencé en 1963 et les chantiers en 1964. Le premier groupe turbo-alternateur a été livré en novembre 1965 et les premiers essais ont eu lieu en avril 1966[332]. Celle-ci a été établie pour accueillir quatre tranches successives qui devaient permettre à terme de disposer d'une puissance totale de 110 000 kW.

Afin d'éviter la limite d'espace connue sur le site de Bel-Air, l'implantation sur le terrain et la disposition des équipements de la première tranche du Cap des Biches ont été conçues de façon à réaliser les extensions successives sans contrainte et dans les meilleures conditions d'économie. Les bâtiments comprennent deux halls principaux, l'un pour la chaufferie et l'autre pour la salle des machines, une travée intermédiaire qui est la salle des commandes et une travée annexe d'équipements divers. Un pont roulant dessert la salle des machines. La chaudière est une Babcock et Wilcox d'une vaporisation à la marche économique de 100 t/h et dotée de six brûleurs à mazout type Pillard. Les réalisations annexes sont composées d'un chenal de prise d'eau de mer avec digue de protection, d'une station de pompage et de filtrage d'eau de mer, d'un pipe-line de 6 km qui alimente la centrale en fuel à partir de la raffinerie S.A.R., à Mbao, de deux réservoirs de 250 m3 plus un de 90 m3 pour le fuel léger nécessaire pour le démarrage de la chaudière[333].

---

[332] *Ibid.*
[333] *Id.*

La centrale du Cap des Biches[334]

La Centrale du Cap des Biches

Source : ANS, *Courants,* n° 4, Premier trimestre 1977

Une première unité de 27 500 kW (chaudière 127 t/h, pression 65 bars, surchauffe 500 °C – alternateur, 1 588 ampères, 12 500 volts, 50 Hertz), a été mise en service en mai 1966. Elle devient l'unité de base de la production d'énergie électrique parce que plus moderne et économe que les anciennes unités de Bel-Air. La centrale Cap-des-Biches a reçu une turbine à gaz « Alsthom »[335]. C'est la deuxième tranche de la centrale, installée en 1970, de 16 500 kW pour prévenir à d'éventuelles défaillances ou soutenir les pics de consommation. Il s'agit d'un moteur à combustion interne sans chaudière. La troisième unité a été installée en 1975[336], développant 30 000 kW. Il a un générateur à vapeur qui fait 130 t/H à 505 ° C sous 70 bars avec un alternateur qui débite 1 732 ampères sous 12 500 volts. Avec ses trois unités, la centrale de Cap-des-Biches représentait déjà 62 % de la production totale du pays en 1976.

---

334 ANS, *Courantss,* n° 4, Premier trimestre 1977, p. 5.

335 ANS, *Courantss,* n° 17, Deuxième Trimestre1980, La turbine à gaz, 7 p.

336 ANS, *Courantss,* n° 2, Troisième trimestre 1976, Inauguration de la 2e tranche de la centrale thermique du Cap des Biches.

2. Les centrales autonomes régionales[337]

Jusqu'en 1980, le réseau national compte 21 centrales dont 7 fonctionnaient en régime continu. En dehors de la presqu'île du Cap-Vert, avec Bel-Air et Cap des Biches, on compte les centrales de Kolda, Sédhiou, Bignona, Kaffrine, Nioro, Linguère et Matam. Ce sont des centrales de petite taille qui desservent des localités de moindre importance que Dakar.

La centrale de Bignona[338]

La Centrale électrique de Bignona

Source : ANS, *Courants, n° 2, Troisième trimestre 1976, Les centrales autonomes des régions*

Deux centrales de secours existent dans deux villes. Une centrale de 1 200 kW est installée à Saint-Louis. L'ancienne centrale installée par Vaubourg a été déclassée depuis que l'EEOA a racheté le réseau

---

337 ANS, *Courantss* n° 2, Troisième trimestre 1976, Les centrales autonomes des régions, 1 p.
338 *Ibid.*

électrique au niveau national vers les années 30. Une autre de 1 100 kW a été installée à Kaolack. Ce sont deux centrales de secours qui ne fonctionnent pas en plein temps. Les régions de Kaolack[339] et de Saint-Louis font désormais partie du réseau interconnecté dont la source principale provient des centrales de Dakar (Bel-Air et Cap des Biches) et couvre les parties ouest, centre et Nord du pays.

Une vingtaine de centres secondaires équipés de centrales diésel dont les puissances dépassent rarement les 100 kW sont disséminés sur l'ensemble du territoire. Celle de Tambacounda, qui est la plus importante de ces centrales avec 265 kW, assure un service continu[340].

Carte des centrales électriques[341]

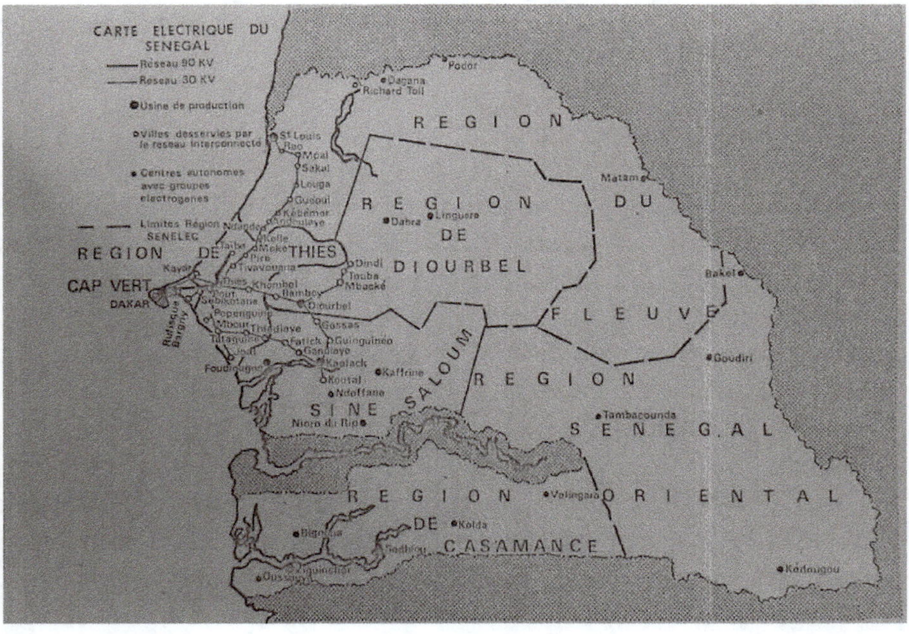

Source : ANS, Courants, n ° 21, Deuxième trimestre 1981 :
Carte d'exploitation régionale du Sénégal

[339] ANS, Revue *Courants* n° 20 : Premier trimestre 1981, Pose de la première pierre de la centrale de Kaolack 1 pages.
[340] ANS, *Courantss*, n° 2, Troisième trimestre 1976, p. 6.
[341] ANS, *Courantss*, n° 21, Deuxième trimestre 1981 : Carte d'exploitation régionale du Sénégal, 1 page.

Parmi ces centrales régionales, d'autres sont autonomes et assurent leur autoproduction en électricité à partir des résidus des matières premières de leurs principales activités. C'est le cas des huileries de Diourbel, Ziguinchor et Kaolack dont les centrales pratiquent la chauffe aux coques d'arachides. Au niveau de la Compagnie sucrière sénégalaise (CSS), la chauffe se fait à partir de la bagasse de canne à sucre. Ces centrales vendent quelquefois leur surplus de production d'énergie électrique à la SENELEC.

Le secteur de l'électricité au Sénégal a connu une mutation importante. Déjà en 1970, dernière année de sa restructuration avec la Compagnie EEOA (ancien concessionnaire), la production est de 332 146 MWh et une puissance installée de 87 700 kW. Huit ans après la nationalisation du secteur, la nouvelle SENELEC produit à la fin de l'année 1978, 579 929 MWh brut et vend 482 044 MWh pour une puissance installée de 168 800 kW[342].

3. La centrale solaire de Diakao[343]

Encouragé par l'application de l'énergie solaire dans l'exhaure de l'eau, qui produit des résultats satisfaisants, l'État entend aller plus loin pour sortir de la dépendance au pétrole. Le conseil des ministres adopte un projet de loi, au cours de sa séance du mardi 10 mars 1981, instituant des avantages fiscaux à ceux qui investissent dans les énergies solaires et éoliennes[344].

Quelques semaines auparavant, le 27 février 1981, le Président de la République Monsieur Abdou DIOUF visite la centrale Electro-Solaire de Diakhao, pour donner la preuve de l'intérêt majeur que son gouvernement accorde aux énergies nouvelles et particulièrement le solaire. Avec cette centrale, le Sénégal passe à l'utilisation de l'énergie solaire pour la production de l'électricité. L'État, à travers sa société nationale d'électricité, la SENELEC, croit franchir une étape importante vers moins de dépendance vis-à-vis du pétrole. Cette expérience de Diakhao, montre en même temps les limites qui se posent dans l'utilisation de l'énergie solaire dans un pays comme le Sénégal. Le coût de réalisation d'une centrale solaire reste cependant élevé comparé à une station thermique : 1 500 000 frs CFA (2 286,735 €) le

---

[342] ANS, *Courants*, n° 14, Troisième trimestre 1979, p. 5.

[343] ANS, *Courants*, n° 20, Premier trimestre 1981, La centrale solaire de Diakhao, 14 pages.

[344] ANS, Discours de Cheikh Hamidou Kane, *Ibid.,*

KW à Diakhao contre 200 000 frs CFA (304,898 €) pour une centrale diésel classique[345]. Sous ce rapport, une production industrielle de l'énergie solaire relèverait du luxe si l'on n'établit pas un rapport entre le coût d'investissement et la rentabilité.

L'observation plus poussée de cette première expérience permet d'avoir une idée plus précise des conséquences des choix techniques sur la rentabilité des investissements. Les choix techniques suivants pouvaient s'envisager : la filière photovoltaïque ; la filière thermodynamique basse température ; la filière thermodynamique moyenne température. Mais Diakhao est destinée à une production journalière de 221 kWh. Le choix s'est porté sur la thermodynamique basse qui est conforme à la puissance produite dans ce site. Cette centrale est réalisée pour assurer la couverture en électricité d'une localité peuplée de 2 000 habitants et faire fonctionner en même temps, par voie électrique, le forage du village qui mobilise jusque-là avec un groupe diésel[346]. Cette réalisation est le fruit d'une collaboration entre la SENELEC et la SINAES (Société Industrielle des Applications de l'Énergie Solaire) dont elle est actionnaire. Le bras technique de cette société qui est la SOFRETES dispose d'une longue expérience des stations héliotechniques. Le projet d'implantation d'un centre d'essai de capteurs et d'acquisition de données climatologiques (campagne de mesures périodiques et traitement à l'aide d'un calculateur) présente de ce point de vue un intérêt dans la mesure où il peut permettre d'élaborer des avant-projets rationnels d'installations de solaire dans cette zone.

---

[345] ANS, *Courants*, n° 20 : Premier trimestre 1981, *Ibid.,* p. 10.
[346] ANS, *Courants*, n° 20, *op. cit.*, p. 14.

Capteurs solaires à Diakhao[347]

Capteurs solaires de DIAKHAO, en cours de montage

Source : ANS, *Courants,* n° 20, Premier trimestre 1981, *La centrale solaire de Diakhao*

[347] *Ibid.*

Pose des capteurs solaires à Diakhao[348]

Pose des capteurs solaires à DIAKHAO.

Source : ANS, *Courants,* n° 20, Premier trimestre 1981, *La centrale solaire de Diakhao*

[348] *Id.*

Capteurs solaires à Diakhao[349]

Capteurs solaires à Diakhao

Source : ANS, *Courants,* n° 20, Premier trimestre 1981,
La centrale solaire de Diakhao

Plusieurs procédés de fabrication de l'énergie électrique existent. Ceux-ci dépendent des sources d'énergie primaire utilisées, qui déterminent les types de centrales : hydraulique, thermique (à charbon, au fuel ou au gaz), nucléaire, les diésels, l'éolienne, le solaire, etc. Les plus grandes productions d'électricité au Sénégal sont assurées par des centrales thermiques au fuel et les moteurs à explosion, notamment à Bel-Air et à Cap-des-Biches.

Ainsi, donc, de 1888, année de démarrage de la première unité de production électrique à Saint-Louis, jusqu'en 1985, le mode de production n'a guère évolué. La différence réside dans la modernisation des équipements. L'expérience du solaire n'a pas prospéré compte tenu du coût très élevé de sa technologie à cette époque. L'électricité étant peu abordable, il serait de bon augure d'appréhender les pratiques énergétiques au Sénégal.

---

[349] *Ibid.*

Chapitre 4

Les pratiques énergétiques au Sénégal

Les premières centrales électriques du Sénégal sont des centrales thermiques. Elles ont démarré avec le charbon minéral. Mais au fur et à mesure, les circonstances ont conduit à l'adoption des sources d'énergie autres que les fossiles. Le développement limité de la technologie et son coût inaccessible n'a pas permis l'usage optimal des énergies nouvelles ou énergies renouvelables dans la production de l'électricité. Nous procéderons au cours de prochains développements à l'historique de chaque combustible utilisé dans la production de l'électricité au Sénégal et de ses autres usages comme source d'énergie.

A. Les énergies fossiles

1. Le charbon : première source d'énergie

Le charbon provient de la transformation de matières organiques de plantes terrestres mortes, à l'issue d'un processus qui de plusieurs millions d'années. Ces plantes ont, le plus souvent, été déposées dans les deltas de fleuves. Les veines de charbon d'une épaisseur d'un à dix mètres, pouvant s'étendre sur des dizaines de kilomètres, sont localisées dans des séries de houillères, d'une épaisseur de quelques kilomètres, qui ont été creusées en galeries avec les exploitations minières par l'homme[350]. Nombre de ces houillères se situent en Europe, en Chine, en Amérique, et en Afrique du Sud pour le continent africain. Le charbon a plusieurs variétés : la tourbe qui est du charbon en formation ; le lignite qui a une qualité calorifique

[350] NICOLAS A., *Énergies, une pénurie au secours du climat ?* Paris : Belin, 2011, p. 18.

supérieure à la tourbe ; le charbon sub-bitumineux qui donne accès à la houille ou charbon bitumineux dont la meilleure qualité est l'anthracite. Cette hiérarchisation du charbon tient compte de la teneur calorifique des variétés de charbon.

Quelles sont ses utilisations ?

La première utilisation remonte à mille ans avant Jésus Christ, notamment en Chine dans la cuisson de la porcelaine[351]. En Europe, il a été adopté tardivement dans les usages domestiques au XIIe siècle. Son caractère très salissant ainsi que son odeur de soufre font que le charbon a longtemps été assimilé à la sorcellerie. Il a fini par être la principale énergie de la fin du XVIIIe jusqu'au XIXe siècle, qui correspond au début de l'industrialisation avec l'arrivée des machines à vapeur. Il perdura comme l'énergie fossile dominante jusqu'au début du XXe siècle[352].

La houille a permis de produire le gaz de ville sur une période étendue. C'est une énergie qui est entrée dans les foyers pour améliorer les conditions de vie des hommes, contribuant de manière significative à la modernisation de la société. En un mot, toute une chimie existe à partir du charbon pour produire un gaz de synthèse : monoxyde de carbone (CO) et hydrogène (H2). Ce gaz de synthèse peut être utilisé comme combustible ou carburant synthétique. Cette technique, appelée procédé Fischer-Tropsch[353], a été utilisée par les Allemands durant la Seconde Guerre mondiale pour faire face au blocus des alliés qui coupaient l'Allemagne de l'accès aux champs pétroliers. Cela lui a permis d'avoir du carburant pour poursuivre la guerre. Ce même procédé est utilisé par l'Afrique du Sud pour produire du pétrole non conventionnel.

Le charbon sert à produire de l'électricité notamment avec la tourbe. Les réserves de charbon dans le monde restent cependant encore très importantes. Même si sa consommation diminue dans les pays industrialisés, elle est en progression dans les pays en développement, où les centrales électriques fonctionnent majoritairement au charbon. Ceci est dû à son coût plus abordable que celui des autres sources d'énergie, mais également par le manque de desserte en gaz.

---

[351] *Ibid.*
[352] *Id.*
[353] *Ibid.*

Au Sénégal, les centrales électriques et le chemin de fer ont démarré avec le charbon. Le chemin de fer a démarré en 1885, avec le Dakar-Saint-Louis, grâce à la vapeur[354]. Quelques années auparavant, en Europe, notamment en Angleterre puis en France vers 1830, le charbon participait du transport, en alimentant les trains à vapeur. Près de trois décennies plus tard, des hommes d'affaires et des ingénieurs prennent l'initiative de transférer cette révolution des transports en Afrique-Occidentale Française. Les travaux de la ligne Dakar–Saint-Louis débutent dès 1882 et les premiers trains à vapeur commencent à circuler en 1885.

L'industrie électrique quant à elle, s'implante effectivement en 1888 au Sénégal dans la ville de Saint-Louis, puis Rufisque. Ces centrales ont utilisé le charbon comme source d'énergie[355]. Vers la fin du XIXe siècle, Dakar prend la suprématie sur Saint-Louis. Les autorités coloniales et le cercle des affaires jettent leur dévolu sur cette localité la plus occidentale du continent. Anticipant cette suprématie de Dakar en devenir, des promoteurs de l'électricité acceptent de répondre à l'appel d'offres d'une commune naissante et soutenue par les pouvoirs de la colonie. Le charbon est importé de la Métropole car le sous-sol de la colonie du Sénégal n'en est pas pourvu. Au début des hostilités, lors de la Première Guerre mondiale, les troupes allemandes s'installent dans le nord de la France, faisant fi de la neutralité de la Belgique, et annihilent la production de la totalité des mines de houille belges et une grande partie des mines françaises, bases arrière de l'approvisionnement des colonies. L'Angleterre, d'où proviennent les briquettes Cardiff, qui approvisionnent les usines de la colonie du Sénégal, entre en lice à son tour. Elle se voit ainsi contrainte à un effort industriel énorme pour équiper ses troupes. Conséquence de cet état de fait, la houille anglaise est interdite d'exportation. S'y ajoute la chasse à tous navires de commerce par la marine allemande sur les océans, entraînant une hausse du fret. Toutes ces circonstances ont influé sur le cours des prix du charbon, parvenu à quai à Dakar et impacte le fonctionnement de la centrale électrique qui menace de fermer, car incapable de poursuivre sa mission[356]. Elle était incapable

---

354 DIEDHIOU S, Études de l'identité technique et sociale des ouvriers des ateliers ferroviaires du Dakar-Niger à Thiès, Master II : Histoire des techniques, TPTI : Paris 1 Panthéon-Sorbonne, 2011.

355 ANF, MI 1525, Série P, Travaux Publics1821-1920, Sénégal, 1904-1920.

356 ANS, Fonds AOF, Série 7P, Pièces 88-90. 92 : Arrêt de l'usine de Belle- Air, 1918, 7 pages.

de trouver les fonds nécessaires pour passer les commandes d'un combustible dont le prix ne cesse d'augmenter. Les investisseurs ne sont plus motivés pour mettre des capitaux dans une société qui traverse une situation financière délicate.

En 1919, la situation est telle que la qualité de charbon livré, charbon en vrac, pose des problèmes de performance de la chauffe des chaudières. Le pouvoir calorifique de ce charbon, qui contient encore beaucoup d'impuretés, est peu élevé. Ce charbon encrasse énormément les grilles et génère beaucoup de cendres. Son utilisation demande une surveillance plus rapprochée pour tirer une bonne chauffe. Le résultat est loin d'être atteint avec les chauffeurs indigènes peu compétents pour chauffer des chaudières Babcook[357]. La conséquence est que de nombreux barreaux de grilles sont brulés. Ces chauffeurs auxiliaires n'ont pas acquis la chauffe méthodique des chaudières de ce type, ce qui entraîne la surconsommation du combustible[358]. Le stock de garanties constitué par l'administration coloniale pour parer à toute éventualité ne suffit même plus à équilibrer le déficit des périodes de crise. La cause principale de surconsommation du charbon, provient du fonctionnement des chaudières Babcook et Wilcox. En effet, les chaudières fonctionnent mal, par défaut d'entretien, du fait de la guerre[359]. Ce sont autant d'anomalies qui rendent la consommation de charbon si élevée et qui épuisent rapidement son stock. L'usine se trouve contrainte de rechercher d'autres combustibles tels que la chauffe au bois ou aux coques d'arachides. On comprend bien que les difficultés rencontrées par cette filière poussent les ingénieurs à trouver d'autres ingénieuses solutions, où l'économie réalisable le dispute aux matériaux disponibles et où l'analogie des techniques se distingue pour mieux dépasser ces contraintes. Vers les années 1960, les produits pétroliers ont pris le pas dans tous les secteurs de l'économie qui utilisent des sources d'énergie primaire.

---

[357] ANS, Fonds AOF, Série 7P, Pièce 97 : Le chauffage de l'usine de la Compagnie d'Électricité, 4 pages.

72 ANF, MII526. Rapport de l'ingénieur adjoint au contrôle du fonctionnement de la centrale de Bel-Air au 1er semestre 1918.

[359] ANF, MI1526, *Ibid.*,

2. Le pétrole

Le substantif pétrole proviendrait de « *petra* », qui signifie pierre, et de oléum qui veut dire huile. On le retrouve dans la nature en solide visqueux ou liquide, et il est mentionné depuis l'Antiquité. Il a servi à l'éclairage par l'inflammation de roseaux imprégnés de la matière, et bien des auteurs anciens ont relaté l'utilisation du bitume comme matériau de construction. Son utilisation date déjà de *« 3000 ans en Mésopotamie où l'on récupérait du bitumes suintant du sol pour en faire du mortier, pour l'étanchéité des bateaux, des citernes*[360]. *»* On le retrouve dans les pratiques funéraires en Égypte où appelé, *Gummi funerum* ou gomme de funérailles, le bitume sert à embaumer le corps des pauvres[361]. Aussi, a-t-il été utilisé dans les préparations pharmaceutiques en Égypte, dans de nombreuses utilisations médicales telles que le traitement de la cataracte, de la lèpre, des dartres, des maux de dents, de l'asthme, entre autres. Le pétrole a été l'objet d'adoration, depuis la plus haute Antiquité, par des adorateurs de feu qui se rendent dans les temples où s'allume un feu alimenté par le gaz issu de cette énergie fossile[362].

Au long des siècles, du XIIIe au XVIIIe siècle, le pétrole se récolte de manière artisanale en creusant des puits peu profonds, et ensuite, transformé par divers systèmes d'exploitation et distillation pour des usages divers. Un commerce florissant s'organise autour de cette matière qui prend de l'importance dans la vie des hommes. Comme le charbon, le pétrole a aussi sa « peinture sociale noire », pour son odeur et son côté salissant. Des accidents très graves ont été provoqués par l'exploitation artisanale du pétrole qui est très inflammatoire. Son utilisation comme arme de guerre, date de l'Empire Byzantin qui l'on connaît le secret de confection des flèches incendiaires et du feu grégeois, armes terrifiantes, qui font de nombreuses victimes. Le pétrole entre dans la composition des vases remplies de matières enflammées qui servent à attaquer les vaisseaux ennemis. Une technique bien connue de l'Empereur Léon qui prend ainsi le pouvoir à Constantinople en 886. La conception de cette arme de destruction massive est attribuée à Callinique d'Héliopolis, architecte égyptien d'Héliopolis en 670, sous le règne de l'Empereur Constantin III

---

[360] NGÔ C., *op. cit.*, p. 20.
[361] *Ibid.*
[362] *Id.*

Pognat[363]. Le premier conflit pour la possession de gisements de pétrole date de 1723 où Pierre le Grand (1672-1725) qui prend le contrôle de Bakou où Arméniens et Perses sont entrés en conflit. À l'époque de la célèbre région de Bakou, la terre imprégnée de pétrole qui sert de combustible de chauffage, où le système de chauffage s'améliore par la suite grâce à un tuyau qui « *relie un réservoir de pétrole à un stock de briques poreuses*[364]. »

À la fin du XVIIIe siècle, la préoccupation majeure est devenue l'amélioration de l'éclairage public. Il y avait un système d'éclairage à lanternes pourvues d'une chandelle. Mais celui-ci présente un inconvénient certain : il faut toutes les heures couper la mèche charbonnée. Cela a amené l'Académie des sciences à lancer un prix en 1764 pour récompenser *« le meilleur moyen d'éclairer pendant la nuit les rues des grandes villes, en combinant ensemble la clarté, la facilité du service et l'économie*[365] ». Le chimiste Antoine-Laurent de Lavoisier (1743-1794) étant du nombre des concurrents, c'est finalement l'ingénieur des Ponts et Chaussées, Philippe Lebon (1767-1804) qui propose l'ingénieuse idée qui va révolutionner l'éclairage public[366]. Sa recette provient du gaz obtenu par la carbonisation du bois qui servirait à l'éclairage et au chauffage. Â sa mort prématurée, les Anglais profitent de son invention, dès l'expiration de son brevet, pour produire un gaz d'éclairage provenant de la houille. L'éclairage domestique s'obtient également par la lampe dite « gazogène ». L'utilisation du pétrole présente des risques d'explosions liées à la vapeur issue, non seulement de la combustion, mais aussi de l'importance de la fumée et des flammes engendrées. Il faut attendre l'année 1823 pour voir les frères Doubinine mettre au point un procédé de distillation du pétrole, plus performant, pour enfin obtenir un bon produit pour l'éclairage. Dès lors des chimistes multiplient des expériences de distillation du pétrole dans les laboratoires avec de bons résultats, dont la *« transposition à l'échelle industrielle sera l'un des faits majeurs du XXe siècle : elle sera à l'origine de la production de tous ces produits qui caractérisent notre société de consommation*[367]. » En 1859, le premier puits est foré aux USA.

---

[363] Il s'agirait de Constantin IV Pogonat dit « le barbu », né en 648, mort en 685. Voir P. JUHEL, *Histoire du pétrole,* Paris : Vuibert, 2011, p. 9.
[364] Ibid.
[365] *Id.*
[366] JUHEL P., *op. cit.*, p. 18.
[367] *Ibid.,* p. 19.

John Davison Rockfeller prend le contrôle de la production de cette énergie avec sa compagnie fondée en 1870[368].

Les applications du pétrole au chauffage s'étendaient déjà aux foyers des locomotives et aux chaudières des navires afin d'alléger le travail pénible des chauffeurs au charbon au milieu du XIXe siècle. Le potentiel inflammatoire du pétrole et son coût très élevé par rapport au charbon suscitent la crainte au point d'opérer des retours à l'usage du charbon pour les bateaux et les trains. L'Exposition internationale de Chicago en 1893 constitue une étape décisive pour l'utilisation du pétrole dans le chauffage : on avait installé « *dans un hall, quatre-vingt-trois moteurs qui fonctionnaient à la vapeur fournies par cinquante-deux chaudières alimentées au pétrole contenu dans douze réservoirs d'une capacité totale de 500 000 litres*[369] ». Ce dispositif mis en place par le trust pétrolier Standard Oil Company constitue un grand « coup médiatique » qui donne une nouvelle dimension à cette énergie dans le système de chauffage.

Le perfectionnement du transport, avec l'autonomie réclamée au moteur, trouve son succès dans l'utilisation d'un sous-produit du pétrole : l'essence. Le moteur à explosion dont il est question ici a connu plusieurs innovations. Imaginé au XVIIe siècle par des savants dont Huygues (1629-1695), pour créer un mouvement de piston par l'explosion de la poudre, une version améliorée est reprise en 1806 par les frères Niepce sans toutefois être concrétisée. L'idée est reprise en 1860 par le français Lenoir (1822-1900) avec son invention du moteur à double effet (un mélange 90 % d'air et 10 % gaz d'éclairage obtenu de la houille). Deux ans plus tard en 1862 un autre ingénieur français Beau de Rochas (1815-1893) émet l'idée d'un moteur à explosion à quatre temps avec utilisation d'un gaz à comprimer dont le brevet est déposé en 1876 par un mécanicien allemand Nikolaus Otto (1832-1891). Mais la présence d'une conduite de gaz, rendue nécessaire, fait que ces moteurs ne peuvent marcher qu'en usine. Finalement c'est un allemand, Johannes Spiel, qui trouve la solution de l'autonomie des machines à explosion grâce à l'utilisation de l'air carburé : de l'air atmosphérique saturé de vapeur d'essence. « *Le moteur à quatre temps et l'emploi du carburant vont révolutionner la locomotion et faire la fortune des pétroliers pendant un siècle et peut-être un peu plus !*[370] »

---

[368] *Id.*

[369] JUHEL P., *op. cit.*, p. 20.

[370] JUHEL P., *op. cit.*, p. 30.

Ce moteur à quatre temps s'applique désormais aux transports : routier, maritime, ferroviaire et aérien. C'est un type d'énergie jugé plus commode que le charbon. Il y a eu une lutte farouche pour son contrôle durant la Première Guerre mondiale. Clémenceau ne savait pas si bien dire, en déclarant en 1917, avec l'utilisation massive pour la première fois d'engins motorisés dans la Grande Guerre, que « *chaque goutte de pétrole vaut une goutte de sang*[371] ». Cette énergie est devenue essentielle dans les stratégies de guerre depuis la Première Guerre mondiale jusqu'à la Seconde Guerre mondiale. Allemands et Alliés se sont livrés à une guerre de destruction de réserves de carburant et d'usines de production afin de se neutraliser, et ceci au prix de nombreuses pertes en vies humaines.

Au Sénégal, l'usage du pétrole comme combustible date de la période coloniale. Le parc automobile de la colonie fonctionne déjà avec du carburant dérivé du pétrole, depuis que l'utilisation des voitures a pris de l'importance dans les années 20. La diésélisation des trains est intervenue dans les années 1930-40, puis 1957-1958 sur le chemin de fer Dakar-Niger[372]. La Compagnie des Eaux et Électricité de l'Ouest africain (EEOA), a mis point au moment de la mécanisation des ateliers ferroviaires de Thiès, vers les années 50, un groupe de secours Diésel de 300 kW[373] pour parer aux coupures d'électricité. Mais, à l'état actuel de la recherche, nous n'avons pas d'information sur les circuits d'approvisionnement de produits pétroliers au temps de la colonie du Sénégal.

Dès son accession à la souveraineté, le Sénégal opte pour des mesures plus ambitieuses. Conscient du rôle central de l'énergie pétrolière dans les principaux secteurs de la vie économique de toutes les nations du monde, le Sénégal joue à fond la carte de l'approvisionnement de ce combustible qui n'est pas décelé, jusqu'aux années 60, en quantité exploitable dans son sous-sol. Le gouvernement prend l'initiative dès 1961, c'est à dire un an après son indépendance en 1960, de créer la Société africaine de Raffinage (SAR) en collaboration

371 *Ibid.*
372 DIEDHIOU S., *op. cit.*
373 ANS, *Courants*, n° 4,

avec la Société africaine de Pétrole (SAP)[374]. Les travaux de construction de la SAR qui débutent en juin 1962, se terminent en novembre 1963. Les premiers traitements sont amorcés le 31 octobre de cette même année, au cours de laquelle la SAR a acquis le statut de monopole exclusif sur l'importation des produits pétroliers bruts. Inaugurée en 1964, la SAR s'attèle au raffinage du pétrole brut pour approvisionner le marché local et le marché ouest-africain en produits pétroliers. Ce pétrole brut provient de trois pays, notamment le BONNY-LIGHT du Nigéria, le MANDJI du Gabon, le PALANCONE de l'Angola. Ce sont ces produits bruts raffinés à la SAR qui donnent toute une gamme variée d'autres produits dérivés comme :

- Gaz butane
- Essence ordinaire et super
- Kérosène
- Gasoil et diésel
- Produits noirs : fiouls, produits lourds utilisés par la Société Nationale d'Électricité (SENELEC) et la SOCOCIM

374 THIAM I., Audit du réseau électrique de la SAR, Projet de fin d'Études, Département mécanique, École Supérieure Polytechnique, Centre de Thiès de l'Université Cheikh Anta Diop de Dakar, sous la direction de Gaskel GINGUE et Alioune Mbaye Palla CAMARA, année 2008-2009, p. 3, disponible à l'adresse : [*http://www.beep.ird.fr/collect/thies/index/assoc/HASH01d2/b3b1cd79.dir/pfe.gm.0538.pdf*], consulté le 10 mars 2015.

La Société africaine de Raffinage[375]

Source : http://carrapide.com/xibar/59775/coupures-delectricite -la-senelec-et-la-sar-se-rejettent-la-balle

Le pétrole reste l'énergie majeure consommée par la quasi-totalité des secteurs économiques du pays et principalement les ménages dans le cadre du pétrole lampant.

[375] Voir à propos de la Société africaine de raffinage, disponible à l'adresse : [http://carrapide.com/xibar/59775/coupures-delectricite-la-senelec-et-la-sar-se-rejettent-la-balle], consulté le 10 mars 2015.

Éclairage au pétrole lampant[376]

Source : http://www.energies-renouvelables.org/Noria/docs/senegal.pdf

La primeur de la recherche au Sénégal a été consacrée au pétrole. Sept compagnies ont reçu leur permis de prospection pour un maillage du territoire national. Le gisement de pétrole identifié en 1980 se trouve en Casamance où, l'huile lourde, le « Dome Flore » est localisée au large de cette région.

D'autres énergies fossiles ont été identifiées telles que la tourbe, qui est du charbon en formation (au Cap-Vert et dans la région de Louga) ; le lignite, qui a une qualité supérieure à la tourbe du point de vue du pouvoir calorifique (en Casamance)[377]. Ces énergies n'ont pas connu dans cette période un début d'exploitation, dans le cadre du programme de l'indépendance énergétique du gouvernement du Sénégal.

3. Le gaz naturel : la seule énergie fossile nationale

« Le gaz naturel est un excellent combustible. Il est essentiellement composé de méthane (CH4), une molécule très simple, très énergétique et qui, étant relativement pauvre en carbone (1 atome pour 4

[376] Voir à propos de l'éclairage au lampant, disponible à l'adresse : [http://www.energies-renouvelables.org/Noria/docs/senegal.pdf], consulté le 10 mars 2015.
[377] ANS, *Courants*, n°4, Premier trimestre 1977, p. 20.

d'hydrogène), produit moins de CO2 dans sa combustion que le pétrole et, évidemment que le charbon[378]. » Il y a le gaz naturel conventionnel et le gaz naturel non conventionnel. Le gaz naturel est un compagnon du pétrole puisqu'on les trouve dans le même environnement géologique. Résultat d'une transformation du pétrole soumis à des températures excédentaires, on le trouve dans des profondeurs supérieures à 5 km. C'est donc un sous-produit du pétrole ou du charbon.

L'utilisation du gaz pour la cuisine remonte au Xe siècle en Chine : c'est le grisou qui émane du charbon de terre et que les Chinois acheminent dans des tubes de bambou. En Europe, ce même gaz issu du charbon servait à l'éclairage ou à gonfler les montgolfières. Son industrialisation date du XIXe siècle aux USA. Exploité pour la première fois en 1821, le premier gazoduc d'une longueur de 40 km est réalisé en 1870 avec des troncs de pins évidés[379].

Le pétrole joue un rôle éminent dans la révolution du transport, le gaz naturel qui le complète, a aussi des qualités de propulsion pour les véhicules, et, à ce titre, est recherché pour la production de l'électricité, en qualité de source de chaleur dans l'industrie. Il est aussi un facteur clé dans le système de chauffage des villes modernes. Son rendement dans la production d'électricité est supérieur à celui du charbon : le rendement d'une turbine à gaz peut atteindre 80 % contre 33 à 45 % pour une centrale à charbon. Il s'agit ici du gaz naturel conventionnel. Il y a aussi le gaz naturel non conventionnel qu'on trouve dans divers environnements géologiques et qui est surtout un gaz sec ne pouvant produire du gaz naturel liquéfié. La forme de ce gaz est très variable. On trouve du gaz de schiste, du gaz de calcaire, du gaz de mines de charbon, du gaz de veine de charbon profond. D'autres gaz peuvent y être associés comme le biogaz, des gaz industriels tels que le gaz de pétrole liquéfié, les gaz des pyrolyses (gaz des hauts fourneaux), du charbon, de la biomasse.

La seule énergie fossile majeure décelée au Sénégal et exploitée dans le secteur industriel est le gaz naturel. Un gisement de gaz naturel a été découvert à Diam-Niadio en 1959-1960 par la Société africaine des Pétroles, titulaire d'un permis de recherche dans la

---

[378] NICOLAS A., *op. cit.*, p. 37.
[379] *Ibid.*, p. 40.

région du Cap-Vert. Mais le groupe ELF-Union, qui a procédé à des vérifications en 1970, l'a jugé inexploitable[380].

La crise de 1973 va changer la donne, puisque l'État du Sénégal, contre toute attente, décide finalement d'exploiter ce gisement. Cette décision semble beaucoup plus politique qu'économique. Pour rappel, certaines sociétés, dont la SOCOCIM[381], ont envisagé l'utilisation du méthane de Diam-Niadio Kabor comme combustible de base. Elles se sont rendues compte tout de suite que son potentiel, en terme de capacité, était trop faible pour permettre une utilisation industrielle, à débit normal et continu de ce gaz. Car la capacité de ce gisement est d'environ 50 millions de m3, répartis dans trois réservoirs, dont deux à Diam-Niadio et un troisième à Kabor. Toutefois, la faible taille du gisement trouve une compensation dans la qualité et la pureté de son gaz. Cela ne suffit tout de même pas à assurer l'indépendance énergétique. Mais l'État se devait de donner un signal fort à sa politique d'indépendance. Il décide malgré tout de mettre ce gaz à contribution, même s'il ne doit fournir que moins de 0,5 % de la consommation nationale. Il va servir à alimenter la turbine à gaz de la centrale de Cap des biches, située à quelques encablures de là. Cette turbine est destinée à assurer les productions de pointe de ladite centrale.

Pour réaliser une telle opération, des choix techniques ont été opérés. Deux possibilités s'offraient au départ : soit brulé le gaz dans les chaudières des groupes à vapeur de la centrale, soit dans la turbine à gaz. L'option des chaudières aurait été plus onéreuse et l'investissement n'aurait pas été rentable. Il fallait dès lors transformer la turbine à gaz qui utilisait jusque-là le diesel-oil (produit pétrolier intermédiaire entre le fuel lourd et le gasoil). Le but de la transformation est de faire en sorte que la turbine marche indifféremment soit au diesel-oil, soit au gaz naturel. La jonction entre le gisement et la centrale s'est faite grâce à un gazoduc posé pour conduire le gaz, de Diam-Niadio à la centrale de Cap des biches[382]. Le personnel

---

[380] Discours de M. Cheikh Amidou Kane, ministre de l'Industrie et de l'Artisanat lors de la cérémonie d'inauguration du gazoduc de Diam-Niadio Kabor, le 16 mai 1980, ANS, *Courants*, n° 17, Deuxième trimestre 1980.

[381] C'est la cimenterie du Sénégal située à Rufisque, à quelques kilomètres du gisement de gaz.

[382] ANS, Discours de Mr. Issa Diop, Directeur général de la SENELEC, à l'occasion de l'inauguration du gazoduc de Diam-Niadio Kabor, le 16 mai 1980, *Courants*, n° 17, deuxième trimestre 1980.

d'exploitation a subi une formation spécifique aux nouvelles techniques de conduite au gaz. Cette opération est importante, puisqu'elle a permis de générer non seulement une technique nouvelle sur le site, concernant l'adaptation de la turbine, mais aussi d'autres compétences techniques pour les agents chargés de faire fonctionner les installations.

Turbine à gaz de Diam-Niadio[383]

Turbine à gaz (vue extérieure)

Source : ANS, *Courant*, n° 17, deuxième trimestre 1980

Vue intérieure de la turbine à gaz

Turbine à gaz (vue intérieure)

Source : ANS, *Courant*, n° 17, deuxième trimestre 1980

---

383 *Ibid.*

B. Les biocombustibles

1. Le bois : l'énergie de substitution

Élément principal de ce qu'on appelle les biocombustibles solides, le bois est la première source d'énergie utilisée par l'homme depuis la maîtrise du feu il y a 500 000 ans. Depuis cette époque, le bois sert d'énergie pour se chauffer, s'éclairer, cuir des aliments et faire fonctionner des industries. On voit bien que son usage est beaucoup plus ancien que celui des énergies fossiles. Le bois, par rapport à beaucoup d'autres matières végétales, est de teneur en eau moindre. Le bois frais contient entre 40 % et 60 % d'eau, tandis que le bois séché à l'air contient entre 20 % et 25 %. Son pouvoir calorifique est de 14 à 18 MJ/kg pour le bois sec et 10 à 13 MJ/kg quand il est séché à l'air. Le charbon de bois combustible issu du bois a, quant à lui, un pouvoir calorifique de 33MJ/kg. Grâce à ses propriétés énergétiques, le bois a joué un rôle décisif à l'ère de la sidérurgie en Europe dans le courant des XVe et XVIe siècles, notamment dans les hauts fourneaux[384], ou dans les fours catalans. Cette industrie sidérurgique très gourmande en bois a nécessité le développement d'une sylviculture pour faire face à sa demande au fil du temps.

D'autres industries : telles que la verrerie, la tuilerie et la poterie, bien que moins exigeantes en bois, restent tout de même dépendantes de cette énergie[385]. L'ingénieur des Ponts et Chaussées, Philippe Lebon (1767-1804), a eu l'ingénieuse idée de révolutionner l'éclairage public, à partir du gaz issu de la combustion du bois, vers la fin du XVIIIe et début du XIXe siècle. Cette énergie s'est faite supplantée au XIXe siècle par le charbon de terre, au cours de la révolution industrielle. Elle n'a toutefois pas dit son dernier mot. Les biocombustibles solides sont déjà entrés dans la propulsion de véhicules. Alain Damien le souligne en reprenant quelques éléments d'une conférence de M. A. Gyrard ingénieur aux usines Berliet.

> *« Le gaz de forêt est obtenu par la combustion lente en vase close, dans certaines conditions bien déterminées, du bois ou du*

---

[384] BELHOSTE J.-F., «Les conséquences de l'essor sidérurgique sur les usages forestiers et les pratiques agraires (XVIe-XVIIIe siècles)», *Études rurales,* 1993, p. 125-126.

[385] BELHOSTE J.-F., « Une sylviculture pour les forges, XVIe-XIXe siècles », dans WORONOFF D. (dir.), *Forges et forêts. Recherches sur la consommation proto-industrielle de bois*, Paris : éd. de l'EHESS, 1990.

> *charbon de bois. Ce gaz est un mélange complexe dans la composition duquel entre notamment : du gaz carbonique, de l'oxyde de carbone, de l'hydrogène, du méthane, de l'azote*[386]*.* »

L'inventeur du gaz auto, Louis Libault, débute sa carrière comme ajusteur mécanicien. Il invente par la suite un gazéifieur de gasoils lourds avant d'aboutir à un gazogène à charbon de bois. Ce procédé a permis aux véhicules utilisant le bois comme combustibles de rouler librement pendant la Seconde Guerre mondiale. En effet des décrets des 10 octobre et 16 novembre 1939, réservaient le seul usage des essences aux besoins militaires[387]. L'équivalent en carburant est de 5 litres d'essence pour 12 kg de bois ou 6 kg de charbon de bois. Le bois énergie est entré dans le chauffage des habitats individuels modernes aussi bien en campagne qu'en milieu urbain.

En Afrique, le bois joue un rôle central dans l'économie depuis l'époque préindustrielle. Les deux principaux domaines dans lesquels il a été massivement utilisé sont la sidérurgie et l'exploitation du coquillage. Des études archéologiques révèlent l'existence de nombreux fourneaux sidérurgiques dans la partie nord du pays et d'amas coquilliers dans certaines régions côtières du Sénégal. Les régions tropicales d'Afrique, riches en minerai, avec une teneur en fer pouvant atteindre les 70 %, ont su développer des techniques pour recueillir ce métal, précieux pour leur civilisation agraire.

> « *Et la technique la plus courante a fait appel au procédé direct ou catalan utilisant des bas fourneaux, constructions cylindriques ou tronconiques en terre cuite disposées sur le sol ou au-dessus d'un creuset, où la température pouvait atteindre 900 à 1 150 degrés : le minerai concassé y était disposé entre des couches de charbon de bois, parfois en présence d'un fondant. La combustion était généralement entretenue pendant plusieurs jours, activée grâce à des tuyères reliées à des soufflets. S'il n'y avait pas de drainage des scories en cours de chauffe, le bas fourneau était brisé pour récupérer la loupe de métal et ne servait donc qu'une seule fois*[388]*.* »

---

[386] ALAIN D., *La biomasse énergie : Définition. Ressources. Usages*, Paris : Dunod, 2008. p. 177.
[387] *Ibid.*, p. 179.
[388] ROBERT-CHALEIX D., « Métallurgie du fer dans la moyenne vallée du Sénégal: les bas fourneaux de Silla», Journal des africanistes, 1994, tome 64, fascicule 2, p. 113-127.

Plus de 40 000 bas fourneaux sont découverts dans une importante zone métallurgique située sur la rive mauritanienne du fleuve Sénégal. Sur la rive gauche du fleuve, près de Bou Zrabié, la présence de métallurgie ancienne couvre plusieurs hectares. Ces activités qui remontent de 2 900 à 3 000 ans avant J.C, et se sont prolongées jusqu'au début de la colonisation, ont été très dévoreuses de bois. Les fouilles archéologiques entreprises dans cette zone par Guy Thilmans, Hamady Bocoum, entre autres, montrent l'utilisation du bois, notamment les essences de la vallée, pour cette opération de réduction : « *Les charbons, toujours de gonakié, sont d'un calibre nettement plus gros car on a utilisé des branches et des fragments de branches plus que de fines ramures pour distiller le charbon de bois*[389]. »

Des activités de travail du fer, du cuivre et de la céramique sont identifiées dès le IVe et jusqu'au XIXe siècle à Sinciu Bara et Ogo, au Nord Est du Sénégal. Des ateliers de forge sont également relevés près des rivières de la Casamance à cette même époque[390]. Ces fourneaux ainsi que les forges, utilisent du charbon de bois. Nous ne connaissons pas la forme des fours qui ont servi à la production du charbon, durant la période allant du IVe au XVe siècle par exemple. On sait que plus tard, avec l'implantation des premières industries coloniales, il y a eu un transfert de technique pour la conception de fours de modèle français, au XIXe siècle[391].

---

[389] *Id.*

[390] BOCOUM H., dans sa thèse de doctorat de troisième cycle : *La métallurgie du fer au Sénégal, Approche Archéologique, technique et Historique* cite les travaux des archéologues de Victor Martin, Charles Becker et Guy Tilmans, qui ont fait une recherche archéologique intéressante sur ces sites. Voir également : BEAUNE S. (de) A., *op. cit.*

[391] ROBERT-CHALEIX D., « Métallurgie du fer dans la moyenne vallée du Sénégal: les bas fourneaux de Silla», Journal des africanistes, 1994, Volume 64, N° 2, p. 113-127, disponible à l'adresse : [http://www.persee.fr/doc/jafr_0399-0346_1994_num_64_2_2407], consulté le 4 avril 2014.

Utilisation de charbon dans les bas fourneaux[392].

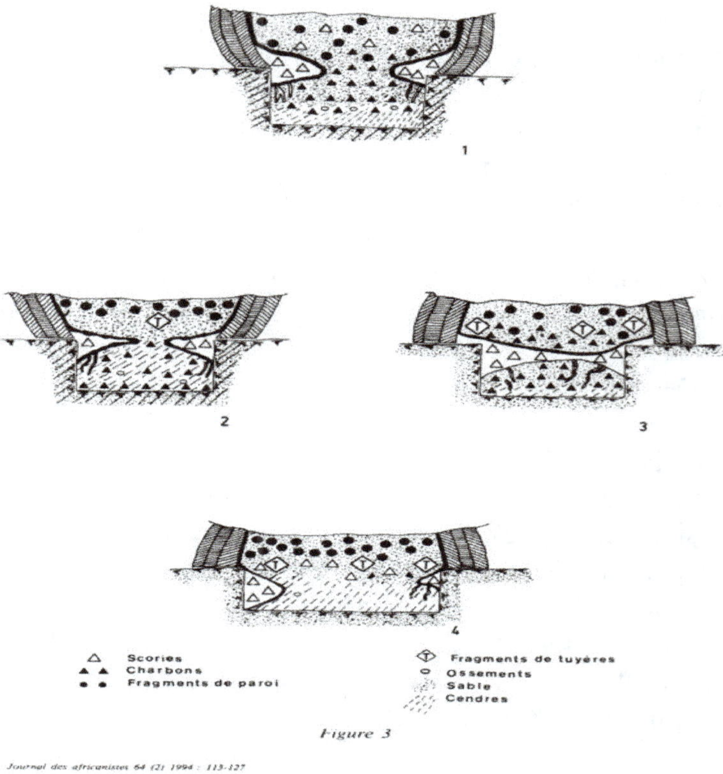

Source : ROBERT-CHALEIX D., « Métallurgie du fer dans la moyenne vallée du Sénégal : les bas fourneaux de Silla », Journal des africanistes, 1994, tome 64, fascicule 2, p. 113-127

La CES a utilisé le charbon de bois pour l'alimentation des chaudières de l'usine de Bel-Air. Elle a pratiqué la double chauffe au charbon minéral et au charbon de bois au courant de l'année 1918[393]. Au deuxième semestre de l'année ce sont 1 142 tonnes de charbon minéral qui sont utilisées, complétées par 288 tonnes de bois. La feuille d'exploitation de l'usine indique que la production d'un kWh nécessite 2,33 kg de charbon minéral contre 5,91 kg de bois. Donc 1 kg de

[392] *Id.*

[393] ANF, 200MI, 1526.

charbon minéral équivaut à 2,53 kg de bois[394]. Mais le recours à la chauffe au bois est loin de régler le problème car beaucoup de contraintes se dressent contre l'expérience. Les circuits d'approvisionnement de ce combustible ne sont pas simples. La compagnie cherche le bois de palétuvier en Casamance, la région méridionale du Sénégal, située à près de 500 km au sud de la colonie. La compagnie affrète régulièrement 20 cotres[395] pour acheminer le bois. Et ceci dans un contexte où les moyens de transport ne sont pas développés. Le problème d'approvisionnement régulier en bois se pose.

Le gouvernement colonial s'est investi, entre les deux guerres, pour développer l'emploi des carburants forestiers de l'AOF[396]. Dans le compte-rendu des essais effectués par le Gouvernement de l'AOF entre novembre 1938 et août 1939, on peut lire tous les progrès réalisés dans l'usage du bois comme combustible. Un an auparavant, en 1937, lors du congrès sur les techniques du bois, tenu à l'Exposition internationale des arts et techniques au mois de juillet à Paris, Charles Roux disait, dans un rapport présenté au Congrès sur les carburants et combustibles végétaux africains : « *quant au gazogène d'automobiles, il est nettement, il faut bien le constater et le dire, d'une façon générale, en complète défaveur en Afrique-Occidentale française*[397]. » Est-il allé très vite en besogne ? Le progrès noté dans l'utilisation de ce combustible pour les véhicules à gazogène pousse le gouvernement de l'AOF à encourager le développement de cette énergie en 1938. Mais pour qu'il y ait un bon rendement du charbon, il faut passer par une technique de production particulière. Les charbons doivent être « *concassés aux dimensions indiquées par le constructeur du gazogène (0,5 à 2,5 cm) et dépoussiérés avant emploi par passage sur un crible secoué à bras*[398]. »

---

394 *Id.*

395 Petits voiliers ayant un seul mât.

396 AUBREVILLE A., « Actes & Comptes Rendus de l'association Colonies-Sciences », *Revue de botanique appliquée et d'agriculture coloniale*, 1940, volume 20, n°224, p. 1-12, disponible à l'adresse : [http://www.persee.fr/web/revues/home/prescript/article/jatba_0370-3681_1940_num_20_224_6093], consulté le 4 avril 2014.

397 *Ibid.*

398 *Id.*

L'efficacité du charbon dépend de ses conditions de préparation. Il doit être bien cuit afin d'évacuer toutes les impuretés qui peuvent avoir des conséquences néfastes sur l'équipement. Sur le terrain, au Sénégal, il y a eu l'existence de charbonniers traditionnels et de charbonniers occidentaux formés aux techniques de production de charbon adapté à l'usage de gazogène Gohen-Poulenc. Celui-ci doit suivre un mode opératoire pensé selon le résultat attendu par le concepteur de cette technique. La technique du four à carbonisation a été transférée au Sénégal avant même la Seconde Guerre mondiale.

Modèle français de chaîne opératoire de carbonisation de bois[399]

Fig. A. — Mise en place du bois (1re phase).

Fig. B. — Mise en place du bois (2e phase).

Fig. C. — Mise en place du bois (3e phase).

Fig. D. — Mise en place du bois (4e phase).

[399] *Ibid.*

Fig. E. — Pose du 1er élément.

Fig. F. — Pose du 2e élément.

Fig. G. — Allumage.

Fig. I. — Le charbon de bois est mis en en place, ni cendre, ni fumeron.

Fig. H. — Four en marche sans aucune surveillance.

Opération de carbonisation en forêt par four métallique — Clichés Fours Tranchand.

Source : Revue de botanique appliquée et d'agriculture coloniale, 1940, volume 20, n° 224, p. 1-12, disponible à l'adresse : [http://www.persee.fr/web/revues/home/prescript/article/jatba_0370-3681_1940_num_20_224_6093], *consulté le 4 avril 2014*

Un premier camion à gazogène est mis en service en AOF en octobre 1938 (camion LATIL, M3, GBI, 2,5 charges utiles, gazogène COHIN-PULENC). Ce camion, qui a fait le tour de l'AOF sur des milliers de km, utilisant des charbons de diverses espèces de savanes boisées, a été un véritable test pour cette technologie en Afrique[400]. Une formation a été assurée aux charbonniers traditionnels pour répondre aux besoins de ce combustible. *« Tous les traités de carbonisation disent qu'un bon charbon rend un son métallique, que sa cassure est brillante et d'un noir franc. Un charbon, imparfaitement cuit, a une cassure terne à reflet brun noirâtre[401].* » Les agents forestiers sont chargés de préparer le charbon de qualité à mettre à la disposition des usagers qui en formulent la demande.

[400] *Ibid.*
[401] *Ibid.*

GAZOZENE GOHIN-POULENC[402]

L'équipement Gohin-Poulenc utilise normalement comme combustible, le charbon de bois ; mais il s'acco-

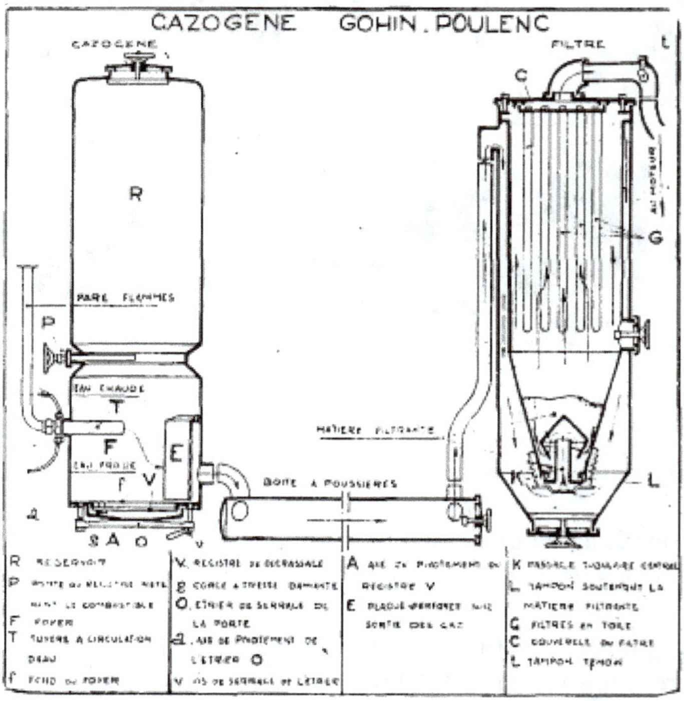

mode très bien aussi, de son mélange avec de l'anthracite ou du semi-coke (carbolux et autres) en grains 5/15 dépoussiérés.

Source : Revue mensuelle des Ingénieurs E.C.L., Numéro spécial hors série, avril 1939, en ligne, [http://histoire.ec-lyon.fr/docannexe:file/1705/te1939_hs1.pdf]

402 ASSOCIATION DES CENTRALIENS DE LYON, « Les carburants dans l'Économie et la Défense nationale », *TECHNICA, Revue mensuelle des Ingénieurs E.C.L.*, Numéro spécial hors série, avril 1939, disponible à l'adresse : [http://histoire.ec-lyon.fr/docannexe:file/1705/te1939_hs1.pdf], consulté le 30 mai 2014.

Prototype de Voiture LATIL[403]

Source : Revue mensuelle des Ingénieurs E.C.L., Numéro spécial hors série, avril 1939, en ligne, [http://histoire.ec-lyon.fr/docannexe:file/1705/te1939_hs1.pdf]

L'AOF a été mise à contribution pour produire ce carburant forestier, à l'image de ce qui s'est passé en France, pour non seulement les besoins de la Métropole, mais aussi pour son parc automobile local, puisqu'étant frappé aussi par des mesures de la Défense nationale. Finalement, la technique de production de charbon de qualité se diffuse sur le sol sénégalais à travers un modèle de meule française destinée à la carbonisation du bois. Une technique qui vient améliorer celle de la meule sénégalaise traditionnelle. Ces deux meules ont beaucoup de ressemblances du point de vue architectural. Il n'est pas exclu qu'elles aient des origines communes. Ce sont les nouvelles exigences de l'utilisation du charbon dans l'industrie qui ont entraîné le perfectionnement de la meule française et qui inspirera celle, sénégalaise. Les objectifs sont les mêmes, produire un charbon de meilleure qualité.

403 *Ibid.*

Meule française de carbonisation[404]

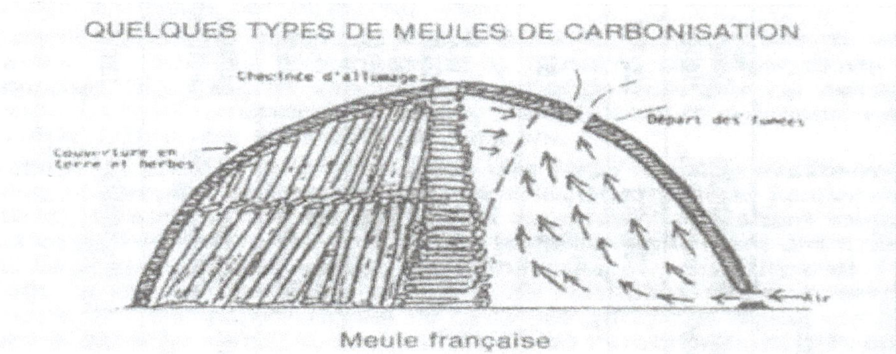

Source : Revue mensuelle des Ingénieurs E.C.L.,
Numéro spécial hors série, avril 1939, en ligne,
[http://histoire.ec-lyon.fr/docannexe:file/1705/te1939_hs1.pdf]

Meule sénégalaise traditionnelle[405]

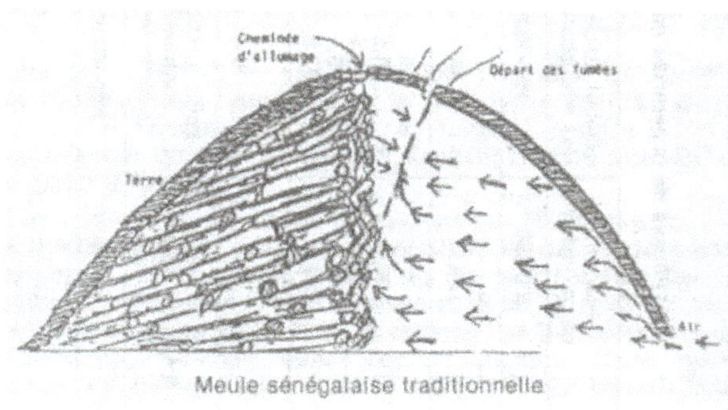

Source : Revue mensuelle des Ingénieurs E.C.L.,
Numéro spécial hors série, avril 1939, en ligne,
[http://histoire.ec-lyon.fr/docannexe:file/1705/te1939_hs1.pdf]

404 *Ibid.*
405 *Ibid.*

Toujours dans la recherche d'une efficacité énergétique, une autre meule dite casamançaise a été introduite vers les années 1980. Celle-ci comprend une cheminée faite de vieux fûts métalliques soudés ensemble. Des essais, effectués au Sénégal avec ce système modifié, ont montré de bons résultats. La cheminée améliore la circulation des gaz, ce qui réduit la proportion de fumerons et accélère la carbonisation. Du fait qu'il y a moins de fumerons, le rendement en charbon est amélioré. L'innovation a été très concluante. *« La base de la meule est faite de deux couches de bois de petite et moyenne dimension. Pour la première couche, les bois sont disposés régulièrement, radialement autour du centre de la base, et pour la deuxième couche ils sont rangés tangentiellement, perpendiculaires à ceux de la première couche. Cette base joue un rôle important, car elle assure l'écoulement de l'air dans la meule*[406]*. »* Mais l'utilisation d'une telle technique n'est pas sans conséquence sur l'environnement. Une meule casamançaise de grande taille contenant au minimum 100 stères de bois peut générer 21 tonnes de condensat. Il faut une centaine de fûts de 200 litres pour contenir la quantité de condensat qui est formé d'eau corrosive ayant une teneur en acide acétique et autres acides voisins. L'équivalent du goudron susceptible d'être recueilli est d'environ deux tonnes pouvant remplir une dizaine de fûts. Tout cela représente un danger pour l'environnement. La cheminée permet à l'eau et aux substances acides de s'évaporer dans l'atmosphère pour réduire ainsi leurs effets polluants[407].

---

[406] Voir à propos de la meule Casamance, disponible à l'adresse : [www.ladyforester-tech.org/Sahelian/CharcoalSahelRefs.doc], consulté le 10 octobre 2014.

[407] Voir également : [http://www.senegal-energies.com/index.php/sources-d-energie/biomasse/carbonification], consulté le 10 août 2015.

La meule Casamance[408]

Production de charbon de bois au Sénégal par technique de la "meule Casamance"

Source : http://www.senegal-energies.com/index.php/sources-d-energie/biomasse/carbonification

---

[408] *Ibid.*

L'autre usage du bois a été dans l'industrie ferroviaire, la première, de par sa taille et son volume d'activités, à être transférée en AOF. Son implantation au Sénégal correspond à l'époque de la vapeur. Le train est passé par la suite à la traction diésel. Ce qui engendre une situation assez difficile lors de la Deuxième Guerre mondiale. Une situation analogue, à celle que nous avions décrite à propos de l'industrie électrique lors de la Première Guerre mondiale. Et une fois de plus, on fait appel au bois comme énergie de substitution. *« En effet le trafic ferroviaire a beaucoup souffert de la Deuxième Guerre mondiale. Les locomotives diésel qui sont arrivées en AOF entre 1939 et 1940 ont, du fait de la guerre, rencontré des difficultés d'approvisionnement en gasoil. Il s'en est suivi la pénurie d'huile et de pièces de rechange. L'huile végétale de substitution limite la vitesse des moteurs d'autorails et des moteurs d'automobiles. L'alternative qui a été envisagée est l'organisation de la chauffe au bois dans une zone qui n'en est pas bien fournie. Cette opération a nécessité la mobilisation "d'une armée de 3 000 bucherons" pour couper le bois utilisable dans une bande de 500 mètres entourant la voie*[409]. » Et là, contrairement au secteur automobile où l'usage de l'énergie bois s'est limité à quelques essais, son usage dans le chemin de fer est beaucoup plus massif. Il a fallu aussi faire des aménagements techniques pour une meilleure utilisation.

Toujours dans cette période de crise, le secteur de l'électricité dans sa recherche de solution intermédiaire projette l'utilisation d'un autre combustible issu de la biomasse, la coque d'arachide, rendue disponible par l'exploitation d'une industrie localisée à Rufisque, à une vingtaine de km de la centrale électrique de Bel-Air[410].

2. Le chauffage aux coques d'arachide : l'autre alternative

L'approvisionnement en combustible de la centrale électrique de Bel-Air, à Dakar, a connu des moments très difficiles pendant la Première Guerre mondiale. Cette situation a taraudé les esprits des dirigeants de cette entreprise qui a des obligations en vers la colonie. Des essais de substitution du bois au charbon de terre n'ont pas tenu toutes leurs promesses. Cette centrale localisée dans une zone assez peu forestière rend la situation aussi complexe que son ravitaillement en briquettes Cardiff (charbon de terre).

---

[409] DIEDHIOU S., *op. cit.,* p. 37.
[410] ANF, MI1526.

La Compagnie d'Électricité du Sénégal, CES, envisage d'explorer, au cours du premier semestre de l'année 1919, la possibilité d'assurer la chauffe aux coques d'arachides pour les chaudières de la centrale électrique de Bel-Air. Ce projet, soumis aux autorités coloniales, a trouvé un écho favorable[411]. Il fait suite à la décision de construire une usine de décorticage à Dakar. Cette initiative du ministère français du Ravitaillement a permis l'implantation de l'usine de la Société commerciale et industrielle d'Outre-mer (SCIOM), en 1918 à Dakar. Il y avait auparavant des stations à Kaolack et à Mbour, propriétés d'un certain René Gaudart, ingénieur inventeur des appareils de décorticage de coques d'arachides. La Société, commerciale et industrielle, d'Outre-mer est chargée, par les autorités, de revoir l'ensemble du système de décorticage, en rachetant les stations de René Gaudart. La SCIOM, en même temps qu'elle est grosse consommatrice de courant, produit un combustible, les briquettes de coques avec un potentiel de 4 400 calories, pour une production annuelle de 25 000 tonnes[412].

La CES y voit la possibilité de réaliser une chauffe mixte, charbon/ coques d'arachides, ce qui intervient dès mars 1920, au moment où les fournisseurs de la compagnie ne parviennent pas à assurer la livraison de charbon, cela suite à l'interdiction d'exporter la houille anglaise. Après investigations auprès de la Société commerciale et industrielle d'Outre-mer, propriétaire de cette usine, le conseil d'administration de la CES tire la conclusion qu'à calories égales, les coques d'arachides reviennent à 60f la tonne au lieu des 180f pour le charbon en briquettes Cardiff, selon le cours du moment, payé par la CES à la colonie.

Le résultat attendu entraîne une baisse sensible du prix de vente de l'électricité. La nouvelle installation d'un groupe turbo-alternateur de 750 CV est prévue pour prendre en compte l'utilisation de ce nouveau combustible[413]. Les chaudières doivent toutefois être munies de foyer GODILLOT. Cette chauffe mixte a permis d'atténuer la consommation de charbon et de supporter la crise. Entre-temps, l'arrêt de l'usine de décorticage, suite à une rupture de graines à décortiquer, a fait monter la consommation de charbon. Ce qui complique la situation de la

ANF, Chauffage aux coques d'arachides, lettre du Lieutenant-Gouverneur P. I. à le Gouverneur Général de l'AOF, en date du 17 avril 1919.

\rchives Nationales Section Outre-Mer, TP, Carton 771, Dossier 17, lettre de ıinistrateur-Délégué de la CES au ministre des colonies, en date du 27 avril

', MI1526, Chauffage aux coques d'arachides, lettre du PCA des CES à Mr ıt-Gouverneur P. I. du Sénégal, en date du 14 mars 1919.

compagnie. D'autres huileries utilisent les coques d'arachides pour leur centrale électrique : la SEIB de Diourbel, la SEIC de Ziguinchor et l'huilerie de Lyndiane à Kaolack. Certaines d'entre elles vendent leur surplus de production d'énergie électrique à la SENELEC.

3. La bagasse de canne à sucre : un usage localisé

Elle provient de la transformation de la canne à sucre par la Compagnie Sucrière du Sénégal (CSS) implantée à Richard Toll au nord du Sénégal. La bagasse est utilisée comme combustible afin de réaliser l'économie d'énergie de la compagnie, estimée à 1 000 kW pour un traitement de 1 200 tonnes cannes/jour[414]. Les quantités très importantes de bagasse produites suffisent à couvrir les besoins d'un groupe turbo-alternateur à contre-pression de 1 300 kW pendant la campagne. Les limites de cette énergie résident dans sa disponibilité, uniquement, en saison de campagne (6 à 7 mois) et la difficulté de stockage compte tenu de son caractère hautement inflammable. Alors que l'usine a un grand besoin d'énergie pour ses stations de pompage des périmètres agricoles et pour ses installations de production et transformation de la canne en sucre[415].

4. La balle de paddy : une source d'énergie des rizières

Les rizières implantées dans cette partie nord du Sénégal, notamment à Ross Béthio, font face à un défi de besoin en énergie pour fonctionner. Le riz paddy est séparé par tarage et décorticage de sa cosse, la balle de paddy[416]. Ensuite le « riz cargo » ou riz brun est obtenu à partir d'un tri pour séparer le riz entier des brisures et des poussières ou farine. Le riz entier est ensuite blanchi sur meule. Le fonctionnement d'une meule tire sa force motrice d'une machine à vapeur utilisant la balle de paddy comme combustible qui entraîne un alternateur de la puissance requise. Ce système a été abandonné au fur et à mesure, surtout avec les rizières modernes, qui n'utilisent plus la chaudière alimentée par la balle de riz, pourtant d'une solidité à toute épreuve dans les pays tropicaux.

---

414 Archives EDF, L'électrification du Sénégal, Dossier 27935-boite 801277: Étude des besoins et de l'alimentation en énergie de la basse vallée du fleuve Sénégal, 1969.
415 *Ibid.*
416 *Id.*

Ainsi la bioénergie fait partie intégrante du système énergétique du Sénégal depuis les temps coloniaux. C'est dans ce sillage, l'empire colonial français, notamment l'AOF, a pu compter sur sa participation, avec la fourniture de biocarburants à l'effort de guerre 39-45 :

> *« Pour l'Empire colonial : les coques d'arachide et de palmiste, les coques et beurres de noix de coco, les graines et tiges du cotonnier, la paille de riz, les tiges de sorgho, etc., toutes matières qui, préparées sommairement et passées au gazogène, donnent un gaz "pauvre" d'un pouvoir calorifique de 1 100 à 1 300 calories au mètre cube*[417]*. [...] Pour le Soudan et le Sénégal, par exemple, ces déchets végétaux pourraient suffire dès maintenant – par une utilisation méthodique – à couvrir à peu près leurs besoins annuels de carburants.* »[418].

Ces énergies vertes ne sont pas les seules destinées à jouer un contrepoids à celles dites fossiles. Les énergies nouvelles ou énergies renouvelables ont été testées avec des résultats mitigés. On comprend bien que cette diversification des sources d'énergie, due certes aux contingences – les produits rares ou plus chers, les périodes de conflits, les difficultés d'approvisionnement – oblige dans l'intérêt même du réseau et du maintien des activités industrielles sur place, à des aménagements techniques. Pourrait-on évoquer alors une politique d'amélioration forcée et/ou à la marge, ou plutôt un sain et nécessaire recours à des hybridations, qui dûment validées par l'expérience, ont trouvé un juste emploi au Sénégal, misant sur les richesses locales, à savoir, la production d'arachide, la canne à sucre, ou produits résiduels de la riziculture ? Il semble que c'est la conclusion qui s'impose. Certes, d'autres difficultés apparaissent qui rendent ce procès à terme inopérant, mais cette tentative prouve que des solutions *ad hoc* peuvent être apportées. Une réflexion qui mériterait d'être par analogie proposée comme issue possible, adaptée bien évidemment, dans le cadre de politiques publiques du développement durable, promues de nos jours par les résolutions de la COP 21 ou portées par l'Agence mise en place pour l'électrification du continent par *Énergies pour l'Afrique*, grâce à une plate-forme collaborative.

---

[417] *Ibid.*

[418] *Id.*

C. Les énergies nouvelles

La volonté marquée dans l'adoption des énergies nouvelles au Sénégal survient dans un contexte marqué par une situation économique bouleversée suite à une série d'événements qui ont eu des conséquences pour longtemps et que le pays a dû surmonter comme il le pouvait : la sécheresse de 1973 et la crise pétrolière de la même année. Dépassée par ces événements, l'Afrique Subsaharienne, dont le Sénégal, fait face à une situation à laquelle elle n'a pas forcément les moyens de s'en sortir. Comme toujours, face à une telle détresse, c'est l'aide au développement qui vole au secours des pays aux populations sinistrées, dans le cadre de politiques humanitaires d'urgence. La France s'est toujours illustrée dans son concours aux ex-colonies. Ainsi les Ministères français de la Coopération et de l'Industrie initient en 1975 le programme « Sahel Énergie nouvelles », pour le développement des techniques, utilisant les énergies nouvelles. Ce programme triennal s'est déroulé de 1976 à 1978. Bénéficiant d'un crédit à hauteur de 32 millions de francs dont 25 millions de francs, financés par le Fonds d'aide et de Coopération ; six millions de francs, financés par la Délégation aux énergies nouvelles ; un million de francs, financé par le Commissariat à l'énergie solaire (COMES), établissement public fondé en 1978. Ce programme triennal intéresse essentiellement les pays sahéliens. Son extension géographique est toutefois prévue dans le nouveau programme qui se met en place en 1979, avec un financement de douze millions de francs. L'objectif de ce programme est de proposer des solutions nouvelles au problème de la sécheresse au Sahel qui persiste depuis 1973 ; d'assurer l'irrigation et l'approvisionnement en eau ; de montrer aux pays sahéliens la fiabilité et l'intérêt des techniques nouvelles des industries françaises et des organismes de recherche de pays sahéliens ; de prendre le risque de financer les prototypes expérimentaux pour les pays sahéliens. Il s'agit de garantir un minimum de débouchés à certains produits pour permettre une production à l'échelle industrielle tout en améliorant les performances techniques et en réduisant le coût des équipements[419].

Si ce programme touche plusieurs pays sahéliens, le Sénégal a, quant à lui, développé des programmes de recherche, avec l'aide du partenariat, dans les énergies renouvelables avec des institutions

---

[419] ANS, *Courants*, Revue de la Société sénégalaise de Distribution d'Énergie électrique, n° 18, troisième trimestre 1980, p. 16.

comme l'Institut de Physique météorologique (IPM) Henri MASSON, à Dakar[420], et l'Institut Universitaire de Technologie (IUT), actuel ENSUT de Dakar. S'illustrant principalement dans les technologies d'usage de l'énergie solaire et de l'énergie éolienne. D'autres énergies renouvelables ont déjà une tradition au Sénégal comme la bioénergie et l'hydraulique.

1. Le soleil : une énergie mythique

Il a figuré en bonne position dans le cortège des dieux : « *Aucun autre dieu ne peut leur donner la liberté d'être, si ce n'est Sa Majesté Amon, car rien ne peut se faire sans lui » (Hymne au Soleil du temps de Ramsès II, papyrus de 1280 avant J.-C au musée de Leyde)*[421]. Les civilisations qui se sont succédées (les Égyptiens, les Grecs, les Incas, les Celtes…), toutes ont célébrées ce « dieu universel ». Louis XIV lui-même en fait son emblème, s'attribuant le titre de Roi-Soleil. La symbolique est donc forte, puisque ses usages non énergétiques jalonnent l'histoire de l'humanité ; sa belle lumière dorée et naturelle prisée des peintres ; comme moyen d'orientation, bien avant que les instruments de navigation ne prennent le relai ; comme marqueur-horaire alors que les jours étaient rythmés, de l'aube au crépuscule, par son apparition et son coucher au terme d'une journée de labeur, en lien avec les saisons et les pratiques agraires ; cela sans oublier la « dictature de la beauté », et le bronzage estival, que les lampes justement « solaires » rendent accessibles tout au long de l'année, ou la luminothérapie, prônée pendant les périodes hivernales. On n'oubliera pas de faire mention du projet d'avion solaire SOLAR IMPULSE développé depuis 2003, par les ingénieurs suisses de l'École Polytechnique de Lausanne, Bertrand Piccard et André Borschberg, qui validant cette technologie basée sur l'énergie solaire, poursuit son tour du monde des continents[422].

---

[420] L'Institut de Physique Météorologique Henri MASSON, de l'Université de Dakar, créé en 1955, sous la direction du Professeur Masson, aujourd'hui disparu, s'est orienté vers la réalisation de pompes solaires. Les recherches menées s'intéressent à l'énergie solaire et au développement de tous les procédés susceptibles d'utiliser l'énergie solaire, ou toute autre énergie dérivant des phénomènes météorologiques, par des moyens adaptés aux régions arides ou semi-arides, dans le cadre de l'économie nationale, en liaison avec les industries du pays.

[421] BENJAMIN D., FRANCOIS P., *L'énergie solaire*, Paris : PUF, 1996, p. 4.

[422] Le projet SOLAR IMPULSE est disponible à l'adresse :

Mais le soleil, c'est également et surtout une énergie nécessaire et utile à l'humanité. D'abord par des applications indirectes au travers des énergies dérivées de l'énergie solaire, comme celle libérée par la combustion du bois de feu qu'il a accumulée tout au long de sa croissance ; et par la suite les combustibles fossiles, charbon, pétrole, gaz naturel, dont certains auteurs soutiennent une lointaine origine solaire[423]. L'histoire de l'énergie solaire débute avec celle des hautes températures.

> *« On peut y voir une marque de la fascination exercée par le feu. Plutarque raconte que les vestales utilisaient des miroirs coniques en airain pour allumer au soleil le feu sacré des temples de Vesta quand il venait à s'éteindre. Archimède aurait incendié la flotte romaine venue mettre le siège devant Syracuse en 220 avant J.-C : à l'aide de plusieurs miroirs ardents, il aurait concentré le rayonnement solaire à distance sur des navires[424]. »*

L'autre facette de son histoire concerne ses utilisations directes : les usages « passifs » liés à l'architecture traditionnelle à travers les baies vitrées, les auvents, les vérandas, les patios et plus récemment l'architecture bioclimatique, qui permettent de recevoir l'énergie solaire, notamment les rayons solaires chez soi, sans autre effort de collecte ; et les usages « actifs » qui consistent à mettre un dispositif de captage et de conversion des rayons solaires en chaleur, ce qu'on appelle les procédés thermiques dont l'histoire remonte à Horace-Bénédict de Saussure, physicien génois du XVIIIe siècle, ou en électricité, qui est la conversion photovoltaïque, dont la découverte par Alexandre-Edmond Becquerel date de 1839.

Le soleil émet un flux lumineux de 1 368 W/m2 dont seulement 1 000 W/m2 arriveraient au meilleur des cas sur terre. Le rayonnement du soleil sur terre est assujetti à plusieurs facteurs : « *le jour, la nuit, les saisons, la latitude de l'endroit et la couverture nuageuse*[425]. » De

---

[http://www.solarimpulse.com/pilots-team], consulté le 10 mai 2016. Le tour du monde de l'avion SI2 est avant tout destiné à montrer les capacités de l'énergie solaire : ses ailes, qui sont plus larges que celles d'un Boeing 747, portent 17.000 cellules photovoltaïques qui fournissent l'énergie nécessaire aux hélices et aux batteries. La nuit, l'avion vole grâce à l'énergie qu'il a stockée.

[423] *Ibid.,* p. 8.

[424] *Ibid,* p. 11.

[425] *Id.*

ce fait la puissance lumineuse moyenne annuelle reçue sur terre serait au maximum de 20 %. Ce pourcentage est réparti à son tour entre les différents systèmes de régulation de la vie sur terre. Le solaire thermique est utilisé dans les chauffe-eau solaires individuel ou collectif, dans des procédés industriels de séchage ou de dessalement. Quant au photovoltaïque, il est utilisé souvent sur des sites isolés pour assurer leur autonomie énergétique ou à une interconnexion quand sa production est importante[426]. Si cette énergie, malgré son vécu, est encore qualifiée d'énergie en développement, c'est parce que son histoire est ponctuée de périodes de dynamisme et de léthargie. L'émergence des combustibles fossiles a éclipsé son progrès pendant longtemps avant de susciter de nouveau un intérêt avec la crise pétrolière de 1973. La baisse du prix du pétrole porte ombrage à son développement jusqu'au regain d'intérêt actuel lié à un contexte de débat sur les transitions énergétiques.

1.1. L'énergie solaire au Sénégal : une abondance sous-exploitée ?

L'Afrique subsaharienne, beigne depuis toujours dans un environnement fécond en ressources énergétiques renouvelables (bois, soleil, vent, et dans une moindre mesure, eau). L'énergie renouvelable, précisons-le bien, est une énergie qui est produite, sans avoir à prélever quoi que ce soit sur les produits énergétiques de notre planète. Le solaire constitue ainsi la principale source d'énergie renouvelable en Afrique. Des réalisations ont certes vu le jour dans les années 1970, mais n'ont concerné que de modestes applications dans des secteurs comme le pompage d'eau pour périmètre irrigué, l'alimentation en eau de villages, la réfrigération pour la conservation de viande ou du poisson et la production d'électricité.

La caractéristique de l'énergie solaire, c'est qu'elle est diffuse et intermittente. Elle est utilisée directement ou convertie. Les conversions sont de deux sortes, conversion thermodynamique et conversion photovoltaïque. Les applications thermiques directes concernent le chauffage des édifices ou dans une moindre mesure le chauffe-eau solaire, qui n'est pas déterminant en Afrique. Sauf pour des cas de distillation de l'eau de mer comme le cas d'un village isolé de l'île du Cap-Vert.

---

[426] NAUDET G, REUSS P, INSTITUT NATIONAL DES SCIENCES ET TECHNIQUES NUCLÉAIRES, Énergie, électricité et nucléaire, *op. cit.*, p. 35.

La conversion thermodynamique fonctionne selon le principe suivant : un liquide (l'eau) collecte la chaleur solaire et la transmet à un fluide (butane ou fréon), provoquant la vaporisation de ce dernier. Cela permet d'entraîner un moteur à piston ou une turbine. À son tour ce moteur ou cette turbine actionne une pompe ou un alternateur électrique. Pour la conversion photovoltaïque, la chaleur du soleil est directement transformée en énergie électrique par des cellules solaires ou photopiles (semi-conducteurs de quelques cm2) regroupées sur des panneaux. Les panneaux de photopiles délivrent 100 watts au m2 sous l'éclairement du soleil au zénith.

Déjà en 1977, Djibril FALL, dans la revue *Éthiopique*, s'exprimait sur l'utilisation de l'énergie solaire au Sénégal au temps de la colonie, avec l'Institut de Physique météorologique (IPM) Henri MASSON, créée en 1955[427] à Dakar :

> *« Pour moins dépendre de l'extérieur, surtout en face d'un avenir aussi incertain, le Sénégal, qui s'est intéressé depuis près de vingt ans au problème d'utilisation de l'énergie solaire, avec les recherches entreprises, dans ce domaine, à l'IPM, sous la direction du Professeur Masson, aujourd'hui disparu, s'est orienté vers la réalisation de pompes solaires. L'IPM est devenu le centre de mise au point et de fabrication de préséries d'équipement utilisant l'énergie solaire, adaptés à nos besoins et susceptibles de nous ouvrir un marché vers les pays voisins et même au-delà. Le gouvernement sénégalais envisage, en accord avec les organismes intéressés des Nations Unies, qui en ont exprimé le souhait, de donner à ce centre un caractère régional, dès que possible, compte tenu de l'identité des problèmes avec les pays voisins et de l'expérience technologique acquise en la matière, par l'IPM, qui bénéficie d'un environnement scientifique, technique et industriel, encore unique, dans la zone Soudano Sahélienne[428]. »*

L'application de cette forme d'énergie, au Sénégal, s'est orientée selon les urgences du moment. Il a fallu attendre 1973 pour voir l'État du Sénégal affirmer avec force, sa volonté de se lancer dans une

---

[427] FALL D., « Énergie solaire et perspectives d'avenir au Sénégal », *Ethiopique, Revue socialiste de culture négro-africaine*, n°12, octobre 1977, disponible à l'adresse : [http://ethiopiques.refer.sn/spip.php?article582], consulté le 12 février 2014.

[428] *Ibid.*

politique d'économie d'énergie. Il entend ainsi se doter de moyens nécessaires pour y parvenir. Cette volonté étatique se manifeste dans un contexte bien particulier : d'une part, la sécheresse commence à produire de gros effets en 1973, menaçant du coup la disponibilité de l'énergie bois, soumise à une pression sans précédent, d'autre part, la crise pétrolière de 1973 engendre d'autres effets dévastateurs sur sa balance commerciale. Le renchérissement du prix du baril de pétrole amène la facture annuelle du Sénégal, pour le seul secteur, de 5 milliards à 50 milliards en sept ans seulement. Il convient donc agir très vite avant que l'irréparable ne se produise. Agir, c'est, d'une part, passer en revue le potentiel énergétique visible, renouvelable et se doter des moyens techniques pour l'exploiter, et d'autre part, explorer le sous-sol du territoire pour estimer le potentiel en énergie fossile. Parmi les choix qui s'offrent en matière d'énergie renouvelable, l'État penche pour le solaire. Ce choix est-il guidé par l'abondance de la ressource ? Où est-il lié à un environnement technique qui faciliterait son usage ? Voyons quelques réalisations techniques liées à l'usage de l'énergie solaire :

1.2. Le chauffage solaire de l'eau

Contrairement en Europe, le chauffage de l'eau ne constitue pas une préoccupation majeure en Afrique. Dans ce débat d'économie d'énergie, l'exploitation du soleil comme source d'énergie occupe de plus en plus l'espace public. En Afrique sub-saharienne, eu égard au soleil abondant et à la chaleur qu'il génère, le problème de chauffage de l'eau n'a jamais suscité un intérêt général. L'homme qui a introduit cette technique au Sénégal mérite d'être présenté. L'expatrié Charles Windling, n'est pas technicien de formation, mais directeur administratif et financier de la SENELEC. Il créé à Dakar, en 1982 un chauffe-eau solaire à partir d'une documentation personnelle. Il devient du coup un acteur de premier plan du transfert de cette technologie dans un pays comme le Sénégal qui a une histoire de l'usage de l'énergie solaire datant des années 1950.

Schéma d'installation d'un petit chauffe-eau solaire[429]

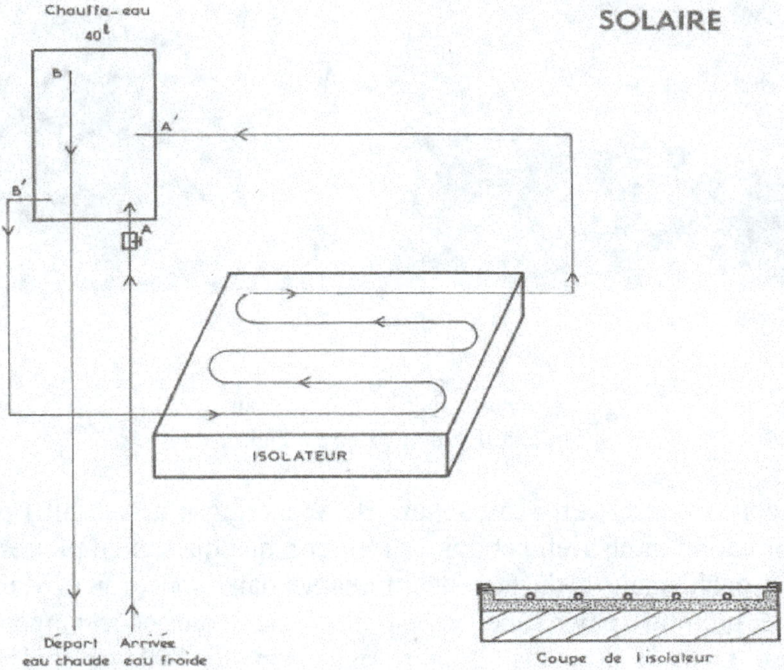

Source : ANS, *Courants,* N° 18 : 3e trimestre, 1980, Un chauffe-eau solaire à Dakar, p. 3

---

429 ANS, *Courants,* N° 18 : 3e trimestre, 1980, Un chauffe-eau solaire à Dakar, p. 3.

Le chauffe-eau solaire de Mr.Wendling[430]

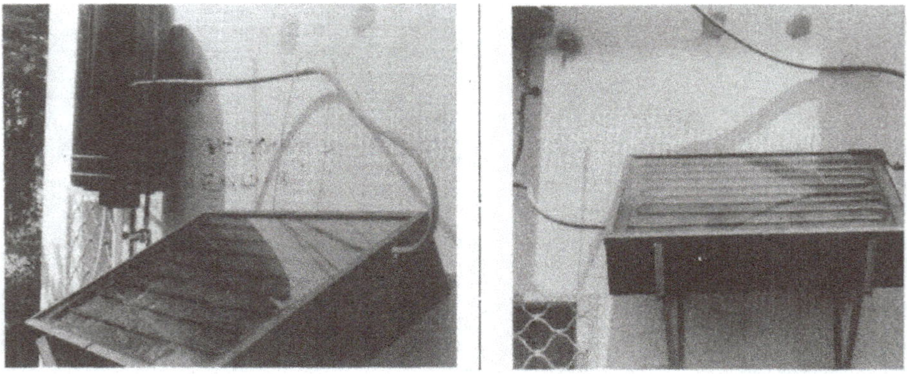

Source : Courants, N° 18 : 3e trimestre, 1980,
Un chauffe-eau solaire à Dakar

Cependant le chauffe-eau solaire de Wendling n'a pas fait l'objet de fabrication industrielle et doit se limiter à quelques exemplaires. Sa culture occidentale a dû être déterminante dans son projet. Mais la priorité pour un pays sahélien est plutôt le froid pour vaincre la chaleur. Dans le domaine de la réfrigération, les villages isolés du réseau électrique, les centres agronomiques et zootechniques ont un besoin réel de conditionnement d'échantillons, de médicaments. Des études ont été lancées pour résoudre ces questions. C'est dans ce cadre que l'ENSUT de Dakar, ex-IUT a développé un prototype de réfrigérateur adapté à cette problématique avec des résultats probants. Ainsi, la station solaire de Coubanao, en Casamance, mise en service en 1980, en plus du pompage pour l'irrigation (180 m3/heure à 20 m), assure la production de froid pour le conditionnement d'une tonne de poisson par jour[431]. En effet des produits agricoles comme les produits halieutiques exigent des conditions contrôlées de conservation, notamment avec certaines organisations telles que les coopératives d'agriculteurs ou de pêcheurs. Ce qui a conduit à la création de séchoirs solaires pour faire face à ce besoin.

Dans le domaine du solaire, comme celui de l'éolienne, l'université

430 *Ibid.*
431 ANS, *Courants,* n° 16 : premier trimestre, 1980, L'énergie solaire et agriculture au Sénégal, p. 3.

de Dakar a été le véritable laboratoire de conception et d'expérimentation. La plupart de l'outillage qui a servi à l'utilisation de ces énergies, financé par les bailleurs, est sorti des laboratoires de l'université de Dakar qui possède une certaine expertise dans ce domaine.

Capteur solaire de l'IUT de Dakar[432]

Capteurs et Eolienne de l'I.U.T. - Dakar

Source : ANS, *Courants, n° 2, troisième trimestre, 1976*

[432] ANS, *Courants*, n° 2, troisième trimestre, 1976.

Laboratoire des semi-conducteurs de l'Université de Dakar[433]

La pile solaire de la Faculté des Sciences de Dakar

Source : ANS, *Courants,* N° 2 : 3e trimestre, 1976

433 *Ibid.*

Hormis les usages traditionnels de séchage direct au soleil des récoltes et autres aliments pour les besoins de conservation, aucun savoir lié à un usage actif de l'énergie solaire n'est connu avant l'avènement de l'IPM. L'Institut a, entre autres missions, l'étude de phénomènes météorologiques liés au rayonnement solaire et à la recherche et développement de tous procédés susceptibles d'utiliser l'énergie solaire. La volonté de mettre au point des équipements utilisant l'énergie solaire à fin d'affranchir le Sénégal de toute tutelle énergétique était déjà fortement fixée par le gouvernement colonial. Cette volonté est poursuivie par les autorités du Sénégal indépendant. C'est ainsi que l'IPM s'est lancé avec la Société française d'études thermiques et d'énergie solaire (S.O.F.R.E.T.E.S.)[434] dans des projets techniques. Depuis 1962 ils réalisent des pompes solaires utilisées dans l'exhaure de l'eau, avec le prototype industriel « Segal », alimentées par 88 m2 de capteurs plans et pompant 25 m3 par jour à 30 m de profondeur pour un fonctionnement de 5 à 6 heures. Cela permet l'installation de quatre unités de pompages en milieu rural depuis 1976, avec des performances atteignant 15 m3 par jour sous 30 m3 de HMT[435]. L'expérience ainsi acquise dans cette filière des pompes solaires thermodynamiques permet même d'atteindre des puissances allant de 25 à 50 kW.

Pompe solaire du professeur Masson à Hann Dakar[436]

La pompe solaire du Pr Masson à Hann

Source : ANS, *Courants,* N° 2 : 3e trimestre, 1976

---

[434] *Ibid.*

[435] ANS, *Courants*, Revue de la Société sénégalaise de Distribution d'Énergie électrique, n° 16, Premier trimestre 1980, p. 4.

[436] *Ibid.*, p. 5.

La pompe à courant continu alimentée par la pile solaire de l'Université de Dakar[437]

La pompe à courant continu alimentée par la pile solaire de l'Université de Dakar

Source : ANS, *Courants*, n° 2, 3e trimestre, 1976, p. 4.

Cette opération baptisée « les bienfaits du soleil », gérée par le Secrétariat d'État à la recherche scientifique, a permis l'installation d'une autre filière de pompes solaires photovoltaïques, notamment en bas de la gamme de 1-5 kW, dédiée à l'hydraulique villageoise et pastorale. Deux pompes BRIAU et trois pompes GUINARD ont été installées au cours de cette opération. Les opérateurs de ce vaste programme d'équipement de puits forages sont en plus du Secrétariat d'État à la Recherche scientifique, l'IPM, la Société Nationale de Forages (SONAFOR), la Société Industrielle des Applications de l'Énergie solaire (SINAES), le Secrétariat à la Promotion humaine, les Sociétés de Développement (SODEVA, Terre-Neuve, SOMIVAC). L'objectif affiché est de réaliser un forage tous les 15-20 km dans la zone sylvo-pastorale et semi-désertique[438]. Les thermodynamiques de moyenne puissance ont eu l'irrigation de périmètres de culture comme champs d'application, comme pour la centrale de pompage de Bakel : 30 kW, 2 000 m2 de capteurs, 120 hectares irrigués. Ils sont aussi utilisés dans l'aménagement du Fleuve Sénégal avec le pompage des eaux vers les terres à irriguer les villages et les colonats. Et le sont également, dans une moindre mesure, pour l'équipement prévu de

---

[437] *Id.*

[438] ANS, *Courants*, *op. cit.*, 1976, p. 6.

barrages dans le cadre de la mise en valeur du Fleuve Gambie avec l'Organisation pour la Mise en Valeur du Fleuve Gambie (OMVG)[439].

Toute la politique sénégalaise en matière d'énergie solaire s'est basée sur des réalisations dont les objectifs ont été assignés à l'IPM jusqu'aux environs des années 1980. Cette structure qui dépend de l'Université de Dakar, s'est vue dotée au fur et à mesure de structures appropriées à ses missions dont l'axe prioritaire était de faciliter l'accès à l'eau. On était dans les années de sécheresse au sahel marquée par une nappe phréatique qui s'éloigne de plus en plus dans les profondeurs de la terre. Les stations thermodynamiques installées dans de nombreuses localités du pays, notamment en zones rurales, sont exclusivement dédiées au pompage de l'eau devenue une ressource précieuse au sahel. Cependant le solaire n'est pas la seule énergie issue des recherches et techniques universitaires à être appliquées pour alléger les travaux des ménages au Sénégal.

2. L'énergie éolienne : historique et état des lieux au Sénégal

L'énergie du vent n'est-elle pas intimement et tout simplement liée à la vie sur terre ? Avant même la première tentative de domestication par l'homme de l'énergie du vent, celle-ci transportait la vie depuis des centaines de millions d'années. « *En poussant les nuages et en disséminant les graines des plantes, elle a été un vecteur essentiel à la colonisation de la terre. De nombreuses plantes exploitent l'énergie des courants aériens pour se multiplier*[440]. » L'utilisation de cette énergie est très ancienne puisqu'indispensable à la navigation, à l'exploitation de l'eau des puits, aux moulins à vent, et pour moudre du grain. Cette pratique énergétique était déjà en vigueur en Grèce et en Égypte au Ve siècle avant Jésus-Christ ; avec des éoliennes à axe vertical pour les Grecques et des moulins à vent à axe horizontal chez les Égyptiens[441]. Vers 5 000 ans avant notre ère, l'histoire nous révèle l'utilisation de cette énergie par les Phéniciens pour propulser leurs bateaux sur les mers. Les Égyptiens les ont probablement devancés dans cette pratique comme le montre des gravures retrouvées sur les murs du temple funéraire de la reine Hatshepsout à Deir el Thèbes. Ce

[439] La mise en Valeur du Fleuve Gambie regroupe la République de Guinée, la Guinée-Bissau, le Sénégal et la Gambie autour du fleuve Gambie.
[440] LHOMME J.-C., *op. cit.*, p. 24.
[441] *Ibid.*

mode de transport était pratiqué sur le Nil[442]. En tout état de cause, c'est par cette énergie que l'humanité s'est dispersée sur le globe terrestre en colonisant les îles lointaines, longtemps restées inaccessibles et dont les Phéniciens restent les précurseurs avec les bateaux à voiles montrant certainement le chemin à Vasco de Gama deux millénaires après ; tout comme à Christophe Colomb. Ainsi, les bateaux à voile finissent par se stabiliser avec la technique, et le vent devient pendant de nombreux siècles le seul moteur qui permet les communications entre continents. Aujourd'hui, l'avancée technique dans ce domaine, aboutit à l'invention de l'hydroptère qui donne naissance à une nouvelle génération de voiliers permettant de traverser l'Atlantique en 4 ou 5 jours[443].

La filière contemporaine des éoliennes de production de l'électricité tire certainement son origine de l'invention des moulins à vent, dont les débuts remontent à plus de 1000 ans. Les moulins étaient conçus pour remplacer le labeur de l'homme et des animaux qui devenaient de plus en plus pesants, notamment dans la mouture des céréales, l'extraction de l'huile et le pompage de l'eau. Ils permettaient également de gagner en force, permettant de mouvoir des meules. Les moulins étaient issus d'une conception artisanale avec une évolution des ailes d'une ingéniosité qui n'a rien à envier aux technologies de notre siècle. En effet, l'histoire révèle des systèmes d'ailes performants dès le XVIe siècle avec les ailes dissymétriques apparues dans les Flandres. Puis, il y a eu le dispositif, très ingénieux, de ferlage mis au point en 1745 par Edmond Lee. Mais, c'est avec les Théophile Berton, père et fils, que l'histoire du moulin à vent va écrire une page décisive. Surtout quand Berton père dépose le 27 novembre 1839 un brevet intitulé « Moyen propre à tendre et à détendre la toile de toutes sortes de machines à vent [444]». C'est une technique qui devait consister à ferler et à déferler sans difficulté les volées de toiles. Mais le système n'est pas aussi performant qu'escompté. Les travaux du Danois Paul La Cour (1846-1908) permettent de rapprocher les moulins de la technologie des éoliennes actuelles, notamment avec l'adoption de pylônes à structure treillis, nettement plus favorables à l'écoulement aérodynamique[445]. L'idée de produire de l'électricité à partir du vent date de 1802 portée par Lord Kelvin. Mais c'est

---

[442] *Id.*
[443] *Ibid.*
[444] LHOMME J.-C., *op. cit.*, p. 46.
[445] *Ibid.*

l'invention de la dynamo en 1850 qui a donné naissance au principe des éoliennes modernes avec le système appelé aérogénérateur (production de l'électricité à partir du vent)[446]. Aujourd'hui ce sont des techniques très robustes qui émanent de l'aéronautique et sont déployées pour produire cette énergie, propulsant les éoliennes au rang de système énergétique très performant économiquement et écologiquement.

L'existence des premiers centres de jaugeage de l'énergie éolienne en AOF date de l'après-Deuxième Guerre mondiale. Des stations ont été implantées au Sénégal, au Soudan et dans d'autres colonies françaises hors AOF. Dakar, à elle seule, compte plusieurs stations. La plus ancienne est certainement celle de Dakar ville dont les relevés datent de 1949. Ces relevés sont effectués tous les mois de l'année afin de procéder à des analyses complètes. Ces centres servent aussi de stations météorologiques qui jouent des fonctions très diverses.

Les différents relevés éoliens[447]

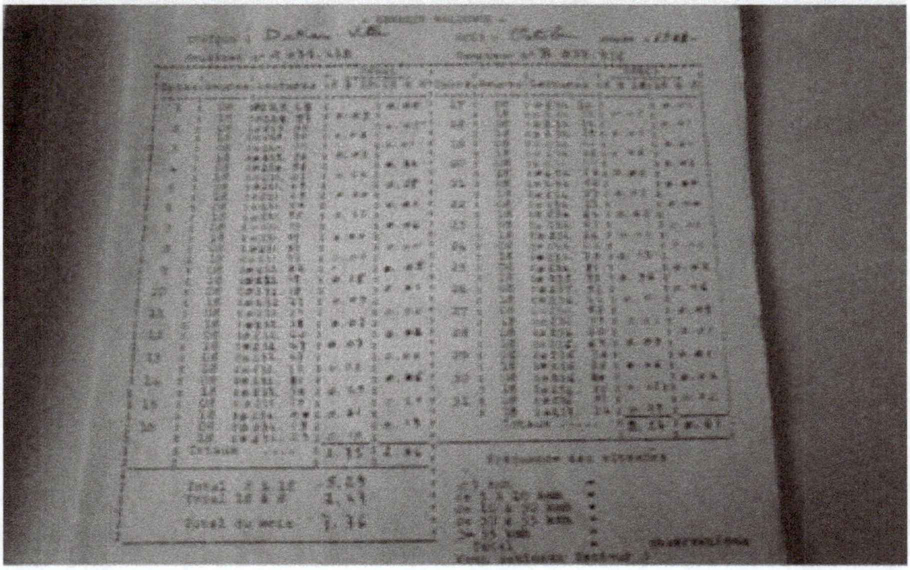

Source : Archives EDF, Boite 32074, Dossier 852591

[446] NGÔ C., *op. cit.*, p. 50.

[447] Archives EDF, Boîte 32074, Dossier 852591, Correspondance et relevés d'observations des stations implantées hors de France métropolitaine équipées de compteurs de jaugeage d'énergie éolienne.

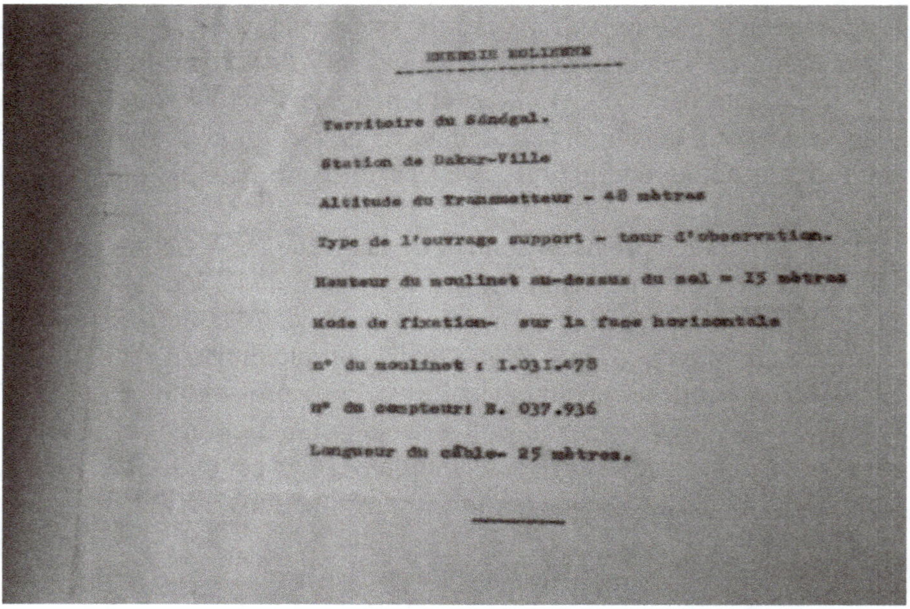

Territoire du Sénégal.

Station de Dakar-Ville

Altitude du Transmetteur - 48 mètres

Type de l'ouvrage support - tour d'observation.

Hauteur du moulinet au-dessus du sol = 15 mètres

Mode de fixation- sur la face horizontale

n° du moulinet : I.031.478

n° du compteur: B. 037.936

Longueur du câble- 25 mètres.

Source : Archives EDF, Boite 32074, Dossier 852591

On procède de la même manière pour la deuxième station de Dakar : *Dakar Terme Sud*, dont les premiers relevés datent de 1952, ensuite les stations de Tambacounda et Ziguinchor au cours de la même année. Dans la partie soudanaise, la première station est implantée à Kayes depuis 1949, et les autres qui ont fonctionné à partir de 1952 se trouvent à Koulouba et Mopti.

Relevé de la station de Kayes[448]

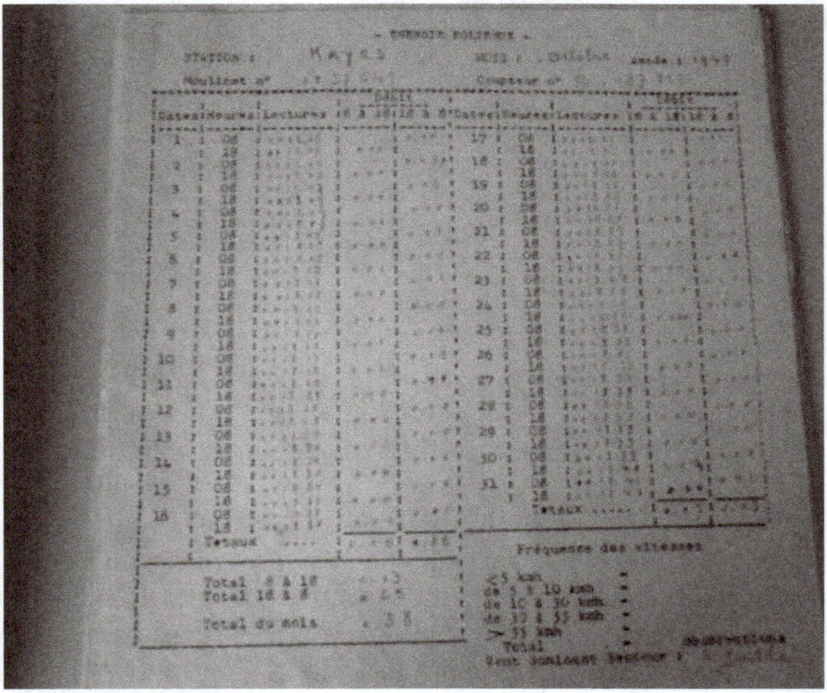
- ENERGIE EOLIENNE -
STATION : Kayes
Dates | Heures | Lectures
Totaux
Total 8 à 18
Total 18 à 8
Total du mois
Fréquence des vitesses
Total
Observations

Source : Archives EDF, Boite 32074, Dossier 852591

Néanmoins, la vitesse du vent, relevée dans toutes ces stations, n'a pas permis d'en faire un usage énergétique appliqué à des activités industrielles. L'État du Sénégal a affiché la volonté d'utiliser l'énergie éolienne dans les années 1980. Celle-ci est appelée à alimenter la batterie d'équipements de pompage, mise en place pour les puits peu profonds en milieu rural. On dénombre plusieurs éoliennes installées composées de trois multi-pales et un savonius SP4 ; ainsi que huit autres savonius (0,2 kW à 7 m/s) installés dans la zone maraichère de la bande côtière[449]. Aussi dans le cadre du programme *Sahel-Energies Nouvelles*, deux aérogénérateurs ont-ils été installés dans les villages de Louly (1 kW) et de Louly-Ngoron (4 kW).

---

[448] *Ibid.*

[449] ANS, *Courants*, n°16, 1er trimestre 1980.

L'éolienne expérimentale de l'IUT de Dakar[450]

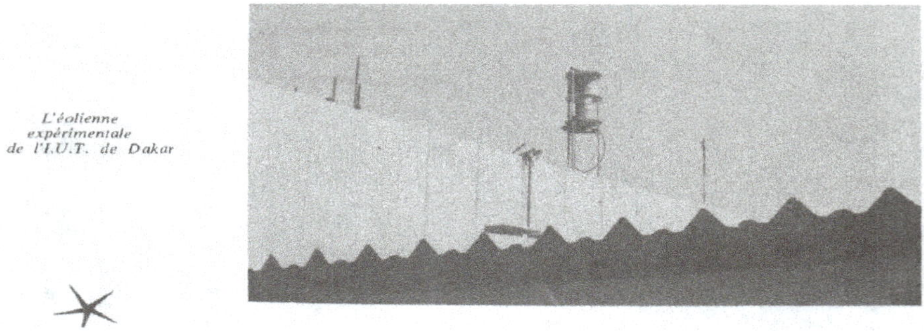

Source : ANS, Courant, n° 16, 1er trimestre 1980

3. L'énergie hydraulique au Sénégal : une source extrafrontalière

La force motrice de l'eau a intéressé l'homme depuis la période d'avant l'ère chrétienne. La plus ancienne preuve de l'existence de l'énergie hydraulique remonte au royaume du Pont. Il s'agit d'une principauté qui se situerait au nord de la Cappadoce en Asie Mineure[451], sous le règne du roi Mithridate VI Eupator (111-63 av. J.-C.), dans ce qui correspond à la Turquie actuelle. Mais Pierre-Louis Viollet souligne que l'histoire de l'hydraulique date déjà de 4 000 ans avant l'avènement de Mithridate dans les mondes syro-mésopotamien, égéen, indien et chinois, exclusivement dans l'écoulement gravitaire. Selon une description faite par Vitruve, il y a eu successivement : la roue élévatrice, la saqqya, la noria hydraulique. En Syrie, l'utilisation du moulin à eau date de cette époque. L'homme s'est servi de cette force motrice pour alléger ses efforts physiques dans des tâches telles que *« moudre le grain, scier, actionner les soufflets de forges et les métiers à tisser*[452]*.* » Il y aurait une concentration industrielle et capitalistique qui s'accroissait aux environs du XIIe siècle grâce à l'énergie hydraulique. Une tendance confirmée jusqu'au XIXe siècle, notamment avec le développement des forges hydrauliques qui avaient

[450] *Ibid.*
[451] VIOLLET P.-L., Histoire de l'énergie hydraulique. Moulins, pompes, roues et turbines de l'Antiquité au XXe siècle, Paris : Presse de l'école nationale des Ponts et chaussées, 2005, p. 48.
[452] NGÔ C., *op. cit.*, p. 1.

comme combustibles le charbon de bois. Il faut attendre le milieu du siècle pour voir l'émergence de plus en plus confirmée du coke, en Angleterre, qui finit par supplanter le charbon de bois comme combustible. Ce mouvement intervient en France entre 1830 et 1860.

La technologie de ces machines, conçues pour utiliser cette énergie mécanique produite par l'énergie hydraulique, n'a pas beaucoup évolué du XIe au XVIIIe siècle. Elles ont finalement été supplantées par la machine à vapeur malgré l'augmentation de leur rendement au XIXe siècle grâce aux travaux de Poncelet. Mais cette situation ne signe pas pour autant la fin de l'énergie hydraulique. Bien au contraire. La concurrence de la machine à vapeur sera source de motivation pour booster l'innovation dans la filière par la conception de nouveaux moteurs hydrauliques. Ces innovations vont suivre deux directions : premièrement, le perfectionnement de la roue verticale avec des pales et augets en fer ; deuxièmement, l'avènement de turbines modernes qui vont servir de socle au développement de l'hydroélectricité. Faut-il le rappeler, les premières turbines ont été l'œuvre d'abord de Claude Burdin, professeur à l'École de Mines de Saint-Étienne qui améliore la roue à réaction d'Euler, sans toutefois arriver à faire fonctionner un modèle fini, entre 1820 et 1824. Ensuite, Benoît Fourneyron, son ancien élève et jeune ingénieur de 25 ans, finalise ce projet avorté, œuvre du professeur, en 1827, en réalisant une œuvre complète et fonctionnelle aux forges de Pont-sur-l'Ognon en Franche-Comté où il travaillait comme ingénieur[453]. S'en sont suivi plusieurs autres infrastructures et usines équipées avec la turbine Fourneyron en France, en Europe et à travers le monde jusqu'à outre atlantique. Il a fait construire les ateliers de fabrication des turbines ainsi qu'un banc d'essai entre 1837 et 1840 dans le département de Haute-Loire, à l'établissement du Chambon-Feugerolles. C'est aux États-Unis, sur les chutes du Niagara que fut mise en œuvre la première grande installation hydroélectrique en 1895 ; celle-ci était équipée de turbines Fourneyron avec trois turbines de 3 700 kW chacune, sur une hauteur de chute de 60 mètres. C'est ainsi que l'hydraulique récupère certaines applications qu'elle a perdues au profit de la vapeur notamment dans l'élévation des eaux pour Béziers, de la Seine à Versailles, ou pour les papeteries. Quant au régime de l'hydromécanique, avec les changements socio-économiques intervenus entre la fin du XVIIIe siècle et le XIXe siècle, les centres d'intérêt

---

453 VIOLLET P.-L., *op. cit.*, p. 48.

prennent une nouvelle configuration. Les infrastructures de production ne s'implantent pas forcément autour des bassins hydrauliques ou miniers. Ils sont de plus en plus implantés au cœur de centres en retrait. Ce n'est plus aux villes de venir vers les sources d'énergie, mais c'est le contraire. Désormais la question du transport de l'énergie hydraulique à distance se pose avec acuité. Le premier transport à distance s'est fait d'abord avec l'énergie mécanique hydraulique par câbles télédynamiques, un procédé mis au point par deux frères Alsaciens, l'industriel Charles-Ferdinand Hirn et le thermodynamicien Gustave-Adolphe Hirn. Après leur premier essai sur des machines à vapeur en 1850, ils ont adapté cette technique aux grandes centrales hydrauliques atteignant des transports sur des distances de 960 mètres en 1861 à Francfort-sur-le-Main, avec un record de 1,3 km en 1872 à Belleville-sur-Rhône, avec le transport de 2 200 kW[454].

L'introduction de l'énergie électrique va donner une nouvelle dimension à cette énergie qu'on tire de la circulation de l'eau. Elle devient une source d'énergie pour la production de l'électricité. L'essor de l'hydroélectricité débute véritablement en 1880. Pour arriver à ce résultat il a fallu repenser des installations différemment de celles du moulin traditionnel. Une infrastructure beaucoup plus importante constituée d'un barrage pour retenir l'eau d'un lac ou d'un cours d'eau, d'une turbine (qui a remplacé la roue) pour générer de l'énergie mécanique, d'un alternateur couplé à la turbine pour générer de l'électricité. Commence dès lors l'éclairage électrique des villages, des quartiers, des parcs, des châteaux privés[455]. On a ensuite été confronté à la problématique du transport de l'électricité ; en courant continu ou en courant alternatif ? Cela a constitué un débat très animé à l'époque. On le savait, le transport du courant continu entraînait des pertes d'énergie, que le transport du courant alternatif permettait de limiter. Malgré le soutien de plusieurs défenseurs du courant continu, le Croate Nicolas Tesla trouve une solution au courant alternatif, qui finit par s'imposer grâce à son invention de l'alternateur triphasé en 1889. Ainsi, à Francfort en 1891, 220 kW d'énergie hydraulique fut transporté sur une distance de 175 km en courant alternatif triphasé sous une tension de 25 000 volts.

Les technologies électriques avançant à grands pas, les besoins vont croitre en illumination urbaine, les industriels prennent la juste

---

[454] VIOLLET P.-L., *op. cit.*, p. 48.
[455] *Ibid.*

mesure de l'avantage de l'énergie hydroélectrique qui les dispense de la proximité obligatoire des chutes. La mutation s'opère désormais de la production directe de l'énergie hydraulique mécanique à l'électricité hydraulique, et les grands aménagements d'énergie hydraulique sont désormais quasiment uniquement dédiés à produire de l'électricité. Ce qui fait qu'au tout début du XXIe, les installations hydroélectriques ont atteint les 740 000 MW, une puissance qui fait 20 000 fois celle de la première centrale de 1895, installée sur les chutes du Niagara. Désormais, des installations sont prévues dans tous les continents du monde. Cette énergie a encore de beaux jours devant elle à partir du moment où les sources d'eau sont appelées à se renouveler constamment grâce aux précipitations, aux chutes de neige, etc. alors que les énergies fossiles sont données épuisables avec leur capacité de pollution élevée.

Ce qui est intéressant à noter, ce sont les progrès techniques générés par l'utilisation de l'énergie hydraulique au cours de l'histoire, et ce depuis l'invention de la première roue que l'eau fait tourner, qui est apparue au Ier siècle avant J.-C. Domptée pour se substituer aux muscles de l'homme, cette énergie a, depuis le début de notre ère, fait tourner les meules, animé les pilons et les soufflets de forge. Elle a été l'élément fondateur de la création et du fonctionnement des moulins à eau pour l'agriculture irriguée. Elle a ensuite été l'élément précurseur du développement intense d'activités artisanales en permettant de *« fouler la laine, de broyer le minerai et l'écorce, d'animer des soufflets, de scier du bois*[456] *... »* Elle a ensuite marqué sa grande contribution dans le développement industriel au XIXe siècle, notamment dans la filature, les mines, les forges, les papeteries, l'alimentation des villes en eau avant d'être une source primaire importante dans la production d'électricité. Tout ceci soutenu par les techniques suivantes : la roue verticale à aubes planes ou à augets, la roue horizontale à aubes planes ou à pales courbes ou profilées. L'utilisation du fer permet de réaliser des roues à rendement supérieur à partir du XVIIIe siècle. Enfin l'invention de la turbine au XIXe siècle a fini d'installer une véritable révolution dans l'usage de l'énergie hydraulique, donnant ainsi naissance à l'hydroélectricité.

Dès 1902, une mission d'études a été expédiée dans la région de Kayes afin d'examiner les conditions d'utilisation des chutes du

---

456 *Ibid.* Voir également, GUILLERME A. Les temps de l'eau. La cité, l'eau et les techniques, Seyssel : Champ Vallon, 1997 ; id. La naissance de l'industrie à Paris. Entre vapeurs et sueurs. 1780-1830, Seyssel : Champ Vallon, 2007.

Félou. Il y a eu une certaine période de suspension du projet avant que les études ne reprennent en 1910 puis en 1921. Après adjudication, la construction est confiée à la société « La CONSTRUCTION AFRICAINE ». Les travaux sont basés sur la recherche de la simplicité et du prix de revient le plus bas possible. Le chantier de la construction a démarré en 1924, avec une main-d'œuvre locale, pour s'achever en 1927. La première utilisation de l'énergie hydraulique dans la colonie de l'AOF venait ainsi de démarrer aux chutes du Félou sur le Fleuve Sénégal, à 17 km de Kayes et à 800 km de l'embouchure de l'Océan Atlantique situé à Saint-Louis[457]. Rappelons que les chutes du Félou sont dues à la rupture d'un plateau de grès que le Sénégal franchit par une succession de rapides. Une ligne de haute tension permet de transporter l'énergie électrique générée, de Félou à Kayes.

Centrale du Félou[458]

Source : À N O M, 20.256, Industries et travaux d'Outre-mer, revue n° 73, décembre 1959

---

[457] PASQUES G, « La première usine hydroélectrique construite en Afrique Noire a trente ans » Industries et travaux d'Outre-mer, n° 73, décembre, Paris : éd. René MOREUX et Cie, 1959, p. 859 (A N O M 20.256.). Voir également : MANZINI A. « Eau et énergie : L'aqueduc de Ferrari Galliera dans le réseau des aqueducs de la ville de Gênes » ; *e-Phaistos,* Volume IV, n° 2, oct. 2015, p. 22-36.

[458] Archives EDF Dossier 41190, Boite 973107: Bassin du Sénégal, aménagement de la chute du Félou:- bordereau général (1948-1950).

Le prise d'eau et l'usine

L'usine - façade N.E.

L'alternateur

Le canal de fuite

Source : À N O M, 20.256, Industries et travaux d'Outre-mer, revue n° 73, décembre 1959

L'énergie hydraulique va dans premier temps servir dans l'agriculture le long du bassin du fleuve Sénégal. Ces aménagements hydrauliques seront plus tard le point de départ de l'hydroélectricité dont tireront profit les pays qui s'activent autour de l'Organisation pour la mise en Valeur du fleuve Sénégal (OMVS), comme le Sénégal, la Mauritanie, le Mali et plus tard la République de Guinée. Jusqu'en 1985 l'énergie hydraulique ne fait pas partie du système de production de l'électricité dans le réseau du Sénégal.

L'éclairage électrique est apparu au Sénégal depuis la fin du XIXe siècle dans la ville coloniale de Saint-Louis puis Rufisque dont la première usine a été mise en service depuis l'année 1889. Dakar a été électrifiée en 1911, pour satisfaire une demande devenue plus pressante. Toutefois, le niveau d'urbanisation des villes ainsi que leur configuration n'a pas permis aux concessionnaires d'installer des centrales de grandes puissances. L'importance fulgurante de Dakar a réussi à faire d'elle un hub de l'électrification du pays après son indépendance. Un réseau en toile d'araignée s'est constitué à partir de Dakar pour faire une sorte de maillage sur une grande partie du pays. Le secteur est resté aux mains de sociétés métropolitaines encore quinze ans après l'indépendance du pays et avant d'être nationalisé. Le statut de service public qu'a pris le secteur de l'électricité lui a imposé le devoir d'élargir ses avantages à un plus large public. Dès lors, la rentabilité semble ne plus être la priorité puisque certaines centrales régionales et locales ont coûté plus à la société nationale de l'électricité, en termes d'entretien, qu'elles ne lui ont apporté du profit.

La production de l'électricité s'inscrit dans un système qui prend en compte les installations techniques et les énergies primaires qui permettent la génération de cette énergie finale. C'est là où réside la difficulté majeur du secteur. Le combustible important dans la production de l'énergie électrique n'était pas disponible dans le sous-sol du pays rendant son coût de production assez onéreux. L'importation de ces combustibles pèse lourd sur la balance commerciale du pays qui se chiffre à plusieurs milliards de francs CFA. Les énergies de substitution et les énergies renouvelables appelées au secours n'ont pas suffi à inverser la situation dans le sens favorable.

Cependant, le transfert de technologie pour la production de l'énergie électrique a permis de générer beaucoup de connaissances au niveau local. Il y a eu une appropriation nationale des techniques et des savoirs. Ce processus de transmission des techniques et des compétences dans le domaine de l'électricité est différent ce qu'on a pu observer dans l'industrie ferroviaire. Ceci peut s'expliquer par le fait qu'aucun métier traditionnel ne soit lié aux techniques électriques. Toutefois, l'histoire de l'électricité au Sénégal a laissé des traces par endroit dans les différentes unités de production de cette énergie. C'est pour valoriser certains vestiges de production de l'électricité au Sénégal que nous avons choisi de présenter par une enquête la centrale de l'usine SUNEOR de Ziguinchor en tant que patrimoine industriel à valoriser.

TROISIÈME PARTIE

LA CENTRALE DE L'USINE SUNEOR DE ZIGUINCHOR : L'ENJEU POLITIQUE D'UN PATRIMOINE INDUSTRIEL AU SÉNÉGAL

Le mot « patrimoine » questionne, qui fait référence dès l'origine au transfert de propriété, et ressort donc de la sphère privée économique et juridique sous l'Antiquité, pour dans les années 1970, être employé pour désigner toute production humaine à caractère artistique que le passé a laissé en héritage[459]. Un grand écart donc qu'il convient de comprendre, pour une notion qui, ce faisant, touche aux sciences humaines, mêlant histoire et mémoire, d'une technique, d'un site, d'un métier… cela dans toutes ses composantes : humaines, culturelles, socio-économiques. Cela alors que ce mot de « patrimoine », sort de la sphère privée et la maison du Pater de l'Antiquité (avec les notions d'héritage), et entrant dans le « domaine public » se confronte, de nos jours, aux réalités matérielles et immatérielles d'un bâti ou d'un paysage, en lien avec les populations et/ou les bassins d'emplois souvent sinistrés, qu'il convient de rendre aux citoyens. On a coutume de considérer, notamment dans le patrimoine dit « industriel », les vestiges d'anciennes industries en cessation d'activité, comme seuls objets ayant valeur patrimoniale, mais cela semble bien réducteur, puisqu'au-delà de l'usine (on évoquera alors les chevalements des bassins miniers – orphelins des communautés – qui toujours se dressent autant marqueurs du paysage que les terrils), la notion de patrimoine immatériel, récemment étendue par l'UNESCO, permet de valoriser le patrimoine naturel – comme celui minier comme celui du nord de la France et de Wallonie depuis juillet 2002[460] – s'attachant

---

[459] HUGOUNENQ S., « Jean-Michel Leniaud propose d'étendre la définition du patrimoine », *Le Quotidien de l'art,* n°494, 23 novembre 2013, disponible à l'adresse :
[http://www.lequotidiendelart.com/quotidien_articles_detail.php?idarticle=3931], consulté le 25 mai 2015 ; LENIAUX J.-M., *Droit de cité pour le patrimoine*, Montréal : Presses de l'Université du Québec, 2013, 303 p.

[460] Le bassin minier du Nord-Pas-de-Calais, considéré comme Trésor de l'humanité, a été distingué au titre de « paysage culturel », « œuvre conjuguée de l'homme et de la nature » selon les termes de la Convention du patrimoine mondial de l'UNESCO. De « la mine à la forêt » à « la mine à la campagne » en passant par les villes industrielles, l'empreinte minière a pris des formes différentes en fonction des spécificités naturelles, agricoles ou urbaines du territoire préexistant. Cinq sites sont en première ligne dans ce dispositif : la fosse du 11-19 et celle du 9-9bis à Loos-en-Gohelle, à Oignies, la fosse d'Arenberg à Wallers et la fosse Delloye, abritant le Centre historique minier de Lewarde à Bruay-La-Buissière, la reconversion du patrimoine industriel. Voir le site dédié, disponible à l'adresse : [http://www.bassinminier-patrimoinemondial.org/un-patrimoine-varie/], consulté le 15 janvier 2016.
Voir également : FÉDÉRATION DE WALLONIE- BRUXELLES / INSTITUT DU PATRIMOINE WALLON, Sites miniers wallons au Patrimoine mondial de l'Unesco,

tant au bâti, qu'aux paysages, y compris l'habitat ouvrier ou aux savoir-faire en reconversion. La persistance dans le paysage des fosses, des chevalements, des terrils et des cités vient battre en brèche l'idée que ce patrimoine avait disparu en même temps que l'exploitation du charbon[461]. La traversée du Bassin minier des Hauts de France[462] d'est en ouest propose en réalité des ambiances paysagères qui méritent d'être préservées. Reconvertis, ces sites ont vocation à devenir des pôles régionaux dits « de compétitivité », (économiques et culturels), accueillant des pépinières d'entreprises, des laboratoires de recherche, des centres de formation. Des lieux, enfin, qui reprennent vie grâce à l'insertion des populations reconnectées à leur patrimoine. Faut-il mettre à bas cette posture comme l'ont déjà faits certaines voix de la discipline, ainsi Jean-Michel Leniaud dans « *Le quotidien de l'art* » s'exprime-t-il en ces termes :

> *« Je ne suis pas d'accord sur le fait qu'il faille attendre que l'objet perde son usage pour entrer dans le champs patrimonial. Voilà une fabrication bien trop intellectuelle ! Le passé divise. C'est pourquoi il est important de porter le débat sur la place publique et de le mettre au centre des décisions collectives[463] ».*

Notre choix qui s'est porté sur la centrale électrique de l'usine SUNEOR de Ziguinchor, toujours en pleine activité, au titre de

---

Des usines et des hommes, Bruxelles : Fédération de Wallonie-Bruxelles : Institut du Patrimoine Wallon, N° 1, 2012, disponible à l'adresse :
[http://www.patrimoineindustriel.be/fr/publications/+des-usines-et-des-hommes#4], consulté le 15 janvier 2016. Quatre sites miniers sont classés au patrimoine mondial de l'Unesco (Bois-le-Duc, Le Grand Hornu, Le Bois du Cazier, Blangny-Mines), pour sauvegarder la mémoire des hommes et des techniques qui marqueront pour des décennies, la société wallonne de leur empreinte.
Voir également les contributions dans ce numéro spécial d'une revue crée pour faciliter ce classement : Dominique Cominotto, « Le Grand-Hornu... entre utopie et émerveillement » ; Karima Haoudy, « Le site minier du Bois-du-Luc : un repère dans le patrimoine industriel» ; Guido Vanderhulst, « Tour & Taxis : enjeux d'une reconversion d'un site emblématique de l'âge d'or de la civilisation industrielle ».

[461] SMITH P., « La reconversion des sites et des bâtiments industriels, *In Situ. Revue des Patrimoines*, n°26, 2015, disponible à l'adresse :
[http://insitu.revues.org/11744], consulté le 15 janvier 2015.

[462] Nouveau nom choisi par le Conseil régional du Nord-Pas-de-Calais le 14 mars 2016.

[463] HUGOUNENQ S., *op. cit.*

patrimoine à valoriser, serait-il une caution à cette prise de position de J.-M. Leniaud ? En tout état de cause, la mise en valeur d'un patrimoine industriel qu'il soit en activité ou en friche présente souvent des contraintes liées à son accès. Aborder un complexe technique en activité implique de savoir ce qui fait « patrimoine », alors que certains praticiens, techniciens et personnels sont toujours présents sur le site. La méthodologie que nous avons empruntée, telle une nouvelle voie d'enquête et également de quelque challenge face aux enjeux et à la réalisation de cette enquête, renseigne la centrale électrique de l'usine SUNEOR Ziguinchor, objet de notre étude patrimoniale, qui allie les méthodes des écoles française, italienne et espagnole de valorisation muséographique de complexes industriels. Ces méthodes sont envisagées lors du parcours du master Techniques Patrimoine et Territoire de I 'Industrie (TPTI), de l'Université Paris I Panthéon Sorbonne, apportant l'expertise, autour de cas de valorisation de patrimoine de complexes industriels toujours en activité, demandant que chacun de nous puisse prendre part à ces politiques de reconversion, de manière lucide, efficace et fiable. C'est tout ce background qui, à terme, permettra de faire émerger un nouveau mouvement de valorisation du patrimoine industriel sur le continent africain, mis au service de la population. L'école française valorisation de patrimoine met l'accent sur le monument, là où les écoles italienne et espagnole intègre le monument dans son territoire.

La question des sources demeure prégnante : comment produire une quelconque histoire d'un complexe industriel en l'absence d'archives ? Si, certes, l'usine SUNEOR de Ziguinchor dispose d'un service d'archives, celui-ci n'est plus opérationnel depuis la retraite de l'archiviste il y a cinq ans. L'état des archives ne permet plus d'y effectuer des recherches. Aussi, l'aspect social de l'enquête sur l'entreprise va-t-il surement constituer le maillon faible, cela d'autant plus qu'il est très difficile de trouver des données concernant les travailleurs depuis l'implantation de cette industrie. Il en va de même pour l'iconographie : mais celles sur les anciennes installations techniques de l'usine fait cruellement défaut.

Malgré l'initiative prise au sein de l'entreprise pour rendre visible aux différents visiteurs les installations techniques de l'usine à travers des diapositives qui font l'esquisse de l'historique de l'usine depuis sa création jusqu'à aujourd'hui, destinée au projet de valorisation du patrimoine, la valorisation actuelle reste très embryonnaire par défaut d'expertise. Nous avons ainsi convenu de bâtir ensemble le projet de valorisation du patrimoine technique de l'usine, et principalement sa centrale électrique. Projet qui servira de cas pratique à une étude de mise en valeur d'un patrimoine industriel au Sénégal ; ce qui peut constituer un premier exemple, dans ce domaine, d'adhésion de dirigeants d'une industrie, encore en marche, à un projet de valorisation de son patrimoine technique.

L'administration de l'usine d'ailleurs a exprimé tout son intérêt à un tel projet et cette étude peut l'amener à envisager cette perspective pour la centrale électrique de l'usine. Pour cela il faut procéder à l'analyse des espaces de l'usine, notamment la structuration des ateliers sur le site, l'environnement social et urbanistique, régional, national, et les caractéristiques de l'équipement, etc.

Il s'agit d'un complexe industriel construit à l'époque coloniale dans des circonstances particulières, aux années de gloire de l'économie arachidière. Implantée dans une zone qui n'a certainement pas été choisie au hasard, l'usine est depuis lors connectée à l'environnement plurimodal d'où elle tire ses moyens de subsistance. Ses installations techniques ont connu plusieurs innovations pour se coller au temps de la concurrence. Ces changements techniques intervenus ont laissé beaucoup de reliques suite aux déclassements d'appareils principaux. Les installations sont, pour la plupart, laissées à leur place initiale.

C'est dans cette configuration que s'envisage la mise en valeur des objets techniques de la centrale de cette usine encore en activité. Mais de quels objets s'agit-il principalement ? Certainement de ceux qui ont « perdu leur usage » et qui sont encore présents dans l'espace de la centrale. Ce qui signifie une cohabitation entre culture et production industrielle sans que l'une empiète sur l'autre. Même dans les pays les plus avancés en matière de patrimoine industriel, de tels scénarios sont extrêmement rares. Toutefois les modèles de valorisation sont multiples de par le monde et certains peuvent servir de repères afin de déterminer celui qui pourrait être adapté à notre cas. Ce sera dans la forme, bien sûr, puisque le fond dépendra de la spécificité du site et des objets à valoriser.

Chapitre 5

Patrimoine industriel et Archéologie industrielle : considération générale de deux notions à haute valeur culturelle

Patrimoine/Discussion conceptuelle

Étymologiquement le patrimoine, (du latin *patrimonium)*, désigne l'héritage du père ou selon le dictionnaire Gaffiot[464], à savoir » ensemble des « bien [s] de famille », par conséquent ce qui est, par nature, familialement transmissible. Au sens général « *le patrimoine est l'héritage commun d'un groupe ou d'une collectivité qui est transmis aux générations suivantes. Il peut être de nature diverse : culture, histoire, langue, systèmes de valeurs, monuments, œuvres artistiques…* »[465].

L'UNESCO a défini comme ayant valeur patrimoniale les domaines suivants[466] :

- *Patrimoine matériel*
- *Patrimoine mobilier*
- *Patrimoine immobilier*
- *Patrimoine subaquatique*
- *Patrimoine immatériel*
- *Patrimoine culturel en situation de conflit armé*

---

[464] Il s'agit du dictionnaire Gaffiot (latin-français) disponible à l'adresse : [http://www.lexilogos.com/latin/gaffiot.php], consulté le 20 avril 2016.
[465] *Ibid.*,
[466] Voir le site de l'Unesco, disponible à l'adresse : [http://whc.unesco.org/fr/fonds-du patrimoine-mondial/], consulté le 25 mai 2015.

Cette institution internationale, faisant autorité en matière de patrimoine, a établi un programme de classement des sites et monuments et certifie la valeur exceptionnelle par l'authenticité et l'intégrité du patrimoine naturel et culturel. La convention de 1972 permet d'assister dans leur démarche les États membres, ou « Etats-Parties » qui souhaitent voir un bien ou un site inscrit sur la liste mondiale et valorisé à ce titre. Jusqu'alors, en effet, l'UNESCO se bornait à distinguer le patrimoine naturel du patrimoine culturel, sans identifier ce que l'on appellera par la suite le « patrimoine industriel ». Il convient de prime abord de dûment s'interroger sur la relation, les liens entre les deux premières notions (patrimoine naturel et le patrimoine culturel) pour comprendre quelle position occupe la valorisation du patrimoine industriel par rapport au patrimoine mondial. L'institution mondiale des sciences et de la culture limite le patrimoine naturel aux sites dont l'environnement est originel c'est-à-dire demeuré intact et vierge de toute intervention humaine, alors que le patrimoine culturel, lui, naît du rapport entre l'homme et son milieu naturel. C'est la domestication de la nature par l'homme, aboutissant à une valeur ajoutée, qui est l'essence même du patrimoine culturel. La notion de patrimoine industriel serait-elle sous-entendue dans ce que l'UNESCO considère comme patrimoine culturel, notamment dans le domaine du patrimoine matériel ?

Selon le TICCIH (comité international pour la conservation du patrimoine industriel),

> *« Le patrimoine industriel comprend les vestiges de la culture industrielle qui sont de valeur historique, sociale, architecturale ou scientifique. Ces vestiges englobent : des bâtiments et des machines, des ateliers, des moulins et des usines, des mines et des sites de traitement et de raffinage, des entrepôts et des magasins, des centres de production, de transmission et d'utilisation de l'énergie, des structures et infrastructures de transport aussi bien que des lieux utilisés pour des activités sociales en rapport avec l'industrie (habitations, lieux de culte ou d'éducation)* [467] *».*

---

[467] La liste des sites reconnus au titre du patrimoine industriel figure dans la Partie 1 de la *Charte Nizhny Tagil pour le patrimoine industriel* élaborée par le TICCIH et publié le 18 juillet 2003 par ICOMOS (Conseil international des Monuments et des sites), disponible à l'adresse : [http://www.international.icomos.org/18thapril/2006/nizhny-tagil-charter-f.pdf], consulté le 24 mars 2016.

Depuis les années 1970, nous assistons à une « inflation » de ces vestiges. La crise et la désindustrialisation progressive touchant tous les pays industrialisés, d'anciens espaces de production se sont progressivement transformés en friches industrielles, que ce soit en zone urbaine ou périurbaine. Ces lieux-vestiges sans aucune nouvelle affectation d'activité ont posé d'emblée la question de leur devenir, de leur sauvegarde ou encore de la requalification de leur usage voire de leur reconversion. Certains pays ont pris très tôt conscience de leur qualité de vestiges en tant que traces historiques d'une activité de l'homme, l'Angleterre et l'Allemagne notamment depuis les années 1940, où le traumatisme de l'après Seconde Guerre mondiale, avec ses destructions militaires de grande ampleur en Europe, rayant des villes de la carte, y compris des capitales, comme Berlin[468]. Les Anglais seront ainsi les premiers à reconnaître la notion de « patrimoine industriel », définissant, dès 1959[469] :

> « ... » *le monument industriel", c'est-à-dire toute espèce de bâtiment ou de structure en place datant particulièrement de la révolution industrielle qui, seul associée à un matériel ou outillage d'origine, illustre le démarrage et le développement des processus industriel et technique au nombre desquels on range les moyens de communication*[470] ».

Il convient toutefois de noter que les Anglais dénomment ce patrimoine scientifique, technique et industriel : « Industrial Archeology ». Convient-il de traduire ces termes par « patrimoine industriel » ou par « archéologie industrielle » ? Les débats furent houleux. Ainsi, le célèbre pont anglais, l'Ironbridge, premier objet technique classé au patrimoine mondial de l'UNESCO, serait la première expérimentation de valorisation de patrimoine technique et industriel dans le monde.

---

[468] Maurice DAUMAS cite la réaction à ces destructions militaires massives comme un des facteurs de l'accroissement de la sensibilité au bâti industriel dans *L'Archéologie industrielle en France*, Paris : éd. Robert Laffont, 1980.

[469] En 1959 est fondé, à l'initiative du Council for British Archeology crée en 1945, le National Survey of Industrial Monument : voir GILLE B., « Histoire des techniques », *Annuaire 1978/1979 IVe Section de l'EPHE, Sciences historiques et philologiques,* Paris : Sorbonne, 1982, p. 667.

[470] RAISTICK A., *Industrial Archeology: an Historical Survey*. Londres : New York : Formose Paladin-Grada Publishing Ltd, 1973, cité dans l'article " *Le patrimoine industriel : une notion assez récente* », disponible à l'adresse : [batiweb.com, revue en ligne sur le bâtiment et 21 juin 2006].

L'Ironbridge Coalbrookdale, Shropshire, Angleterre[471]

Source : LAROCHE F., Contribution à la sauvegarde des objets techniques anciens par l'archéologie industrielle avancée. Proposition d'un modèle d'information de référence muséologique et d'une méthode pluridisciplinaire pour la Capitalisation des connaissances du patrimoine technique industriel, Thèse : Sciences économiques : École centrale de Nantes, 2007

[471] Premier pont en fer construit en 1708 classé au patrimoine mondial de l'Unesco en 1986 : LAROCHE F., *Contribution à la sauvegarde des objets techniques anciens par l'archéologie industrielle avancée. Proposition d'un modèle d'information de référence muséologique et d'une méthode pluridisciplinaire pour la Capitalisation des connaissances du patrimoine technique industriel, Thèse : Sciences économiques : École centrale de Nantes, 2007.*

Ce pays, considéré comme précurseur en matière de « Révolution industrielle[472] », a été pionnier dans le domaine de la conservions d'ouvrage d'industriel, faisant de l'Ironbridge, un motif de fierté au moment même où apparaissaient les premiers signes tangibles d'une désindustrialisation qui s'étendra bientôt de l'Angleterre à l'ensemble des pays industrialisés. Le mouvement se poursuit dans le même temps (USA, Canada Suède) avec de nombreux exemples de sauvetage et de reconversion.

En France où une politique en matière de patrimoine culturel historique existait depuis la fin de la monarchie de Juillet, l'application d'une politique de sauvegarde du patrimoine industriel ne pointa qu'à partir du ministère d'André Malraux à la Culture sous la présidence de Gaulle, et les travaux de Maurice Daumas à la tête du Conservatoire national des arts et métiers, et qui, d'une part diffusa en lui donnant des contours propres la notion d'archéologie industrielle en France[473] et d'autre part lança un programme de recherche au sein du Conservatoire national des arts et métiers[474] qu'il dirigea de 1947 à 1975. Ce programme, sous forme d'une enquête collective, in situ, avait pour but de repérer et recenser les bâtiments industriels sur l'ensemble du territoire français. Cette politique se développa ensuite sous le ministère de Jack Lang à la Culture notamment sous forme d'actions relevant de l'Inventaire général[475]. Étape majeure donc qui permit l'émergence d'un nouveau type de patrimoine.

---

[472] Cette notion est très discutée par les historiens des techniques depuis Maurice Daumas (*Le cheval de César*, 1991) et François Caron (*Les deux révolutions industrielles,* Paris : Albin Michel, 1997). L'expression date du XIXe siècle, reprise par Mantoue en1906, selon Maurice Daumas et François Caron. Il est intéressant de noter que dans les années 1970-1980, l'apparition des notions de « patrimoine industriel » et « archéologie » soient concomitantes de réflexions sur le terme « Révolution industrielle »

[473] *Op.cit.,* dernier chapitre.

[474] Maurice Daumas fut en charge des collections d'instruments scientifiques et plus tard directeur du Musée des arts et métiers de 1947 à 1975, date à laquelle il lança ce programme de recherche réalisé au Conservatoire national des arts et métiers au sein du CDHT, centre de documentation d'histoire des techniques ; crée en 1967. À partir de 1975, Daumas quitte la direction du Musée pour se consacrer à ce vaste programme d'enquête. Après avoir participé à la fondation du CILAC, il publie en 1980, *L'Archéologie industrielle en France.*

[475] Le site est consultable à l'adresse : [www.inventaire.culture.gouv.fr/], consulté le 25 mai 2015.

1. Les acteurs de l'inventaire du patrimoine industriel en France

Depuis 1986, un programme général de repérage du patrimoine industriel a été mis en place. Il consiste à recenser et étudier tous les lieux de production en activité ou non. L'organisation des services du ministère de la Culture et de la communication constitue-t-elle le facteur qui a retardé la France dans le recensement de son patrimoine industriel ? Plusieurs actions ont été mises en œuvre dans diverses structures et institutions qui s'occupent de la politique patrimoniale en France. Les options entre les conservations régionales de l'inventaire et les conservations régionales des monuments historiques sont assez illustratives. Bien souvent, une sorte de conflit, à la limite, de la confusion de compétence entre les acteurs, survient, leurs missions se rejoignant sur les mêmes cibles. Cette situation entraîne parfois des blocages et des impasses. Dans certaines régions le mouvement est initié par des personnalités locales ou d'anciens ouvriers tandis que dans d'autres, c'est l'action concertée et planifiée des pouvoirs locaux qui aboutit à la patrimonialisation de sites et monuments industriels. En tout état de cause, la protection du patrimoine est une prérogative de l'État qui s'est dotée d'une administration, en l'occurrence la direction des patrimoines, de crédits et d'instruments juridiques pour assurer cette mission. Il est vrai que jusqu'aux années 1960 le patrimoine alors considéré exclusivement d'un point de vue culturel, était un domaine réservé aux spécialistes. Au fur et à mesure son intérêt s'est élargi à une opinion publique ouverte à des sensibilités et des expériences diverses. La volonté politique instaurant la décentralisation par La loi-cadre de 1983 a élargi la gestion des patrimoines aux régions en prenant en compte les sites locaux. Les procédures de classement et d'inscription ont fait l'objet de loi depuis 1913 pour les monuments historiques et 1920 pour les objets d'art.

La problématique posée aux prémices de ces travaux est celle du devenir du patrimoine industriel. Comment ce patrimoine est-il perçu par le citoyen et les pouvoirs publics ? Le citoyen comprend-il toujours l'utilité de mobiliser des moyens importants au service de ce patrimoine ? L'étude de ces politiques publiques depuis les années 1980, démontre la réduction des moyens octroyés aux collectivités par les pouvoirs centraux, qui eux aussi, réduisent d'année en année le montant de l'enveloppe allouée au patrimoine en déléguant la mission aux collectivités territoriales ou à des entreprises privées. Des modèles de patrimonialisation rencontrés en Catalogne et en Italie vont nous servir d'exemples à titre de comparaison, afin de déterminer celui qui s'apparente à notre cas d'étude.

2. Des modèles de valorisation en Catalogne et en Italie

Que ce soit en Catalogne, où nous avons eu un premier contact avec le patrimoine industriel à l'occasion d'une université d'été en septembre 2009, au tout début de notre parcours TPTI (Technique, Patrimoine et Territoire de l'Industrie), ou en Italie où nous avons passé le troisième semestre de notre parcours TPTI, qui a été un moment important de notre connaissance de la discipline, l'immersion dans des territoires de l'industrie est la meilleure méthode d'assimilation cette notion. Dans ces trois exemples cités, il s'agit de mise en scène d'usines ayant cessé leur activité, pour certaines, et d'usines encore en activité, pour d'autres.

2.1. Musées-usines organisés en réseau : le modèle catalan

Les dispositifs muséographiques : le réseau de musées, l'organisation du travail et les conditions de vie de la main-d'œuvre ouvrière : un projet muséographique global sur l'industrialisation, une tentative de réfléchir en termes de complexe technique ?

Le cas du Musée de la Science et de la Technique de Terrassa en Catalogne et la chaîne d'autres musées rattachés, et dont la plupart sont d'anciennes usines qui conservent l'équipement original, qui fondent leur muséographie, et ressort de ce que nous appelons le « Musée-usine ». Une ancienne usine en cessation d'activités, reconvertie en musée pour raconter l'histoire de l'industrie dans une mise en scène réalisée par les spécialistes de la muséographie. L'équipement technique y est préservé, parfois même reconstitué, non pas pour la production manufacturière, mais pour cultiver l'esprit peu averti de ce qui s'y était réellement passé en termes de techniques développées dans le passé[476]. L'activité principale de la structure est désormais culturelle et tourne autour de la valorisation du patrimoine industriel. Le musée de la Science et de la Technique de Terrassa qui est conçu et organisé, autour de la technique et de son évolution, a connu des

---

[476] Il y a donc la volonté de faire de "l'histoire des techniques" sans laquelle dit A.-F. Garçon, il n'y a pas d'interprétation historique de ces traces matérielles (interprétation historique, récit ou narration historique) dans un article appelé « Le patrimoine comme antidote de la disparition ».

mutations profondes, qui l'ont amené à s'orienter vers le thème global de l'industrialisation, englobant la relation entre la technique et la société.

Ce projet élaboré en 1976, à l'époque de la transition démocratique, reprend une idée exprimée en 1930, époque républicaine. Il s'est aussi inspiré du modèle de musées implantés dans certaines capitales européennes comme Munich ou Londres. Ces musées poursuivent un double but, celui de la conservation de machines rendues obsolètes par les progrès techniques et des bâtiments dans lesquels elles étaient en service et celui de la mise à disposition auprès du public d'un discours, d'une « explication » sur l'évolution technologique dont cet ensemble de production témoignerait. Ici, la conservation des objets machines et des bâtiments sont le signe de la volonté de donner à ces musées l'aspect de l'usine originale.

Le système d'organisation des musées catalans est basé sur le réseau dont Manuels Castells nous dit que :

> *« Par définition, un réseau possède des nœuds et non pas un centre. Les nœuds peuvent être de différentes tailles et peuvent être reliés par des relations asymétriques au sein du réseau de sorte que l'on n'empêche pas ses inégalités entre les membres. Mais si l'on élimine ces asymétries, les différents nœuds sont interdépendants, de sorte qu'aucun d'eux, même le plus puissant, ne peut prendre de décisions sans les autres, même les plus petits*[477]*. »*

Le mot « système » est défini comme un « *ensemble cohérent de notions, de principes liés logiquement et considérés dans leur enchaînement.*[478] » Il s'agit ici d'un ensemble cohérent, chacun des musées cultivant son identité propre dans le système des musées des Sciences et Techniques de Catalogne.

---

[477] Eusebi Casanelles I Rahola, *la Lettre de l'OCIM*, n°86, 2003, p. 14.

[478] Dictionnaire *Usuel* du Français, Hachette, p. 1077.

Le système du musée de la science et de la technique de Catalogne[479]

Source : Eusebi Casanelles I Rahola,
la Lettre de l'OCIM, n ° 86, 2003

[479] *Ibid.*

Musée de Terrassa[480]

L'ancienne usine textile de Terrassa, construite en 1909 est aujourd'hui le siège central du musée de la Science et de la Technique de Catalogne

La machine à vapeur de l'usine textile de Terrassa

Source : Eusebi Casanelles I Rahola,
la Lettre de l'OCIM, n ° 86, 2003

[480] *Ibid.*, p. 10.

Le Musée de la Science et de la Technique de Catalogne est le siège central de l'ensemble des musées du réseau. L'organisation des musées de la région a fait de ce musée le pôle central auquel sont liés tous les autres. Celui-ci propose en son sein une série de trois expositions : une galerie consacrée à l'énergie motrice (l'utilisation des différentes sources d'énergie à travers le temps), une autre à la fabrique textile (une présentation, *in situ*, dans une usine textile du début du XXe siècle de la chaîne complète de traitement de la laine car c'est l'activité originale de l'ancienne usine devenue musée), et une troisième galerie réservée au transport (collection d'automobiles, de motos, d'avions, de moteurs et de maquettes ferroviaires).

Musée de Puig-Reig[481]

Le bâtiment des métiers à tisser de la Cité Vidal à Puig-Reig

Source : Eusebi Casanelles I Rahola, la Lettre de l'OCIM, n ° 86, 2003

Le musée de Puig-Reig reproduit les conditions de travail et de vie des habitants d'une cité ouvrière au début du XXe siècle. Il expose des machines qui marquent aussi le progrès dans cette partie de la Catalogne au début du siècle dernier tout en montrant des facettes du dur labeur des ouvriers soumis à une exploitation draconienne.

---

[481] *Id.*

La muséographie catalane a souvent recours aux mannequins pour évoquer les hommes au travail, tenter une mise à l'échelle des objets présentés et une reproduction des gestes et des postures de l'homme en situation de production. Le dispositif muséographique ne se contente pas de représenter la machine, il l'intègre dans son rapport physique et matériel à l'ouvrier, l'engagement du corps dans le travail de la tannerie par exemple, comme le montre l'installation muséographique du musée Cal Granotès d'Igualda. Si les activités, les actions de l'homme sont figées, puisque « représentées », les mannequins représentent une mise en perspective au plan spatial – l'organisation du travail de production dans le bâtiment – et au plan corporel. Ces figures renvoient par ailleurs à une fonction essentielle de la muséographie : tenter une interprétation de la technique et de sa mise en œuvre dans le rapport qu'elle entretient avec l'ouvrier et assurer le travail de transmission de cette interprétation vers les nouvelles générations.

Musée d'Igualda[482]

Photo : © T. Llordès/archives Mnactec

Intérieur de la tannerie Cal Granotès à Igualda

Source : Eusebi Casanelles I Rahola,
la Lettre de l'OCIM, n ° 86, 2003

La tannerie, construite au XVIIIe siècle est située dans la même aire géographique que l'usine de coton Cal Boyer datant du XIXe siècle.

---

[482] *Ibid.*

Cette filière de musées que l'on pourrait appeler « mise en réseau muséale » constitue une vitrine très intéressante pour la conservation et la valorisation du patrimoine industriel car elle pose d'emblée la question de la fabrication en termes de relation et de complexe technique, dont elle se propose de reproduire certains aspects, ou du moins certains liens. Il s'agit de comprendre l'industrialisation dans sa globalité, notamment les besoins en énergie, le transport et les conditions sociales d'existence et de maintien à disposition de la main-d'œuvre. Ce modèle n'est pas le seul apanage des musées-usines, qu'on trouve en Catalogne, car il en existe en France et dans bien d'autres pays. Les usines musées s'en inspirent fortement.

2.2. La métallurgie de Dalmine, la valorisation de patrimoine par les archives

L'usine de Dalmine en Italie est en activité et valorise dans le même temps son patrimoine industriel. Comment procède-t-elle ? Quels sont les moyens qu'elle met au service de la valorisation de son patrimoine ? Quel aspect de son patrimoine privilégie-t-elle ? Et *in fine* quels sont ses buts et ses enjeux ?

L'usine de Tenaris Dalmine

Source : Crédits photographiques : Salif DIEDHIOU, 2011

Tenaris Dalmine est une industrie sidérurgique et métallurgique d'acier, construite en 1906 par des Allemands. L'entreprise a changé plusieurs fois de forme juridique puis a été nationalisée en 1915 pendant la Première Guerre mondiale. Son extension fulgurante a été ponctuée au fil du temps par les évolutions techniques. Plusieurs stratifications techniques s'accumulent depuis sa création jusqu'à la technologie de pointe d'aujourd'hui. Ce processus n'est cependant pas visible *in situ,* sur le site de production. Une simple visite des installations dans la plate-forme technique ne renseigne pas tout de suite sur l'histoire technique et sociale de cette entreprise à la pointe de la technologie.

Contrairement aux sites en friche, l'activité ne s'est jamais interrompue à Tenaris Dalmine. Tout est moderne et pourtant il existe un riche passé invisible sur le site de production industrielle. Ce qui pose la question de savoir ce qu'il faut valoriser ? La mémoire bien sûr, mais comment procéder ? L'approche ici a été la création de la Fondazione Dalmine en 1998. Une approche qui prône la valorisation de ce patrimoine immatériel de l'entreprise par ses archives qui reflèteraient son image. Il s'agit ici de reconstituer l'histoire de l'entreprise dans toutes ses composantes techniques et sociales. La stratégie de valorisation repose sur les archives considérées comme un patrimoine dynamique. La Fondation s'est fixé comme objectif de faire l'histoire du travail de production. Son champ d'action est l'activité culturelle de mise en valeur historique du passé industriel que les responsables ont pris soin de séparer de l'activité de production industrielle toujours en cours. Ces archives sont composées de registres et documents de l'entreprise, de photos, de films vidéo, de dessins techniques, et également de volumes sur l'histoire de l'entreprise. Ces archives couvrent la période allant de la création de cette industrie au début du XXe siècle à la période récente du XXIe siècle. Il s'agit d'archives de gestion, d'archives techniques relatives à l'équipement et aux bâtiments, mais aussi de photos d'ouvriers au travail et dans la vie sociale. Il y a aussi une cité ouvrière au cœur de la ville. La typologie des villas reflète les différentes classes professionnelles de l'entreprise[483]. La pédagogie est assez originale : le visiteur est invité d'abord à visiter la plate-forme technique avec ses installations modernes avant de passer à une exposition des archives pour prendre

[483] Carolina LUSSANA, Industrial Archives And Memory Not Only Museums.

connaissance du passé de l'entreprise. Les archives renseignent les visiteurs sur la vie professionnelle et sociale de ces anciens travailleurs, la vie de la cité ouvrière et l'évolution de l'industrie à travers une projection de diapositives.

Archives de la métallurgie de Dalminé, à gauche des ouvriers sur le chemin de l'usine et à gauche en cérémonie civile[484]

[484] Crédits photographiques : Salif DIEDHIOU, 2011.

Source : Crédits photographiques : Salif DIEDHIOU, 2011

Etudiants TPTI en salle de consultation

Mouvement d'humeur des ouvriers

Source : Crédits photographiques : Salif DIEDHIOU, 2011

Ainsi, la Fondazione construit, à travers ce projet, l'histoire du territoire et reconstitue la mémoire et l'identité de l'entreprise. Ici, ce ne sont pas les machines et autres objets techniques qui sont mis en exergue, mais ce sont surtout les archives qui sont mises en valeur. N'est-ce pas une autre manière de valoriser le patrimoine de l'industrie ?

Ces deux exemples sont assez révélateurs d'un engagement et d'une preuve d'imagination en matière de stratégie de valorisation de patrimoine industriel. L'originalité est de s'inscrire dans une dynamique qui apporte un souffle nouveau au champ du patrimoine industriel en élargissant le type de bien culturel mis à disposition du public et en sortant les archives techniques, commerciales et sociales de la sphère de la recherche historique pure et des spécialistes. Qu'en est-il des pays non industrialisés notamment au Sénégal ? L'étude patrimoniale ne peut se réaliser sans contact entre le chercheur et son objet d'étude, soit à travers les documents d'archives et/ou par des visites sur ledit site. Cette dernière option appliquée aux sites industriels constitue l'archéologie industrielle.

2.3. L'archéologie industrielle

L'archéologie est une discipline scientifique dont l'objet d'étude s'est diversifié au cours de son histoire : apparue avec l'étude de terrain de site antique préhistorique au XIXe siècle, elle s'est étendue plus récemment pour faire cours aux périodes médiévale, moderne et contemporaine dont l'un des nouveaux centres d'intérêt est l'étude des vestiges industriels, étude que l'on appelle communément depuis les années 1980, l'archéologie industrielle. Comme les autres branches de l'archéologie, il s'agit bien de l'étude des vestiges matériels du passé appartenant cette fois au patrimoine industriel, cet ensemble d'espaces de production que forment installations minières, métallurgie, manufactures et usines, ateliers, transport routier, ponts, tunnels, chemins de fer, marine, navigation fluviale, aviation.

Bien que donnant l'impression de similitude dans leur usage, ces deux termes (patrimoine industriel et archéologie industrielle) ne sont pas interchangeables. Mais ils restent tout de même liés. Le débat a eu cours en France autour des années 1980 à savoir s'il fallait parler, à propos du nouveau champ culturel disciplinaire, d'archéologie ou de patrimoine industriel[485]. L'archéologie ayant souvent une mauvaise perception auprès d'un public large, qui l'assimile à des choses mortes, attirant-elle de l'antipathie pour cette nouvelle catégorie de bien culturel ? Fallait-il, pour ne pas brouiller la communication, parler de patrimoine industriel ?

Toujours selon Louis Bergeron, Giovanni Luigi Fontana, professeur spécialiste de ces questions à l'université de Padoue en Italie, qui aurait, *« ... surmonté ce débat en créant une association qu'il a intitulée : Associazone Italiana per il Patrimonio e l'Archeologia Industriale (Association italienne du patrimoine et l'archéologie industrielle) en indiquant que les deux mots désignent des choses différentes*[486] ».

Nous convenons avec ces auteurs que ces deux termes bien qu'étroitement liés restent tout de même autonomes. La démarche scientifique en l'espèce, l'archéologie industrielle, reste, selon l'expression de Bergeron, « *l'instrument de la connaissance scientifique*[487] » dont le résultat servira à construire le patrimoine industriel qui constitue donc une construction culturelle.

B. Quelle place pour le patrimoine industriel au Sénégal ?

Au Sénégal, cette notion de patrimoine industriel est encore balbutiante alors que son passé colonial a laissé un riche patrimoine architectural, infrastructurel et industriel. Ce sont d'ailleurs les dispositions en vigueur en Métropole, notamment celles soulignées plus haut au temps de Malraux, et même plus tard avec la loi du 31 décembre 1913 relative au classement et la protection des monuments historiques, sur laquelle nous revenons. L'application de cette loi, qui sera confirmée par le : *« décret du 25 août 1937 portant sur la protection des monuments naturels et des sites à caractère historique, légendaire ou pittoresque des colonies, pays de protectorats et territoires sous mandat relevant du ministère des colonies*[488] *»,* s'inscrit dans cette dynamique.

---

[485] BERGERON L, « Archéologie industrielle, patrimoine industriel : entre mots et notions », *La mémoire de l'industrie, de l'usine au patrimoine*, Jean-Claude DAUMAS (dir.), Montbéliard : Presses universitaires de Franche-Comté, 2006, p. 24.

[486] *Ibid.*

[487] *Ibid.*, p. 25.

[488] BOCOUM H., et TOULIER B., *La fabrication du patrimoine : l'exemple de Gorée (Sénégal)*, évoquant dans leur publication la lettre d'André Villard au gouverneur général de l'AOF datée du 21 octobre 1937, Archives IFAN, C2.

Cette loi a connu de nombreuses modifications jusqu'à celle n° 56.1106 du 3 novembre 1956 qui constitue la référence principale de la loi 71-12 du 25 janvier 1971, du Sénégal indépendant, fixant le régime des monuments historiques et celui des fouilles et découvertes. Le Sénégal a ratifié la Convention du patrimoine mondial en 1976, inscrit des biens culturels et naturels sur la liste du patrimoine mondial de l'UNESCO, à partir de 1978 et publié une liste du patrimoine national constamment actualisée. Cependant, les textes réglementaires et la liste du patrimoine national laissent une place très marginale au patrimoine industriel. Pourtant, l'article 1, de la loi 71-12 est précis :

> *« Sont classés monuments historiques, les biens meubles ou immeubles publics ou privés, y compris les monuments naturels et les sites ainsi que les stations ou gisements anciens dont la préservation ou la conservation présente un intérêt historique, artistique, scientifique, légendaire ou pittoresque*[489] *».*

Le patrimoine industriel tel que perçu et développé dans les pays occidentaux, ne figure pas encore dans les grandes stratégies de valorisation patrimoniale au Sénégal. La liste des sites et monuments historiques du Sénégal comprend des éléments qui peuvent être assimilés au patrimoine industriel tels que : la Gare ferroviaire de Dakar (bâtiment principal, entrepôts, maison sur pilotis et rotonde), l'imprimerie nationale à Rufisque, les vestiges de la première briqueterie de l'Afrique à l'île de Bopp-ou-Thior à deux kilomètres de Saint-Louis, l'usine d'eau de Mbakhana à Saint-Louis, la Gare et entrepôts de Thiès[490].

À l'exception de l'usine de Mbakhana et hormis leur mention sur la liste du recensement général des sites et monuments, la presque totalité de ces éléments n'a fait l'objet d'étude appropriée en vue d'une mise en valeur patrimoniale. Les ateliers ferroviaires de Thiès ont fait l'objet de travaux de recherches universitaires[491] et de

---

[489] *Ibid.*

[490] Liste des sites et monuments historiques du ministère de la Culture et de la Communication de la République du Sénégal, disponible à l'adresse : [http://whc.unesco.org/fr/afrique/], consulté le 14 mars 2016.

[491] DIEDHIOU S., *Recherche sur l'identité technique et sociale des ouvriers autour des Ateliers ferroviaires à Thiès au Sénégal de 1930 à 1960*, Master II : Histoire des techniques : Université Paris I Panthéon Sorbonne, 2011, 132 p.

publication[492] qui peuvent constituer des éléments pouvant entrer en ligne de compte dans le processus de leur éventuelle mise en valeur. Ces travaux ne sont qu'un simple chapelet de recensement d'éléments assez peu documentés. Elle indique, tout au plus, leur potentiel et leur intérêt historique et patrimonial. Le processus de leur recensement présente des faiblesses dues au manque de professionnalisme des préposés à cette tâche. Il n'y avait pas, tout simplement au moment des faits, de personnel suffisamment qualifié dans ce domaine, notamment dans les régions qui remontent les informations jusqu'à la direction du patrimoine. Ces faiblesses sont de deux natures : d'une part elles portent sur les moyens, l'administration centrale ne disposant pas des ressources humaines suffisantes et compétentes pour procéder efficacement à la vérification et approfondissement des informations relatives aux sites et monuments proposés ; d'autre part, il convient de souligner les difficultés d'ordre structurel et l'absence d'établissements publics régionaux consacrés à l'inventaire et à la conservation régionale des sites et monuments. Leur travail s'arrête aux premiers signalements.

Au Sénégal, en matière de patrimoine industriel le champ est encore vierge. Presque aucune compétence à l'heure actuelle n'est disponible dans les services officiels pour prendre en charge ce volet de manière efficiente. Car les vrais sites et objets industriels qui présentent un intérêt patrimonial ne figurent presque jamais sur la liste du ministère sénégalais de la Culture et de la Communication.

De ce point de vue, la législation en matière culturelle doit évoluer positivement pour lever les entraves à l'étude de ce nouveau type de patrimoine. Ces objets sont souvent des biens privés ou semi-privés, à caractères très sensibles, puisque touchant le domaine de la technique, pour ainsi dire, du secret de la propriété industrielle. D'autre part il faut suffisamment d'engouement, de sensibilité et d'adhésion de la société civile, notamment d'anciens travailleurs de ces industries pour donner un vrai coup de pouce à de pareilles initiatives. Parmi les monuments figurant sur la liste des sites classés du ministère sénégalais de la Culture, un seul lieu considéré comme site industriel, a été

---

[492] DIEDHIOU S., « Changement et reconversion de métiers dans les ateliers ferroviaires du Dakar-Niger à Thiès au Sénégal comme conséquence des innovations techniques ferroviaires en France entre 1940 et 1960 », dans *L'aluminium et la calebasse, Patrimoines techniques, patrimoines de l'industrie en Afrique*, Montbéliard : Université de technologie de Belfort-Montbéliard / Paris : Université Paris1 Panthéon-Sorbonne, 2013, p. 201-211.

étudié, il s'agit de l'usine élévatoire de Mbakhana à quelques kilomètres de Saint-Louis.

1. L'usine élévatoire de Mbakhana, l'unique expérience sénégalaise de patrimoine industriel

Le seul exemple, en date, d'une valorisation de patrimoine industriel au Sénégal concerne l'ancienne usine d'eau de Mbakhana à Saint-Louis, sous l'impulsion du BREDA, de la Délégation Wallonie Bruxelles et le Centre d'Histoire des Sciences et Techniques (CHST)[493], qui est également une unité belge de recherche. Là aussi il y a un défi à relever à partir du plan de la documentation. Nous n'avons pas pu trouver d'informations, issues de recherches, qui ont servi soutien à la patrimonialisation du site. Aussi avons-nous pu faire nos propres investigations afin de renseigner l'environnement de connexion de l'usine d'eau, à son territoire, au temps de sa splendeur.

1.1. Saint-Louis et sa dépendance au fleuve Sénégal

La ville de Saint-Louis a la particularité d'être côtière de l'océan Atlantic (eau salée) et d'être à l'embouchure du fleuve Sénégal dont la source se trouve au Fouta-Djalon en Guinée (eau douce). Son alimentation en eau est conditionnée par les deux saisons qui existent en Afrique de l'Ouest : la saison des pluies (fin juillet-fin novembre) correspond à l'eau douce du fleuve et la saison sèche (décembre-juin) est celle de l'eau salée. Il y a donc deux systèmes distincts de service d'alimentation d'eau de la ville, basés sur deux marigots : Kor (2,5 km) et Kassak (18 km). Ceci amène les ingénieurs du génie civil à concevoir deux systèmes d'alimentation de la ville en eau potable. Chaque système est doté d'un appareillage spécifique.

1.2. Service d'alimentation en saison pluvieuse

Ce service se caractérise par la prise d'eau au marigot de Korr alimenté par les eaux du fleuve en période douce avec un débit de 4 000 m3/seconde. Une usine élévatoire est implantée à Korr pour

[493] L'exposition de Saint-Louis du Sénégal est disponible à l'adresse : [http://www.dakar.unesco.org/news/fr03/030522_expo_stlouis.shtml], consulté le 15 juin 2015.

refouler les eaux dans les réservoirs de Sor d'où elles se rendent dans le réseau de la ville par gravité. L'usine élévatoire de Korr est très modeste. Elle est composée d'une machine verticale de dix chevaux. Celle-ci est alimentée par une chaudière Field qui actionne une pompe à double effet. L'usine fonctionne nuit et jour pendant la période d'eau douce du fleuve afin d'assurer le besoin minimum des populations.

1.3. Service d'alimentation en saison sèche

À partir de janvier quand les eaux du fleuve prennent un taux de salinité impropre à la consommation, le relai de l'alimentation se fait au niveau du marigot de Kassak. Le système d'alimentation de la ville part de l'usine élévatoire construite à Mbakhana. Le marigot, petit bras du fleuve Sénégal, se remplit d'eau pendant les crues. On l'isole en fermant les pertuis d'un barrage en maçonnerie situé en aval, dès qu'on sent que les eaux du fleuve commencent à baisser et à prendre un degré de salure.

L'usine élévatoire de Mbakhana prend le relai de celle de Korr pour sept mois et demi assurant ainsi l'alimentation de la ville. Cette usine mieux outillée que celle de Korr est dotée d'une installation en double : deux machines commandant chacune leurs pompes et deux chaudières. Ces machines marchent séparément avec une capacité de refoulement de l'eau de 2 200 m3/24H. Mais la conduite de refoulement qui traverse la saline de Mbakhana sur 3 000 m subit des avaries qui ramènent la pression de 2 200 à 1 800 m3/24H. Ce qui est loin de couvrir les besoins. Au mois de mai il n y a presque plus d'eau dans le marigot, créant des arrêts de plusieurs heures dans le fonctionnement de l'usine.

Pour pallier cette situation, une autre petite usine élévatoire est construite à N'diol où s'arrêtent des conduites initialement prévues pour puiser l'eau de Richard Toll. Cette petite usine élévatoire de N'Diol, qui a fonctionné en juin-juillet 1898, envoie l'eau du marigot dans les bassins en maçonnerie de Mbakhana, d'où elles sont reprises par les pompes avant d'être refoulées, dans le réseau de la ville de Saint-Louis. En décidant de porter de 2 000 à 4 000 m3/24H la capacité de refoulement de l'eau dans l'alimentation de la ville de Saint-Louis, le conseil général décide d'établir à Mbakhana et à Korr de nouvelles usines élévatoires plus puissantes que les premières et d'étendre le réseau de distribution de l'eau pour servir tous les coins de la ville. L'usine de N'Diol a été abandonnée pour insuffisance de rendement.

2. Les fournisseurs d'équipements du service de distribution de l'eau

Toute l'ingénierie déployée pour assurer la distribution de l'eau dans la ville de Saint-Louis a été soutenue par un équipement qui part des bâtiments aux réservoirs en passant par les canalisations. L'équipement nécessaire à ce projet a été mobilisé par divers fournisseurs. Des marchés de gré à gré ont été adjugés à des entreprises françaises résidant en Métropole. Ceux-ci concernent la robinetterie, la tôlerie et la tuyauterie.

La robinetterie et les accessoires divers pour conduites d'eau ont fait l'objet d'un marché de gré à gré adjugé à MM. Mathelin et Garnier, ingénieurs civils, demeurant à Paris rue Boursault, n° 26, qui se sont engagés à construire dans leur ateliers de Lille (Nord) et à livrer à Bordeaux, dans les magasins de la marine, les objets de robinetterie et accessoires divers énumérés dans les clauses prédéfinies. Ce marché a été souscrit le 03 octobre 1887[494]. Le marché pour la fourniture à Saint-Louis de la tôlerie nécessaire à la construction de deux réservoirs d'eau et de leur couverture a été adjugé à MM. J. de Schryver et Cie, ingénieurs constructeurs à Haumont (Nord). Ils doivent construire dans leurs ateliers les tôles, cornières, fers spéciaux, rivets et boulons nécessaires à la construction de deux réservoirs d'eau et leur couverture selon les clauses. Ce marché est souscrit le 03 octobre 1887[495].

Quant au marché des tuyaux et objets en fonte nécessaire à l'établissement d'une conduite d'eau à Saint-Louis, il a été adjugé à Jules Leblanc, constructeur, demeurant à Paris, 52 rue du Rendez-Vous. Il doit construire dans ses ateliers de Marquise, les tuyaux, les pièces de raccord, les gargouilles, les consoles et les trappes pour l'installation de la canalisation. Le constructeur J. Leblanc avait déjà était chargé du projet de modification de la prise d'eau de Sor et Saint-Louis depuis 1884 par l'administration de la colonie. Il a produit des plans de conduites et le système d'élévation des eaux. Et c'est le même qui a fourni les machines à vapeur de l'usine élévatoire de Mbakhana qui sont encore dans cette usine abandonnée depuis 1969. Ce sont les plus vieilles vapeurs d'Afrique noire[496]. La référence qui a servi à construire les pièces porte sur les dimensions et formes

---

494 DIEDHIOU S., « Les usines élévatoires du Sénégal entre 1898 et 1920 », *e-Phaïstos*, Volume IV, N° 2, octobre 2015, p. 54-59.
495 *Ibid.*
496 *Id.*

indiquées à l'album des types, joint au marché passé par la Ville de Paris, le 16 janvier 1886[497]. Tous les fournisseurs sont invités à s'y référer, pour une partie. Les autres pièces seront conformes aux dessins types remis aux fournisseurs par le service technique de la colonie.

Cette initiative de valorisation de ce patrimoine technique émane d'institutions n'appartenant pas aux structures officielles de l'État du Sénégal. La population locale bien que consultée, sensibilisée et même associée au départ de ces réflexions, n'a pas fait preuve d'engouement et d'un soutien fort. En tout cas la volonté de s'approprier ce patrimoine n'a pas été très visible sur l'échiquier national. C'est en 2014, qu'une volonté plus affichée des acteurs locaux s'est manifestée, afin d'en faire un véritable produit touristique, dont les recettes serviraient à soutenir l'entretien et le bon fonctionnement de la nouvelle station de pompage d'eau potable qui cette fois-ci, servent directement aux besoins de la population locale.

3. Le rapport de la population locale avec l'entreprise : population et patrimonialisation

On se pose la question de l'engagement des populations locales à la patrimonialisation en considérant la relation que l'entreprise entretenait avec les habitants de la ville, entreprise dont le fonctionnement priva d'eau les habitants de Mabalhana pendant près d'un siècle. En effet, l'usine puisait l'eau aux pieds de la ville pour servir Saint-Louis située à une dizaine de kilomètres de là, laissant les riverains disputer l'eau des marres avec les animaux, causant insalubrité et maladies de toutes sortes, au mépris de l'administration coloniale et plus tard de l'administration nationale près d'un demi-siècle après les indépendances. Ce patrimoine renvoie sans doute à celui de la douleur, qui sait se cristalliser toute son importance, sur l'objet patrimonial. Et de fait, on peut noter que le patrimoine est souvent érigé sur les cendres du drame : fermeture d'usines avec les pertes d'emplois, mise à mort d'objet technique sous l'effet de l'innovation, champs de bataille avec ses lots de morts, etc. La population entend le prendre en charge aujourd'hui, le gérer dans un but économique, culturel et historique. Cette station de pompage à vapeur est le seul patrimoine industriel officiellement reconnu, sans pour autant s'imposer sur l'échiquier patrimonial national.

---

[497] *Ibid.*

Usine élévatoire de Mbakhana[498]

Source : ANS, timbre postal

La cheminée de l'usine[499]

Source :
http://www.dakar.unesco.org/news/fr03/030522_expo_stlouis.shtml

---

498 ANS, timbre postal.

499 Le site de l'exposition de Saint Louis est disponible à l'adresse : [http://www.dakar.unesco.org/news/fr03/030522_expo_stlouis.shtml], consulté le 15 avril 2015.

Le Blanc de l'usine[500] Pompe Le Blanc de l'usine[501]

Source : http://www.dakar.unesco.org/news/fr03/030522_expo_stlouis.shtml

500 *Ibid.*
501 *Ibid.*

Or, le Sénégal a connu une histoire industrielle très marquée qui date de la période coloniale. De nombreuses unités industrielles sont implantées partout dont la plupart sont fermées depuis de nombreuses années. Ces unités industrielles publiques ou privées, actuellement en arrêt, au cœur de certaines villes et villages doivent appeler à la réflexion quant à leur avenir. Les anciennes usines renferment d'importantes reliques qui méritent d'être interrogées afin d'en tirer des renseignements nécessaires à la connaissance du processus d'industrialisation du pays.

Le patrimoine, nous l'avons dit en début de chapitre, est un terme lié du vocabulaire juridique de la transmission successorale qui désigna jusqu'au début des années 1970 des productions humaines à caractère artistique que le passé laissait en héritage. Le contexte français jusqu'à cette période limitait le terme aux « Monuments historiques ». Vers la fin des années 1970, la notion fut étendue à la dimension collective de l'héritage. Et on parla progressivement de « patrimoine européen », puis de « patrimoine mondial » pour désigner des monuments, des objets et des lieux[502]. L'extension du patrimoine à de nouveaux domaines – ethnologie, sciences et techniques, culture matérielle – fut une thématique explorée notamment par Alain Bourdin, dans son ouvrage : « *Le Patrimoine réinventé*"[503]. Les notions de patrimoine, patrimoine industriel, archéologie industrielle ont été visitées, revenant sur l'historique de chacune de ces notions. La vision du patrimoine et des modèles de valorisations proposés font suite à l'expérience vécue dans le parcours TPTI, qui a permis de visiter quatre pays que sont la France, l'Espagne, le Portugal et l'Italie.

---

[502] LENIAUD J-M., *op*.cit.

[503] BOURDIN A., *Le Patrimoine réinventé*, Paris : PUF, 1984, 239 p.

Chapitre 6

La centrale de SUNEOR/Ziguinchor : un patrimoine industriel d'un enjeu politique majeur

A. Contexte général de création de l'usine SUNEOR Ziguinchor

1. À la base, une légumineuse appelée arachide

Les premières tentatives d'introduction de cette légumineuse en Sénégambie[504] remontent aux années 1820[505], lorsque la culture des arachides s'est substituée à la traite des esclaves, abolie en 1815. Si les premières exportations des graines d'arachides datent des années 1841, il faut toutefois attendre l'année 1850[506], pour voir le premier chargement complet, de 70 000 kg, partir de Rufisque vers la France. Le motif principal de la culture et de la commercialisation de cette graine est de sortir la colonie du Sénégal du marasme économique qui l'étouffe depuis l'abandon du très lucratif commerce des esclaves. Dans cette nouvelle production, le paysan trouve une relative indépendance dans le choix des sources de revenus, assurées jusqu'alors par d'autres produits de cueillette comme le caoutchouc et la gomme arabique. Les tentatives de positionner le coton comme produit alternatif à l'arachide n'ont pas connu le même succès. Rappelons que le lancement de la culture de l'arachide a coïncidé avec

---

504 Il s'agit de l'aire géographique située entre l'ancienne région du Sine Saloum (actuelle Kaolack), la République de Gambie et la Casamance (actuelles régions de Kolda, Sédhiou et Ziguinchor)

505 ROUBAUD E., « L'état actuel et l'avenir du commerce des arachides au Sénégal », *Annales de géographie*, Vol. 27, n° 148, Année 1918, p. 357-371.

506 *Ibid.*

l'affaiblissement des monarchies sénégambiennes[507] défaites par la puissance coloniale qui a eu pour conséquence le bouleversement de la structure sociale. L'autonomie des peuples vis-à-vis des monarques s'est affirmée, puisque qu'avec les revenus tirés de la vente de l'arachide, leur survie ne dépend plus de la générosité des monarques.

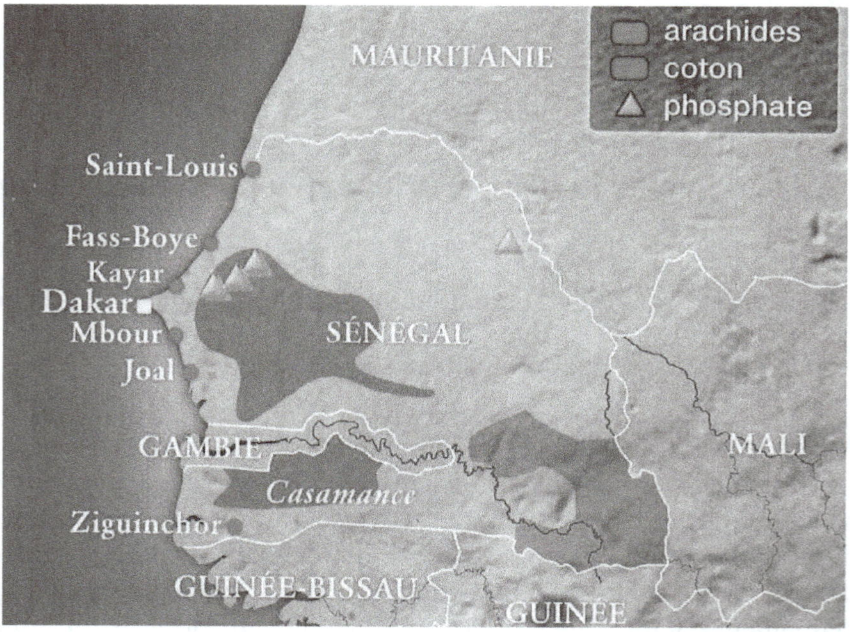

Sources, Carte sur l'économie primaire du Sénégal, VICTOR J.-C., RAISSON V., TÉTART F., Le dessous des cartes. Atlas géopolitique, Paris : Taillandier Édition/Arte Editions, 2005, p. 151

L'histoire de l'implantation de cette légumineuse en Casamance est à l'opposé de celle de l'esclavage perpétré dans cette région, dite des rivières du sud, longtemps restée sous le contrôle des Portugais. Ziguinchor en Casamance, Kakandi dans le Rio Nunez (actuelle Guinée-Bissau) ainsi que toutes les escales des fleuves étaient des marchés qui recevaient des caravanes d'esclaves. Après avoir décrété son interdiction en 1815, la France et l'Angleterre ont traqué les esclavagistes à qui ils ont interdit l'accès aux rivières. Le privilège concernant les droits de commerce fut donné aux navires assurant les

---

507 FALL B., *Le travail au Sénégal au XXe siècle*, Paris : éd. Khartala, 1991, 320 p. ; VICTOR J.-C., RAISSON V., TÉTART F., *Le dessous des cartes. Atlas géopolitique*, Paris : Taillandier Édition/Arte Editions, 2005, p. 148-152.

échanges de produits manufacturiers de l'Europe contre les productions naturelles de l'Afrique. Ainsi vit-on s'ériger partout des factoreries[508] à la place des baraquons[509] où venaient s'entasser des milliers d'esclaves. Quelques marchands d'esclaves passèrent entre les mailles du filet mais, sans acheteurs, leurs esclaves furent employés finalement dans la culture de l'arachide[510].

En 1859, les premiers essais de cette culture produisirent dans tous les rios des récoltes au-dessus de toute espérance, à hauteur 8 millions de francs pour 30.000 tonnes[511]. Dans le même temps l'arachide est de plus en plus appréciée sur le marché européen, et progressivement de nombreux indigènes s'adonnent à cette activité qui leur procure des revenus substantiels. Des sociétés se constituent parmi lesquelles, la Compagnie de la Casamance qui s'emploie à créer de vastes domaines agricoles. En 1892 la production dans ces mêmes rivières est passée à 100.000 tonnes pour une valeur de plus de 25 millions de francs ; l'accroissement de volumes a plus que triplé en 30 ans.

1. Cette production en arachide se répartit de la façon suivante :

Sénégal	40,000 tonnes.
Gambie	25,000 —
Casamance	6,000 —
Guinée portugaise	10,000 —
Guinée française	10,000 —
Sierra-Leone	10,000 —
	101,000 tonnes en chiffre rond.

Production d'arachides dans les années 1890[512]

Source : Le capitaine Henri, BROSSELARD-FAIDHERBE, Casamance et Mellacorée, pénétration au Soudan, Paris : Librairie illustrée, 1892

Cet accroissement renvoie à certaines modifications du complexe technique de production et d'exploitation de l'arachide. En effet, la Compagnie de la Casamance en regroupant progressivement les quelques compagnies existantes, a colonisé le paysage à travers les

---

508 Ce sont des sortes de maisons de commerce de marchandises généralement situées au bord du fleuve.

509 Ce sont des maisons où sont parqués les esclaves en attendant leur acheminement vers les grands centres de commerces d'esclaves.

510 BROSSELARD-FAIDHERBE H., *Casamance et Mellacorée, pénétration au Soudan*, Paris : Librairie illustrée, 1892, p. 4.

511 *Ibid.*, p. 5.

512 *Id.*

infrastructures qu'elle a créées. Elle compte plusieurs factories à Carabane, Djogué, Ziguinchor et Sédhiou. Des évolutions apparaissent dans l'organisation spatiale du transport : alors qu'autrefois les graines récoltées descendaient par voie fluviale jusqu'à Carabane, à partir des années 1880 le transbordement se fit à Ziguinchor. Étendant son emprise sur le territoire, la Compagnie devint propriétaire de tous les immeubles commerciaux de la rivière et de la ville de Ziguinchor. Elle fit construire un nouveau warf[513] pour l'accostage des bateaux vapeur et l'enlèvement des arachides par chargements de 1.000 tonnes. La Compagnie de la Casamance sous les Français dépasse largement le seuil des 130 000 tonnes atteint sous la colonisation portugaise.

Carte d'ensemble de la région des rivières[514]

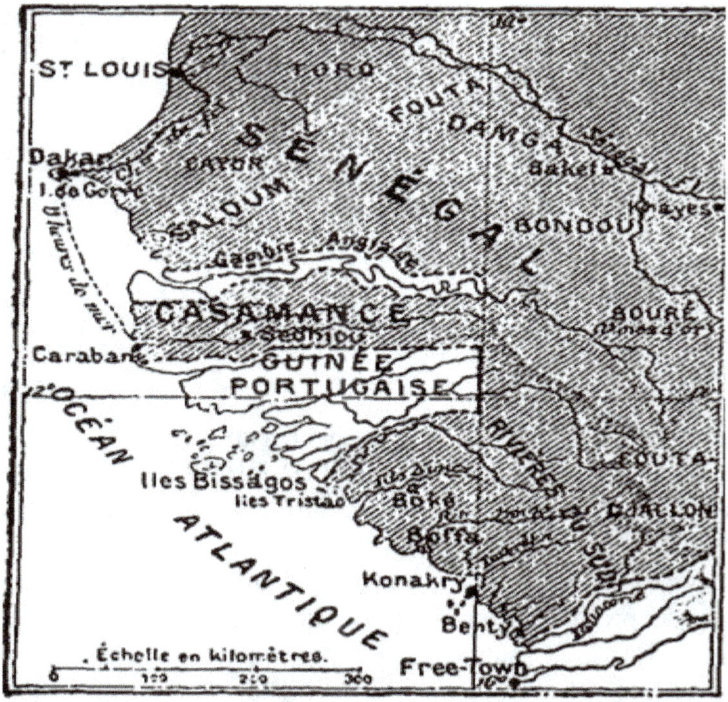

Carte d'ensemble de la région dite des Rivières

Source : Le capitaine Henri, BROSSELARD-FAIDHERBE, Casamance et Mellacorée, pénétration au Soudan, Paris : Librairie illustrée, 1892

---

513 Il s'agit de quai.

514 BROSSELARD-FAIDHERBE H., *op.cit..* p. 2.

Pont d'une goélette de la compagnie de la Casamance[515]

Pont d'une goélette de la Compagnie de la Casamance.

Source : Le capitaine Henri, BROSSELARD-FAIDHERBE, Casamance et Mellacorée, pénétration au Soudan, Paris : Librairie illustrée, 1892

[515] *Ibid.*, p. 9.

Appontement de la compagnie de la Casamance à Karabane[516]

Le plus grand appontement de la côte d'Afrique construit par la Compagnie de la Casamance à Carabane.

Source : Le capitaine Henri, BROSSELARD-FAIDHERBE, Casamance et Mellacorée, pénétration au Soudan, Paris : Librairie illustrée, 1892

[516] *Ibid.*, p. 11.

Factorerie de la compagnie de la Casamance à Ziguinchor[517]

Factorerie de la Compagnie de la Casamance à Ziguinchor.

Source : Le capitaine Henri, BROSSELARD-FAIDHERBE, Casamance et Mellacorée, pénétration au Soudan, Paris : Librairie illustrée, 1892

La construction de chemins de fer au Sénégal et l'aménagement de réseau routier, intervenus depuis les années 1880 dans la colonie du Sénégal, ont été développés pour faciliter l'évacuation de la production agricole vers les grands centres (comme Kaolack, Diourbel, Louga et Dakar) de stockage et de transformation. D'un point de vue social, l'essor de la culture de l'arachide n'a pas amené l'administration coloniale à intervenir directement dans le processus de production. Celle-ci est centrée sur le village, unité de base de la production collective de l'arachide, avec une organisation du travail familiale. Ce qui relie la production et le village, c'est l'instauration par l'administration coloniale d'un impôt redevable en monnaie et non plus en nature ; cette nouvelle modalité de perception de l'impôt s'effectue sur la vente de sa production arachidière[518]. Ce qui oblige les paysans à travailler plus pour pouvoir payer leur impôt. De son côté, l'administration coloniale s'occupe toutefois de la commercialisation de la production arachidière et met en place des intermédiaires

---

[517] *Ibid.*, p. 17.

[518] BONNEUIL C., « Pénétrer l'Indigène. Arachides, paysans, agronomes et administrateurs coloniaux au Sénégal (1897-1950) », *Études rurales*, n° 151-152, 1999, p. 199-223.

entre elle et les producteurs paysans. C'est ainsi que les chefs de cantons et les chefs de villages ont été intégrés dans le dispositif administratif, en qualité d'autorités locales intermédiaires pour contrôler la communauté. Elles sont chargées de la collecte de l'impôt de capitation et reçoivent en échange une rémunération au prorata du montant collecté. Pour ce faire, elles incitent les paysans à produire davantage. Des anecdotes de mauvais traitements infligés aux producteurs non performants sont encore racontées dans les villages par les anciens. À l'époque, certaines autorités locales se sont rendues tristement célèbres dans la province de Casamance par leur agissement contre les populations. On peut noter les liens étroits entre exploitation agricole et commerciale privée et organisation administrative et politique de la Casamance coloniale de l'époque. Globalement, les productions ont pris une réelle importance au Sénégal à partir des années 1907 à 1913, où elles sont passées de trente à cinquante-sept millions de francs. L'exportation de 1913 s'est chiffrée à près de 240 000 tonnes.

C'est dans ce même ordre d'idée que la première huilerie, l'usine de la Société commerciale et industrielle d'Outre-mer (S.C.I.O.M), a été implantée en 1918 à Dakar. Elle est précédée par quelques stations implantées à Kaolack et à Mbour, dont le propriétaire est René Gaudart, ingénieur inventeur des appareils de décorticage de coques d'arachides. Les autorités coloniales ont missionné la S.C.I.O.M pour revoir l'ensemble du système de décorticage en rachetant les stations de René Gaudart. Ce système a été intégré dans le processus industriel des huileries sénégalaises. Le secteur a été le plus grand pourvoyeur d'emplois au Sénégal. Dans le tissu industriel de la Casamance, l'usine de la SEIC de Ziguinchor en est la parfaite illustration. L'actuelle SUNEOR/Ziguinchor est le fruit d'une longue mutation de celle d'origine, la Société électrique et industrielle de la Casamance (SEIC), mise en service depuis 1932. Elle s'inscrit dans un écosystème d'huileries dont l'histoire remonte à la Première Guerre mondiale, quand le ministère français du ravitaillement a décidé de la délocalisation de certaines industries de la Métropole vers la colonie du Sénégal, au nom de la Défense nationale.

La politique industrielle de la France en AOF, notamment au Sénégal, ne finit pas d'impacter le territoire de la Casamance après la Seconde Guerre mondiale, d'autant que, le 19 mai 1948, le ministère de la France d'Outre-mer autorise par arrêté la constitution de la Compagnie générale des oléagineux tropicaux (CGOT), société d'économie mixte à caractère commercial[519]. C'est une création qui ressort de l'esprit de la loi du 30 avril 1946 et de l'exécution du plan de développement des territoires d'Outre-mer. Le siège social de la Compagnie est au 45 avenue George V à Paris. Elle s'insère dans le plan Monet visant à remédier la pénurie d'oléagineux en France. Il introduit une grande nouveauté sur les systèmes d'organisation sociale de la production dans le territoire concerné. Nous avions souligné plus haut que le village constitue l'unité de base de la production arachidière à travers la production familiale. Ce que les promoteurs de ce projet remettent en cause, estimant que ce système comporte un bas niveau technique avec des risques de dégradation des sols. Ils préconisent une culture intégralement mécanisée à l'image de ce que font les Américains et principalement les Britanniques au Tanganyika. Il s'agit d'avoir, en marge des structures traditionnelles indigènes de production d'arachides, une agriculture intensive avec une production massive à haut rendement, avec une main-d'œuvre réduite et fortement mécanisée pour appuyer l'agronomie. Ce projet est implanté à la falaise de Séfa à douze kilomètres au nord de Sédhiou, qui est à moins de 100 km de Ziguinchor. De quoi trouver assez de matières pour le fonctionnement de l'usine SEIC. Ce qui fait que dans cette Casamance il y a eu des paysans producteurs d'arachides et des ouvriers agricoles salariés de la Compagnie Générale des Oléagineux tropicaux de Séfa à Sédhiou. En septembre 1948 est lancé le défrichement de la forêt, et en juin 1949, la culture mécanisée est mise en œuvre pour engager la nouvelle « Bataille de l'arachide » qui vise à atteindre une production de 100.000 tonnes d'arachides en 1951[520].

L'huilerie de Ziguinchor a fonctionné depuis son origine jusqu'en 1970 avant de passer sous la gestion de Lesieur Afrique de 1970 à 1975. Cette entreprise semble – selon toute probabilité – une filiale en Afrique de la société Lesieur, nom éponyme de son fondateur, Georges Lesieur, né à Paris en 1848 de parents cultivateurs originaires de Septeuil (Seine-et-Oise). La société Lesieur construit sa première huilerie en 1908 à Coudekerque dans la banlieue de Dunkerque, où

---

[519] DIALLO CÔ-TRUNG M., La Compagnie générale des oléagineux tropicaux en Casamance. Autopsie d'une mise en valeur coloniale (1948-1962), Paris : éd. Karthala, 1998, 519 p.
[520] *Ibid.*

elle fut inaugurée en 1911 avec 700 employés[521]. Malheureusement elle subit les effets de la seconde Guerre mondiale en 1944. Sa reconstruction en 1950 fut suivie de productions record qui atteignirent les 125 millions de litres. Cette usine est innovante, ce qui lui a valu un développement fulgurant.

Au Sénégal, l'État n'a repris des mains des Européens la gestion des huileries qu'en 1975, en créant la SONACOS (Société nationale de Commercialisation des Oléagineux du Sénégal) qui gère cinq usines : celle de Dakar (pour la trituration de graines d'arachides, raffinage et conditionnement d'huile alimentaire, savonnerie), celle de Lyndiane Kaolack (pour la trituration de graines d'arachides), celle de Diourbel (pour le raffinage et conditionnement d'huiles alimentaires, production de vinaigre, eau de javel, margarines et aliment de bétail et volaille), celle de Louga (pour la production d'arachides de bouche) et celle de Ziguinchor (pour la trituration de graine d'arachides et de palmiers).

2. L'usine SUNEOR Ziguinchor et son encrage au territoire

> *« L'industrie ne se confine pas dans des bâtiments où s'activent des ouvriers et tournent des machines. Pour recevoir des matières premières, expédier des produits semi-manufacturés ou finis, l'usine est au centre de réseaux de communication et, a toujours un fort impact sur le territoire environnant*[522]. *»*

Cette assertion démontre que l'implantation d'une usine a toujours obéi à des considérations d'ordre techniques et stratégiques. Idéologie ou logique industrielle ? Cette stratégie notée dans l'implantation industrielle en Europe depuis l'époque proto-industrielle est observée au Sénégal. Quoi de plus logique surtout si l'on considère que ce sont les mêmes capitaines d'industrie qui sont à l'origine de l'industrialisation de l'Afrique.

---

[521] Ces données concernant la société Lesieur sont disponibles à l'adresse : [http://www.recettes-de-salades.com/2010/05/lesieur-au-service-du-goût-et-du-bienêtre.html], consulté le 25 juin 2015.

[522] BELHOSTE J.F., SMITH P., *Architectures, paysages industriels. L'Invention d'un patrimoine*, Paris : éd. de La Martinière, 2012, p. 9.

2.1. Environnement marin : une connexion au fleuve Casamance

L'emplacement de l'usine SUNEOR à proximité du fleuve Casamance relève d'une logique stratégique. L'eau du fleuve contribue largement au fonctionnement de la centrale d'une part, et de l'autre, le fleuve est la principale voie de communication utilisée pour recevoir ou exporter les produits qui entrent dans le fonctionnement de l'usine.

2.2. La connexion au port de Ziguinchor

Carte du Sénégal[523]

Source : http://cb.naturalsciences.be/antelopes/Cartography/Cartography/ Senegal%20carte.jpg

---

[523] Carte disponible à l'adresse : [http://cb.naturalsciences.be/antelopes/Cartography/Cartography/Senegal%20carte.jp], consulté le 25 mai 2015.

Ziguinchor est un site que le Portugal a cédé à la France en échange de rio-Cassini par l'arrangement du 12 mai 1886[524]. Son port construit à 100 km de la mer est accessible aux navires jaugeant 5.50 m[525], et se prolonge en amont à 100 km vers Kolda. Les principaux produits exportés, à l'origine, par l'escale de Ziguinchor sont le bois et l'arachide. Ces ouvrages sont composés de platelages en bois fondés sur des pieux de rôniers. Un terre-plein est retenu en arrière par un mur de quai, en briques, non accostable.

Les tableaux ci-dessous montrent déjà un trafic assez mouvementé avant les années trente.

Trafic du port de Ziguinchor avant 1930[526]

PAVILLONS	ANNÉE 1926				ANNÉE 1927			
	NAVIRES		MARCHANDISES EMBARQUÉES		NAVIRES		MARCHANDISES EMBARQUÉES	
	Nombre.	Tonnage nominal.	Tonnage.	Valeur.	Nombre.	Tonnage nominal.	Tonnage.	Valeur.
		T	T	Fr		T	T	Fr
Français	508	1.579.870,710	281.636,531	300.810.403	502.	1.419.085,490	159.320,068	339.279.086
Anglais	184	519.363,870	31.235,685	36.267.410	170	452.772,020	14.442,854	20.372.731
Italiens	144	521.921,800	69.384,323	56.875.468	94	363.362,120	830,614	2.164.142
Norvégiens	99	99.754,170	121.592,749	163.027.368	84	90.797,200	68.889,339	100.261.037
Danois	85	88.276,550	123.895,981	166.455.409	99	98.096,690	104.210,185	151.060.161
Suédois	43	45.891,790	60.942,723	81.044.288	32	31.441,680	36.516,970	52.236.354
Belges	10	38.176,320	3.872,000	5.096.400	2	5.181,000	»	»
Américains	19	59.278,000	4.619,567	3.695.653	28	86.692,700	511,611	1.875.323
Hollandais	76	142.099,600	43.510,939	67.386.477	40	68.674,950	33.678,539	45.526.490
Grecs	2	6.155,000	138,000	110.400	1	547,000	»	»
Portugais	33	10.897,400	2.026,017	3.140.928	20	10.364,100	1.705,229	2.627.509
Espagnols	5	3.375,920	100,000	80.000	6	4.757,000	»	»
Allemands	33	54.169,970	14.482,083	18.734.277	36	49.541,550	14.700,687	24.057.122
Japonais	»	»	»	»	»	»	»	»
Divers	1	2.889,000	154,000	123.200	1	2.760,000	»	»
Total des Étrangers	734	1.592.249,390	475.954,058	602.037.278	611	1.264.988,010	275.586,028	400.181.369
Total général	1.242	3.172.120,100	757.590,589	902.847.681	1.113	2.684.076,500	434.806,096	739.460.455

PAVILLONS	ANNÉE 1928				ANNÉE 1929			
	NAVIRES		MARCHANDISES EMBARQUÉES		NAVIRES		MARCHANDISES EMBARQUÉES	
	Nombre.	Tonnage nominal.	Tonnage.	Valeur.	Nombre.	Tonnage nominal.	Tonnage.	Valeur.
		T	T	Fr		T	T	Fr
Français	648	1.721.719,510	253.740,928	340.412.650	650	1.816.463,300	299.941,602	305.437.347
Anglais	421	1.139.537,960	94.876,801	41.220.189	335	955.320,020	68.297,890	91.997.859
Italiens	129	447.945,550	28.025,036	12.110.279	138	515.258,500	59.593,720	37.205.838
Norvégiens	67	97.131,390	83.437,769	106.042.927	92	104.329,020	105.825,216	123.864.463
Danois	76	83.788,320	99.785,683	143.199.507	51	54.705,850	79.904,707	93.338.506
Suédois	52	62.431,570	45.125,961	60.483.204	64	82.209,300	66.824,795	87.447.601
Belges	12	29.896,680	6.687,073	3.779.897	7	20.379,000	1.865,000	1.764.272
Américains	36	111.739,000	519,574	1.279.216	41	122.658,000	10.462,297	9.648.075
Hollandais	50	104.645,180	13.277,209	15.917.627	46	84.162,000	18.784,758	18.682.340
Grecs	130	331.023,990	26.252,689	7.738.845	71	175.803,000	20.053,015	19.592.020
Portugais	12	7.733,000	468,637	1.085.476	12	10.847,000	653,330	1.118.922
Espagnols	4	3.268,000	1.475,000	339.250	2	3.146,000	2.265,374	1.155.985
Allemands	45	67.927,590	20.486,053	24.256.455	42	66.555,520	17.815,128	23.704.872
Japonais	»	»	»	»	»	»	»	»
Divers	42	115.237,740	10.114,700	2.358.460	37	111.522,000	11.345,000	9.324.455
Total des Étrangers	1.076	2.602.305,970	430.532,185	419.802.332	938	2.306.895,210	463.690,230	518.845.208
Total général	1.724	4.324.025,480	684.273,113	760.214.982	1.588	4.123.358,510	763.631,832	824.282.555

Source : Le capitaine Henri, BROSSELARD-FAIDHERBE, Casamance et Mellacorée, pénétration au Soudan, Paris : Librairie illustrée, 1892

524 Arrangement Portugal – France, en date du 12 mai 1886, disponible à l'adresse : [http://bnf.fr/008/N0083061_PDF_1_-1DM.pdf,], consulté le 25 mai 2015.
525 Description du port de Ziguinchor en 1886, disponible à l'adresse : [ftp://ftp.bnf.fr/578/N5786942_PDF_1_-1.pdf. p.132], consulté le 25 mai 2015.
526 *Ibid.*

C'est à proximité du fleuve Casamance, dans la localité de Ziguinchor, que les responsables de l'usine ont choisi de l'implanter en 1932. Ce n'est qu'en 1937, deux ans après la construction de l'usine, que le port de Ziguinchor, alors secondaire, a été aménagé et plusieurs fois rénové. Au départ ses infrastructures ne sont composées que de quelques 13 wharfs en rôniers appartenant à des Sociétés Privées[527], telles que NOSOCO, Maurel & Prom, Le Commerce-Africain, Petersen, ALMINCO, Peryssac, ASSEF et en fin à la Compagnie de Casamance qui a fusionné avec toutes les précédentes. Mais sur un total de 13 wharfs, 4 seulement sont fonctionnels, ce qui prolonge le temps de déchargement et de chargement des navires (7 jours pour charger un bateau de 1 400 T). Les produits exportés sont l'arachide en coques ou décortiquée, les palmiers, les peaux de bœufs, etc.[528]. L'usine a besoin du port pour se développer, car ce sont les échanges internationaux qui assurent l'importation de la matière première nécessaire à son fonctionnement et l'exportation de ses produits transformés. Cette nécessité était d'autant plus prégnante dans les années 1930, que les transports routiers intérieurs entre Ziguinchor et Dakar étaient quasi inexistants.

D'autres travaux de construction du port ont été entrepris en 1955 sous la direction de M. Mayer, missionnaire qui construisit un mur de quai en terre-plein adossé au quai ; ce qui a amélioré considérablement les conditions de chargement et de déchargement des marchandises. Puisqu'auparavant cette opération a connu des gênes en raison des déplacements de wharfs à wharfs dû à l'insuffisance d'eau en marée basse, obligeant les navires à s'éloigner des wharfs et donc à terminer le chargement soit en rivière par allèges, soit en intercalant un chaland entre le wharf et le navire. Ce quai devait en outre faciliter la manutention des produits à terre et l'accostage de deux navires et quelques cotres[529]. Les travaux ont consisté à construire un mur de quai de 340 m de longueur constitué par un gabion en palplanches métalliques ; à fournir et à poser 10 bollards et 13 organeaux ; à construire un terre-plein de 22 000 m2 en arrière du mur de quai ; à construire deux ouvrages de soutènement limitant le terre-plein latéralement à l'amont et à l'aval inclinés à 45 sur l'alignement du

[527] DIOP A., Rapport du Capitaine du port secondaire de Ziguinchor à l'occasion des journées économiques du Conseil régional de Ziguinchor des 19, 20, 21, 22 novembre 1998.

[528] NDIAYE A., *op. cit.*

[529] Ce sont de petites embarcations.

quai, donnant ainsi au terre-plein une forme trapézoïdale en plan. L'inclinaison à 45 degrés devait permettre, au moindre obstacle, l'écoulement des eaux et d'éviter les engraissements qui se produiraient sur le quai.

Le financement des travaux a été assuré par la France à hauteur 60 000 000 francs, dont le remboursement fut entièrement pris en charge par la chambre de commerce et d'industrie de Ziguinchor. Cette chambre a aussi consenti un autre prêt de 10 000 000 francs pour équiper le port de magasins et de deux ponts-bascules de 30 T chacun, qui a été également remboursé. Il faut toutefois noter que les grands travaux d'ouvrages portuaires sont restés à la charge de l'État. La gestion du port a été confiée à la chambre de commerce et d'industries de Ziguinchor par Cahier des Charges approuvé par décret 59-109 du 18 mai 1959.

L'environnement marin ne se limite pas seulement aux possibilités de mobilité qu'offre le port en termes d'exportation des produits locaux. Il fournit un combustible précieux pour la chauffe des chaudières. Il s'agit du bois de la mangrove qui a alimenté la première centrale électrique de la commune de Ziguinchor équipée avec un moteur à gazogène utilisant le bois de palétuvier[530]. Ce même bois a été utilisé pour la centrale de Bel-Air au moment de la crise consécutive à la Première Guerre mondiale. L'aménagement du port dans cette partie de la colonie s'explique aussi par les ressources naturelles dont regorge cette région. Une zone forestière dont le potentiel contribue largement à l'économie coloniale puis celle du Sénégal indépendant. Ces ressources profitent largement à l'usine de la SEIC pour son fonctionnement.

2.3. Environnement forestier, la douloureuse connexion

La région actuelle de Ziguinchor, qui correspond à la Basse Casamance, compte 28 forêts classées qui couvrent 111.760,3 ha, 1 parc national de 5.000 ha et 1 réserve ornithologique de 16 ha soit 116 776, 30 ha de massifs classés représentant un taux de classement régional de 15,91 %. Des opérations sylvicoles ont été effectuées dans ces forêts[531], largement exploitées d'abord par les exploitants coloniaux

[530] Note sur le bois de mangrove, disponible à l'adresse : [www.bnf.fr/578/N5786942_PDF_1_-1.pdf.], consulté le 15 mai 2015.

[531] DIOP N., *op.cit.* .

qui ravitaillaient l'Europe en bois exotiques, puis par l'industrie locale dans le cadre de la chauffe au charbon de bois pour les chaudières de la centrale de l'usine. L'usine SUNEOR, historiquement première et principale industrie de la région sud du Sénégal, a traversé différentes époques alternant période d'intenses activités et de morosité industrielle.

3. Environnement industriel morose

Les deux principaux secteurs qui ont longtemps constitué le socle de l'industrie dans la région de Casamance sont essentiellement l'agriculture et la pêche. Pour ce qui est de l'agriculture, la principale spéculation industrielle concerne l'arachide. Ce qui a permis l'implantation de l'usine de la Société Électrique et Industrielle de la Casamance (SEIC) depuis 1932. Cette huilerie a côtoyé deux autres usines du secteur de la pêche telles que SOSECHAL et SOPICA qui traitent de crevettes et poissons à but commercial sur le marché national et international. La Société nationale du Domaine Industriel de Ziguinchor (SODIZI), implantée dans la zone franche de la ville s'attèle à développer les petites et moyennes industries dont la demande d'espace ne cesse de croitre depuis les années 1970[532]. Depuis la fin des années 90 les usines de Ziguinchor connaissent une situation très difficile, exacerbée par la crise politique qui prévaut dans la région, avec la rébellion des indépendantistes de la Casamance contre l'État du Sénégal, qui a commencé en 1982. Ces usines ont presque toutes fermé sauf cette huilerie qui se débat, malgré les difficultés du secteur de l'arachide et parvient à maintenir ses activités.

B. Un complexe industriel en plein régime

1. L'architecture du complexe industriel

De loin, à l'entrée de la ville de Ziguinchor, on aperçoit l'usine grâce à son architecture assez imposante, qui prend sa marque dans le paysage urbain. Parmi les monuments de l'usine, il faut noter les silos de stockage d'arachides, les tanks de stockage de l'huile brute, les seccos d'arachides, en période de campagne agricole, et les halles des ateliers (énergie, production et mécanique). Les ateliers sont de

---

532 CONSEIL RÉGIONAL DE ZIGUINCHOR, Note introductive aux Journées économiques des 19, 20,21 et 22 novembre 1998.

grandes halles en charpente métallique avec des toitures conçues pour assurer l'éclairage naturel du jour, architecture industrielle qui a cours dans les pays occidentaux dans le courant du XIXe-XXe siècle.

L'architecture industrielle dispose d'un parcours historique qui remonte aux bâtiments des forges des XVIe et XVIIe siècles. À cette époque, les distilleries et les laiteries qui ressemblent à l'architecture civile, se confondent presque avec l'environnement rural ou urbain de leur implantation. Il y a, toutefois, certaines activités industrielles dont l'architecture se différencie de celle civile par le caractère particulier de leur production. En tout état de cause, l'architecture industrielle a pour principe d'être fonctionnelle car l'usine doit répondre aux besoins de l'activité qu'elle abrite. Il y a eu les grands bâtiments textiles à étages, en Europe, dans les années 1820, où les ateliers sont disposés sur plusieurs niveaux de façon à distribuer la force motrice de l'énergie hydraulique dont ils dépendent[533]. Le passage de l'hydraulique au thermique à la fin du XIXe siècle, change la disposition des ateliers qui s'organisent sur un même niveau. Certains secteurs spécifiques, tels que laiteries, distilleries et minoteries, ont toutefois gardé la structure à agencement sur plusieurs niveaux.

L'usine-halle est plutôt une conception des années 1950-1960, qui a pour finalité une plus grande productivité et une rationalisation de l'espace. L'usine SUNEOR/Ziguinchor est un modèle mixte entre les deux, dans certains ateliers. L'atelier énergie qui a une partie en étage fait partie des exceptions à la règle. Le côté latéral droit de la halle de l'atelier énergie, est constitué de deux niveaux dont la partie supérieure est réservée à la salle des machines. Le reste de l'espace est consacré à la chaufferie qui est au rez-de-chaussée.

[533] « L'architecture de l'industrie en Poitou-Charentes », sur le site web : *Inventaire général du patrimoine culturel de la Région Poitou-Charentes Le patrimoine industriel de Poitou-Charentes*, disponible à l'adresse : |http://dossiers.inventaire.poitou-charentes.fr/le-patrimoine-industriel/1archi/1archi.html], consulté le 15 mai 2015.

Charpente métallique atelier énergie

Charpente métallique atelier mécanique

Source : Photos : crédit documentaire : Salif DIEDHIOU, 2014

Direction de l'usine située Avenue Chérif Bachir en face du port

Source : Photos NDAW, chef service qualité,
crédits photographiques : NDAW, 2013

Ancienne façade de l'usine Nouvelle façade de l'usine

Source : Photo, crédits photographiques :
Salif DIEDHIOU, 2014

La principale activité de l'usine est la production d'huile brute et de tourteaux détoxiqués d'arachides. Chaque unité industrielle de la chaîne des huileries du Sénégal, regroupées au sein du groupe SUNEOR (ex-SONACOS), s'est vue confier une spécialité de la transformation de l'huile d'arachides. Ce projet précédemment implique une organisation matérielle dans un cadre dédié à la production. L'infrastructure est conçue sous la forme d'une grande halle métallique avec sa charpente en shed couverte de tôles en plastique transparentes qui laissent entrer la lumière solaire pour assurer l'éclairage interne des ateliers. Autrement dit, pour « pour éclairer le travail ».

Aperçu de la charpente en shed vue intérieure de la toiture

Source : Photo, crédits photographiques :
Salif DIEDHIOU, 2014

Les différents ateliers sont regroupés dans trois grandes halles principales équipées de machines, appareils, chaînes, tuyaux et autres matériaux destinés à la production. Ici seul l'aspect fonctionnel des bâtiments prime. Aucune information sur l'architecte n'est disponible. Mais l'ingénierie adoptée dans l'agencement fonctionnel des espaces et le choix des équipements adéquats est à souligner. Et réfléchir à cet agencement des ateliers à partir de la chaîne opératoire permet de mieux appréhender l'effort de conception sous-tendu par la mise en œuvre du procédé de fabrication.

2. Un procédé de fabrication innovant

L'usine compte une dizaine d'ateliers dans sa chaîne de production qui commence de la zone de culture de l'arachide jusqu'à la sortie, de l'usine, des produits traités. La principale mission de cette usine est la production de l'huile alimentaire, mais les produits connexes issus de cette opération sont aussi devenus essentiels pour le développement de cette industrie.

2.1. La chaîne d'approvisionnement

Parler de la chaîne d'approvisionnement revient à aller au-delà du monument afin de l'intégrer dans son complexe technique. Ce qui permet d'étendre l'étude patrimoniale de notre objet à d'autres domaines. À ce sujet, voici ce que rappelle Jean-Michel Leniaud :

> *« Dès le début des années 1990, en France, le ministère de la Culture s'efforça, avec une constance variable et un succès inégal, de vivifier par l'esprit des sciences sociales une administration traditionnellement cantonnée au domaine des beaux-arts (musées, monuments historiques, archéologie monumentale), pour étendre son action à des domaines nouveaux – ethnologie, sciences et techniques, culture matérielle – qu'exploraient alors quelques chercheurs (en particulier, Alain Bourdin, Le Patrimoine réinventé, Paris, 1984, Henri Pierre Jeudy dir., Patrimoines en folie, Paris, 1990 et André Desvallées dir., Vagues. Une anthologie de la nouvelle muséologie. I, Paris, 1992) à l'instar de leurs homologues britanniques notamment*[534] *».*

[534] LENIAUD J.-M., *op.cit.*

La démarche s'inspire de cette nouvelle orientation et appelle une mutation en matière de politique culturelle du Sénégal. La production dans cette industrie s'organise depuis le monde rural, lieu des champs de culture arachidière et le nombre d'acteurs qui interviennent dans cette filière est le plus important des secteurs productifs du pays. Concrètement, l'opération commence dans les seccos de campagne qui accueillent les arachides venues des champs des paysans. Elles subissent déjà, à ces endroits les premiers tris qui débarrassent les arachides de leurs impuretés.

Les passoirs dans la campagne[535]

On remarque donc l'ancrage de l'usine dans le territoire, non loin des espaces de production de sa principale matière première. Le produit était autrefois transporté jusqu'à l'usine, par des chalands, système de transport qui a favorisa le long du fleuve et ses bras l'installation de villages pôles où d'intenses échanges commerciaux se développèrent. Depuis les années 60 ce sont les camions qui

[535] Culture de l'arachide ; illustration disponible à l'adresse : [https://www.google.fr/search?q=usine+SUNEOR+Ziguinchor+Sénégal&hl=en&authuser=0&biw=1035&bih=481&source=lnms&tbm=isch&sa=X&ei=HfOAVKmMEZXZaqb9gIAJ&ved=0CAcQ_AUoAjg8], consulté le 15 mai 2015.

acheminent les graines jusqu'à la réception, point de contact entre l'usine et l'extérieur. Ce qui nécessita l'aménagement de pistes de production et de routes principales pour l'acheminement des arachides.

Camions de transport d'arachides[536]

Source : Camions de transport d'arachide, *https://www.google.fr/search?q=usine+SUNEOR+Ziguinchor+Sénégal&hl=en&authuser=0&biw=1035&bih=481&source=lnms&tbm=isch&sa=X&ei=HfOAVKmMEZXZaqb9gIAJ&ved=0CAcQ_AUoAjg8*

Les producteurs ne sont pas équipés pour sécuriser correctement leur stock d'arachides dans leur localité. Raison pour laquelle les productions sont mises à la disposition de l'usine, entre novembre et mai, pour une trituration annuelle des graines. Plusieurs acteurs, pour la plupart externes à l'usine, s'activent dans cette phase. En dehors des producteurs eux-mêmes, les transporteurs, propriétaires de camions avec leurs manutentionnaires sont parmi les grands bénéficiaires de l'opération.

[536] Camions de transport d'arachide, photo disponible à l'adresse : [https://www.google.fr/search?q=usine+SUNEOR+Ziguinchor+Sénégal&hl=en&authuser=0&biw=1035&bih=481&source=lnms&tbm=isch&sa=X&ei=HfOAVKmMEZXZaqb9gIAJ&ved=0CAcQ_AUoAjg8], consulté le 15 mai 2015.

Les premières livraisons des graines d'arachides remplissent les silos pour démarrer l'opération industrielle en toute sécurité sans rupture. Les silos sont au nombre de trois d'une capacité unitaire de 600 tonnes, totalisant ensemble 1800 tonnes. Et quand ils sont remplis, les camions commencent à décharger dans les seccos ouverts aménagés dans le périmètre de l'usine à quelques dizaines de mètres des installations techniques, entre novembre et mai. Un autre service de transport interne est organisé par camions entre les seccos et les unités de transformation.

Seccos de l'usine

Source : Photo, crédits photographiques : Salif DIEDHIOU, 2014

C'est à ce niveau d'entrée de l'usine que les graines d'arachides sont nettoyées suivant un procédé. Elles sont d'abord déversées au niveau de la grille métallique sous laquelle se trouve un système de transport mécanique avec des reddlers qui élèvent ces graines jusqu'aux silos de stockage.

La grille métallique de réception des graines

Source : Photo, crédits photographiques : Salif DIEDHIOU, 2014

Élévateur de graines jusqu'aux silos Les silos de démarrage

Source : Photo, crédits photographiques :
Salif DIEDHIOU, 2014

2.2. L'opération industrielle

Quand les camions entrent à l'usine, ils sont accueillis à la RSE (Réception-Stockage-Embarquement), qui est l'entrée principale, d'où démarre le processus de l'opération industrielle. C'est l'espace où entrent les graines d'arachides ou des graines de palmiers. Les produits transformés, comme l'huile brute et les tourteaux sortent au même endroit.

Le schéma de production[537]

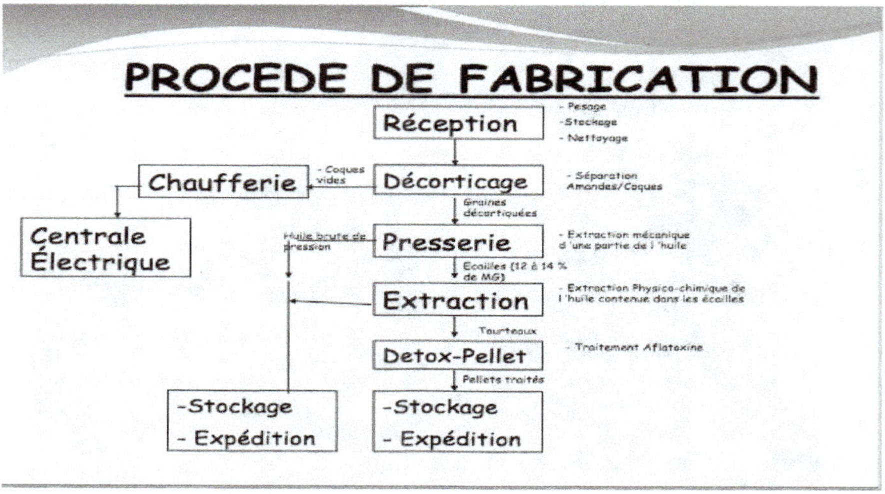

Source : Schéma tiré de la diapo de Pape NDAW, chef de service qualité de l'entreprise, 2013

Durant ce processus les graines sont nettoyées grâce à des séparateurs et des épierreurs pneumatiques et densimétriques. Les graines nettoyées sont ensuite décortiquées par des décortiqueuses classiques à tambours avec une séparation par tamis vibrant. Les coques sont aspirées et prennent la direction de la chaufferie. D'autres appareils qu'on appelle repasseurs, récupèrent les sons des coques d'arachides pour les envoyer également vers la chaufferie. Rien n'est abandonné car les coques et le son vont alimenter les chaudières afin d'améliorer la qualité de la combustion.

[537] Schéma tiré de la diapositive de Pape NDAW, chef de service qualité de l'entreprise, 2013.

Nettoyage : séparateur (amandes/coques)

Source : Photos Pape NDAW, 2013

Après le décorticage, les amandes d'arachides sont broyées par des broyeurs à cylindres cannelés avant de subir un traitement thermique avec de la vapeur saturée au niveau des chauffoirs verticaux à étage.

Chauffoirs (graines venant du décorticage) :
conditionnement thermique

Source : Photos Pape NDAW, 2013

Les amandes sont ensuite pressées au niveau des presses classiques à vis pour récupérer l'huile contenue dans les graines. C'est par filtration qu'on sépare l'huile des matières solides résiduelles. À l'issue de la pression des graines, il y a le sous-produit constitué par les écailles qui contiennent 10 à 15 % de matière grasse. Celui-ci est envoyé à l'atelier d'extraction par solvant pour récupérer l'huile résiduelle. Pour y parvenir on déverse de l'hexane sur les écailles. Cette opération consiste à transformer l'hexane liquide en hexane gazeux afin de récupérer l'huile. Une autre opération de condensation ramène l'hexane gazeux à l'état liquide pour sa réutilisation au niveau de l'extracteur.

L'atelier d'extraction

Source : Photos Pape NDAW, 2013

Le tourteau, obtenu à la suite de la presse et de l'extraction des amendes d'arachides, contient une toxine (aflatoxine) impropre à l'alimentation animale. L'atelier de détoxication s'attèle alors au broyage, à l'humidification et à l'injection d'ammoniac dans des conditions maîtrisées. Un procédé développé par la SONACOS, avec des paramètres critiques gérés par un automate programmable avec une unité de surveillance, conduite à distance. Ce procédé est une grande innovation issue de transfert de technologie vers les huileries du Sénégal.

Détoxication/Pelletisation

Source : Photos Pape NDAW, 2013

Le travail de granulation des tourteaux détoxiqués est effectué par une presse à cuber avec deux galets qui compriment le produit à travers des trous. Entre les machines et les ateliers, les produits passent à l'aide de transporteurs mécaniques (reddlers, bandes, vis, élévateurs, etc.). L'usine a une capacité de stockage de tourteau de 10 000 T. L'usine SUNEOR de Ziguinchor procède à un raffinage chimique de l'huile d'arachides. Il se fait par démucilagination, neutralisation des acides gras. L'opération est assurée ici par un équipement constitué de séparateurs centrifuges simples et autonettoyants, de mélangeurs rapides, d'échangeurs à plaques offrant d'importantes surfaces d'échanges et de divers types de pompes. Mais il faut préciser que l'usine de Ziguinchor ne produit que de l'huile brute.

Stockage huile brute d'arachides

Source : Photos Pape NDAW, 2013

L'huile stockée est ensuite expédiée à Dakar à l'usine principale pour un traitement final. Le transport est effectué par un navire spécial qui assure la rotation Ziguinchor-Dakar par le fleuve Casamance *via* le port de Ziguinchor.

Expédition d'huile brute

Source : Photos Pape NDAW, 2013

Cette description technique de l'opération industrielle de l'usine montre que toute la chaîne de production de l'usine SUNEOR de Ziguinchor est mécanisée aujourd'hui. Elle passe par des appareils qui sollicitent énormément d'énergies pour leur fonctionnement. Ce qui montre par ailleurs le caractère très énergétivore de cette industrie qui pourrait voir son rendement compromis par le coût de l'énergie. Heureusement l'usine produit elle-même son énergie grâce à sa centrale autonome.

3. L'usine et son autoproduction d'énergie électrique

Pour la petite histoire, Ziguinchor disposait déjà d'une centrale pour ses besoins en énergie électrique avant l'implantation de la SEIC en 1932, comme l'indique le tableau d'état des caractéristiques des centrales et leur production datant de 1929.

Caractéristiques de cinq centrales et leur production en 1929

	Puissance totale.	Puissance normale disponible.	Nature du courant.	Production de l'éclairage.	En 1929, Force motrice.	Prix vente Eclair.
Saint-Louis	375	200	208/120,50	177.000	73.000	5,26
Louga	96	64	208/120,50	51.200	5.000	6,19
Kaolack	120	50	208/120,50	93.000	23.000	5,75
Diourbel	100	50	208/120,50	80.000	15.000	5
Ziguinchor	150	50	220/127,50	48.700	8.700	5,10

Source : Production des centrales 1929, disponible à adresse : [http://www.bnf.fr/578/N5786942_PDF_1_-1.pdf]

Cette ancienne centrale de la commune de Ziguinchor est équipée d'un moteur à gazogène utilisant le bois de palétuvier, là où celle de Diourbel utilisait déjà les coques d'arachides. Depuis l'implantation de l'usine SEIC, sa centrale électrique est au cœur du dispositif. Elle constitue, ce qu'on appelle dans l'organigramme de l'usine, l'atelier énergie, qui est le poumon de l'usine et fournit l'énergie nécessaire à tous les autres ateliers. La défaillance de cet atelier conduit automatiquement à l'arrêt de toute l'usine. Ce qui fait l'autonomie de cette centrale, c'est son combustible, la coque, qui vient des résidus de sa matière première qu'est l'arachide.

3.1. L'arachide devient une source d'énergie

La première utilisation de l'arachide comme source d'énergie, à une échelle industrielle au Sénégal, commence avec la Société commerciale et industrielle d'Outre-Mer (S.C.I.O.M.). Cette société, en même temps qu'elle est grosse consommatrice d'énergie électrique, produit un combustible, les briquettes de coques d'arachides, 4.400 calories, pour une production annuelle de 25.000 tonnes[538]. Ce qui constitue déjà une belle opportunité pour la Compagnie Électrique du Sénégal (CES) située à Bel-Air, à Dakar. Pendant la Première Guerre mondiale, l'usine fut confrontée à de sérieux problèmes d'approvisionnement en combustibles suite aux attaques de la marine allemande contre les navires de commerce dans l'océan atlantique, empêchant la livraison régulière de briquettes en provenance de Cardiff (charbon de terre) qui alimentaient alors l'usine. Les responsables qui

[538] ANOM/ TP, Carton 771, Dossier 17, Lettre de l'Administrateur-Délégué de la CES au ministre des colonies, en date du 27 avril 1920.

avaient envisagé la substitution du bois au charbon de terre durent renoncer car l'usine était localisée dans une zone peu dotée en bois, rendant la situation du ravitaillement aussi complexe que celle de son ravitaillement en briquettes Cardiff. C'est au cours du premier semestre de l'année 1919 que la CES a finalement eu recours à la chauffe aux coques d'arachides, pour les chaudières de sa centrale de Bel-Air. Elle saisit alors les autorités coloniales de cette proposition qu'ils jugèrent à la fois intéressante et économique[539].

La possibilité de réaliser une chauffe mixte, charbon-coques d'arachides est adoptée au courant du mois de mars 1920, quand les fournisseurs de la compagnie ne parvenaient pas à lui assurer la livraison de charbon, suite à l'interdiction d'exporter la houille anglaise, sollicitée fortement pour la reconstruction de leur industrie. Après investigations auprès de la de la Société commerciale et industrielle d'Outre-mer, propriétaire de cette usine, le conseil d'administration de la CES s'est appuyé sur une étude comparée, qu'à calories égales, les coques d'arachides reviennent à 60 f la tonne, au lieu des 180f la tonne de charbon en briquettes Cardiff, que la société paie jusqu'ici à la colonie. L'adoption de la chauffe aux coques d'arachides devait entraîner une baisse sensible du prix de vente de l'électricité. Pour ce faire, une nouvelle installation d'un groupe turbo-alternateur de 750 CV est envisagée pour prendre en compte l'utilisation de ce nouveau combustible[540] dans des chaudières munies de foyer Godillot. Cette chauffe mixte a effectivement permis d'atténuer la consommation de charbon et de supporter la crise. Entre temps, l'arrêt de l'usine de décorticage, suite à une rupture de graines à décortiquer, a fait monter la consommation de charbon, rendant du coup compliqué la situation de la compagnie.

Au-delà des huileries de Ziguinchor, avec la Société électrique et industrielle de la Casamance (SEIC) qui utilise aussi les coques de palmier, et des usines de Dakar, plusieurs entreprises sont impliquées dans cette recherche sur l'utilisation des résidus issus d'arachide, pour produire de l'énergie thermique et électrique, notamment celle de Diourbel et la Société électrique et industrielle du Baol (SEIB) et celle de Kaolack. Le combustible est brulé dans des chaudières à tube d'écran munies d'économiseurs et de surchauffeurs. La vapeur produite

---

539 ANF MI1526, Chauffage aux coques d'arachides, lettre du 17 avril 1919 du Lieutenant-gouverneur p.i à Mr le Gouverneur général de l'AOF.

540 ANF MI1526, Chauffage aux coques d'arachides, lettre du PCA des CES à Mr Lieutenant-Gouverneur p.i du Sénégal en date du 14 mars 1919.

au niveau des chaudières alimente des turbines à vapeur auxquelles sont attelés des alternateurs pour la production d'électricité. Les turbines à soutirage à vapeur, comme celles utilisées, permettent la cogénération d'électricité et de la vapeur. Ce qui procure à ces usines une certaine autonomie énergétique et leur permet de fournir l'éclairage public des localités qui les abritent, comme Diourbel et Ziguinchor où elles sont concessionnaires depuis les années 30 jusqu'aux années 80.

Dans les années 1960, la charge maximale d'énergie à l'usine de la SEIC était de 1 200 MW pour assurer à la fois les besoins de l'usine et la fourniture d'électricité à la ville qui avait une faible démographie. La centrale de l'usine repose sur les éléments clés qui régissent son fonctionnement cyclique : notamment les chaudières et les turbines qui assurent la production de l'électricité et autres énergies (mécanique et air comprimé). Le combustible (les coques) généré dans d'autres ateliers alimente la section énergie. Celle-ci produit à son tour l'énergie qu'elle réinjecte dans les autres ateliers pour les besoins de leur fonctionnement.

3.2. Autonomie et dépendance, la dualité d'une centrale

Si la centrale assure son indépendance en combustible avec les coques d'arachides, l'eau nécessaire au fonctionnement global de l'usine provient de deux sources : le fleuve et le forage. Le fleuve ne constitue pas uniquement un moyen d'échange entre l'usine et le monde extérieur. L'eau joue un grand rôle dans la marche de sa centrale électrique, principalement dans le refroidissement des turbines, grâce à ses caractéristiques thermiques qui sont à -37 °C. La vapeur qui sort de la chaudière est envoyée à la turbine pour la faire tourner, puis elle se détend et passe ensuite par le condenseur. Cette action génère de la haute température et la turbine a besoin d'être refroidie alternativement. C'est à ce moment qu'intervient l'eau du fleuve pour le refroidissement de la turbine et la condensation de la vapeur dont les condensats sont envoyés à nouveau à la chaudière dans un cycle fermé. Le circuit est assuré par deux pompes immergées dans le fleuve qui aspirent l'eau pour l'envoyer à la centrale.

Pont conduisant aux pompes Pompes CAPRARI et GUINARD

Source : Photo, crédits photographiques :
Salif DIEDHIOU, 2014

Canal retour eau du fleuve

Source : Photo, crédits photographiques : Salif DIEDHIOU, 2014

L'eau qui est pompée du fleuve à travers des tuyaux, refroidit la turbine et retourne au fleuve. Un canal ouvert lui permet de se détendre avant d'atteindre le fleuve. Cette eau, qui ne se charge d'aucun produit particulier pendant cette opération, n'a aucun impact négatif sur l'environnement marin. De même, l'eau pour l'alimentation de sa chaudière provient d'un forage de la Société des Eaux (SDE) situé dans la ville de Ziguinchor à deux kilomètres environ. Elle a été choisie pour sa qualité qui a un pH basic. Cette chaudière à tube d'eau utilise comme combustible les coques d'arachides. Elle produit de la vapeur à haute pression jusqu'à 25 bars. Le camion-citerne de l'usine assure plusieurs rotations quotidiennes entre le forage et l'usine où l'eau est déversée dans un bassin qui se trouve à l'entrée de la section énergie.

Forage de la SDE quartier Grand Dakar
Approvisionnement du bassin de l'usine

Source : Photo, crédits photographiques :
Salif DIEDHIOU, 2014

À partir du bassin, une chaîne déminée se forme. Elle est constituée de résines qui captent tous les éléments néfastes pour la chaudière. L'eau de ce forage a une qualité qui permet d'éviter les saturations précoces de la chaîne. En dehors de la turbine, une partie de la vapeur, détendue de 25 à 12 bars, est envoyée à la fabrication, notamment à la présérie, à l'extraction et à la détoxication. Le conditionnement des graines décortiquées se fait par voie thermique pour extraire l'huile grâce à la vapeur produite.

Bassin de stockage de l'eau de forage
Chaîne de déminéralisation de l'eau

Source : Photo, crédits photographiques :
Salif DIEDHIOU, 2014

Depuis plus de vingt ans déjà, l'alternateur de la centrale de l'usine ne démarre plus seul. Deux groupes électrogènes sont placés pour l'exciter au démarrage. Mais ces deux groupes ont aussi subi l'usure du temps et n'arrivent plus à assurer ce rôle. La centrale dépend depuis plusieurs années de la SENELEC, qui, grâce au système de couplage, fournit la force nécessaire au démarrage en excitant l'alternateur pour lui faire prendre la charge jusqu'à ce que tous les ateliers démarrent en plein régime avant de découpler. Quand il y a excédent de charges, SUNEOR/Ziguinchor paie une pénalité à la SENELEC. Et par un système rotor stator, l'électricité est produite par la centrale qui prend le relai de SENELEC, reprenant son autonomie jusqu'à la prochaine opération.

L'énergie génère aussi de l'air comprimé à hauteur 6 à 7 bars. Cet air est utilisé pour la marche de tous les appareils pneumatiques des ateliers énergie et production. La détente de la vapeur est actionnée par une vanne pneumatique. Pour rappel, l'énergie produite au niveau de l'atelier énergie, est de nature électrique, thermique et air comprimé.

C. Un cas atypique de patrimoine industriel : l'usine SUNEOR/ Ziguinchor

1. Une usine musée

Nous avions, au début de cette partie, marqué notre accord avec la position de Jean-Michel Leniaud quand il disait : «*Je ne suis pas d'accord sur le fait qu'il faille attendre que l'objet perde son usage pour entrer dans le champ patrimonial*». Position qui nous semble valable pour l'ensemble du complexe industriel de l'usine SUNEOR/ Ziguinchor, dont les différents ateliers sont toujours en marche. Cette proposition de patrimonialisation concerne donc une industrie encore en activité. Cette usine est un riche passé que nous avons découvert. Il serait assez aisé de convenir que la méthode de la métallurgie de Dalmine y est utilisée, avec les traces retrouvées sur le site. Néanmoins, cela imposerait d'être étayé pas des archives et de sources écrites qui ne sont pas accessibles.

> *« On admettra par hypothèse, que le concept de patrimoine peut s'articuler sous trois rubriques. La première constate ce qui du passé mérite d'être conservé ; la seconde touche aux motivations qui conduisent à accepter le passé ou à le rejeter ; la troisième, d'ordre pratique, concerne les modalités par lesquelles le patrimoine a été progressivement apprécié, conservé et transmis*[541]*. »*

Le projet de valorisation est en accord avec la première rubrique du concept de patrimoine définie par Jean-Michel Leniaud ; le choix des objets du passé qui méritent d'être conservés dans cette usine. Le patrimoine est une construction de l'homme, il n'existe pas en dehors du regard de l'observateur, celui qui l'étudie ou qui le consomme. L'étude patrimoniale est un projet, une conception. Le concepteur part toujours d'une expérience vécue ou connue ailleurs pour élaborer son projet d'étude patrimoniale en y apportant sa touche personnelle selon la spécificité de son objet. L'usine SUNEOR/Ziguinchor est comme les nombreuses usines qui existent au Sénégal : diverses strates se succèdent, de temporalités techniques spécifiques, où l'ancien et le nouveau se côtoient, sans que les époques ne s'affrontent. Le présent s'appuie sur les restes du passé qui tarde à disparaître ou se

[541] LENIAUD J.-M., *op.cit.*

transforme. Ce qui donne une bonne opportunité d'interpréter le progrès survenu dans cet espace en se référant aux traces existantes.

L'usine est en pleine activité industrielle depuis 1932, année de sa création. Elle a connu beaucoup d'innovations qui ont changé jusqu'à sa physionomie. De l'intérieur comme de l'extérieur, elle porte le poids de l'âge malgré certains équipements très modernes. Sur le plan méthodologique, la spécificité de ce projet patrimonial est qu'il ne peut s'appuyer sur des sources et des archives entrepreneuriales car les seuls encore accessibles sont en effet inexploitables en l'état. Ce qui reste le cœur du projet est le patrimoine technique inestimable lui-même, notamment sa section énergie.

Plus largement, le problème des sources, parfois lacunaires, à partir desquelles certains musées ont pu construire ou reconstruire l'histoire d'un site industriel, renvoie à un problème récurrent à l'étude de patrimoine industriel au entre autres Sénégal et en Afrique plus généralement. On peut déceler deux origines : la difficulté d'accéder aux sources par la volonté de l'entreprise elle-même, soit l'absence d'archives. Dans notre cas, il ne s'agit pas de l'accès aux sources, la direction est impliquée également dans une démarche de reconnaissance de son passé industriel, mais les archives sont inaccessibles du fait de leur quasi-abandon à la suite du départ à la retraite de l'archiviste il y a près de 5 ans. En outre, il nous a été rapporté que ces archives, sont plus ou moins récentes, des vingt dernières années, et qu'elles ne couvriraient pas nécessairement la période qui nous intéresse, celle de la création. Faut-il renoncer reconstruire l'histoire de cette usine, faute d'accès aux sources écrites ? Simplement, et comme souvent, les archives de la création de l'usine n'ont pas été conservées pendant longtemps et ne pourront être reconstituées, ou simplement par déduction ou recoupement, avec les archives d'autres usines, aux implantations et matériels de production similaires. Mais ce n'est pas pour autant qu'il faille renoncer à faire l'histoire. En ce sens, nous avons fait nôtre la réflexion de Lucien Febvre :

> *« L'histoire se fait avec des documents écrits, sans doute. Quand il y en a. Mais elle peut se faire, elle doit se faire, sans documents écrits s'il n'en existe point. Avec tout ce que l'ingéniosité de l'historien peut lui permettre d'utiliser pour fabriquer son miel, à défaut des fleurs usuelles. Donc avec des mots, des signes. Des paysages et des tuiles. Des formes de champs et de mauvaises herbes. Des éclipses de Lune et des colliers d'attelage. Des expertises de pierres par des géologues*

> *et des analyses d'épées en métal par des chimistes. D'un mot, avec tout ce qui, étant à l'homme, dépend de l'homme, sert à l'homme, exprime l'homme, signifie la présence, l'activité, les goûts et les façons d'être de l'homme. Toute une part, et la plus passionnante sans doute de notre travail d'historien, ne consiste-t-elle pas dans un effort constant pour faire parler les choses muettes, leur faire dire ce qu'elles ne disent pas d'elles-mêmes sur les hommes, sur les sociétés qui les ont produites – et constituer finalement entre elles ce vaste réseau de solidarités et d'entraide qui supplée à l'absence du document écrit*[542] ».

Après tout, le document s'analyse et se contextualise, se croise même pour éviter l'anachronisme ou valider un fait. Cependant, il serait illusoire de penser que seul le document fait l'histoire. Car il n'existe, avec sa valeur intrinsèquement « historique » que par l'intervention de l'historien qui le fait rentrer dans la sphère historique. Il a été produit dans le cadre d'activités, qui avaient leur propre sens, leur logique propre, cela sans aucune « historicité » voulue par son émetteur « *C'est la question de l'historien qui érige les traces laissées par le passé en sources et en documents*[543] ». Cela dit, dans cette usine, les nouveaux gestes induits par nouvelles installations, ont pour conséquence, qu'on ne prête plus attention aux vestiges techniques, laissées à leur place d'origine, ou d'espaces laissés vides quand elles sont démontées, ou d'anciens équipements démontés et abandonnés dans des coins isolés pour ne pas gêner la circulation intérieure. Anne-Françoise Garçon est récemment revenue sur une « question des sources qui compliquent le jeu », dans son article de synthèse : « Les modes d'existence du geste technique »[544].

> *« Les sources écrites qui fondent la pratique historienne, font souvent défaut pour l'étude des techniques, soit par leur absence, soit parce qu'elles sont peu explicites. Elles manquent à fournir les indications qui aideraient à concevoir des gestes pratiqués dans des cultures techniques différentes des nôtres »,*

---

[542] FEBVRE L., *Combats pour l'histoire*, Paris : Colin, 1953, p. 428, cité par PROST A, *Douze leçons sur l'histoire*, Paris : Le Seuil, 1996, p.82.
[543] *Ibid.*, p. 81.
[544] GARÇON A.-F., « Les modes d'existence du geste technique », *e-Phaistos*, volume IV, n° 2, octobre 2015, p. 84-94.

[se référant à un article sur le danger de l'archive[545]].
« Et, aucun texte technique ne procure à l'historien la dimension sensible, regard, odeur, écoute des bruits, qui accompagne et conduit le geste et l'outil[546].

On a presque oublié à quoi elles ont servi dans le passé. C'est même un miracle qu'elles soient encore là. Peut-être parce que l'espace est aussi grand ? Il y a-t-il encore de la place pour tous ? En tous les cas, il a fallu le passage de l'historien venu interroger l'usine sur son passé, pour que ces vestiges deviennent du coup des documents d'histoire et suscitent l'intérêt des techniciens, qui sont partis avec allégresse, à leur tour, dans cette quête de cette histoire, qui est aussi la leur, lorsque nous les avons sollicités. Cette opération nécessite une immersion dans l'usine aux prises avec la réalité physique.

Immersion à l'usine SUNEOR/Ziguinchor

545 GARÇON A.-F., « Du danger de l'archive écrite en histoire des techniques », *e-Phaistos,* volume 2, n° 2, p. 10-27.
546 *Ibid.,* p. 85.

Source : Photo, crédits photographiques :
Salif DIEDHIOU, 2014

La démarche archéologique revendiquée dans ce chapitre prend son sens, au moment de prospecter l'intérieur de l'usine, notamment dans la section énergie, pour recenser les différents éléments qui ont eu, par le passé, un rapport avec la production de l'énergie. Ces éléments ne seront des documents utiles à la recherche, si et seulement s'ils nous parlent ou si nous sommes capables de les faire parler. Leur langage évidemment technique, avec ses codes, ses mots, ses évidences, n'est accessible qu'aux initiés qui maîtrisent le fonctionnement du complexe industriel. Il faut toutefois reconnaître que le seul fait d'être technicien de l'usine ne suffit pas à en être l'interprète privilégié. L'expérience constitue surement un critère de poids. Les jeunes techniciens ont été sans reproche dans la visite d'entreprise qu'ils ont conduite, en expliquant la chaîne de production industrielle de l'huile d'arachide dans l'usine ; en montrant le processus de transformation de la graine d'arachide, en ses différentes étapes,[547] etc. Ces visites ont

[547] Visite du 10 novembre 2014, guidée Mr Arona TINE, chef de l'atelier mécanique générale, jeune technicien entre les mains desquelles passe tout appareil et machine qui présentent des défaillances. Et la visite guidée du nouveau chef de l'atelier énergie M. Ndounakassa Raymond MANKA, le 11 novembre 2014.

assurément permis de dresser la cartographie générale de l'usine, de repérer les vieilles machines et les installations déclassées. Ce qui a permis, après avoir travaillé et intériorisé mentalement les repères des équipements qui présentent un intérêt historique, de reformuler le questionnaire de départ. Les objets cibles vont être soumis à un interrogatoire pour qu'ils deviennent des documents. Notre centre d'intérêt s'est naturellement porté sur la centrale électrique de l'usine. Le fonctionnement présent de l'atelier mieux compris, le vocabulaire technique de l'usine mieux appréhendé, il convenait de remonter dans le temps. Le profil du médiateur est essentiel dans cet exercice. Un ancien ingénieur ou ouvrier, qui a vécu dans cette usine et qui a été acteur des différents changements intervenus dans la structure serait plus adéquat. Il a fallu pour cela faire appel à l'ancien chef de l'atelier[548] dont la longue carrière passée à l'usine fait de lui un acteur important au profil recherché pour faire parler les sources.

C'est là toute la problématique des sources orales pour suppléer les sources écrites manquantes dans un projet d'étude patrimoniale, notamment en Afrique où la conservation des archives ne constitue pas la priorité des entreprises qui ; en conséquence, ne prennent pas de dispositions à cet effet. Notre interlocuteur a travaillé à l'usine durant trente ans et possède un profil intéressant. Le technicien n'est pas historien des techniques (sauf dans de rares cas) et l'historien des techniques, non plus, n'est pas forcément un technicien. C'est de leur dialogue qu'émerge l'histoire technique d'un site industriel même s'il dispose d'archives fonctionnelles et techniques, qu'il peut confronter aux machines demeurées sur place, toujours en fonction, voire désaffectées, abandonnées, mises au rebut.

2. Un musée au cœur de la centrale ?

Un musée est, selon les usages, une institution dédiée à la communication des objets du patrimoine, selon une organisation planifiée, de valorisation, de restauration et de mise en scène. Dans cette usine, les vestiges qu'on trouve de manière éparse, ne ressortent pas d'une muséographie quelconque. Pourront-ils bien l'être ultérieurement, si une décision est prise dans ce sens ? Ce sont des

[548] M. Aly GUÉYE, a été pendant plus de quinze ans chef de l'atelier énergie de janvier 1985 à octobre 2014. Que tous soient vivement remerciés pour leur participation à notre enquête.

documents restés à l'état « brut » qui n'ont jamais fait l'objet d'une valorisation patrimoniale. Le fait que l'usine organise déjà des visites de l'entreprise, plutôt orientées vers les installations nouvelles, autour du processus de transformation, est sans doute un facteur favorable à la mise en place de parcours, mettant en exergue le passé technique de cette industrie, qui a fait les beaux jours de la région méridionale du Sénégal depuis la période coloniale jusqu'à nos jours.

3. Les vestiges de l'« atelier énergie »

À l'intérieur l'usine présente deux facettes : l'une est moderne, l'autre, plus ancienne rappelle son passé industriel. Tout le processus de fabrication, que nous avons montré plus haut, avec les nouvelles installations qui l'accompagnent, constitue l'aspect contemporain de l'usine. Mais cette usine qui continue d'assurer sa mission, ne s'est pas débarrassée de ces vieux engins, devenus fossiles qui faisaient autrefois sa réputation d'éclaireuse de la ville de Ziguinchor. La partie de l'usine communément appelée « atelier énergie » comprend deux sections : la chaufferie et la centrale. Ces deux parties de la centrale permettent à coup sûr de mesurer le degré d'innovation intervenue dans l'usine. Les vestiges, tel un « cimetière », symbolisent un passé technique de l'usine. Pendant qu'à côté trônent les équipements modernes, symbole du progrès technique de cette même usine.

3.1. La chaufferie, une halle aux chaudières

La section chaufferie est une grande halle, reflet de l'usine halle du XIXe siècle, et abrite aujourd'hui la chaudière Duquesne qui trône dans un immense espace bien dégagé. Cette chaudière traduit la modernité introduite dans l'usine pour augmenter sa productivité. Sa présence est d'autant plus importante qu'elle sert d'élément de comparaison entre les installations du passé et celle du présent.

La chaudière Duquenne

Source : Photos : crédits photographiques :
Salif DIEDHIOU, 2014

Cette chaudière, certainement jalouse de la cohabitation, a provoqué pour mieux exister dans l'usine, la destruction des autres qui l'ont précédée. Mais dans cet espace, des empreintes sont là, bien lisibles, comme pour rappeler l'histoire de cet « atelier énergie », malgré cette sorte de volonté de ne plus s'encombrer de toute trace « archaïque » des machines. On a beau vouloir effacer du vieux pour du neuf, les anciennes chaudières Babcock à briques réfractaires demeurent malgré tout, les absentes les plus « présentes ». Il suffit bien d'un tour dans la halle pour envisager des espaces vides qui portent encore les marques d'une ancienne installation. Les anciens emplacements des chaudières Babcock à briques réfractaires, au nombre de trois, sont toujours visibles.

Emplacements des anciennes chaudières
Babcook à briques réfractaires

Source : Photos : crédits photographiques :
Salif DIEDHIOU, 2014

Ces chaudières étaient faites de murs de cloison portant des briques réfractaires, des serpentins, des tubes d'eau-écran à l'intérieur d'un foyer, avec un ballon placé au-dessus pour récupérer la vapeur. « *On appelle matériaux réfractaires ceux qui, à ces températures élevées, résistent à l'action des corps avec lesquels on les met en contact, et qui se prêtent par conséquent à la construction de ces fours et appareils de chauffage*[549] ». D'abord les briques réfractaires qui ont servi à réaliser les chaudières sont importées de France car aucune briqueterie ne les fabriquait dans la colonie du Sénégal. Elles utilisent comme combustible le charbon de bois produit dans la brousse de la Casamance par des charbonniers qui le produisent avec la meule sénégalaise ou celle casamançaise, qui est une hybridation de la première.

[549] BONNEVILLE P., JAUNEZ L., *La fabrication des briques et des tuiles*, Paris : E. Lacroix, 1873, p. 57.

La disparition de ces chaudières Babcook a emporté en même temps un savoir-faire lié à la chaîne opératoire de l'atelier qui était organisée autour de la chauffe. Le charbon produit dans la brousse était ensuite acheminé à l'usine où il était réceptionné et déchargé par des manœuvres. En ce temps il n'y avait pas de transport mécanique par redlers comme celui en vigueur aujourd'hui. Alors les manœuvres s'organisaient en chaîne, comme chez Taylor, pour faire passer les sacs de charbon qu'ils portaient sur la tête pour les verser ensuite dans des goulottes situées au sommet, en grimpant des escaliers. Le charbon versé, était soufflé par un ventilateur qui le poussait dans un foyer qui le brulait. Ce qui a nécessité, en son temps, le recrutement d'une main-d'œuvre assez conséquente offrant de nombreux emplois aux autochtones. Grâce à son bon Pouvoir calorifique inférieur (pci), supérieur à celui des coques, le charbon permettait des économies d'utilisation. Cependant, la chauffe au charbon laisse beaucoup de cendres dont le décrassage permanent provoque de nombreux arrêts. Des métiers de fumistes, un autre corps de métier de l'usine, préposés à la tâche ce sont créés, ceux-ci devant ouvrir constamment les portes en grille pour évacuer les cendres.

L'inconvénient de l'utilisation du charbon, c'était son coût. L'usine devait acheter ce combustible auprès de ses producteurs et le transporter avec toute la manutention connexe. L'usage du charbon de bois a été jugé très onéreux et néfaste pour l'environnement. Finalement ce système de chauffe a été abandonné au profit de la chauffe aux coques d'arachides. Les chaudières Babcock à briques réfractaires qui trônaient dans la halle ont été démolies, il y a plus de vingt ans, mais leurs briques continuent de marquer l'espace. Elles y servent à d'autres usages, comme le cloisonnement, ou tout simplement stockées dans un coin de la halle.

Construction actuelle d'une cloison
avec les briques Briques réfractaires stockées

Source : Photos : crédits photographiques :
Salif DIEDHIOU, 2014

Le principe de ces produits réfractaires est contenu dans l'argile avec laquelle ils sont fabriqués. Cette argile contient du silicate d'alumine hydraté. Les briques ne doivent ni fondre ni se ramollir et ont la caractéristique de résister sans éclater aux écarts de températures sans prendre de retraite à la température à laquelle on les porte. Ils ne doivent pas s'écraser sous le poids de la construction qu'ils forment et des matières qu'ils contiennent sans se combiner facilement à ces matières[550].

L'histoire de la chaudière multitubulaire Babcock & Wilcox remonte à celle de Stéphane Wilcox, brevetée en 1856. Babcock et Wilcox n'ont construit la première chaudière « sectionnelle » que onze ans plus tard, en 1867, et pris un brevet commun à cette même date. Cette chaudière Babcock & Wilcox est universellement connue et réputée sure, économique et durable. Sa première filiale française a été créée en 1881 à Clichy-la-Garenne avant de déménager dans les bâtiments de la Société des fonderies et ateliers, à Aubervilliers La Courneuve en 1898[551].

Chaudière Babcok & Wilcox : Ateliers de la Courneuve[552]

ATELIERS DE LA COURNEUVE
Vue des Ateliers prise de la cour intérieure de l'Usine

Source : www.arts-et-metiers.net, Cnam
Musée des arts et métiers

[550] BONNEVILLE, JAUNEZ, *op.cit,*, p. 57.
[551] Les ateliers Babcock de La Courneuve, n.d., disponible à l'adresse : [www.arts-et-metiers.net, Cnam – Musée des arts et métiers], consulté le 15 mai 2015.
[552] *Ibid.*

Cette usine est la principale pourvoyeuse de chaudières utilisées dans les différentes centrales du Sénégal depuis les premières années de l'électrification de la colonie. L'usage des chaudières à briques réfractaires a généré un savoir-faire dans ces ateliers en matière de production et gestion d'énergie dans cette centrale. Il y avait souvent couplage de chaudières pour donner plus de puissance à la vapeur envoyée au niveau des turbines situées dans la salle des machines à l'étage. La connexion entre la chaufferie et la centrale, située à l'étage, est assurée par d'autres appareils installés à côté de ces chaudières. Ces appareils qui font partie de l'ancien système technique de l'atelier sont encore à leur emplacement d'origine.

Tableau de commande anciennes chaudières
Barillet anciennes chaudières

Source : Photos : crédits photographiques : Salif DIEDHIOU, 2014

Dans cet espace de la chaufferie, une autre chaudière à vapeur, SEUM, déclassée, occupe un espace assez important. Elle utilisait la chauffe au fioul qui n'a pas connu un long usage dans la marche de l'usine. Le fioul est le combustible utilisé par la majorité des centrales installées au Sénégal. Mais le coût élevé du combustible n'a pas milité à sa faveur dans cette usine, justifiant ainsi sa déconnexion du système.

Chaudière SEUM Côté brûleur

Source : Photos : crédits photographiques :
Salif DIEDHIOU, 2014

Comme les Babcock, l'usine a laissé en friche l'installation technique qui lui était associée.

Tableau de commande de la chaudière SEUM
Ancien emplacement SEUM

Source : Photos : crédits photographiques :
Salif DIEDHIOU, 2014

Pour revenir à la chaudière Duquenne, son adoption a entraîné des changements techniques et par conséquent, l'organisation du travail dans l'atelier. Le nouveau dispositif de la Duquenne est doté de redlers qui transportent mécaniquement le combustible jusqu'à la chaudière à la place du manœuvre[553]. La manutention n'existe qu'au niveau de la dépoussiéreuse où les manœuvres ramassent la poussière qui tombe.

553 Aly GUÉYE, entretien du 14/11/2014.

Manutention au-dessous de la dépoussiéreuse Les reddlers

Source : Photos : crédits photographiques : Salif DIEDHIOU, 2014

La conception de la chaudière Duquenne lui permet d'assurer une triple chauffe (fioul, coques arachides, coques palmiers). La partie fioul a été supprimée dès le départ compte tenu du coût de ce combustible. Elle ne peut dès lors assurer que la chauffe mixte aux coques d'arachides et de palmiers. Lorsque la chauffe bascule de l'arachide au palmier, le réajustement technique s'impose. Les coques d'arachides sont plus légères et brulent plus vite. Quand le basculement vers les coques de palmiers s'opère, il est impératif de réduire les barbotins et diminuer la vitesse d'alimentation car la combustion des palmiers est plus lente parce que plus lourde, avec un pouvoir calorifique supérieur. Le dispositif change selon qu'on bascule des coques d'arachides aux coques de palmiers. Aujourd'hui l'usine ne raffine plus les noix de palmiers et l'unité de concassage est à l'arrêt. Dès lors la chauffe ne se fait qu'avec les coques d'arachides.

Concasseur de palmiers aux arrêts Silos d'amandes de palmiers

Source : Photos : crédits photographiques :
Salif DIEDHIOU, 2014

3.2. Les vestiges de la salle des machines, l'autre centrale éteinte

Située au premier étage de l'aile droite de la grande halle de l'atelier énergie, la salle des machines abrite la turbine Brown Bovery (BB) de la centrale. Cet emplacement permet de mettre la salle à l'abri de potentielles inondations. La BB est une acquisition de seconde main en provenance d'Oran en Algérie depuis1975[554]. Elle est couplée à un alternateur pour produire l'énergie électrique nécessaire au fonctionnement de l'usine.

[554] *Ibid.*

Actuelle turbine BB atélée à un alternateur

Source : Photos : crédits photographiques : Salif DIEDHIOU, 2014

Elle fait partie de ce que l'usine compte comme nouvel équipement encore en fonction. L'équipement auxiliaire occupe une partie du décor de la salle des machines, qui est un mélange d'ancien et de moderne. Il y a bien longtemps que la centrale a perdu son autonomie totale, vers la fin des années 90. Une turbine, a toujours besoin d'être excitée. Par conséquent, les deux groupes électrogènes de la centrale servent à exciter la turbine pour la démarrer. Avec le temps, ces groupes se sont affaiblis et ne parvenaient plus à remplir cette mission. C'est alors qu'un accord avec la SENELEC a permis à cette dernière de fournir la force nécessaire à exciter la turbine de la centrale de l'usine par le canal d'un point de contact aménagé à cet effet. Pour rappel, la SENELEC a repris la concession de l'éclairage de la ville de Ziguinchor à la SEIZ, ancêtre de l'actuel SUNEOR, depuis 1983.

Le processus d'excitation de la BB se fait par le biais de l'armoire et du synchronoscope de couplage, qui se trouvent aux environs immédiats de la turbine. Une sorte de cordon ombilical qui traduit la relation d'interdépendance entre ces deux industries qui ont signé des accords de partenariat dans ce sens. SENELEC doit fournir la force nécessaire à exciter la turbine de SUNEOR jusqu'à sa charge complète, cette dernière doit à son tour fournir son excédent d'énergie à la première[555]. L'interface entre ces deux sociétés se fait au niveau des appareils ci-dessous :

[555] M. MANKA, entretien du 05 novembre 2014.

Armoire de couplage Synchronoscope de couplage

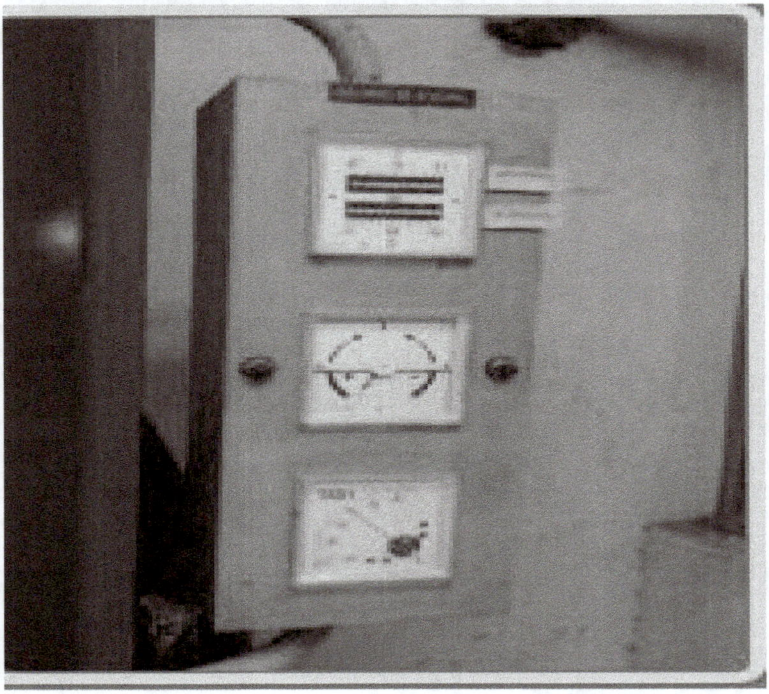

Source : Photos : crédits photographiques :
Salif DIEDHIOU, 2014

Les installations liées à la turbine sont connectées aux tableaux placés dans cette cabine de contrôle. L'entretien de la turbine se fait sur place grâce à un dispositif installé pour la soulever sans difficulté malgré son poids. On compte dans ce dispositif un palan de 16 tonnes, installé près de la turbine, qui sert à la soulever, la déplacer de son emplacement habituel pour mieux procéder à son entretien ou réparation. Entre autres appareils, le disjoncteur qui sert à alimenter le palan en courant et la commande électrique pour les différentes manœuvres. C'est dans cette salle des machines qu'on produit l'énergie électrique. Cette salle sert en même temps d'atelier de réparation et d'entretien des appareils de production de cette énergie électrique.

Cabine de contrôle Disjoncteur palan électrique 16 tonnes

Source : Photos : crédits photographiques : Salif DIEDHIOU, 2014

Commande palan électrique Palan électrique 16 tonnes

Source : Photos : crédits photographiques :
Salif DIEDHIOU, 2014

Ces nouvelles installations côtoient également les anciennes, certes déclassées, mais occupant encore leur place d'origine. Excepté les anciennes turbines, il est possible de reconstituer le modèle ancien de fonctionnement des machines et autres appareils dans cette salle à travers le récit historique de leur existence.

Les différentes turbines qui se sont succédées dans cette salle depuis 1932 ont laissé des traces qui rappellent fort bien leur existence à des périodes différentes de l'histoire de cette centrale. Ce sont deux turbines SAUTTER qui ont démarré l'usine au début de sa création, dans cette salle des machines. Vu leur petite taille, elles étaient couplées afin de produire l'électricité nécessaire aux besoins de l'usine et à l'éclairage de la ville. Elles sont maintenant déclassées et enlevées de la salle tout en laissant leurs empreintes. Ce sont les seuls appareils qui manquent à la chaîne des anciennes installations. Leur tableau de démarrage fait encore partie du décor de la salle tout comme leur tableau de couplage qui occupe majestueusement l'endroit sans être dérangé.

Ces turbines SAUTTER étaient de taille moyenne. Leur déplacement pour entretien se faisait par le biais de potences à roulettes qui sont toujours laissées à l'endroit, près de l'espace qu'occupaient ces anciennes turbines. Son condenseur se trouve au rez-de-chaussée de la salle.

Emplacements des anciennes turbines SAUTTER
Tableau de démarrage des turbines SAUTTER

Source : Photos : crédits photographiques : Salif DIEDHIOU, 2014

Potence d'entretien turbines SAUTTER
Tableaux démarrage & couplage des anciennes turbines

Source : Photos : crédits photographiques : Salif DIEDHIOU, 2014

Condenseur anciennes turbines SAUTTER

Source : Photos : crédits photographiques :
Salif DIEDHIOU, 2014

Celles-ci ne sont toutefois pas les seules à avoir été déclassées, une autre turbine de marque Brown Bovery (BB) de 1500 kW, retirée depuis longtemps a laissé son socle métallique qui fait partie du décor de la salle. Les anciennes installations qui lui sont associées se trouvent aux environs immédiats de son socle, tels que le tableau de couplage, le tableau départ auxiliaire, le palan de 12 tonnes pour son entretien et réparation. Cette salle compte plus d'empreintes visibles et significatives d'objets retirés de la chaîne de fonctionnement du complexe industriel. Ce qui donne tout son intérêt au projet de valorisation du patrimoine technique.

Socle métallique ancienne turbine BB 1500KW
Tableau de couplage de l'ancienne turbine

Source : Photos : crédits photographiques : Salif DIEDHIOU, 2014

Tableau départ auxiliaire
Palan 12 tonnes anciennes turbines BB

Source : Photos : crédits photographiques :
Salif DIEDHIOU, 2014

Aujourd'hui éteinte, l'ancienne centrale refuse de disparaître et continue de marquer son territoire à travers ses objets techniques majeurs, sa mémoire demeure donc prégnante, dans ces ateliers pourtant entrés dans la technologie et le machinisme contemporain. Des anciennes chaudières aux anciennes turbines, la belle histoire technique de la centrale de cette usine peut être reconstituée aisément. La mémoire garde encore ses traces toutes fraîches propres à restituer ses belles pages. Si les chaudières ont été démolies, leurs briques sont néanmoins dans les locaux de l'atelier énergie. Par contre, les turbines sont tout simplement été enlevées des lieux, mais les installations accessoires de ces éléments sont encore sur place, à leur emplacement initial.

Ces reliques n'assurent plus aucune fonction et sont en sursis dans un espace qui ne s'accommodera pas pour toujours de leur présence. La seule chance de prolonger leur existence, c'est de leur donner une « seconde vie » en dehors de la production d'énergie. La production culturelle serait certainement la seule opportunité qui leur reste. Cela doit passer par la conception d'un projet ambitieux qui prend en compte les différentes phases d'un processus de valorisation. Ce qui peut être considéré comme acquis majeur pour une éventuelle valorisation du patrimoine technique de la centrale de SUNEOR, c'est l'identification et le recensement d'objets techniques et de systèmes de production énergétique. Le projet doit être centré sur la valorisation de ces objets. Plusieurs options s'offrent. Nous retiendrons une combinaison du modèle-usine musée et de celui du musée-usine.

La vision officielle du patrimoine au Sénégal est fortement inspirée de celle de l'UNESCO qui n'exprime pas de manière explicite le patrimoine scientifique, technique et industriel. C'est pourquoi, sur le plan patrimonial, la prise en charge des industries du XXe siècle n'est pas aussi évidente qu'il y paraît. On a tenté de faire croire que les nations, qui ont vécu la première et la deuxième révolution industrielle, étaient les seules capables présenter valablement ce type de patrimoine. Cependant l'UNESCO n'a pas voulu cautionner une telle position, en décidant de prendre en compte les candidatures sans limitation d'époques.

Le Sénégal n'a connu jusqu'ici qu'un type de patrimoine matériel[556] et immatériel classique, à la limite de l'anthropologie

---

[556] BOCOUM, H., TOULIER, B., « La fabrication du Patrimoine : l'exemple de Gorée (Sénégal) », *In Situ*, 2013, disponible à l'adresse : [http://search.ebscohost.com/login.aspx?direct=true&db=edsrev&AN=edsrev.222307F7&lang=fr&site=eds-live], consulté le 12 janvier 2016.

mettant en valeur les civilisations ancestrales[557], dont certains alimentent les fonds de musées essentiellement composés d'objets archéologiques et autres artefacts[558] ou d'artisanat d'époques avancées[559], tandis que d'autres concernent les sites mégalithiques, les paysages naturels[560], dans une vision idyllique voire datée.

Ce nouveau type d'objets de patrimoine technique et industriel complexe et même atemporel, doit désormais s'adapter aux outils et méthodes pour leur prise en charge. La législation culturelle sénégalaise doit être profondément remaniée afin d'intégrer des arrêtés de classement de sites industriels, au patrimoine culturel national. Notamment les industries qui relèvent du secteur privé ou semi-public. Ce processus, passionnant, n'est pas impossible. Il suffit d'une volonté politique des autorités du pays de concert avec les propriétaires des sites à étudier.

Le choix d'une usine comme la SUNEOR/Ziguinchor peut être un cas expérimental d'un modèle rare qui ferait cohabiter activités industrielles et activités culturelles. Deux activités qui ne sont pas forcément compatibles du point de vue du partage de l'espace. Car une industrie de ce type est extrêmement brouillant et génère beaucoup de poussières. Aussi, les machines ne peuvent-elles pas être mises aux arrêts temporaires au moment des visites. Il s'y ajoute une

---

[557] DE JONG, F., JOSEPH, C., « Le secret exposé: Révélation et reconnaissance d'un patrimoine immatériel au Sénégal : Le monde selon l'Unesco », *The secret exposed: revelation and recognition of intangible heritage in Senegal (English)*, n° 18, cover date 2013, [En ligne], disponible à l'adresse : [http://search.ebscohost.com/login.aspx?direct=true&db=fcs&AN=27954134&lang=fr&site=eds-live], consulté le 15 janvier 2016 .

[558] GUEYE, A « Abdou Aziz Guissé, directeur du Patrimoine : «En 2016, un programme important sera réalisé autour du patrimoine immatériel», disponible à l'adresse ; [http://www.lequotidien.sn/index.php/component/k2/abdou-aziz-guisse-directeur-du-patrimoine-en-2016-un-programme-important-sera-realise-autour-du-patrimoine-immateriel], consulté le 04 mai 2016.

[559] DELVOYE, A., « La céramique de l'aire mégalithique senégambienne à travers le cas de la nécropole de Wanar (Sénégal) », *Afrique : Archéologie et Arts*, 2015, [En ligne], disponible à l'adresse : [http://search.ebscohost.com/login.aspx?direct=true&db=edsrev&AN=edsrev.962350E5&lang=fr&site=eds-live], consulté le 02 février 2016.

[560] FANCHETTE, S., *Patrimoines locaux et législations foncières à l'heure de la décentralisation en Haute-Casamance (Sénégal)*, 2013, [En ligne], disponible à l'adresse : [http://search.ebscohost.com/login.aspx?direct=true&db=edsrev&AN=edsrev.D81CB854&lang=fr&site=eds-live], consulté le 04 février 2016.

odeur très forte difficilement supportable par les visiteurs à cause des produits utilisés dans la production. Cela doit-il pour autant constituer un frein au projet de valorisation de ce patrimoine ?

Au contraire, c'est là l'occasion d'introduire une innovation majeure dans la valorisation du patrimoine industriel. Il y a un potentiel de comparaison imparable entre passé et nouveauté technique. Les anciennes installations côtoient les nouvelles, ce qui, du point de vue pédagogique, donne une plus grande portée au projet de valorisation du patrimoine industriel. Les objets ne sont pas déconnectés de leur environnement industriel. Ils ne sont pas transposés dans un musée où ils demeurent irrémédiablement coupés de leur réalité. Ce qui va constituer le plus grand intérêt, c'est la scénographie et la mise en scène de la technique. Les installations sont fixes. Ce ne sont pas des objets qu'on peut déplacer au gré d'une muséographie superfétatoire ou mondaine. Il faut tenir compte de la réalité de l'espace industriel qui demande l'aménagement de couloirs de circulations sans entrave, mais également des consignes de sécurité opposables aux visiteurs. On peut donc aisément supposer que si les anciens objets et anciennes installations sont encore préservés, c'est parce qu'ils ne gênent pas la circulation en interne. Cette situation saura-t-elle perdurer ? Pas si sûr, d'où la nécessité d'imaginer des scénarios de valorisation. Les objets à valeur patrimoniale sont en sursis dans cette usine où l'évolution constatée dans les normes de sécurité dans les lieux de travail, peut conduire à leur retrait pur et simple.

L'activité industrielle continue ici avec presque les mêmes habitudes de travail, d'où la nécessité d'adapter toute stratégie de valorisation à l'environnement de travail, c'est à dire, à l'activité de production. S'il y a circuit ou parcours de visite, celui-ci doit tenir compte du dispositif mis en place pour rendre le travail plus fluide, et les secours de l'adaptation ergonomique pourraient dès lors également apparaître comme une avancée sensible, apportée aux conditions de travail des ouvriers. Sinon un conflit d'intérêts est susceptible d'apparaître au détriment du projet de patrimonialisation des installations techniques qui ne constituent pas l'activité prioritaire de l'entreprise à l'heure actuelle. La préoccupation première de l'usine, c'est sa performance, comment s'adapter à la compétitivité avec des outils appropriés, plus modernes. Les outils du passé peuvent paraître gênants dans cet espace de production. Mais ces objets abandonnés là sont des sources de connaissances et constituent la mémoire de l'usine, car des gestes et savoir-faire y sont attachés et risquent de disparaître au fil du temps si rien n'est fait pour les analyser et conserver les informations qu'ils détiennent. Sur le long terme, c'est toute la connaissance technique de l'usine qui est menacée de disparition progressive.

Comment envisager la patrimonialisation de ces objets ? Les modèles de valorisation sont nombreux. Il y a des modèles matériels, des modèles immatériels ou virtuels. D'autres modèles combinent les deux à la fois. Envisager la valorisation *in situ*, c'est prévoir l'aménagement interne dans les ateliers, lequel serait arrimé à la muséologie du XXIe siècle qui réserve une place de choix aux objets de la production industrielle. Ces lieux, ces musées seraient le relai culturel à d'anciennes activités de productions industrielles aujourd'hui à l'arrêt. De nouvelles formes de valorisation poussent l'audace parfois jusqu'à s'insérer dans des espaces de production encore en activité. C'est ce dernier modèle qui s'apparente beaucoup plus à notre cas d'étude. La multidisciplinarité des compétences, comme les muséologues, les muséographes, les scénographes, les restaurateurs, prenant en compte les connaissances transmises par les techniciens des secteurs de l'industrie et de l'énergie, est plus que nécessaire. Toutes ces compétences doivent concourir à mettre en valeur la mémoire technique des ateliers, celle qui prend en compte les objets physiques présents dans l'atelier ou distraits de l'atelier, tout comme les faits et gestes qui sont associés à ces objets. L'expérience accumulée dans ces ateliers doit être ressortie et portée à la connaissance du public.

Aussi, l'entrée des technologies de l'information dans la valorisation du patrimoine, envisage-t-elle de plus en plus une mise en valeur virtuelle d'objets techniques scrutés dans les moindres détails. Pour réussir une telle démarche, il faut disposer des compétences de haute technicité. Ce qui pourrait conduire à organiser des visites d'entreprise sur un double aspect physique et virtuel. Pour dire comme F. Laroche, un « *dispositif d'implantation de l'expérience en réalité virtuelle*[561] ».

Reconstruire physiquement l'ancienne centrale et la faire fonctionner, relève d'une gageure. Une reconstitution virtuelle est parfaitement envisageable. Sauf que cela nécessitera l'aménagement d'un local

---

561 LAROCHE F., in : *Contribution à la sauvegarde des objets techniques anciens par l'archéologie industrielle avancée. Proposition d'un modèle d'information de référence muséologique et d'une méthode pluridisciplinaire pour la Capitalisation des connaissances du patrimoine technique* industriel, Thèse : Sciences économiques : École centrale de Nantes, 2007, p. 33.

avec l'installation d'équipement informatique, qui reconstituera virtuellement la chaîne de production d'énergie, des anciennes chaudières aux anciennes turbines. Une initiative qui devra être soutenue par une recherche historique poussée sur l'utilisation des objets dans l'atelier. Ce sera l'occasion d'une immersion dans un environnement virtuel qui doit passer par une numérisation en 3D et une modélisation en Conception Assisté par Ordinateur (CAO). La collaboration des spécialistes de l'informatique est nécessaire. Dans un système technique patrimonial, la valeur, la typologie et la raison d'être de l'objet d'étude constituent le fondement du projet. Il s'agit d'une usine dans laquelle l'intérêt porte particulièrement sur son centre de production, de transmission et d'utilisation de l'énergie. La typologie de notre patrimoine ici, est un bâtiment qui abrite l'atelier énergie composé de machines qui sont le point focal de notre étude. Ces objets techniques ont une valeur historique certaine, au vu de leur trajectoire dans le temps.

Ce projet de valorisation de la centrale de l'usine SUNEOR peut constituer un exemple de collaboration entre l'industrie, à travers cette usine, et le monde de la culture, à travers les services du patrimoine et le monde de l'enseignement et de la formation. L'éducation au patrimoine industriel, ou au patrimoine culturel tout court peut naître ici et s'étendre à tout le pays, adaptée par d'autres voies à d'autres sites industriels. La finalité sera de susciter des vocations techniques des élèves et de la jeunesse sénégalaise. Une ambition affichée par le gouvernement du Sénégal, qui peut trouver en ce projet un support efficace pour l'atteinte de cet objectif.

CONCLUSION GÉNÉRALE

Parvenues au terme de cette longue trajectoire, pleine d'incertitudes et de balbutiements, vers l'électrification du Sénégal, selon notre « respiration chronologique » de 1887 à 1985, plusieurs conclusions peuvent se dégager. À partir de l'élément pivot de notre étude que constitue l'énergie électrique, on constate que divers centres d'intérêt se sont succédés au fil du temps, où des acteurs publics et acteurs privés ont joué un rôle prégnant. Notre cheminement vers le cœur de notre sujet – l'Électrification – est parti de la situation présente du Sénégal, rendue difficile par la crise énergétique qui frappe pratiquement toutes les parties du monde, et que le Sénégal n'a pas encore trouvé le moyen d'atténuer. Des soubresauts ont précipité le mouvement tels que les émeutes de l'électricité dans les années 2009-2012, marquées par les coupures intempestives d'électricité dans les différentes localités du pays et notamment la capitale Dakar. Nous avons remonté le fil de cet écheveau aussi loin qu'il nous a été possible, afin de tenter de comprendre l'origine de ces conflits sociaux.

Pour atteindre un tel objectif, il convenait de procéder à une étude inclusive, qui prend en charge la question de l'énergie dans sa globalité. Passer par une meilleure compréhension de la notion de transfert de technologie elle-même nous a paru nécessaire. La première partie de la thèse cherche à appréhender le processus du transfert de technologie de l'énergie électrique. Pour ce faire, il a fallu procéder à une étude archéologique de l'introduction des techniques au Sénégal. Ce qui a permis d'apprécier des bienfaits de la colonisation dans la conquête des colonies et le rôle majeur des théoriciens portés par ce mouvement.

La première phase a été celle de la transplantation des techniques dans la colonie du Sénégal. L'usage de ce terme de « transplantation » traduit une situation caractérisée par un déplacement d'activités industrielles de la métropole française vers les colonies. Les uniques acteurs et animateurs de ces industries, sont issus de la communauté des expatriés. La transmission des techniques aux nationaux s'est faite d'abord, sur le tard, avant l'érection d'écoles et de centres de formation. Il convient de souligner le soutien déterminant des ingénieurs des Ponts et chaussées à cette politique de travaux publics. Ils ont balisé le chemin, par la réalisation d'infrastructures (routes et bâtiments). Ils ont également été les entrepreneurs des principales industries comme le chemin de fer et l'électricité.

Contrairement au domaine ferroviaire, où l'on a connu très tôt la création de centres de formation, le transfert de technologie de l'énergie électrique a été plus tardif. L'historicité de la notion de « transferts de technologies » semble s'ancrer dans la deuxième moitié du XIXe siècle, mais ce débat passionne toujours d'en connaître les prémices. Ce même débat sur l'énergie, est de nouveau sur le devant la scène puisque d'immédiate actualité, porté par la conférence des parties sur le climat, dite « COP 21 », grande messe internationale, qui s'emploie à trouver des solutions contre la dégradation de l'environnement ; l'énergie étant supposée jouer un rôle majeur dans cette situation.

Cette présente recherche est consacrée au transfert de technologie de l'énergie électrique de la métropole vers le Sénégal. Une réflexion rendue nécessaire par le fait que l'énergie est au principe de la production de l'électricité : énergie finale rendue aux usagers à partir d'énergies primaires qui ont permis sa production. Ce qui, en quelque sorte, nous impose une sorte de « devoir de mémoire », qui passe par une rétrospective du système énergétique au Sénégal. Elle a permis de mettre en contexte les différentes pratiques énergétiques au Sénégal, et comme finalité la démonstration des conditions de production de l'énergie électrique dans ce pays.

Néanmoins, comme partout ailleurs, le processus d'électrification fait appel à l'intervention de plusieurs acteurs aux motivations diverses ; les échanges entre les protagonistes n'étant pas si apaisés qu'il apparaît ou qu'on le souhaiterait. Les acteurs officiels et les acteurs privés pris dans une logique de confrontation d'intérêt, qui a souvent viré à de chaudes empoignades où, ceux qui sont chargés de faire appliquer la loi, ont naturellement beau jeu et triomphent avec les moyens des autres, cela parce qu'ils sont à la fois clients et contrôleurs de la bonne marche de l'outil de production du fournisseur.

L'électrification sénégalaise est une histoire qui laisse également apparaître des facteurs techniques, aussi bien qu'économiques, politiques, ou sociaux, qui ont tracé la voie à une énergie dont la production dépend essentiellement de la prise de mesures, inspirées par le contexte politico-technique des zones d'origine des acteurs de son transfert au Sénégal. Créer les conditions législatives, techniques, domaniales et économiques de son transfert est la ligne qui s'est dessinée au fil du temps. Cette histoire n'est pas linéaire. Elle a connu deux phases principales, caractérisées d'abord par une période coloniale durant laquelle l'énergie électrique a servi exclusivement une économie tournée vers l'intérêt du pays « colonisateur », c'est-à-dire vers son industrie et sa communauté expatriée, présente sur le sol sénégalais, cela jusqu'à l'indépendance. Durant cette longue période, deux guerres mondiales se sont déroulées qui ont agi différemment sur le processus d'électrification du Sénégal. Si la Première Guerre mondiale a failli porter le coup de grâce au processus, avec la crise des combustibles notamment le charbon et de renouvellement des équipements techniques, la Seconde Guerre mondiale, par contre, s'est avérée utile pour augmenter le développement de production de l'énergie électrique grâce à l'implantation de nombreuses industries métropolitaines, qui ont ainsi délocalisé leurs activités au Sénégal, afin de poursuivre leurs productions en temps de troubles. Enfin, la nationalisation est intervenue douze ans après l'indépendance, dans des conditions très douces, où l'État du Sénégal a abordé avec l'ancien concessionnaire une transition bien planifiée. Néanmoins, la nationalisation du secteur ne marque toutefois pas le début de l'unification de sa gestion. Celle-ci a été réalisée par la Compagnie EEOA, bien avant même la Seconde Guerre mondiale, quand elle a racheté les compagnies concessionnaires de Saint-Louis et Dakar. C'est durant cette phase que le réseautage commence vraiment à se déployer sur le territoire de la colonie du Sénégal en dehors des grands centres connus que sont Dakar, Saint-Louis et Rufisque, pour intégrer d'autres agglomérations dont le rôle dans le développement de la croissance économique se justifie par les infrastructures de production qu'elles abritent. Ce sont notamment les villes de Thiès, de Kaolack, de Diourbel et de Louga qui sont venues s'ajouter à l'axe Nord Centre de la Colonie, puis à l'état du Sénégal qui ont servi de socle à l'expansion du réseau électrique. D'autres villes ont eu une couverture en énergie électrique grâce aux industries implantées dans leur périmètre communal, dont l'excédent de production a permis d'assurer l'éclairage public. C'est le cas de Diourbel avec la S.E.I.B et Ziguinchor avec la S.E.I.C.

Mais quelque soient les configurations, c'est le développement de l'outil économique par sa fourniture en énergie électrique qui jusque-là a constitué la préoccupation majeure des autorités administratives. Ce qui justifie sa prééminence dans ce processus en dictant sa règle partout et en tout lieu. La politique d'électrification n'a pas pris réellement, jusque-là en charge la frange domestique qui est confinée à la périphérie de son action. L'électricité pour tous, démocratisée, reste encore un vœu pieux tant que l'industrie et une certaine classe privilégiée ne sont pas satisfaites. La ligne politique initiale reste en vigueur à savoir d'une part l'éclairage public et d'autre part la force motrice. L'absence de cette sensibilité domestique à grande échelle se justifie par le fait que les postes d'agents techniques et exécutants du secteur de l'électricité au Sénégal étaient occupés par des expatriés, simplement présents en mission sur le territoire sénégalais sans attache sociale aucune avec le pays.

Il faut attendre la formation d'un personnel local, intervenue tardivement, même beaucoup trop tard, pourrait-on regretter, avec la mise en place du processus de nationalisation dans lequel la « sénégalisation » des postes techniques et d'exécution a été envisagée, pour voir s'opérer une transition effective de la gestion du secteur. C'est tout ce processus qui marque ce que nous avons appelé l'« Acte II de l'Électrification du Sénégal », qui consacre l'appropriation de la technique électrique par les nationaux, qui seront à terme les vecteurs de la socialisation de l'électricité, et qui a favorisé son usage domestique à une plus grande échelle. Une telle posture va déterminer l'aménagement du territoire et plus principalement celui des grandes villes dont les plans d'urbanisme se feront conformément à la prise en charge de la distribution de l'électricité à tous. Dès lors les villes non industrielles ont eu droit à la « fée » Électricité au même titre que toutes les autres, pourrait-on dire, un caractère plus « démocratique » de l'accès à l'électricité à tous.

Par ailleurs l'étude sur *« l'électricité au Sénégal de 1887 à 1985. Transfert de technologie, appropriation et enjeu politique d'un patrimoine industriel naissant »* peut s'enrichir de nouveaux apports dans le cadre d'un approfondissement postdoctoral au Sénégal. Cette perspective sera une opportunité majeure d'arrimer la recherche historique à une thématique très actuelle et prégnante, celle des questions énergétiques notamment en Afrique où l'accès à l'énergie électrique est presque une gageure pour la majorité de la population.

Ces années passées à la recherche dans le cadre de cette présente thèse ont fini de montrer que les sciences historiques ont un rôle majeur à jouer dans la recherche de solutions à cette lancinante problématique.

Dès lors nous avons l'ambition de solliciter la poursuite des travaux dans le cadre d'étude universitaire. Il faudra pour cela nous rapprocher des projets et programmes qui s'activent à apporter des solutions au déficit d'énergie que traverse l'Afrique dans ce XXIe siècle tel que l'*Agence pour l'Électrification de l'Afrique* et principalement d'É*nergies pour l'Afrique* de Jean-Louis Borloo qui en a fait un pari en mobilisant la communauté internationale autour du sujet.

ARCHIVES ET SOURCES IMPRIMÉES

Sources imprimées

Archives Électricité de France (AEDF)

L'électrification du Sénégal ; classées par dossier, puis par boîte :

- AEDF, Cabinet EAC : audit des marchés publics de la SENELEC pour la gestion 2009.
- Dossier 27935/boîte 801277 : étude des besoins et de l'alimentation en énergie de la basse vallée du fleuve Sénégal 1969.
- Dossier 28116/boîte 801458 : Sénégal, dossiers de M. Ligouzat, Inspecteur général (1963-1969), relatif à la société africaine d'électricité (SAFELEC) : (1963-1968).
- Dossier 28117/boîte 801459 : Sénégal, dossiers M. Ligouzat, Inspecteur général : (1965-1970), relatif à l'aménagement du fleuve Sénégal : (1965-1970).
- Dossier 37966/boîte 925977 : assistance technique, Sénégal, Électricité du Sénégal (EDS)
- Dossier 37967/boîte 925978 : assistance technique, Sénégal, société sénégalaise de distribution d'énergie électrique (SENELEC).
- Dossier 40008/boîte 943684 : notes éditées par les EEG études « basse vallée du Sénégal » (septembre 1968). Étude des besoins et de l'alimentation en énergie de la basse vallée du Sénégal (décembre 1968).
- Dossier 40905/boîte 972081 : société électrique du Sénégal, centrale thermique du Cap des Biches : correspondance échangée avec les constructeurs (1975-1978).
- Dossier 40906/boîte 972082 : société électrique du Sénégal, centrale thermique du Cap des Biches : correspondance échangée avec les constructeurs (1975-1979).

- Dossier 40907/boîte 972083 : société électrique du Sénégal, centrale thermique du Cap des Biches (extension du parc à combustibles).
- Dossier 41190/boîte 972366 : Afrique/Sénégal, société africaine d'électricité (SAE), fonctionnement des sociétés et des réseaux d'électricité.
- Dossier 41525/boîte 972742 : Sénégal, convention passée avec le ministère du Développement industriel pour l'étude d'un plan directeur de développement des moyens de production, de transport et de distribution d'électricité en République du Sénégal (1974).
- Dossier 41853/boîte 973107 : Afrique/Sénégal, régularisation du Fleuve Sénégal : mission EDF 1948-1949 (1949) ; bassin du Sénégal, aménagement de la chute du Félou.
- Dossier 42217/boîte 973483 : Afrique/Sénégal : étude de tarification de l'électricité : rapports (1974-1976).
- Dossier 42218/boîte 973483 : Afrique, Sénégal : plan directeur de la production et du transport de l'électricité : rapport et offres (1984-1985) ; SENELEC, étude diagnostique : rapports (1985-1986).
- Dossier 42219/boîte 973485 : Afrique/Sénégal : étude des besoins de l'alimentation en énergie de la basse vallée du Fleuve Sénégal : rapport (1969) ; OMVS, étude de la gestion des ouvrages communs : rapports et minutes (1986-1987).
- Dossier 42220/boîte 973486 : Afrique/Sénégal : Kaolack-Diourbel et Saint-Louis-Louga, alimentation électrique : rapport, annexes et notes (1984-1985).
- Dossier 42221/boîte 973487 : Afrique/Sénégal : Kaolack, marché de construction d'une centrale thermique : conventions, avenants et rapports (1981-1982).
- Dossier 254372/boîte 60349 : intégration à EDF, agents français de la Compagnie des eaux et électricité de l'Ouest africain au Sénégal : curriculum vitae, fiches de renseignement, dossiers individuels d'agents, correspondance (1984-1985).
- Dossier 254372/boîte 60499 : coopération avec l'Afrique en matière de formation et de perfectionnement, missions de courtes et longues durées : listes (1951-1973) ; création de centres de formation : liste (s.d) ; missions dans les pays : rapports (1970-1977).

- Dossier 260252/boîte 435265 : société nationale d'Électricité (SENELEC), assistance technique pour l'organisation du secteur de l'énergie électrique : correspondance, convention, compte-rendu de réunion, notes (1968-1985).
- Dossier 260253/boîte 435266 : société nationale d'Électricité (SENELEC), assistance technique pour le plan directeur pour la comparaison technico-économique des tracées de la liaison Manantali-Tobene de la ligne Cap des Biches : rapport (1986).
- Dossier 260254/boîte 435266 : société nationale d'Électricité (SENELEC), assistance technique pour la réhabilitation des liaisons Bel-Air-Hann-Cap des Biches et de Dakar-Cap des Biches-Thiès de la ligne Cap des Biches : sommaire, correspondance, rapports techniques, échéancier des réalisations, programme de stage, compte-rendu de réunion, avenant, convention, annexe, lettre de mission, compte-rendu de mission, plans, avant-projets (1974-1988).
- Dossier 260255/boîte 435267 : société nationale d'Électricité (SENELEC), assistance technique pour la liaison Cap des Biches-Tobene : dossier de pré-qualification des soumissionnaires (1986).
- Dossier 260256/boîte 435267 : société nationale d'Électricité (SENELEC), assistance technique sur l'avant-projet détaillé lignes et postes pour la liaison Cap des Biches-Tobene : rapport descriptif, devis, planning de réalisation, plans (1986).
- Dossier 260257/boîte 435267 : société nationale d'Électricité (SENELEC), assistance technique pour la liaison Cap des Biches-Tobene : proposition technique et financière (1987).
- Dossier 260258/boîte 435268 : société nationale d'Électricité (SENELEC), assistance technique pour l'aménagement du Fleuve Sénégal : correspondance, notes, comptes-rendus, programme des études hydrologiques, rapport (1963-1968).
- Dossier 26025/boîte 435268 : société nationale d'Électricité (SENELEC), assistance technique pour l'aménagement du bassin du Fleuve Sénégal : comptes-rendus de réunion, notes, conférence, rapport, convention, devis, correspondance (1965-1967).
- Dossier 260260/boîte 435269 : société nationale d'Électricité (SENELEC), avant-projet de la centrale de Kaolack : appel d'offre, compte-rendu, plan de financement, rapports, convention, estimation des dépenses, notes, tableaux, cartes, graphiques, correspondance (1979-1984).

- Dossier 260261/boîte 435269 : société nationale d'Électricité (SENELEC), centrale de Kaolack : notes de dépouillement des appels d'offres (1981).
- Dossier 260262/boîte 435269 : société nationale d'Électricité (SENELEC), assistance technique pour l'extension de la centrale de Kaolak : conventions, proposition de prestations, organisation de l'équipe chargée du projet (1986-1987).
- Dossier 260263/boîte 435270 : société nationale d'Électricité (SENELEC), assistance technique pour l'alimentation électrique des régions de Kaolack et de Saint-Louis ; proposition de services, études, rapport définitif, notes, graphiques, tableaux, fiches descriptives, correspondance (1977-1988).
- Dossier 260264/boîte 435271 : société nationale d'Électricité (SENELEC), assistance technique pour la réalisation du plan directeur de la production et du transport d'électricité : proposition de services, conventions, études, projet de contrat-plan, rapport définitif, notes, correspondance (1984-1988).
- Dossier 260265/boîte 435273 : société nationale d'Électricité (SENELEC), proposition d'organisation de l'ingénierie de maintenance : avant-projet, projet de contrat de « Sud Maintenance », note, comptes-rendus d'entretiens, synthèses, correspondance, contrat d'étude, comptes-rendus de mission (1977-1980).
- Dossier 26026/boîte 435272 : société nationale d'Électricité (SENELEC), organisation de la distribution d'énergie ; rapport (1981).
- EDF-GDF, Centre d'archives historiques, *Mémoire écrite de l'électricité et du gaz : les archives des anciennes sociétés*, Blois (France, Loir-et-Cher) : Électricité de France et Gaz de France, 1990-1991, 2 volumes, 355 p., XXXII-509 p.

Archives nationales d'Outre-mer (ANOM)

En 1966, Monsieur André Chamson, directeur général des archives de France, a créé un service d'archives à Aix-en-Provence à la conservation des documents transférés des territoires d'Outre-mer et ceux référents à l'histoire des colonies françaises ayant pris leur indépendance et des territoires d'Outre-mer (CAOM, le centre d'Archives d'Outre-mer). Ces archives sont héritières de trois siècles d'histoire coloniale et conservent : les archives des secrétariats d'État et ministères chargés des colonies françaises, du XVIIe au XXe siècle et celles des anciennes colonies et de l'Algérie au moment des indépendances entre 1954 et 1962. Elles comprennent entre autres les archives privées et d'entreprises relatives en lien avec l'Outre-mer, plus une bibliothèque, une cartothèque et une iconothèque spécialisées. Les archives de gestion sont restées dans les anciennes colonies.

ANOM, périodique :

- Carton 20.256. Revue *Industries et Travaux d'Outre-mer,* août 1968, années 1958-1959 et 1967-1968

ANOM. Série TP (travaux publics) :

- TP/Carton 771, dossier 16, arrêté du Lieutenant-gouverneur du Sénégal du 25 octobre 1905.
- TP/Carton 771, dossiers 17, arrêté du Lieutenant-gouverneur du Sénégal du 25 octobre 1905 autorisant Mr HUBLER à occuper des terrains du domaine public pour ses installations d'exploitation. Lettre de l'Administrateur-Délégué de la CES au ministre des colonies, en date du 27 avril 1920.

Fonds du Service Outre-mer. Série P :

- SOM/III P.504-3. Travaux publics colonies : mission d'études des aménagements de la vallée moyenne du Niger (barrage de Sansanding), 1920-1940.
- SOM/III P.511. Agence économique de la France d'Outre-mer – Colonies : Exposition permanente des colonies ; Office colonial Agence Générale des colonies, 1855-1940.
- SOM/III P. 512-2. Agence économique de la France d'Outre-mer – Colonies : Exposition coloniale de Marseille ; Exposition universelle de Bruxelles ; Exposition internationale de Paris ; Exposition à la gloire de l'AOF (Afrique-Occidentale Française), 1906-1938 ; 1906-1938.
- SOM/III P. 608. Travaux publics, colonies ; hydraulique ; barrage de la Touey, 1916-1917.
- SOM III P. 609/P 451 à 460. Colonies : Travaux publics ; électricité ; Sénégal ; Haut Sénégal Niger ; AOF ; 1904-1920.

Service d'Outre-mer : bibliothèque des archives nationales d'Outre-mer :

– BIB/SOM/Br.B/1601-1747, conférence de M. Vaubourg sur l'éclairage électrique au Sénégal, 15 décembre 1887.

ANOM. Série FM (Fonds ministériels) :

- FM/ministère des colonies, Séries géographiques (avant 1920).
- FM/SG, Sénégal XII/16 : éclairage électrique, 1887-1888.
- FM/2FIDES 859. Projet de barrage hydroélectrique sur le Kouilou Konkouré, 1920-1960.
- FM/Cartons 562-595. Direction du contrôle : contrôle des sociétés d'économie mixte d'électricité créées en Afrique, à Madagascar, en Nouvelle-Calédonie : statuts des sociétés, procès-verbaux des conseils d'administration et des assemblées générales, rapports d'activités, comptes d'exploitation.
- FM/MARG 34. Mission de repérage de l'armée dans la zone de retenue du barrage du Kouilou : rapports, photos, cartes, 1957-1958.
- FM/1TP/29. Années 1902 et 1913.
- FM/1TP/771. Installation d'une usine d'électricité à Dakar et d'un réseau de tramways par la compagnie d'électricité du Sénégal (1905/1920).
- FM/1TP/493. Années1929.
- FM/1TP/560 : 1929.
- FM/1TP/771. Installation d'une usine d'électricité à Dakar et d'un réseau de tramways par la compagnie d'électricité du Sénégal (1905/1920).
- FM/1TP/1171. Statistiques de la production et de la distribution de l'énergie électrique, toutes colonies (1925/1930).
- FM/2TP/73. Lignes électriques (1938-1950).
- FM, 2TP/140. Comptes-rendus des travaux et études réalisés en Afrique-Occidentale Française (1949/1950).
- FM/2TP/154. Forces hydrauliques (1946/1953).
- FM/2TP/282. Conférence internationale des grands réseaux électriques à haute tension (1946, 1954, 1956).

ANOM. Fonds locaux. Afrique-Occidentale française (AOF) :

- 14 MIOM 1528 [Gouvernement général de l'Afrique-Occidentale française (GGAOF), P 458] : électricité du Haut-Sénégal-Niger, énergie électrique à Bamako, Koulla et Kayes, usine électrique de Kayes, 1907-1920.

Archives nationales de France (ANF)

La thèse présentant des sources primaires dans deux fonds d'archives dites « nationales », au Sénégal et en France, nous adoptons ANF pour mentionner des documents d'archives conservés dans les différents fonds des Archives nationales de France et en France. Il en va de même pour les fonds des archives conservées au Sénégal : ANS (S pour Sénégal), sera retenu pour citer ces documents d'archives.

Série 159 AQ7.

159 AQ7/AGO de la Compagnie de Bône à Guelma, 29 mai 1909.

Série MII.

– MII/1526. Rapport de l'ingénieur adjoint au contrôle du fonctionnement de la centrale de Bel-Air au 1er semestre 1918. Chauffage aux coques d'arachides, lettre du Lieutenant-gouverneur p. i à Mr le Gouverneur général de l'AOF en date du 17 avril 1919. Chauffage aux coques d'arachides, lettre du PCA des CES à Mr Lieutenant-gouverneur p. i du Sénégal en date du 14 mars 1919.

Série 200 MI. Fonds Anciens (AOF), Électricité 1904-1920

- 200 MI/1525. Rapport au sujet de la promulgation en Afrique-Occidentale Française de la loi du 15 juin 1906. Lettre de transmission du Lieutenant-gouverneur du Sénégal à Mr le Gouverneur de l'AOF, du 25 octobre 1909, adressée à A. De Traz, concessionnaire de la distribution de l'énergie électrique dans la ville de Dakar. Direction des Travaux publics de la Guinée française, 28 décembre 1910. Lettre de Mr le Gouverneur des colonies, LT Gouverneur du Sénégal du 09 février 1910.
- 200 MI 1525. Rapport d'ensemble de l'Ingénieur adjoint au Contrôle sur le fonctionnement de la Compagnie d'Électricité du Sénégal, notamment la centrale de Bel-Air pendant le 1er semestre 1918.
- 200 MI/1526. Travaux publics, 1821-1920, Sénégal 1904-1920. Lettre de Mr le Gouverneur des colonies, LT Gouverneur du Sénégal du 07 septembre 1909, adressée à Mr l'Inspecteur des Travaux publics.

- 200 MI/1527.
- 200 MI/1528.
- 200MI/1529.

Série 200 MI, sous-série P. Fonds Ancien AOF

- 200 MI/1525/sous-série_P/451/bobine 142.Convention de concession.
- 200 MI/1525/sous-série P/455/bobine 144. Lettre de M. Le Lieutenant-gouverneur de la colonie du Sénégal à M. Le Gouverneur général de l'AOF.
- 200 MI/1525/sous-série_P/457/Bobine 145.
- 200 MI/1525/sous-série_P/460/bobine 146. Rapport du chef de service des TP du 15 juin 1916.

Archives nationales d'Outre-mer (ANOM) :

Le directeur général des archives de France d'alors, Mr André Chamson, a pris l'initiative de faire implanter un service d'archives à Aix-en-Provence (SOM), à la fin des décolonisations. Ces archives sont héritières de trois siècles d'histoire coloniale et conservent : les archives des secrétariats d'État et ministères chargés des colonies françaises, du XVIIe au XXe siècle, et celles des anciennes colonies et de l'Algérie au moment des indépendances entre 1954 et 1962. Elles comprennent entre autres les archives privées et d'entreprises relatives en lien avec l'Outre-mer, une bibliothèque, une cartothèque et une iconothèque, spécialisées. Les archives de gestion sont restées dans les anciennes colonies.

ANOM

Carton 20.256

Revue Industries et Travaux d'Outre-mer, années 1959, 1967 et 1968, Paris : éd. René Moreux et Cie.

ANOM/TP (travaux publics)

- TP/Carton 771/Dossier 16. Arrêté du Lieutenant-gouverneur du Sénégal du 25 octobre 1905 autorisant Mr HUBLER à occuper des terrains du domaine public pour ses installations d'exploitation.
- TP/Carton 771. Dossier 17. Lettre de l'Administrateur-Délégué de la CES au ministre des colonies, en date du 27 avril 1920.

Centre d'archives d'Outre-mer

SOM, série III P

- III/P 451 à 460. Colonies : travaux publics ; électricité ; Sénégal ; Haut Sénégal Niger ; AOF ; 1904-1920.
- III/P.504-3. Travaux publics colonies : mission d'études des aménagements de la vallée moyenne du Niger (barrage de Sansanding), 1920-1940.
- III/P.511-1. Agence économique de la France d'Outre-mer – Colonies : Exposition permanente des colonies ; Office colonial Agence Générale des colonies, 1855-1940.
- III/P. 512-2. Agence économique de la France d'Outre-mer – Colonies : Exposition coloniale de Marseille ; Exposition universelle de Bruxelles ; Exposition internationale de Paris ; Exposition à la gloire de l'AOF (Afrique-Occidentale Française), 1906-1938 ; 1906-1938.
- III/P. 608. Colonies : travaux publics ; hydraulique ; barrage de la Touey, 1916-1917.
- III/P. 609.

Bibliothèque du service d'Outre-mer (SOM) :

- SOM/Br.B, 1601-1747, conférence De M. Vaubourg sur l'éclairage électrique au Sénégal, 15 décembre 1887.

Fonds ministériels :

- FM/SG/Sénégal XII/16. Éclairage électrique, 1887-1888.
- FM/2FIDES/859. Projet de barrage hydroélectrique sur le Kouilou Konkouré, 1920-1960.
- FM/direction du contrôle/cartons 562-595. Contrôle des sociétés d'économie mixte d'électricité créées en Afrique, à Madagascar, en Nouvelle-Calédonie : statuts des sociétés, procès-verbaux des conseils d'administration et des assemblées générales, rapports d'activités, comptes d'exploitation.
- FM/MARG 34. Mission de repérage de l'armée dans la zone de retenue du barrage du Kouilou : rapports, photos, cartes, 1957-1958.
- FM/1TP/29. Années 1902-1913.
- FM/1TP/493. Année 1929.
- FM/1TP/560. Année 1929.

- FM/1TP/771. Installation d'une usine d'électricité à Dakar et d'un réseau de tramways par la compagnie d'électricité du Sénégal (1905/1920).
- FM/1TP/1171. Statistiques de la production et de la distribution de l'énergie électrique, toutes colonies (1925/1930).
- FM/2TP/73. Lignes électriques (1938-1950).
- FM/2TP/140. Comptes-rendus des travaux et études réalisés en Afrique-Occidentale Française (1949/1950).
- FM/2TP/154. Forces hydrauliques (1946/1953).
- FM/2TP/282. Conférence internationale des grands réseaux électriques à haute tension (1946, 1954, 1956).

Fonds locaux. *Afrique-Occidentale française (AOF) :*

Série 14 MIOM/1528.

- Gouvernement général de l'Afrique-Occidentale française (GGAOF), électricité du Haut-Sénégal-Niger, énergie électrique à Bamako, Koulla et Kayes, usine électrique de Kayes, 1907-1920.

Archives nationales du Sénégal (ANS)

Périodique :

ANS, Revue *courant,* années 1977 à 1980.

Législation, traité, concession, rapports :

ANS, Pièces 7-8. Traité de concession électrique de Saint-Louis, 1887.

Fonds AOF

Série P.

- Série P 454/pièces 24-25. Rapport de l'Ingénieur en Chef du 2e Arrondissement et note de la Compagnie d'Électricité, 1911. 17 p.
- Série P 457/pièces 57-58. Rapport d'ensemble sur le fonctionnement de la Compagnie d'Électricité du Sénégal et particulièrement de la Centrale de Bel-Air, 1918. 40 p.
- Série P 457/pièce 101 : rapport sur la marche de la Centrale de Bel-Air par l'Ingénieur adjoint au Contrôle. 6 p.

Série 7P.

- Série 7P. Eaux et électricité, hydraulique.
- Série 7P/pièces 88-90. 92. Arrêt de l'usine de Belle – Air, 1918. 7 p.

– Série 7P/pièce 97. Le chauffage de l'usine de la Compagnie d'Électricité. 4 p.

Fonds Sénégal colonial. Série 6 K.

– Série 6 K. Électricité, eau, hydraulique pastorale.

Fonds AOF. Série P 452. Électricité de Dakar, 1904-1908 :

– Série P 452/pièces 8-12. Correspondances relatives à l'éclairage de la ville de Dakar. 12 p.
– Série P 452/pièces 43-45. Télégramme approuvant l'attribution du marché à la maison HUBLER. 2 p.
– Série P 452/pièces 46-50. Appel à la concurrence pour l'installation d'une usine d'électricité à Dakar, 1905. 24 p.
– Série P 452/pièce 22. Procès-verbal de la séance tenue le 08 décembre 1904 par la Commission constituée en vue d'étudier certaines questions touchant à l'installation projetée de l'éclairage électrique de Dakar. 7 p.
– Série P 452/pièce 72. Correspondance du Lieutenant-gouverneur au Gouverneur général de l'AOF relative à l'éclairage de Dakar. 2 p.
– Série P 452/pièce 75. Rapport du Directeur de Travaux publics du Sénégal, 1905. 2 p.
– Série P 452/pièce 98. Au sujet du Fonctionnement de l'Usine Électrique. 1 p.
– Série P 452/pièce 106. Arrêté concédant à Monsieur De Traz le droit exclusif de distribution de l'énergie électrique dans la ville de Dakar : 1907.1 p.

Fonds AOF. Série P 453. Électricité de Dakar, 190-1908-1911 :

– Série P 453/pièces 13-14-15. Traités de concessions ; 1909. 55 p.
– Série P 453 Lettre de Monsieur Traz au Gouverneur général relative aux observations. 2 p.
– Série P 453/pièce 24. Correspondances du Gouverneur Ponty à Monsieur TRAZ, Concessionnaire de la distribution de l'énergie électrique de Dakar, 1909. 13 p.
– Série P 453/pièce 25. Réponse de Monsieur Traz au Gouverneur. 2 p.
– Série P 453/pièce 7. Avis de la constitution définitive de la Société d'Électricité du Sénégal, 1910. 2 p.

Fonds AOF. Série P 454. Électricité de Dakar.

- Série P 454/pièce 20. Avis de concours pour l'installation des usines à moteurs électriques de Hann et de Mbao. 1 p.
- Série P 454/pièce 23. Procès-verbal de la Commission. 3 p.
- Série P 454/pièces 24-25. Rapport de l'Ingénieur en Chef du 2e Arrondissement et note de la Compagnie d'Électricité, 1911. 17 p.

Fonds AOF. Série P 455. Électricité de Dakar 1913-1917 :

- P 455/pièces 2-3-4-5. Correspondances relatives au contrôle de distribution d'énergie. 3 p.
- P 455/pièces 7-8. Traité de concession électrique de Saint-Louis, 1887. 11 p.
- P 455/pièces 14. Contrat à passer avec la Compagnie d'Électricité de Dakar pour l'exploitation des usines élévatoire d'eau d'alimentation de la ville, 1915. 7 p.
- P 455/pièces 16-17. Nouveau traité passé avec la Compagnie d'Électricité, 1915.6 p.
- P 455/pièce 31. Rapport du chef du service des Travaux publics sur les usines de Hann et de Mbao. 2 p.
- P 455/pièces 48-49. Sur la situation actuelle de l'usine de Dakar ; 1916. 4 p.
- P 455/pièce 58. Rapport sur la situation de l'usine d'électricité du Sénégal, 1915. 4 p.
- P 455/pièces 65-66-67. Correspondances relatives à la consommation de combustibles, 1916. 8 p.

Fonds AOF. Série P 456. Électricité de Dakar 1917-1918 :

- P 456/pièces 10-11. Concession de l'énergie électrique à Dakar instituée par décision de Monsieur le Lieutenant-gouverneur du Sénégal du 2 avril 1917. 14 p.
- P 456/pièces 21-23. Arrêté portant réduction de l'éclairage électrique dans la ville de Dakar, 1917. 3 p.
- P 456/pièces 25. Nomination d'un directeur de l'Usine, 1917. 2 p.
- P 456/pièce 51. Établissement d'une ligne de transport d'énergie électrique de Mbao à Rufisque, 1917. 3 p.
- P 456/pièce 52. Carte schématique du réseau de captation projetée

pour une adduction d'eau définitive, 1915. 1 p.

- P 456/pièces 88-90 et 92. Arrêt de l'usine de Bel-Air, 1918. 7 p.
- P 456/pièce 97. Chauffage de l'usine de la Compagnie d'Électricité. 4 p.
- P 456/pièce 101 : délibération du Conseil privé du Sénégal sur l'énergie. 5 p.

Fonds AOF. Série P 457. Électricité de Dakar 1919-1920 :

- P 457/ pièce 9. État des recettes 1916-1918. 1 p.
- P 457/ pièce 52-53. Chauffage aux coques d'arachides des chaudières. 3 p.
- P 457/ pièce 57-58. Rapport d'ensemble sur le fonctionnement de la Compagnie d'Électricité du Sénégal et particulièrement de la centrale de Bel-Air, 1918. 40 p.
- P 457/ pièce 67. Tableau de consommation 1er semestre de divers produits par la centrale de Bel-Air. 1 p.
- P 457/ pièce 100. Tableau de consommation 2e semestre 1919 de divers produits par la centrale de Bel-Air. 1 p.
- P 457/ pièce 101. Rapport sur la marche de la centrale de Bel-Air par l'ingénieur adjoint au contrôle. 6 p.
- P 457/ pièce 148. Plans de terrains concédés à la Compagnie d'Électricité du Sénégal, 1909-1918-1920.

Bibliographie

Périodiques et ouvrages avant 1900 ayant valeur de sources

Les sources bibliographiques sont classées de manière thématique et alphabétique dans chacune des rubriques que nous avons souhaité distinguer, en lien avec les développements de la thèse.

Électricité, généralités XIXe siècle

ALGACE E., *La lumière électrique : son histoire, sa production et son emploi dans l'éclairage public ou privé, les phares, les théâtres, l'industrie, les travaux publics, les opérations militaires et maritimes*, Paris : Firmin-Didot, 1882.

CARNOT S., *Réflexions sur la puissance motrice du feu et sur les machines propres à développer cette puissance. Réflexions sur la puissance motrice du feu*. Paris : Bachelier, 1824, 118 p.

CLAUSIUS R., *Le deuxième principe de thermodynamique,* 1850.

CLAPEYRON E., Notice sur les travaux de M. Émile Clapeyron, ingénieur en chef des mines. Paris : Imp. de Mallet-Bachelier, 1858, 11 p.

JANIN J., « Les essais d'éclairage électrique à l'Opéra », *Revue des Deux Mondes*, tome 48, 1881, p. 193-201.

Ministère des Postes et des Télégraphes, *Exposition internationale d'électricité de Paris*, 1881, Paris : Masson, 1883, 2 volumes, 480 p. et 410 p.

PARVILLE H., Exposition internationale d'électricité de Paris, 1881.., *L'Électricité et ses applications. Exposition de Paris*, Paris : Masson, 1882, 536 p.

Énergie électrique au Sénégal

Législation : conventions, concessions, bulletins et périodiques ayant valeur de sources :

– *Convention générale du 9 janvier 1974 pour la concession du droit d'acquérir et de construire les ouvrages et installations de production, de transport et distribution de l'énergie électrique*. Dakar : 1974, 32 p.

Bi III 4 ° 3134

- SENELEC, *Convention générale du 9 janvier 1974 pour la concession de l'exploitation des ouvrages et installations concernant la production, le transport, la distribution et la vente de l'énergie*, Dakar (Sénégal) : 1974, 6 p.

Bi III 4 ° 3232

- *Résultats de la production d'énergie de la SENELEC en 1978,* Dakar : Imprimerie A. Diop, 1975, 49 p.

Bi III 4 ° 3206

- *Bulletins de l'Afrique noire* n° 1002, mai 1979, 1946,1. p.

Bi II 4 ° 122

L'énergie est en Afrique :

- Sénégal. Concession de distribution d'énergie électrique. Convention générale – Cahiers de charges générales annexes. 18 p.

Bi I 4 ° 6677.

- Dakar E.E.O.A, 1967. Concession de distribution publique d'énergie électrique du Sénégal. Concession D.P.E.E/Sénégal, avenant n° 11 du 13 octobre 1960, ou cahier des charges de la Concession. 31 p.

Bi III 4 ° 1735.

- Dakar (Sénégal), Grande Imprimerie africaine, 1960. Concession de distribution aux services publics dans le territoire du Sénégal. Concession D.S.P. Sénégal — Avenant n° 3 du 10 juillet 1957 à la convention approuvée le 9 janvier 1937. 16 p.

Bi III 4 ° 298.

- Dakar : G.I.A., 1957. Concession de distribution publique d'énergie électrique à Kaolack. Av. n° 5 au cahier des charges du18 août 1932 approuvé le 17 mai 1932. 9 p.

Bi III 8 ° 559.

- Dakar : G.I.A., 1956. Concession de distribution publique d'énergie électrique à Thiès — Av. n° 2 au cahier des charges en date du 13 septembre 1928, approuvé le 21 septembre 1928. 27 p.

Bi III 4 ° 520.

– Dakar : G.I.A., 1956. Concession d'une distribution d'énergie électrique aux services publics dans le territoire du Sénégal. Concession D.S.P. – Dakar – Thiès – Saint-Louis. 34 p.

Bi III 8 ° 361.

– Dakar : G.I.A., 1955. Cahier de charges pour la concession par le territoire du Sénégal d'une distribution publique d'énergie électrique à Tambacounda. 7 p.

Bi III 8 ° 786.

– Dakar, 1954. 27 p.

Bi III 4 ° 1824.

Traité de concession :

– Compagnie d'électricité du Sénégal S.A. Av. au traité de concession du 19 octobre 1909. Av. de février et août 1916 et d'août et septembre 1918. Cahier des charges, Paris : Impr. Dubois et Bauer, 1923, 42 p.

Bi III 8 ° 533.

– Compagnie d'électricité du Sénégal S.A. Concession de l'énergie électrique à Dakar. Saint-Louis (Sénégal) : Impr. les Gourgues 1918, 20 p.

Bi III 8 ° 450.

– Traité de concession 19 octobre 1909. Concession de l'énergie électrique à Dakar,

46 p.

Bi III 8 ° 450[2].

– Compagnie des eaux et Électricité de l'Ouest africain. Traité de concession électrique, Paris : Impr. L. Brou, 1910, 45 p.

Bi III 8 ° 500.

– Centrale de Dakar 1954. Rapport sur la concession de l'énergie électrique de Dakar, 16 p.

Bi III 8 ° 39.

– Saint-Louis : Impr. du Gouvernement 1909. 57 p.

Bi III 8 ° 450

- Rapport d'étude sur le projet de contrôle marée – thermique à Kayar par M. Leveau 1962. 15 p.

Bi III 8 ° 361 – Bi III 8 ° 559

- Concession de distribution publique d'énergie.

Bi III 8 ° 786 - Bi III 8 ° 361

- Bi III 8 ° 520 - P ° III 1375.
- Bi III 8 ° 559 – Bi III 8 ° 520 – Bi III 4 ° 298 – Bi III 8 ° 500 – Bi III 4 °, 1824.
- L'éclairage et le marché de l'appareillage. La 1ère usine hydraulique construite n° 746 – février 1960 en Afrique noir n° 73 décembre 1959. 859 p.

Bi II 4 ° 53

- Les micros centrales hydrauliques dans les pays outre-mer, n° 56 juillet, 1958. 377 p.

Bi II 4 ° 52.

- Compagnie des eaux et électricité de l'Ouest africain.

Bi II 8 ° 39

- Le secteur énergétique au Sénégal - n° 158 janvier 1967.

Bi II 4 ° 52.

- Le secteur énergétique au Sénégal Rapport établi par Potard, Paris, 1965,

10 graphiques, 102 p.

P ° I 4 ° 435.

Revue COURANTS : Bi II 4 ° 455.

- Cadre juridique de la distribution, production et vente d'énergie électrique au Sénégal Direction générale, n° 1, Revue *COURANTS* n° 1, 2e trimestre 1976, 2 p.
- Inauguration de la 2e tranche de la centrale thermique du Cap des Biches. Allocutions de Louis Alexandre (ministre du Développement industriel et de l'Environnement). Discours d'Issa Diop (Directeur de la SENELEC). Photographies de la cérémonie. Les moyens de

production de l'énergie électrique. Les centrales autonomes des régions. Nouvelles formes d'énergie, Revue *COURANTS* n° 2, 3e trimestre 1976, 14 p.

- Historique et contrainte de la production. L'éclairage public en l'an 8000 avant J-C. La maquette du complexe de Bel-Air. U.N.I.P.E.D.E. – U.P.D.E.A. (les assises de la 8e session du comité de coordination, Revue *COURANTS* n° 4, 1er trimestre 1977, 6 p.
- Diourbel AN XIIII de l'indépendance. Le transport et la distribution de l'énergie électrique, Revue *COURANTS* n° 5, 3e trimestre 1977, 5 p.
- La région du Fleuve à l'ordre du jour. Équipement électrique au Sénégal (programmes et perspectives) ; Aperçu sur les exploitations régionales, Revue *COURANTS* n° 6, 3e trimestre 1977, 11 p.
- L'Énergie solaire. Quelques statistiques (pp.16-21), Revue *COURANTS* n° 7, 4e trimestre 1977, 9 p.
- Histoire de l'électricité. L'Énergie solaire. Extension du poste 90 kV de la centrale de Bel-Air. Importance et croissance des activités de la SENELEC (pp. 15-20), Revue *COURANTS* n° 8, 1er trimestre 1977, 12 p.
- Union des producteurs transporteurs et distributeurs d'énergie électriques des pays africains. Compte-rendu de la réunion des comités de la coopération interafricains et de l'électrification rurale de l'UPDEA (Niamey du 23 août au 25 janvier 1978). U.P.D.E.A. pp.24-25. Équipement électrique au Sénégal programmes et perspectives. L'énergie solaire, Revue *COURANTS* n° 9, 2e trimestre 1978, 27 p.
- Histoire de l'électricité L'énergie solaire, Revue *COURANTS* n° 11, 4e trimestre 1978, 4 p.
- L'énergie solaire (les centrales de grande puissance). Poste 90/30 KV de Hann, *Revue COURANTS* n° 13, 2e trimestre 1979, 10 p.
- Historique du dispatching de la SENELEC. Réorganisation de la SENELEC (pourquoi une nouvelle structure). Énergies renouvelables (l'énergie des mers), Revue *COURANTS* n° 14, 3e trimestre 1979, 5 p.
- L'énergie solaire et agriculture au Sénégal. Équipement. La centrale solaire de Diakhao (projet pilote). Groupes mobiles 2 MW (Alsthom-Atlantique), Revue *COURANTS* n° 16, 1er trimestre 1980, 15 p.

- La turbine à gaz. Discours de Cheikh Hamidou Kane, ministre du Développement industriel et de l'Artisanat (sur l'économie d'énergie). Économie d'énergie. Séminaire sur l'interconnexion des réseaux électriques africains, Revue *COURANTS* n° 17, 2e trimestre 1980, 27 p.
- Un chauffe-eau solaire à Dakar. L'énergie réactive. Le développement des énergies nouvelles en Afrique, Revue *COURANTS* n° 18, 3e trimestre 1980, 10 p.
- Quelques aspects des économies d'énergie dans les installations industrielles. Capteurs solaires (les industriels sont prêts), Revue *COURANTS* n° 19, 4e trimestre 1980, 19 p.
- Colloque sur l'énergie solaire et la distribution publique d'électricité en Afrique. La centrale solaire de Diakhao. Pose de la première pierre de la centrale de Kaolack, Revue *COURANTS* n° 20, 1er trimestre 1980, 30 p.
- Conseil International sur l'électricité. Si les XR vous étaient comptés. Carte d'exploitation régionale du Sénégal. À Mbao, achèvement prochain de la construction de la Raffinerie de Pétrole. Dakar matin du 19 septembre 1963, Revue *COURANTS* n° 21, 2e trimestre 1981, 6 p

Bibliothèque nationale de France – Département des cartes et plans

- Cartes du Sénégal
- Carte de l'Afrique Françoise ou du Sénégal/ouvrage posthume de G. Delisle, 1726 Bibliothèque nationale de France, département Cartes et plans, CPL GE DD-2987

(8095 TER B)

- Carte des contrées entre Sénégal et Niger, (s, n.), 1888, GED-621.
- Dakar en 1888, Léon Faidherbe, [Recueil de cartes et plans tirés de :] Le Sénégal : la France dans l'Afrique occidentale/le général Faidherbe, Bibliothèque nationale de France, département Cartes et plans, GE C-1084.
- Carte du Soudan Occidental, avec Saint-Louis et le fleuve Sénégal, dessinée par Général Ancelle dans : Léon Faidherbe, [Recueil de cartes et plans tirés de :] Le Sénégal : la France dans l'Afrique occidentale/le général Faidherbe, Bibliothèque nationale de France, département Cartes et plans, GE C-1084.

– Carte Saint-Louis et le fleuve Sénégal, 1854, dans : Léon Faidherbe, [Recueil de cartes et plans tirés de :] Le Sénégal : la France dans l'Afrique occidentale/le général Faidherbe, Bibliothèque nationale de France, département Cartes et plans, GE C-1084.

Bibliographie

OUVRAGES GÉNÉRAUX ET MONOGRAPHIES :

ADU BOAHEN A., *L'Afrique sous domination coloniale* : Paris : UNESCO, 1980.

L'AFRIQUE & LA CRISE DE 1930. PROBLÈMES ÉCONOMIQUES ET SOCIAUX, Actes du Colloque des universités Paris VII et Paris XII, (9 et 10 avril : 1976 : Paris), COQUERY-VIDROVITCH C., (dir.), *Revue française d'histoire d'outre-mer*, tome 63, n° 232-233, Paris : Société française d'histoire d'Outre-mer, 1976.

ADEDJOUMON C., DUHAMEL Bernard et al, « L'énergie à l'horizon 2050 », AGENCE FRANÇAISE DE DÉVELOPPEMENT ET LA BANQUE AFRICAINE DE DÉVELOPPEMENT, disponible à l'adresse : [http://www.energy-for-africa.fr/files/file/study/l-energie-en-afrique-a-l-horizon-2050.pdf].

BEAUNE (DE) A. S., *qu'est-ce que la préhistoire ? Inédit*. Paris : Gallimard, 2016.

BEREZIAT G., *Le Romarin, le Seringa et la blanche Aubépine*, Toulouse : Éd. Mélibée, 2013, 644 p.

BONNEUIL C., « Pénétrer l'Indigène. Arachides, paysans, agronomes et administrateurs coloniaux au Sénégal (1897-1950) », *Études rurales*, n° 151-152, 1999, p. 199-223.

FEBVRE L., *Combats pour l'histoire*, Paris : Armand Colin, 1953, 428 p.

FREMEAUX J., *Histoire des empires coloniaux, une histoire-monde*, Paris : CNRS, 2012, 564 p.

GRUZINSKI S., *La pensée métisse*, Paris : Fayard, 1999.

HOLLENGREEN L., PEARCE C., ROUSE R., SCHWEITZER B., *Meet me at the fair. A world's fair Reader*, Carregie Mellon University : ETC Presse, 2014, 331 p.

HUGHES D.-L. « Debating the African Village, in : HOLLENGREEN L., *PEARCE C., ROUSE R., SCHWEITZER B., Meet me at the fair. A world's fair Reader*, Carregie Mellon University : ETC Presse, 2014, p. 61-70.

KELETSEOE A., *The Moon is dead! Give us our money! The cultural origins of an African work ethic, South Africa, 1843-1900*, London: James Currey, Natal, 1993.

LORIN A., TARAUX C., (dir.), *Nouvelle histoire des colonisations européennes (XIXe-XXe siècle). Sociétés, cultures, politiques*, Paris : PUF, 2013, 232 p.

ROBLES F. « When yhe Présent European Family « contemplates « the Phases oh Human Existence », in : HOLLENGREEN L., PEARCE C., ROUSE R., SCHWEITZER B., *Meet me at the fair. A world's fair Reader*, Carregie Mellon University : ETC Presse, 2014, p. 17-30.

ROBLES F.,« Blanche et Noir, by Louise Faure Fabier : « When France falls in love with Senegal at the Paris Exposition Universelle of 1900 », in : HOLLENGREEN L., *PEARCE C., ROUSE R., SCHWEITZER B., Meet me at the fair. A world's fair Reader*, Carregie Mellon University : ETC Presse, 2014, p. 53-60.

ROBLES F., « When « the Présent European Family » contemplates « The Phases of Human Existence » : The Court of Natural History at the Crystal Palace, Syndenham, 1854-1866 », in : HOLLENGREEN L., PEARCE C., ROUSE R., SCHWEITZER B., *Meet me at the fair. A world's fair Reader*, Carregie Mellon University : ETC Presse, 2014, p. 17-29.

À MABANCKOU A., Lettres noires : des colères à la lumière, Leçon inaugurale prononcée le jeudi 17 mars 2016, Collège de France, Paris : Collège de France, 2015, 32 p.

MVE ONDO B., *Afrique : la fracture scientifique,* Paris : Futuribles, 2005, 63 p.

PROST A, *Douze leçons sur l'histoire*, Paris : Le Seuil, 1996.

VICTOR J.-C., RAISSON V., TÉTART F., *Le dessous des cartes. Atlas géopolitique*, Paris : Taillandier Édition/Arte Editions, 2005, p. 148-152.

LÉGISLATION :

L'APPROVISIONNEMENT EN ÉNERGIE DES PAYS EN DÉVELOPPEMENT. PROBLÈMES DE TRANSFERT ET DE DÉVELOPPEMENT DE LA TECHNOLOGIE. *Conférence des Nations Unies sur le Commerce et le Développement.* (ONU/CNUCED), (1 janvier : 1980 ; Genève), disponible à l'adresse :

[http://search.ebscohost.com/login.aspx?direct=true&db=fcs&AN=12640547&lang=fr&site=eds-live].

SÉANCE DU CONSEIL GÉNÉRAL DU 11 DÉCEMBRE 1889 À SAINT-LOUIS, 726 p., 1892, disponible à l'adresse :

[http://gallica.bnf.fr/ark:/12148/bpt6k5474945t/texteBrut]

ANF MI 1526, Fonds Ancien AOF Série P. 460, Bobine 146, Gouvernement général de l'AOF, « ARRÊTÉ RÈGLEMENTANT LE CONTRÔLE DES ENTREPRISES DE DISTRIBUTION D'ÉNERGIE ÉLECTRIQUE ET LES REDEVANCES POUR OCCUPATION DU DOMAINE PUBLIC PAR CES ENTREPRISES, n° 1047 du 5 Septembre 1906.

ANF MI 1526, Fonds Ancien AOF Série P. 460, Bobine 146, Gouvernement général de l'AOF, « Projet d'Arrêté réglementant les installations électriques dans la Colonie du Haut Sénégal & Niger (Application de la loi du 17 juin 1906), A 412 du 19-09-1910.

ANF MI 1526, Fonds Ancien AOF Série P. 460, Bobine 146, Gouvernement général de l'AOF, « Projet de réglementation des installations intérieures de l'électricité, A 412 du 19-09-1910.

ANF MI 1526, Fonds Ancien AOF Série P. 460, Bobine 146, Gouvernement général de l'AOF, « PROJET DE DÉCRET PORTANT RÈGLEMENTATION DES DISTRIBUTIONS D'ÉNERGIE ÉLECTRIQUE EN AFRIQUE OCCIDENTALE FRANÇAISE » A n° 111 du 21 février 1911.

THE INTERNATIONAL COMMITTEE FOR THE CONSERVATION OF THE INDUSTRIAL HÉRITAGE, *Charte Tagil Nizhny pour le patrimoine industriel*, juillet 2003, disponible à l'adresse :

[http://www.icomos.org/18thapril/2006/nizhny-tagil-charter-f.pdf].

PLAN-CADRE D'URBANISME DE DAKAR HORIZON 2005. Étude de cas. Dakar, Historique du développement spatial de Dakar, disponible à l'adresse :
[http://www.cifalouaga.org/niamey/exposes/Module3/Pr%C3%A9sentation%20PDU%20DAKAR%20HORIZON%202025.pdf].

Recueil de lois et règlements intéressant la nationalisation et les services nationaux et de distribution de l'électricité et du gaz (1946-1950), Paris : Imprimerie Lang : Blanchong, 1950, 250 p.

SIREY C., *Guide juridique et administratif des entrepreneurs de distributions d'énergie électrique pour l'application de la loi du 15 juin 1906 et de ses annexes, documents officiels (lois, décrets, règlements, arrêtés, circulaires)*, Paris : Syndicat professionnel des usines d'électricité, 1910, 520 p., disponible à l'adresse : [ark:/12148/bpt6k6158550x].

BELTRAN A. « Les pouvoirs publics face à une innovation, développement de l'électricité et adaptation du cadre juridique (1880-1920) », *Histoire, Économie, Société,* 1987, p. 157-180.

FANCHETTE, S., *Patrimoines locaux et législations foncières à l'heure de la décentralisation en Haute-Casamance (Sénégal)*, 2013, disponible à l'adresse :

[http://search.ebscohost.com/login.aspx?direct=true&db=edsrev&AN=edsrev.D81CB854&lang=fr&site=eds-live].

GINOCCHIO R., *Législation de l'électricité : production, transport, distribution*, Paris : Eyrolles, 1977, 204 p.

MONNIER L., *La tarification de l'électricité en France : origines, bilan, perspectives*, Paris : Économica, 1983, 260 p.

MARTY G., *Législation et réglementation des réseaux ruraux de distribution d'énergie électrique*, Paris, 1934.

ÉNERGIE :

HISTOIRE GÉNÉRALE DE L'ÉLECTRICITÉ :

AILLERET P., *La vente de l'énergie électrique*, Paris : Eyrolles, 1930.

AILLERET P., « Interconnexions à très hautes tensions », *Sciences et Industrie*, 1939.

Annales historiques de l'électricité ; Dossier Jeune Chercheurs en électricité, 2009/1 (N° 7).

APERTET M., *L'électrification des pays d'Outre-mer*, Paris : Cedimon, 1958.

BARJOT D., « L'électrification outre-mer, de la fin du XIXe siècle aux premières décolonisations », *Revue d'histoire d'outre-mer*, 1er semestre 2002.

BARJOT D, BADEL, MORSEL H., (dir.), *La nationalisation de l'électricité en France. Nécessité technique ou logique politique ?* Paris : PUF, 1996.

BARJOT D., LEFEUVRE A., BERTHONNET S., COEURE (dir.), *L'électrification Outre-mer de la fin du XIXe siècle aux premières décolonisations*, Publications de la Société française d'histoire d'Outre-mer, EDF, 2002, 664 p.

BARJOT D., TRÉDÉ M., (dir.), *Réseaux électriques et installateurs des origines à nos jours*, Paris : PUF, 1995, 420 p.

BELTRAN A., « Competitiveness and Electricity; Électricité de France since 1946 »,
W. Aspray, (dir.) *Technological competitiveness*, New York: IEEE Press, 1993, p. 313-325.

BELTRAN A, « Quelle approche culturelle de l'histoire de l'électricité, l'électricité en réseaux », *Annales historiques de l'électricité*, juin 2004, n° 2, p. 139-145.

BELTRAN A, *L'électricité de France. 50 ans d'histoire à l'international*, Paris : Le cherche Midi, 1996, 137 p.

BELTRAN A., *L'énergie électrique dans la Région parisienne entre 1878 et 1946 : production, distribution et consommation d'électricité dans le département de la Seine,* Thèse : Histoire : Paris 4 : 1995, 1011 p.

BELTRAN A., *« Création et développement du réseau électrique parisien 1878/1939 », Paris et ses réseaux, Naissance d'un mode de vie urbain (XIXe-XXe siècle), dans* F. CARON, J. DÉRENS, L. PASSION, P. CEBRON DE LISLE (dir.), Paris : Belin, 1990, p. 240-257.

BELTRAN A., *L'électricité dans la région parisienne 1878-1946,* Paris : Éditions Rive Droite, 2002, 790 p.

BELTRAN A., *« La Fée Électricité, reine et servante (l'Exposition Universelle de 1937) », XXe siècle,* octobre-décembre, 1987, n° 16.

BELTRAN A., *« Du luxe au cœur du système. Électricité et société dans la région parisienne (1880-1939) », Annales Économies Sociétés Civilisation,* n° 5, septembre-octobre 1989, p.1113-1136.

BELTRAN A., *« Comment électrifier Paris ? Aux origines des conventions de 1889/90 », Bulletin de l'association pour l'histoire de l'électricité en France,* N ° 3, juin 1984, p. 47-51.

BELTRAN A., *« La difficile conquête d'une capitale. L'énergie électrique à Paris entre 1878 et 1907. », Histoire, Économie, Société,* N° 3, septembre1985, p. 369-395.

BELTRAN A., CARRÉ P. *La Fée et la Servante. La société française face à l'électricité (XIXe-XXe siècle),* Paris : Belin, 1991, 350 p.

BELTRAN A., PICARD J.F., BUNGENER M., *Histoire(s) de l'EDF Comment se sont prises les décisions de 1946 à nos jours.* Paris : Dunod, 1985, 288 p.

BELTRAN A., P. CARRÉ (dir.) *« Histoire de voir. Eclairage électrique et vie privée au tournant du siècle », Catalogue de l'Exposition Lumières, Je pense à vous,* Paris : Centre Georges-Pompidou : Éditions Hermé, juin-août, 1985, p. 30-39.

BELTRAN A., « L'interconnexion dans la région parisienne dans la première moitié du XXe siècle », *Réseaux électriques et installateurs,* Paris : Presses universitaires de France, 1995, p. 31-44.

BERTHONNET, *Guide du chercheur en histoire de l'électricité,* Montrollet : La Mandragore/Paris : Fondation Électricité de France, 2001, 352 p.

BIENVENU J.-J., *L'électricité dans l'histoire. Problèmes et Méthodes,* Thèse : droit : Paris : AHEF/PUF, 1985.

BORDES J.-L., « Génie civil et hydroélectricité (1890-1960) », dans J.-L. Bordes, A. Champion, P. Desabres (dir.), *L'Ingénieur entrepreneur. Les centraliens et l'industrie*, Paris : Presses universitaires de la Sorbonne, 2011, p. 171-192.

BOITEUX M., *haute tension*, Paris : Odile Jacob, 1993, 232 p.

BLONDEL C., *Histoire de l'électricité*, Paris : Pocket, 1994, 127 p.

BOSSUM E., « Valorisation et interprétation du patrimoine hydro-électrique dans le paysage contemporain en Italie », *e-Phaistos*, Volume IV, n° 2, oct. 2015, p. 60-71.

BOUNEAU C., « La contribution des technologies étrangères à l'électrification ferroviaire de la France, 1890-1940 », *Histoire, économie et société*, n° 4, 1993, p. 553.

BOUVIER Y., « Les électrobus de Savoie (années 1920 – années 1960) : mobilité, territoire et énergie autour d'un choix technique intermédiaire », *ARTEFACT, Histoire des mobilités électriques, XIXe-XXIe siècles : puissance, résistances et tensions*, Paris : CNRS éd., 2015, p.65-78.

BUNGENER M., BELTRAN A., PICARD J.-F., *Histoires de l'EDF : comment se sont prises les décisions de 1946 à nos jours*, Paris : Dunod, 1985, 265 p.

CADOUX G., « L'éclairage à Paris : à Londres et à Berlin », *Revue des Deux Mondes*, tome 2, 1904, p. 360-389.

CARDOT F., « Cent ans d'histoire de France (1880-1980) », *Bulletin d'histoire de l'électricité*, n ° 1, juin 1983, p. 51-65.

CARDOT F., « L'histoire de l'électricité. Premiers éléments de bibliographie », *Bulletin d'histoire de l'électricité*, n ° 5, juin 1985, p. 93-146.

CARDOT F., « Bibliographie de l'électricité en France, deuxième édition revue et corrigée », *Bulletin de l'histoire de l'électricité*, n° 10, décembre 1987, p.197-248.

CARON F., BERTHET C., « Electrical innovation: state initiative or private initiative? Observations on the 1881 Paris Exhibition », *History and Technology*, Volume n° 3, 4, 1984, p. 307-318.

CARON F., CARDOT F. (dir.), *Histoire de l'électricité en France, 1881-1918*, Paris : Fayard, 1991, 999 p.

CAZENOBE Jean, *L'Électricité il y a cent ans*, Paris : Éd. de l'École des hautes Études en Sciences sociales, 1989, n° 4, 167 p.

DAUMAS M., « L'évolution de la production d'électricité en Espagne », R*evue de géographie alpine*, 1981, 69, p. 519-542.

DELATTRE S., *Les douze heures noires de Paris. Paris la nuit au XIX*[e], Paris : Albin Michel, 2000, 839 p.

DUPIN J., « Considérations économiques sur l'électrification des chemins de fer », *Annales des Ponts et Chaussées*, décembre 1923.

DURVAUX G., « La centrale électrique de Monceau, un bel exemple de l'évolution de la fourniture d'électricité en Belgique », *Des Usines et des hommes* : *haute tension en péril. L'énergie électrique au XX*[e] *siècle* n° 4, Patrimoine industriel de Wallonie-Bruxelles : Bruxelles : Fédération de Wallonie-Bruxelles : Institut du Patrimoine Wallon, n° 4, 2013, disponible à l'adresse :

[http://www.patrimoineindustriel.be/fr/publications/+des-usines-et-des-hommes].

EXPOSITION UNIVERSELLE ET INTERNATIONALE DE BRUXELLES, 1931. *Section française : groupe16, électricité et électromagnétisme*, Rapport de M.-A. Antoine, 1936, 136 p.

FERNANDEZ A., *Économie et politique de l'électricité à Bordeaux (1887-1956)*, Talence (Gironde) : PUB, 1998, 359 p.

MALDONADO FIGUEROA M., « Rehabilitation of water heritage in the hydroelectric system of Valle de Bravo », *e-Phaistos,* Volume IV, n°2, oc. 2015, p. 49-53.

FLONNEAU M., PASSALACQUA A., *ARTEFACT, Numéro thématique, Histoire des mobilités électriques, XIXe-XXIe siècles : puissance, résistances et tensions*, Paris : CNRS Éd., 2015.

FONTANEAU P., *L'électrification de l'Algérie*, Paris : Sirey, 1952.

GRÉGOIRE J.-A., *Cinquante ans d'automobiles. Tome 2 : la voiture électrique*, Paris : Flammarion, 1981.

GRELON A., « L'École Centrale au tournant du siècle, le cas des enseignements de l'électricité », dans J.-L. Bordes, A. Champion, P. Desabres (dir.), *L'Ingénieur entrepreneur. Les Centraliens et l'industrie*, Paris : Presses universitaires de la Sorbonne, 2011, p. 83-96.

GUILLOU A., *Enfin, la nuit devint lumière : l'arrivée de l'électricité dans le Finistère*, Spézet : Nature & Bretagne, 1996, 134 p.

HELFER P., *Les Premières années d'Électricité de France et de Gaz de France : les services comptables et financiers*, dans *Bulletin d'histoire de l'électricité,* numéro spécial, Paris : AHEF, 1987, 177 p.

HUGUES T., *Networks of power, electrification in western Societies, 1880-1930*, Baltimore: Johns Hopkins University Press, 474 p.

KANTOUSSAN A., *Conception d'une autoroute au Sénégal. Vers un aménagement multidimensionnel conciliant développement et mise en valeur patrimoniale.*, Thèse de doctorat : histoire : Université de Paris 1 Panthéon-Sorbonne/IHMC, sous la direction de Jean-François Belhoste, disponible à [http://www.theses.fr/s89542].

LABORDE M., « L'évolution récente de la production et de la distribution d'électricité en France », *Mémoires de la Société des Ingénieurs civils de France,* numéro du Centenaire, septembre 1948, p. 750-788.

LAMONT-BROWN R., *Humphry Davy, Life Beyond the Lamp*, Stroud: Sutton Publishing, 2004.

LA SOUCHÈRE M.-C. (de), *Histoire de l'électricité : lumières d'hier et d'aujourd'hui*, Paris : Ellipses Marketing, 2011, 271 p.

LETOREY H., *Je vous offre la santé, la gaieté, le bien-être, je suis la fée Électricité,* Senlis (Oise) : Impr. Réunies, 1923, 130 p., disponible à l'adresse :

[http://gallica.bnf.fr/ark:/12148/bpt6k5496070z].

LEVY-LEBOYER M., MORSEL H. (dir.), *Histoire de l'électricité en France*, 1919-1946, Paris : Fayard, 1994.

MORSEL H., (dir.), *Histoire de l'électricité en France, 1946-1987, l'équipement, la croissance de la demande, le nucléaire,* Paris : Fayard, 1996, 1204 p.

MATHIS P., *Les énergies. Comprendre les enjeux*, Versailles : Quae éditions, 2011, p. 152.

NICOLON A. *Le véhicule électrique, mythe ou réalité ?* Paris : MSH, 1984.

PÉREZ ZAPICO D., « Attention demoiselles, l'électricité passe ! Représentations et expériences des rapports électricité/mobilité dans les Asturies (1880 – ca. 1920) » Universidad de Oviedo/ Université de Versailles Saint-Quentin-en-Yvelines, *ARTEFACT, Histoire des mobilités électriques, XIXe-XXIe siècles : puissance, résistances et tensions*, Paris, CNRS Éd., 2015.

SCIAMA G., « Georges Berger et l'Exposition universelle d'électricité de 1881 », *Bulletin de la société internationale des électriciens*, 1910, p. 659-676.

SMAIL K. (dir.), *Politique énergétique et production de l'électricité en Algérie,* Presses spécialisées UAFA, 1982.

SINGER-TURNER S., *La naissance de l'École supérieure d'électricité : 1881-1929*, Maîtrise : Histoire : Paris X-Nanterre, 1984, 2 volumes, 194 p.

WARIN F., Réflexions sur l'électricité à l'Exposition Universelle de 1900, *Annales historiques de l'électricité*, 2009, 1, n° 7.

ÉLECTRICITÉ – AFRIQUE & SÉNÉGAL

GOGUA YABA R., *La politique coloniale française d'électrification de l'Afrique-Occidentale française de 1940 à 1960*, DEA : Histoire de l'Afrique : Université Paris VII, sous la direction de C. Coquery-Vidrovicth, 1984, 52 p.

ALZOLA J.A. *et al.*, « Microgrids project, Part 2: Design of an electrification kit with high content of renewable energy sources in

Senegal », *Review. Energy*, vol. 34, n° 10, cover date 2009, p. 2151-2159.

ARDMAT C., *L'électrification du Sénégal de la fin du XIXe à la Seconde Guerre mondiale*, Maîtrise : Histoire : Université de Bordeaux III, sous la direction de Christophe Bouneau et Pascal Griset, 1999, 104 p.

BADER J.-C., « Le soutien de crue mobile dans le Fleuve Sénégal, à partir du barrage de Manantali (French) », *Variable flood management on the Senegal River below the Manantali reservoir*, vol. 42, n° 6, 1997, p. 815-831.

BADER J.-C., LAMAGAT, J.-P., GUIGUEN N., « Gestion du barrage de Manantali sur le fleuve Sénégal : analyse quantitative d'un conflit d'objectifs », *Hydrological Sciences Journal/Journal des Sciences Hydrologiques*, vol. 48, n° 4, août 2003, p. 525.

BEJOT J.-P., « Les grands programmes d'électrification en Afrique », *Marchés tropicaux et méditerranéens*, n° 2151, 1987, p. 259-271.

BERTHIER G., *Les politiques d'électrification de la Tunisie. Des années du protectorat aux premières années de l'indépendance*, Maîtrise : Histoire : Université Paris X, Nanterre, sous la direction de Daniel Lefeuvre et Alain Plessis, 2000, 107 p.

BOLE C. *Distribution, consommation du courant électrique et son impact sur les populations de Bangui*, Maîtrise : Géographie : Université Aix-Marseille II, 1987, 106 p.

COQUERY-VIDROVITCH C. « La politique de réseaux d'électrification en Afrique : comparaison Afrique de l'Ouest, Afrique du Sud ou comment faire de l'histoire sociale à partir de sources économiques », dans D. Barjot, D. Lefeuvre, A. Berthonnet, S. Coeure, (dir), *L'électrification outre-mer de la fin du XIXe siècle aux premières découvertes*, Publications de la Société française d'histoire d'Outre-mer, EDF, 2002, p. 72.

COQUERY-VIDROVITCH C. « L'électricité en Afrique », *Industries et travaux d'Outre-mer*, n° 168, Paris : novembre 1967, p. 961-1058.

COQUERY-VIDROVITCH C., « L'électricité en Afrique », *Industries et travaux d'Outre-mer*, Paris : n° 187, juin 1969. p. 431-521.

COQUERY-VIDROVITCH C., « Électricité et pays en développement », *Industries et travaux d'Outre-mer,* Paris : n° 300, novembre 1978, p. 801-920.

ENGILBERGE A, *L'électrification de l'Oubangui-Chari (1945-1960) ; planification et réalité de l'électrification d'un territoire d'Outre-mer*, Maîtrise : Histoire : Université Aix-Marseille I, sous la direction de Colette Dubois, 2002, 170 p.

NDIAYE F., *Elaboration des outils de gestion des archives de la comptabilité de la société nationale d'électricité (SENELEC) : système de classification uniforme, calendrier de conservation et d'élimination, manuel de procédures,* Maîtrise : Archives : Dakar, sous la direction de Mbaye THIAM, 2011

FOUNANOU M, « Libéralisation, concurrence et structuration des marchés de l'électricité en afrique : faut-il organiser des marchés de double enchère ? », *Annals of Public & Cooperative Economics* n° 601, 2011.

FOUNANOU M, « Frontière de production et mesure de l'efficacité techniques : le cas de l'électricité dans dix entreprises subsahariennes », *Annals of Public & Cooperative Economics*, vol. 66, n° 3, septembre 1995, p. 299.

GALLEZ C., « Afrique et énergie : environnement, développement et transfert de technologies », *Liaison énergie francophone*, n° 74, 2007, p. 59-68.

HAMADY S. Y., « Que peut faire le régulateur pour orienter les choix ? L'expérience du Sénégal », n° 80, 2008, p. 103-106.

HEMCHE N., *Étude et mise en œuvre du transfert sans contact de l'énergie électrique et de l'information dans les systèmes embarqués*, Thèse : Université de Picardie : sous la direction de HAMZAOUI M., 2007.

HUGUET J.-M., « La formation professionnelle dans les territoires d'Outre-mer », *Outre-mers*, *L'électrification outre-mer de la fin du XIXe siècle aux premières décolonisations*, tome 89, n° 334-335, 1er semestre, 2002, p. 369-385.

LEKOULEKISSA R., *L'Électrification du Gabon, 1935-1985. Stratégies, mutations et limites,* Thèse : Histoire : Université de Provence, sous la direction de Colette Dubois, 2008.

NGUYEN T.V., *Gestion et conversion électrique dans une architecture distribuée d'énergies renouvelables (French)*, Aillerie M., Petit P., Université de Lorraine, sous la direction de 2014, disponible à l'adresse :

[http://search.ebscohost.com/login.aspx?direct=true&db=pcl&AN=28859741&lang=fr&site=eds-live].

JEAN A., « L'électrification des territoires et des départements d'outre-mer de l'Union française. La distribution publique d'électricité », *Équipement et activités d'Outre-mer*, n ° 35, octobre 1956, p. 21-24.

JEAN A, « L'Afrique et l'électricité », *Europe-France-Outre-mer*, n° 353, avril 1959, p. 30-38.

JOULAIN C. *et al.*, « Vers la construction locale de petits aérogénérateurs. L'expérience du projet EOLSENEGAL », n° 79, 2008, p. 46-50.

LABASSE J., « Le Dakar-Niger et sa zone d'action » vol. 29, 3, 1954, p.183-204.

MARTIN J.-L., « Le G8 au chevet des pays en développement : Les énergies renouvelables composantes du développement durable pour rompre le cercle vicieux de la pauvreté », n° 540, 2002, p. 585-593.

MEHYONG S.W., *La genèse de l'électrification de l'Afrique Equatoriale française 1910 à 1959*, Thèse : Histoire : Université Michel de Montaigne-Bordeaux III, sous la direction de Christophe Bouneau, 2008, 412 p.

ROBERT S., *L'électrification du Burkina Faso et ses implications économiques depuis les années 1970*, Maîtrise : Économie : Université Paris.VII, sous la direction de Catherine Coquery-Vidrovitch, 2001, 99 p.

PASQUES G, « La première usine hydroélectrique construite en Afrique Noire a trente ans » *Industries et travaux d'Outre-mer*, n° 73, décembre, Paris : Éd. René Moreux et Cie, 1959, p. 859.

(À N O M 20.256.).

POURLIER R., Les chemins de fer en Afrique subsaharienne : entre passé révolu en recomposition incertaine, Transport, Géographe in Africa : Legagy, *Belgié,* 2, p. 189-202.

KANTOUSSAN A., *Conception d'une autoroute au Sénégal. Vers un aménagement multidimensionnel conciliant développement et mise en valeur patrimoniale.*, Thèse de doctorat : histoire : Université de Paris 1 Panthéon-Sorbonne/IHMC, sous la direction de Jean-François Belhoste, disponible à [http://www.theses.fr/s89542].

RAYNAL F., « Au Sénégal, le solaire se trace un avenir radieux », *Journal photovoltaïque*, vol. 9, 2013, p. 48-51.

SAKINI M. et FALL, A., « Faut-il arrêter les réformes dans le secteur électrique africain ? (French) », *Liaison énergie francophone*, n° 73, 2006, p. 36-38.

SANÉ A., « L'enseignement des sciences au Sénégal devant des choix cruciaux », *Revue internationale d'éducation de Sèvres*, 2015.

SOW A., FALL A., « L'électrification rurale en Afrique subsaharienne : Du monopole public au partenariat public-privé. Vers de nouveaux arrangements institutionnels », *Liaison énergie francophone,* n° 73, 2006, p. 78-82.

SY H., « Les politiques incitatives à la maîtrise de la demande d'électricité (MDE) au Sénégal », *Liaison énergie francophone*, n° 74, 2007, p. 45-51.

THIAM I., Audit du réseau électrique de la SAR, Projet de fin d'Études, Département mécanique, École Supérieure Polytechnique centre de Thiès de l'Université Cheikh Anta Diop de Dakar, sous la direction de Gaskel GINGUE et Alioune Mbaye Palla CAMARA, année 2008-2009, disponible à l'adresse :

[http://www.beep.ird.fr/collect/thies/index/assoc/HASH01d2/b3b1cd79.dir/pfe.gm.0538.pdf

AUTRES ENERGIES :

AILLERET P., « La place des marées dans l'évolution des conceptions énergétiques. La Rance, une grande réalisation inédite », *Revue française de l'énergie*, n° 183, septembre-octobre 1966, p. 642-658.

ASSOCIATION DES CENTRALIENS DE LYON, « Les carburants dans l'économie et la défense nationale », *TECHNICA*, Revue mensuelle des Ingénieurs E.C.L., Numéro spécial hors série, avril 1939, disponible à l'adresse :

[http://histoire.ec-lyon.fr/docannexe:file/1705/te1939_hs1.pdf].

CAMARA A. « Approches méthodologiques utilisées pour les études d'impacts environnementaux et sociaux du projet énergie de l'Organisation pour la Mise en Valeur du fleuve Gambie (OMVG) », *Liaison énergie francophone*, Québec : Institut de l'énergie des pays ayant en commun l'usage du français, 8, 2008, p. 27-31.

CHEVALIER J.-M., *Les 100 mots de l'énergie*. Paris : PUF, 2008.

DAMIEN A., *La biomasse énergie : définitions, ressources, usages*, Paris : Dunod, 2008.

DAMIEN A., *La biomasse énergie*, Paris : Dunod, 2013.

DESSUS B., PHARABOD F., *L'énergie solaire*, Paris : PUF, 2002.

FALL D., Énergie solaire et perspectives d'avenir au Sénégal, *Ethiopique, Revue socialiste de culture négro-africaine*, n° 12, octobre 1977, disponible à l'adresse :

[http://ethiopiques.refer.sn/spip.php?article582].

FALKUS M. « The Early Development of the British Gas Industry, 1790-1815», *The Economic History Review,* 1982, vol. 35, p. 217-234.

HANSEN J.-P., PERCEBOIS J., BOITEUX M., TIROLE J., *Énergie : économie et politiques*, Louvain-la-Neuve : de Boeck, 2015.

JUHEL P., *Histoire du pétrole*, Paris : Vuibert, 2011.

KÉBÉ A., *Contribution au pré dimensionnement et au contrôle des unités de production d'énergie électrique en site isolé à partir des énergies renouvelables (Application au cas du Sénégal.*, Thèse : Université de Paris-Sud, sous la direction de DIALLO D., 2013.

LAUVERGEON A., BARRÉ B., *Les 100 mots du nucléaire*, Paris : PUF, 2009.

LAVIGNE J.-C., POLLET G., *Vocabulaire de l'énergie*, Paris : Éd. Économie et humanisme : Éditions ouvrières, 1982.

LEMALE J., *La géothermie*, Paris : Éd. Le Moniteur : Dunod, 2012.

LHOMME J.-C., ÉLECTRICITÉ DE FRANCE, *Les énergies renouvelables*, Paris : Delachaux et Niestlé, 2004.

MANZINI A. « Eau et énergie : L'aqueduc de Ferrari Galliera dans le réseau des aqueducs de la ville de Gênes » ; *e-Phaistos,* Volume IV, n° 2, oct. 2015, p. 22-36.

MILLE M., « A la recherche d'Henri-Auguste Pélegrin (1841-1882) : la course du Centralien voyageur… », *Centraliens, La revue des Arts et manufactures*, n° 572, août 2006, p. 34-38.

MOUHOT J.-F., *Des esclaves énergétiques : réflexions sur le changement climatique*, Seyssel, Champ Vallon, 2011.

MULTON B., *Énergie thermique, houlogénération et technologies de conversion et de transport des énergies marines renouvelables*, Paris : Hermès science : Lavoisier, 2012.

MULTON B., *Énergies marines renouvelables : aspects généraux, éolien, marémoteur et hydrolien*, Paris : Hermès sciences : Lavoisier, 2011.

NAUDET G., REUSS P., INSTITUT NATIONAL DES SCIENCES ET TECHNIQUES NUCLÉAIRES, *Énergie, électricité et nucléaire*, Les Ulis, France, EDP Sciences, 2008.

NICOLAS A., *Energies, une pénurie au secours du climat ?* Paris : Belin, 2011.

NGÔ C., *L'énergie : ressources, technologies et environnement*, Paris : Dunod, 2004.

PAILLARD, C.-A., « Géopolitique de l'énergie en Amérique latine. », *Desafíos*, vol. 14, juin 2006, p. 239-303.

PASSAQUI J.-P., Les usines expérimentales de carburant de remplacement, carburants nationaux, en France de 1934 au début des années 1950, *Annales historiques de l'Électricité,* 2014, p. 105-123.

PERCEBOIS J., « Énergie et théorie économique : un survol », *Revue d'économie politique*, 1 décembre 2001, Vol. 111, n° 6, p. 815-860.

RADANNE P., *Énergies de ton siècle ! Des crises à la mutation*, Paris : Lignes de repères, 2005.

ROBERT-CHALEIX D., « Métallurgie du fer dans la moyenne vallée du Sénégal : les bas fourneaux de Silla », *Journal des africanistes,* année 1994, tome 64, fascicule 2, p. 113-127, disponible à l'adresse : [http://ethiopiques.refer.sn/spip.php?article582].

ROUBAUD E., « L'état actuel et l'avenir du commerce des arachides au Sénégal », *Annales de géographie*, 1918, vol. 27, n° 148, p. 357-371, disponible à l'adresse :

[http://www.persee.fr/web/revues/home/prescript/article/geo_0003-4010_1918_num_27_148_5370]

SCHAFFER S., AÏT-TOUATI et al, *La fabrique des sciences modernes (XVIIe-XIXe siècles)*, Paris, Seuil, 2014.

VIOLLET P.-L., *Histoire de l'énergie hydraulique : Moulins, pompes, roues et turbines de l'antiquité au XXe siècle*, Paris : Presses de l'École nationale des ponts et chaussées, 2005.

WHITE S., MOUHOT C., « Crises climatiques : 15 000 ans d'histoire », *Sciences humaines*, 1 avril 2014, n° 258, n° 4.

WILLIOT J.-P., *Naissance d'un service public, le gaz à Paris,* Paris : Rive Droite 1999, 565. p.

TECHNIQUES ET INNOVATION :

HISTOIRE DES TECHNIQUES :

AUBERVILLE, André, Actes & comptes-rendus de l'association Colonies-Sciences., *Revue de botanique appliquée et d'agriculture coloniale*, année 1940, volume 20, n° 224, p. 1-12.

ASSOCIATION DES CENTRALIENS DE LYON, « Les carburants dans l'Économie et la Défense nationale », *TECHNICA, Revue mensuelle des Ingénieurs E.C.L.*, Numéro spécial hors-série, avril 1939, disponible à l'adresse :

[http://histoire.ec-lyon.fr/docannexe:file/1705/te1939_hs1.pdf].

BAIROCH P., *Révolution industrielle et sous-développement*, Paris : Mouton, 1963, 362

BELHOSTE J.-F., « Les conséquences de l'essor sidérurgique sur les usages forestiers et les pratiques agraires (XVIe-XVIIIe siècles) », *Études rurales*, année 1992, volume n° 125, p. 81-89.

BORDES J.-L., CHAMPION A., DESABRES P., (dir.), *L'ingénieur entrepreneur. Les Centraliens et l'industrie*, Paris : PUPS, 2011, 438 p.

BRAUNSTEIN P, *La sidérurgie alpine en Italie : XIIe-XVIIe siècle*, Paris : École française de Rome, n° 290, 2001.

CHARLE C., *La discordance des temps, une brève histoire de la modernité*, Paris : Armand Colin, 2011, 494 p.

CHARMASSON T., LELORRAIN A.-M., RIPA Y., *L'enseignement technique de la Révolution à nos jours,* tome 1 : 1789-1926, Paris : Economica : Institut national de la recherche pédagogique, 1987, 783 p.

CHRONIQUES ROUTIÈRES. CENTENAIRE DU CONGRÈS MONDIAL DE LA ROUTE, « Bamako-Ségou. De fleuve à la route », texte présenté par la Mali, Paris : ministère de l'Écologie, du Développement et de l'Aménagement durables, septembre 2007, p. 199-218.

COGNASSON P., *Cheminots Champenois, Romilly sur Seine. Les Ateliers de l'EST,* Amiens : Martelle, 2000, 181 p.

COTTE M., *De l'espionnage industriel à la veille technologique, Besançon* ; Belfort : Université de technologie de Belfort-Montbéliard : PUFC, 2005.

DAUMAS M. « L'histoire des techniques : son objet, ses limites, ses méthodes », *Revue d'histoire des sciences et de leurs applications*, tome 22, n° 1, 1969. p. 5-32.

DAUMAS M. *Histoire générale des techniques*, PARIS : PUF, 5 vol., 1962-1978, réédition, 1996.

DAUMAS M. *Le cheval de César ou le mythe des révolutions techniques*, 1991, Paris : éd. des Archives contemporaines, 324 p.

DIEDHOU S., « La structuration d'un patrimoine de la mobilité : le cas de la ligne ferroviaire Dakar-Niger », dans *Les patrimoines de la mobilité : état des lieux et perspectives de recherche,* International Workshop, Ediçoes Colibri/Université Paris1 Panthéon-Sorbonne/ Université Evora/Université Padoue, Lisboa, 2011, p. 83-94.

DIEDHOU S., « Changement et reconversion de métiers dans les ateliers ferroviaires du Dakar-Niger à Thiès au Sénégal comme conséquence des innovations techniques ferroviaires en France entre 1940 et 1960 », dans *L'aluminium et la calebasse*, Patrimoines techniques, patrimoines de l'industrie en Afrique, Belfort/Montbéliard : Université de technologie de Belfort-Montbéliard/Paris : Université Paris1 Panthéon Sorbonne, 2013, p. 201-211.

DIEDHOU S., *Études de l'identité technique et sociale des ouvriers des ateliers ferroviaires du Dakar-Niger à Thiès*, Master II : Histoire des techniques, TPTI : Paris1 Panthéon-Sorbonne, 2011.

DIEDHOU S., « Les usines élévatoires du Sénégal entre 1898 et 1920 », *e-Phaïstos,* Volume IV, N° 2, octobre 2015, p. 54-59.

JACOMY B., *Une Histoire des techniques*, Paris : Seuil, 2015, 368 p.

FONIYAMA THIOMBIANO-ILBOUDO E., « L'activité du Koudouyou ou de la forge à Sadaba (Burkina Faso) : la transmission d'une technique entre méthode ancienne et innovations », *e-Phaistos, Volume* III, n° 1, juin 2014, p. 59-73.

GARÇON A-F, *L'Imaginaire et la pensée technique. Une approche historique, XVI*e*-XX*e *siècle*, Paris : Classiques Garnier, 2012, 286 p.

GARÇON A-F, « Du danger de l'archive écrite en histoire des techniques », *e-Phaistos,* volume II, n° 2, p. 10-27.

GARÇON A-F., « Les modes d'existence du geste technique », *e-Phaistos*, volume IV, n° 2, octobre 2015, p. 84-94.

GILLE B., « *L'Encyclopédie,* dictionnaire technique », *Revue d'histoire des sciences et de leurs applications*, 5-1, 1952, p. 26-53.

GILLE B., *Histoire des techniques. Prolégomènes à l'histoire des techniques. Technique et civilisation. Technique et sciences*, Paris : Gallimard, 1978, 1652 p.

GILLE B., « Histoire des techniques », *Annuaire 1978/1979 IVe Section de l'EPHE, Sciences historiques et philologiques,* Paris : Sorbonne, 1982, 1129 p.

GUIGUENO V., *De l'histoire des transports à l'histoire de la mobilité*, Rennes : Presses universitaires de Rennes, 2009.

GUILLERME A., *Les temps de l'eau. La cité, l'eau et les techniques*, Seyssel : Champ Vallon, 1997, 263 p.

GUILLERME A., *La naissance de l'industrie à Paris. Entre vapeurs et sueurs. 1780-1830*, Seyssel : Champ Vallon, 2007, 239 p.

GUILLERME J., « Article Technologie de *l'Encyclopaedia Universalis* (édition 1995) », Leçon, *e-Phaistos*, Volume III, n° 1, juin 2014, p. 84-94.

HATCHUEL A., WEIL B., HEURGON E., *Les nouveaux régimes de la conception : langages, théories, métiers*, Paris : Hermann, 2014, 212 p.

LEMBRÉ S., *L'école des producteurs. Aux origines de l'enseignement technique en France (1800-1940)*, Rennes : Presses universitaires de Rennes, 2013, 339 p.

RUSSO F., *Introduction à l'Histoire des Techniques*, Paris : Librairie scientifique et technique Albert Blanchard, 1986.

PERROT M. (dir.), « L'espace de l'usine », *Le Mouvement social,* n° 125, Paris : Les éditions de l'Atelier, 1983.

SMITH P., « La place de l'automobile dans le développement des stations » In *Situ, Revue des patrimoines*, Toulier B. (dir.), Les réseaux de la villégiature, 2004.

WORONOFF D., *Histoire industrielle de la France, du XVIe siècle à nos jours*, Paris : Seuil, 1994, 672 p.

WORONOFF D., « Le quotidien des techniques : de la répétition aux aménagements », Merger M., BARJOT D. (dir.), *Les Entreprises et leurs réseaux : hommes, capitaux techniques et pouvoirs XIXe-XXe siècles*, Paris, PUPS, 1998.

WORONOFF D., *Images de l'industrie, de 1850 à nos jours*, Actes du colloque juin 2001, du Comité pour l'histoire économique et financière de la France, Paris : CHEFF, 2001.

INNOVATION :

CARON F., *La dynamique de l'innovation. Changement technique et changement social (XVIe-XXe siècle)*, Paris : Gallimard, 2010, 469 p.

COTTE M., (dir), *Circulations techniques : en amont de l'innovation ; hommes, objets et idées en mouvement*, Besançon : Presses universitaires de Franche-Comté, 2004, 216 p.

FRESSOZ J.-B, *L'apocalypse joyeuse. Une histoire du risque technologique*, Paris : Seuil, 2012, 317 p.

FURIEX E., JARRIGE F., *La modernité désenchantée. Relire l'histoire du XIXe siècle français,* Paris : La Découverte, 2015, 391 p.

JACOMY B., *L'âge du Plip, Chroniques de l'innovation technique*, Paris : Seuil (coll. Sciences ouvertes), 2002, 242 p.

LAKHROUM Monique, « Chemin de fer et réseaux d'affaires en Afrique Noire : Le Dakar-Niger (1890-1960) », Thèse d'État : Université de Paris VII : 1987, 3 vol., p. 360

PÉREZ L., VERNA C., « La circulation des savoirs techniques du Moyen Âge à l'époque moderne. Nouvelles approches et enjeux », *Tracés, Revue de Sciences humaines* [Online], n° 16, Paris : ENS Éditions, p.25-62, disponible à l'adresse :

[http://traces.revues.org/2473].

LE MASSON P., *Les processus d'innovation conception innovante et croissance des entreprises*, Paris : Lavoisier, 2006.

TIBERGHIEN R., « Innovation et adaptation de technologies pour l'industrialisation des pays africains au sud du Sahara : le cas des industries mécaniques et électriques », Grenoble : Université des Sciences Sociales de Grenoble. Institut de Recherche économique et de Planification du Développement, 1982, disponible à l'adresse : [http://search.ebscohost.com/login.aspx?direct=true&db=fcs&AN=12461807&lang=fr&site=eds-live].

TRANSFERT DE TECHNOLOGIE :

AKIRA K., « Transferts de technologie et management de la grande entreprise au Japon : le point de vue du business history », *Histoire, économie et société*, n° 4, 2001.

ARNOLD D., « Europe, technology and colonialism in the twentieth century», *History of science and technology*, vol. 21, n° 1, 205, p. 85-106.

BOKOSSEN E., « Technologies matures sur le continent africain dans les pays industrialisés et conditions de transfert », n° 47, 2000, p. 28-35.

DROUVOT H., VERNA G., « Le concept de transfert de technologie », *Les politiques de développement technologique*, Paris Éd. de l'IHEAL, 1994, p. 27-48 : disponible à l'adresse : [http://books.openedition.org/iheal/1657?lang=fr].

LANCIANO E., SHUTO, W., « Dynamics of Skill Transfer Procedures in the Electrical Industry: a comparative study in France and Japan. », vol. 18, n° 4, 2014, p. 32.

LORTIE M., *al.*, « Le transfert de connaissances au RRSSTQ : bilan et perspectives », vol. 68, n° 4, 2013, p. 567.

ROSENBERG N., « Economic development and the transfer of technology: some historical perspectives », *Technology and Culture*, vol. 11, 1970.

MEURET R., *al.*, « Les points-clefs de l'intégration des convertisseurs de puissance : Les entretiens de Toulouse : une nouvelle approche du transfert de compétences au profit de la communauté aérospatiale », n° 1, 2010, disponible à l'adresse :

[http://search.ebscohost.com/login.aspx?direct=true&db=pcl&AN=22292911&lang=fr&site=eds-live].

PARNEIX J.P., *al.*, « Un exemple de transfert de technologie dans le domaine des polymères conducteurs : le projet « HYRA », dans *J. chimie physique,* Les Ulis : EDP Sciences, 1997, p. 1469-1474, disponible à l'adresse :

[http://search.ebscohost.com/login.aspx?direct=true&db=pcl&AN=2303439&lang=fr&site=eds-live].

SCHENKEL Y., VAN BELLE J.-F., « Transfert de technologie Nord-Sud en biomasse-énergie industrielle : L'expérience au programme COGEN », n° 53, 2001, p. 19-22.

SEURA S., *Réalité du transfert de technologie,* 2e éd., Masson, Paris : 1976.

VENNIN B., *al., Petites et Moyennes Entreprises Industrielles et transfert de technologie. Pratiques du transfert et internationalisation.* Compte-rendu de recherche du Commissariat général du Plan d'Équipement et de la productivité, Saint-Étienne : 1979.

PATRIMOINE :

PATRIMOINE CULTUREL :

BOCOUM H., TOULIER, B., « La fabrication du Patrimoine : l'exemple de Gorée (Sénégal) », *In Situ*, n° 20, 2013, disponible à l'adresse : [https://insitu.revues.org/10303].

CARRÉ J. (dir.), *Londres 1700-1900, Naissance d'une capitale culturelle*, Paris : PUPS, 2010, 309.

DELVOYE A., « La céramique de l'aire mégalithique sénégambienne à travers le cas de la nécropole de Wanar (Sénégal) », *Afrique, Archéologie et Arts*, 2015.

DIAW A.T., *al.*, « Patrimoine et rivage : cartographie des amas et tumulus coquilliers du site de Joal-Fadiouth (Sénégal) », *Dymset* – ADES, UMR 5185 CNRS-Bordeaux 3, Pessac, 13 septembre 2001, p. 549-556.

DUFOUR C., *Étude géographique d'un patrimoine urbain en Afrique de l'Ouest. Le cas de Saint-Louis du Sénégal*, UMR PRODIG, 2002.

DE JONG F., « Le secret exposé : Révélation et reconnaissance d'un patrimoine immatériel au Sénégal », *Le monde selon l'UNESCO*, n° 18, 2013, disponible à l'adresse :

[http://search.ebscohost.com/login.aspx?direct=true&db=fcs&AN=27954134&lang=fr&site=eds-live

EXOTIQUES EXPOSITIONS… LES EXPOSITIONS UNIVERSELLES ET LES CULTURES EXTRA-EUROPÉENNES, 1855-1937, DEMEULENAÈRE-DOUYÈRE, C., Paris : Archives nationales, Somogy Éditions d'art, 2010.

KATCHKA K., « Politique culturelle : tradition, modernité et arts contemporains au Sénégal, 1960-2000 : Arts visuels et communication au Sénégal », vol. 70, 2008.

MBASSA MENICK D., « Article original : Impact de la culture dans la transmission des valeurs à l'enfant en pratiques éducative, familiale et sociale en Afrique », vol. 64, janvier 2016, p. 36-45.

JACQUES-JOUVENOT D., « Le paradoxe de la transmission du métier : le cas des éleveurs », *Sociologies*, 2014.

MANGA J.B.V., « Chanter les ancêtres pour enraciner les vivants chez les Jóola de Casamance (Sénégal) », *Civilisations*, 2015.

TOULIER B., « Saint-Louis du Sénégal, un enjeu pour le patrimoine mondial », *In Situ* n° 20, 2012, disponible à l'adresse : [https://insitu.revues.org/1623].

PATRIMOINE INDUSTRIEL :

L'Archéologie industrielle en France, disponible à l'adresse : [http://www.cilac.com/nos-publications/notre-revue-archeologie-industrielle-en-france-aif/244-la-revue-du-cilac-larchologie-industrielle-en-france.html].

BELHOSTE J.-F., SMITH, P., DESCHAMPS, P.-O., *Architectures et paysages industriels : l'invention d'un patrimoine*, Paris : La Martinière, 2012.

BERGERON L., « Archéologie industrielle, patrimoine industriel : entre mots et notions », dans DAUMAS J.-C., (dir.), *La mémoire de l'industrie, de l'usine au patrimoine*, Besançon : Presses universitaires de Franche-Comté, 2006.

BOURDIN A., *Le Patrimoine réinventé*, Paris : PUF. 1984, 239 p.

CASANELLES I R. E., *La Lettre de l'OCIM*, n ° 86, 2003.

COMINOTTO D., « Le Grand-Hornu... entre utopie et émerveillement », *Des Usines et des hommes : Sites miniers wallons au Patrimoine mondial de l'UNESCO* n° 1, publication du site du Patrimoine industriel de Wallonie-Bruxelles, Bruxelles : Fédération de Wallonie-Bruxelles : Institut du Patrimoine Wallon, n° 1, 2012, disponible à l'adresse :

[http://www.patrimoineindustriel.be/fr/publications/+des-usines-et-des-hommes].

DEMOLLIENS S., Seck, D. et Cartiaux, F.-B, « Travaux de réhabilitation du pont Émile Badiane de Ziguinchor », *Heritage and rehabilitation*, vol. 903, 2014, p. 52-57.

DAUMAS M., *L'archéologie industrielle en France*, Paris : Laffont, 1980, 427 p.

GARÇON A.-F., « Le patrimoine comme antidote à la disparition. », *Historiens & Géographes,* n° 405, p. 105-114, disponible à l'adresse :

[http://www.patrimoineindustriel-apic.com/bibliotheque/APHG%20-%20Historiens%20&%20Geographes/HG405-13-AF%20Garcon.pdf

HAOUDY K., « Le site minier du Bois-du-Luc : un repère dans le patrimoine industriel », *Des Usines et des hommes : Sites miniers wallons au Patrimoine mondial de l'UNESCO* n° 1, publication du *Patrimoine industriel de Wallonie-Bruxelles*, Bruxelles : Fédération de Wallonie-Bruxelles : Institut du Patrimoine Wallon, n° 1, 2012, disponible à l'adresse :

[http://www.patrimoineindustriel.be/fr/publications/+des-usines-et-des-hommes].

LENIAUD J.-M., *Droit de cité pour le patrimoine*, Montréal : Presses de l'Université du Québec, 2013, 303 p.

LAROCHE F., *Contribution à la sauvegarde des objets techniques anciens par l'archéologie industrielle avancée : proposition d'un modèle d'information de référence muséologique et d'une méthode inter-disciplinaire pour la capitalisation des connaissances du patrimoine technique et industriel*, Thèse de doctorat, École centrale de Nantes, France, 2007.

LORIAUX F., « Le patrimoine de la “Fée Électricité” en Wallonie », *Des usines et des hommes, haute tension en péril. L'énergie électrique au XXe siècle* n°4publication du site du *Patrimoine industriel de Wallonie-Bruxelles. Haute tension en péril,* Bruxelles : Fédération de Wallonie-Bruxelles : Institut du Patrimoine Wallon, n°4, 2013, disponible à l'adresse :

[http://www.patrimoineindustriel.be/fr/publications/+des-usines-et-des-hommes].

LE PATRIMOINE INDUSTRIEL DE L'ÉLECTRICITÉ ET DE L'HYDRO-ÉLECTRICITÉ : actes du colloque international de Divonne-les-Bains et de Genève, VARASCHIN D., BOUVIER Y. (dir.), Chambéry : Université de Savoie UFR Lettres, (Savoie) : Université de Savoie (éd.) 2009.

RAISTICK A., *Industrial Archeology: an Historial Survey*, Londres : New York : Frogmore Paladin-Grada Publisshing Ltd, 1973.

SANCHEZ-FIGUERAO L., « Le patrimoine industriel pétrolier vénézuélien : un patrimoine toujours en cativité, *é-Phaistos,* volume III, n° 1, juin 2014, p. 112-124.

SMITH P., « La reconversion des sites et des bâtiments industriels », dans *In Situ, Revue des Patrimoines*, n°26, 2015, disponible à l'adresse : [http://insitu.revues.org/11744].

SMITH P., « Choisir ce qu'il faut préserver », in : James DOUET, *Industrial Héritage Re-tooled. The TICCIH Guide to Industrial Héritage Conservation*, Lancaster: TICCHI : Carnegie Publishing Ltd, 2012, p. 86-93.

Des usines et des hommes, Patrimoine de Wallonie-Bruxelles, « Haute tension en péril. L'énergie électrique au XXe siècle », Bruxelles : Fédération de Wallonie-Bruxelles : Institut du Patrimoine Wallon, n°4, 2013, disponible à l'adresse :

[http://www.patrimoineindustriel.be/fr/publications/+des-usines-et-des-hommes].

Des usines et des hommes Patrimoine de Wallonie-Bruxelles, « Sites miniers wallons au Patrimoine mondial de l'UNESCO », Bruxelles : Fédération de Wallonie-Bruxelles : Institut du Patrimoine Wallon, n°1, 2012, disponible à l'adresse :

[http://www.patrimoineindustriel.be/fr/publications/+des-usines-et-des-hommes].

VANDERHULST G., « Tour & Taxis : enjeux d'une reconversion d'un site emblématique de l'âge d'or de la civilisation industrielle », *Des Usines et des hommes* : *Sites miniers wallons au Patrimoine mondial de l'UNESCO* n°1, publié sur le site du Patrimoine industriel de Wallonie-Bruxelles, Bruxelles : Fédération de Wallonie-Bruxelles : Institut du Patrimoine Wallon, n° 1, 2012, disponible à l'adresse :

[http://www.patrimoineindustriel.be/fr/publications/+des-usines-et-des-hommes].

Webographie :

www.archives-orales.developpement-durable.gouv.fr,

www.energy-or-africa.fr,

www.entreprises-coloniales.fr www.france24.com

www.frantice.net

www.ladyforester-tech.org
www.lexpress.fr/
www.lequotidiendelart.com
www.lequotidien
www.rfi.fr/afrique/,
www.senegal-energies.com/
www.seneweb.com/
www.unesco.org/new/en/dakar/
www.icomos.org

École Pratique
des Hautes Études

Mention « Histoire, textes et documents »

École doctorale de l'École Pratique des Hautes Études

L'énergie électrique au Sénégal de 1887 à 1985
Transfert de technologie, appropriation et enjeu politique d'un patrimoine industriel naissant

par Salif Diedhiou

Thèse de doctorat d'histoire
Sous la direction de M. Jean-François Belhoste, Directeur d'études

Soutenue le 25 juin 2016

Volume 2

Devant un jury composé de :

Anne-Françoise Garçon, Professeure des Universités, (Université Panthéon-Sorbonne Paris 1), *rapporteur.*

Alain Beltran, Directeur de recherche, (Centre national de la recherche scientifique), *rapporteur.*

Mbaye Thiam, Professeur, (École des Bibliothécaires Archivistes et Documentalistes [EBAD] de l'Université Cheik Anta Diop de Dakar [Sénégal].

Paul Smith, Chargé de Mission [ministère de la Culture et de la Communication].

Jean-François Belhoste, Directeur d'Études, [École Pratique des Hautes Études] *directeur de thèse.*

Laboratoire de rattachement

École Pratique des Hautes Études
École doctorale 472
4-14, rue Ferrus
Patio Saint Jacques
75014 Paris

Savoirs et Pratiques du Moyen Âge au XIXe siècle
[SAPRAT]
Equipe d'Accueil 4116
1 rue Victor Cousin,
Esc. R1/Esc. U, 4e étage.
75005 Paris

ANNEXES

Nota : *Les annexes présentées ci-après s'insèrent dans le cours des développements de chapitres. Leur citation prend donc en considération leur intérêt, et non la date de création du document.*

LISTES DES ANNEXES

Annexe 1 : Carte de l'Afrique française ou du Sénégal/ouvrage posthume de G. Delisle, 1726 Bibliothèque nationale de France, département Cartes et plans, CPL GE DD-2987 [8095 TER B]

Cartes des colonies françaises en Afrique en 1898.

Annexe 2 : Globe Jacques Baradelle, cartographe [1723], détail Fleuve Sénégal

Annexe 3 : Manifestations contre les coupures d'électricité à Dakar qui ont été une des causes de la non-réélection du Président Abdoulaye Wade [2011].

Annexe 4 : Relevé de compteur agent Senélec, n.d.

Annexe 5 : Mobile 2mw montage Kaolack société EDS

Annexe 6 : Inauguration 2e tranche site Cap des Biches 1976.

Annexe 1 : Cartes de l'Afrique française, des Colonies françaises, du Sénégal

***Sources** : Carte de l'Afrique française ou du Sénégal/ouvrage posthume de G. Delisle, 1726 Bibliothèque nationale de France, département Cartes et plans, CPL GE DD-2987 [8095 TER B]*

Cartes des colonies françaises en Afrique en 1898

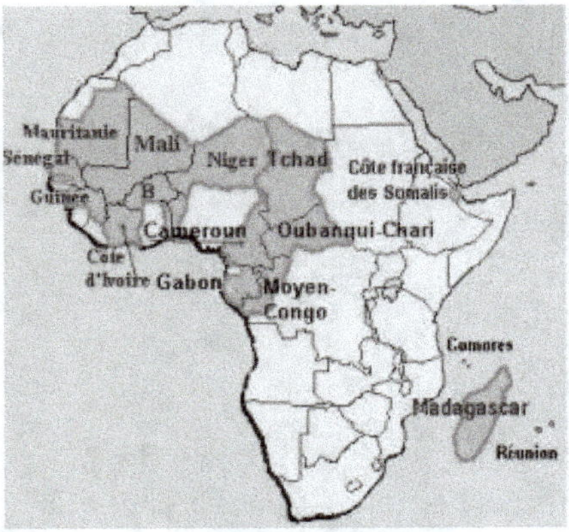

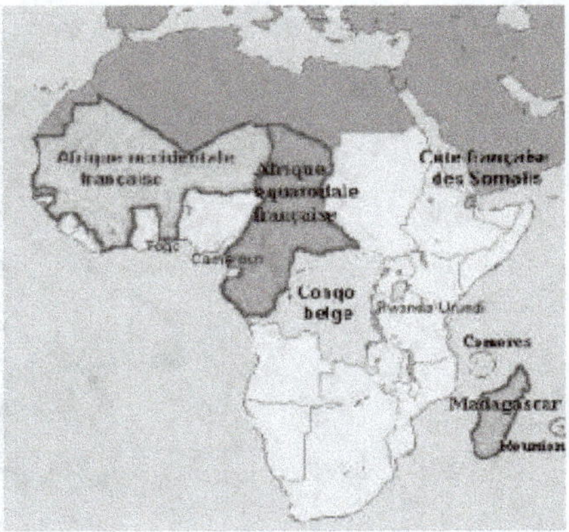

Sources : Cartes des colonies françaises en Afrique en 1898

Disponible à l'adresse : http://histoiredelafrance.e-monsite.com/pages/content/l-evolution-de-la-france.html

Annexe 2 : Globe Jacques Baradelle, 1743,
Paris, détail, Fleuve Sénégal

Sources : Globe Jacques Baradelle, 1743, Paris, BnF Ge A 1392

Sources : *Globe terrestre : Dédié et Presenté à Monseigneur Le Dauphin : Dressé sur les Nouvelles Observations de Messieurs de l'Acad[émie] Royale des Sciences/Par Jacque Baradelle, cartographe, Bibliothèque nationale de France, département Cartes et plans, GE A-1392 [RES]*

Description : 1 globe : limites col. ; 24 cm de diam., avec table d'horizon : 36 cm, hauteur avec pied en bois noir tourné : 49 cm

Annexe 3 : Manifestations contre les coupures d'électricité à Dakar qui ont été une des causes de la non-réélection du Président Abdoulaye Wade [2011]

Sources : France 24, texte par dépêche de l'AFP du 28/06/2011

Disponible sur : [http://www.france24.com/fr/20110628-senegalais-manifestent-contre-coupures-courant-senegal-wade-manifestation-services-publics-senelec-dakar], consulté le 02 août 2015

Sources : L'express du 28/06/2011

disponible sur : [http://www.lexpress.fr/actualite/monde/afrique/senegal-les-derniers-jours-du-president-wade_1007227.html], consulté le 02 août 2015

Sources : Thiès Vision, le 04/11/2012

disponible sur : [http://www.seneweb.com/news/Societe/des-emeutes-de-l-rsquo-electricite-en-vue-les-delestages-comme-sous-wade_n_80328.html], consulté le 02 août 2015

Annexe 4 : Relevé de compteur par un agent de la SENELEC

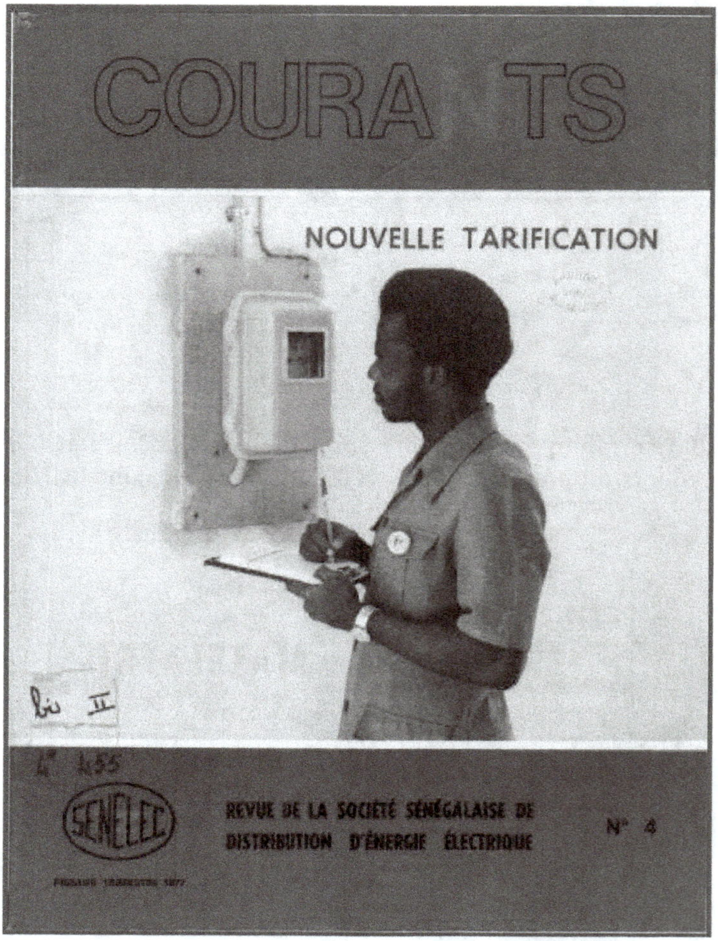

Source : ANS BII, Revue courants n°4 du premier trimestre 1977

Annexe 5 : Mobile 2 mw en cours de montage à Kaolack de la société EDS

Groupe Mobile 2 mw en cours de montage à Kaolack

Source : ANS BII, Revue Courants n° 16 premier trimestre 1980

Annexe n° 6 Cérémonie d'inauguration de la 2e tranche de la centrale de Cap des biches 1er juillet 1976

Les photos de la cérémoni
de la Centrale du

Visite des installations sous la conduite de M. HOPPE,
Chef de la Centrale.

Les invités de la cérémonie

— 10 —

d'inauguration de la 2ème tranche
Cap des Biches

M. Louis ALEXANDRENNE, Ministre du Développement Industriel, visitant la salle de commande.

Une vue de la tribune d'honneur.

— 11 —

Source : ANS BII, Revue Courants n° 2 du 3e trimestre 1976

TABLE DES MATIÈRES

Structures éditoriales du groupe L'Harmattan

L'Harmattan Italie
Via degli Artisti, 15
10124 Torino
harmattan.italia@gmail.com

L'Harmattan Hongrie
Kossuth l. u. 14-16.
1053 Budapest
harmattan@harmattan.hu

L'Harmattan Sénégal
10 VDN en face Mermoz
BP 45034 Dakar-Fann
senharmattan@gmail.com

L'Harmattan Cameroun
TSINGA/FECAFOOT
BP 11486 Yaoundé
inkoukam@gmail.com

L'Harmattan Burkina Faso
Achille Somé – tengnule@hotmail.fr

L'Harmattan Guinée
Almamya, rue KA 028 OKB Agency
BP 3470 Conakry
harmattanguinee@yahoo.fr

L'Harmattan RDC
185, avenue Nyangwe
Commune de Lingwala – Kinshasa
matangilamusadila@yahoo.fr

L'Harmattan Congo
67, boulevard Denis-Sassou-N'Guesso
BP 2874 Brazzaville
harmattan.congo@yahoo.fr

L'Harmattan Mali
ACI 2000 - Immeuble Mgr Jean Marie Cisse
Bureau 10
BP 145 Bamako-Mali
mali@harmattan.fr

L'Harmattan Togo
Djidjole – Lomé
Maison Amela
face EPP BATOME
ddamela@aol.com

L'Harmattan Côte d'Ivoire
Résidence Karl – Cité des Arts
Abidjan-Cocody
03 BP 1588 Abidjan
espace_harmattan.ci@hotmail.fr

Nos librairies en France

Librairie internationale
16, rue des Écoles
75005 Paris
librairie.internationale@harmattan.fr
01 40 46 79 11
www.librairieharmattan.com

Librairie des savoirs
21, rue des Écoles
75005 Paris
librairie.sh@harmattan.fr
01 46 34 13 71
www.librairieharmattansh.com

Librairie Le Lucernaire
53, rue Notre-Dame-des-Champs
75006 Paris
librairie@lucernaire.fr
01 42 22 67 13

www.ingramcontent.com/pod-product-compliance
Lightning Source LLC
LaVergne TN
LVHW021144061026
849535LV00002B/355

* 9 7 8 2 3 4 3 2 2 2 2 7 1 *